一级注册建筑师考试通关攻略
建筑方案设计（作图）真题解析

系统逻辑思维设计方法

陈曦 著

中国建筑工业出版社

图书在版编目（CIP）数据

建筑方案设计（作图）真题解析：系统逻辑思维设计方法/陈曦著．—2版．—北京：中国建筑工业出版社，2019.11（2021.1重印）
一级注册建筑师考试通关攻略
ISBN 978-7-112-24400-3

Ⅰ.①建… Ⅱ.①陈… Ⅲ.①建筑方案—建筑设计—资格考试—题解 Ⅳ.①TU201-44

中国版本图书馆CIP数据核字（2019）第245826号

责任编辑：徐　冉　刘　静
责任校对：张惠雯

一级注册建筑师考试通关攻略
建筑方案设计（作图）真题解析
系统逻辑思维设计方法
陈曦　著
*
中国建筑工业出版社出版、发行（北京海淀三里河路9号）
各地新华书店、建筑书店经销
北京点击世代文化传媒有限公司制版
北京圣夫亚美印刷有限公司印刷
*

开本：787×1092毫米　1/16　印张：19　字数：408千字
2020年1月第一版　2021年1月第二次印刷
定价：89.00元
ISBN 978-7-112-24400-3
　　　（36859）
版权所有　翻印必究
如有印装质量问题，可寄本社退换
（邮政编码 100037）

前　言

　　有感于一级注册建筑师考试较大难度、较低通过率，尤其是被公认为难度最大的建筑方案设计（作图）科目考试，让很多考生徘徊在一注的大门之外，给众多考生带来了诸多的困惑和苦恼。考场上思路偏差、丢三落四、设计信息一片混乱、设计作答多做重复工作等问题，都是造成考生未能通过的原因，但究其根本原因，还是缺少一套系统科学、行之有效的设计作答方法，以及对考点、原理的掌握。

　　笔者作为曾经其中的一员，一路走过，感触良多。在经历种种困惑、思考与不断实践、总结之后，发现建筑方案设计（作图）考试并不是那么难以驾驭，而是有章可循，存在其内在的逻辑规律和科学方法。笔者在不断完善后终形成一套独创设计方法，即"系统逻辑思维设计方法"。此方法注重设计不同阶段的主要矛盾，解读不同设计思路的优劣利弊，前后呼应、连贯统一，让读者一方面找到快速有效的设计思路、方法，一方面理解设计方案辨析调整的依据、方式方法，知其然知其所以然。

　　此方法在多年教学实践应用中被验证行之有效，并被众多学习者所推崇。为使更多考生能够了解、掌握这一方法，2017年年底，笔者撰写《一级注册建筑师考试建筑方案设计（作图）考点解析与应试指导》一书，并经由中国建筑工业出版社出版。该书相对较为完善地介绍了这一方法，并以2014年真题为例，详细解析了运用该方法的设计全过程。此书出版后，受到较多考生关注、认可，并多次加印，笔者对此倍感欣慰，在此也向各位读者表示由衷的感谢。

　　但《一级注册建筑师考试建筑方案设计（作图）考点解析与应试指导》一书的撰写受到书籍篇幅和作者精力所限，对该方法的系统论述和案例解析数量不足，众多读者也不时向笔者反馈。为了却这一遗憾，为读者奉献一本以真题解析为主线的教材，笔者再次上路，重新出发，甄选近几年考试真题，运用系统逻辑思维设计方法详细解读其设计过程（并且为避免重复，将第一本书中2014年真题解析调整合并到了本书中）。

　　这两本书，一本横向解析历年考点，同类总结，分析比较；一本纵向剖析设计过程，步步为营、环环相扣。两本书相辅相成、双剑合璧。建议读者将两本书统筹使用，运用系统逻辑思维方法以真题检验，发现问题可针对性找到考点、方法及对策，加以弥补突破。总之，在不断实践训练过程中巩固完善设计方法，形成自己的作图节奏。

马云在创建阿里巴巴时曾说,让天下没有难做的生意。笔者同样希望这两本书的出版能如同一条摆渡之船,搭乘在一注备考苦海中拼搏的考生尽早上岸。无论怎样,相信您在系统学习后,一定是开卷有益的。我们共勉,圆各位读者一个一注梦。

本书成稿过程中得到中国建筑工业出版社徐冉编辑的关心与帮助,她的督促使得本书能够及时出版。同时感谢韩凤英、高江为本书答案图稿进行修改打印;感谢李金轩为本书制作思维导图。

本书内容仅为一家之言,如有不妥之处还望读者批评指正。

读者评价

我一直觉得方案设计会有逻辑性，看了这本书，里面的一二级分区、读题方法让我受益匪浅。第一次感受到方案设计原来是整体可控的。

建筑师，赵泽平

这本建筑方案设计真题解析，不同于以往的任何一本真题解析。不只是将真题逐年罗列，而且在对近几年真题分析的基础之上，全方位进行了归纳、概括和总结，形成了一套适用于方案作图的设计方法，反过来又用历年真题去验证这一方法的可行性。同时在对真题解析的基础之上，形成多方位的方案比选，让读者清晰地看到每个方案的优与劣，这样有助于真正提升读者的设计能力，从而应对多变灵活的考试。多年不画草图，看到这套书的草图觉得特别有感觉，书很棒！

建筑师，郁安宜

真题解析这本书正解决了我长期以来的困惑，它针对历年真题，分步解析，每一步都特别扎实！我毫不犹豫地报班，结合老师真题解析的课程看书，事半功倍，化繁为简。关键是掌握一种思路，形成一种套路，加以灵活运用，应对各种考题都是游刃有余的。在跟着老师系统学习半年后，我终于在2019年顺利上岸。虽然考分不是特别高，但受益于西西老师的方法，解题步骤严谨而富有逻辑性。

建筑师，郭璠

听西西老师的课有醍醐灌顶的感觉，一下子找到了解题的秘笈，从审题到破题、解题，每一步该做什么、不该做什么，该注意的问题有哪些，需要回避的问题有哪些，题中哪些词句是考你什么知识点，如何从几个方面去应对，等等，都分析得非常细致和透彻。把题中需要消灭的"敌人"、潜伏的"敌人"都剖析出来，让考生从容应对。这个秘笈就是"系统逻辑思维设计方法"。当然有好的方法还是不够的，更实际的还是实战，不能纸上谈兵。西西老师用系统逻辑思维设计方法武装起来的真题解析这本书，手把手传授解题思路和步骤，让我收获颇丰。"工欲善其事，必先利其器"，这个"器"就是老师的好方法，我相信，有了好的理论指导再加上实打实的上板实战，大家定能圆梦"一注"。

工程师、一级注册建筑师，李建召

整本书对近几年的方案作图考试真题进行了解析，理论联系实际，并用实践检验此方法论的切实可行性，值得研读、模仿。演练后如能掌握精华，不仅通过此科目考试会水到渠成，而且对实际工作也有指导作用。

二级注册建筑师，飞哥

这本书先系统介绍了陈曦老师的系统逻辑思维设计方法，然后针对近几年的真题进行解析。特别值得称赞的是里面的系统思维纲要、思维导图，还有各阶段的草图，画得很好，也比较形象，容易理解记忆。有了好方法还要多体会、多运用，才能在考场上灵活应用。总体来说，这本书堪称完美！

建筑师，鲁俊

拜读西西老师的书之前，一直对方案设计这门考试摸不清门路，直到读了这本书。西西老师有一套严谨且可操作性强的系统逻辑思维方法，并且把她的方法应用在历年真题中，从读题开始，把考题中每一个信息一步一步地分析演示出来。不同于市场上其他真题书，这本书展示的是从无到有、多方案比较筛选的思维过程。考生在考场上易踩的"雷"、一些错误想法，西西老师都会先思考到，并把如何改正的过程演示出来。方案设计考试是一门考察综合设计能力的科目，没有多年的经验积累很难通过。反复通读这本书，弥补了我工作经验的缺失，不仅对通过考试有巨大帮助，也提高了工作中的设计能力，是常读常新的一本好书！

建筑师，许晨

本着"选择切身感受，把握作品精髓"的原则，读了真题解析这本书。这本书是有追求的，将方案设计的解题思路进行了脚踏实地的解读和分析，每一步都有作者自己的思考。书中很多解题方法都是独创的，很多概念读起来让你有耳目一新的感觉，比如系统逻辑四位一体的概念：一级分区、二级分区、格网排布、空间板块等。系统逻辑的分析与解读，正是引发读者震撼的原因所在。从作者流畅而质朴的写作语言中，引发了读者对"空间设计"的深层认识和思考。这是一本能够把建筑设计上升到艺术层面的好书。

高级工程师，钛合金

西西的书给了我考试通过的可能性，增添了我的信心。我认为这本书是目前市面上最好的能有效指导方案作图考试的书。学习西西老师的方法后什么题都不怕，兵来将挡，水来土掩！感谢西西老师拯救考生于水火之中。

建筑师，刘伟

方案作图考试这一科，以前也看过很多参考书，也了解过一些考友的方法，有可取之处，但缺乏系统性，都是针对某个小节点谈感受，没有一个具体的操作步骤。但学习了西西老师的系统逻辑思维设计方法后，一下子找到了解题的秘诀，每一步该做什么，不该做什么，该注意的问题有哪些，都讲解得细致入微，不光有理论，还有真刀真枪的手绘作图，让每个学员都受益匪浅，对通过该科目有很大帮助。

工程师、一级注册建筑师，我心飞翔

读完这本书，一直在想用什么样的言语来表达我对这本书的感激。其实不需要用什么华丽的语言来形容这本书，在纷繁的参考书目里，这本书很实用，不管是针对有多年经验的"老鸟"，还是初出道的"雏鸟"，这本书都将带你走向注册建筑师的彼岸。

建筑师，梁俊波（闻道）

读此书好比从黑暗中得到光明，从荒野中发现康庄大道。这方法实在妙不可言。授课思路、方法、表达，娓娓道来。夸张地说，设计能力可能已达到出神入化的境界！

建筑师，乔明策

流线与功能分区清晰化，网格柱网把功能分区流线和面积定量分配。非常感谢在复习思路混沌时朋友给我推荐了西西老师的这本书，很认真地读了至少3遍，深为受用！

建筑师，朱清

我是先听课后买的书，起初以为听课便可以，后来发现课程的分步解析如果以回放的方式反复研究，比较耽误时间，不如针对性地到书中来看更便捷。记得到手后第一感觉是信息量超大。书中对往年考题的拆解过程分类清晰，推演顺畅，易上手又易摹仿。对真题的解析不局限在单角度的思考，而是以一个非常客观的方式，按照符合考试时间要求的节奏来推演解题步骤。同时，对同一个考题解题过程中的分支点做了大量的多方案比较,这一点,是我作为建筑师从业十几年来很熟悉且信服的工作方法。系统逻辑清晰,分支节点论述彻底。谢谢这本书,谢谢具有这种能力的人出了这样的书。

一级注册建筑师,崔世昌

如果说《考点解析和应试指导》带你走上方案作图的"中级道",那么这本书就是带你登顶的缆车。如同一条线,把若干考点贯穿起来,通过领会和反复练习,将方案作图题的作答变成清单,无论面对什么样的考题,你都可以心态从容、分步作答。

一级注册建筑师,嘟嘟

"逻辑思维"本意是指解决在工作或生活中遇到的各种问题的系统方法论。无论解决哪方面的问题,都有战略和战术两个维度。战略维度是对方法的总结和概括,战术维度是对方法的执行和落地。

《考点解析与应试指导》对我的帮助是在战略维度上对考点的总结和提示,《真题解析》则是在战术维度上的指导。在真题解析中,西西老师带领我们回顾了历年方案作图考试中"那些年我们一起踩过的'雷'"——2019 年的观影、散场路线、观众厅网格组件,2018 年的东西出之争,2017 年的同层排水……西西老师让我们看到出题人是如何在考点上出招的,教我们如何见招拆招,破解出题人的陷阱。

如果说《考点解析与应试指导》帮助我从"不知道"的状态进化到"知道"的状态的话,那么《真题解析》则帮助我从"画不出来"晋升到"画出来"。

一注考生,森林大帝

我是一名土木工程专业毕业后从事建筑设计的工作者,没有建筑学系统学习的基础,虽在十多年的工作中积累了一定的经验,但大家都知道考试与平时设计工作、设计竞赛截然不同,加之市面上复习教材系统、全面的少之又少,所以在备考一注方案设计时,我毫无对策,内心十分迷茫。机缘巧合让我有幸阅读了西西老师关于方案作图的书籍,系统全面,考点分析透彻,解题思路清晰明了,如拨云见日,让我备考信心倍增。

当然,即使读完了这本书的每一页、每一句,也只是完成了整本书 20% 的学习,另外那 80% 是要学了之后去用、去实践才能完成的。

工程师

目 录

系统逻辑思维设计方法	1
[2019 年] 电影院真题解析	25
[2018 年] 公交枢纽站真题解析	59
[2017 年] 旅馆改扩建真题解析	97
[2014 年] 老年养护院真题解析	137
[2013 年] 超级市场真题解析	177
[2012 年] 博物馆真题解析	219
[2011 年] 图书馆真题解析	257

系统逻辑思维设计方法

综述

  一级注册建筑师考试中的方案作图是主观设计题目,其考试任务量大,时间紧,通过率低。很多考生在考场上不知道什么阶段该做什么,不知道该先做什么后做什么,不是丢三落四,就是总做重复工作。归其原因,主要是缺少科学作图方法。要想在短时间内快速、准确完成作答,必须熟练掌握一套科学方法,这样才能保证解析时按部就班,抓住关键,步步为营,不走回头路。

  初中的时候我们学习过数学家华罗庚的统筹方法,知道做事情都要讲条理、分先后,抓住主要矛盾,这样工作才能更高效。本书中笔者提出的"系统逻辑思维设计方法",正是经过多年探索后帮助考生建立的一套行之有效的科学解题方法。

  系统逻辑思维,一个是系统,一个是逻辑,系统就是把设计分为几个阶段,不同阶段关注的问题由大到小、由外到内、由模糊到确定、由定性到定量,设计内容逐渐明确、清晰、细化。每个阶段都要解决本阶段的主要矛盾问题,通过找到关键条件迅速、准确地完成该阶段的设计任务。这样可以最大程度地减少重复无用的工作,在最短时间内取得最大效果,避免胡子眉毛一把抓。

  设计主要阶段中的一级分区和二级分区都是定性的阶段,网格空间排布是定量的阶段。先定性,后定量,空间量化不影响其相对位置关系。在一级分区阶段,设计的主要矛盾为分区(或主要空间)与环境要素之间的关联关系以及分区之间的关联关系,要解决的主要问题为各个分区(或主要空间)在基地中如何与环境对应定位,以及分区间的相互关系、相对位置。简单地说,就是在建筑基地内各个区块怎么摆。二级分区阶段的主要矛盾转化为分区内部矛盾,要解决的主要问题为分区内部空间的组织,排序的先后,简单地说,就是分区内用房空间怎样摆。网格空间排布阶段的主要矛盾为:面积指标和网格模数的关系,空间形态、相互关系、相对位置等与柱网规格之间的关系。主要任务则是前者对于后者的转化和适应。简单地说,就是之前定性的内容怎么合理有序、量化准确地排布到柱网空间中去(图1、图2)。

  所以,我们要做的就是,在每个设计阶段内抓住该阶段的主要矛盾,解决关键问题,有的放矢,以此建立合理科学的设计先后顺序,规避设计的盲目性,减少不必要的时间浪费。

  另外,如同我们在泡茶前要洗好茶具,分好茶叶,再沏茶,在进入设计步骤前,也就是审题阶段,就要分拣各个阶段的关键信息,为后面的设计做好准备。这样,在设计的时候才能使每个阶段的任务更加清晰、明确,不丢不落,不重复。

  逻辑思辨则侧重于设计过程中各个阶段对分区、空间的不同的布局组织方式,进行比对、优选，从而得到更优的组合方案。

这个步骤也是考生常常缺失的步骤。因为时间短，心理紧张，再加上平时训练有限，大部分考生在作答过程中，都缺少思辨，往往是想到一种布局组合方案，便如同抓住救命稻草一般，"坚定"、"执着"地执行下去，在设计的"十字路口"没有扩展思考，未能通过小草图进行优劣的比较，或对下一步甚至几步的设计进行预判，这样就有可能使设计误入歧途，等做到最后发现有大问题，却没有时间翻盘重做了，导致设计失败，功亏一篑。

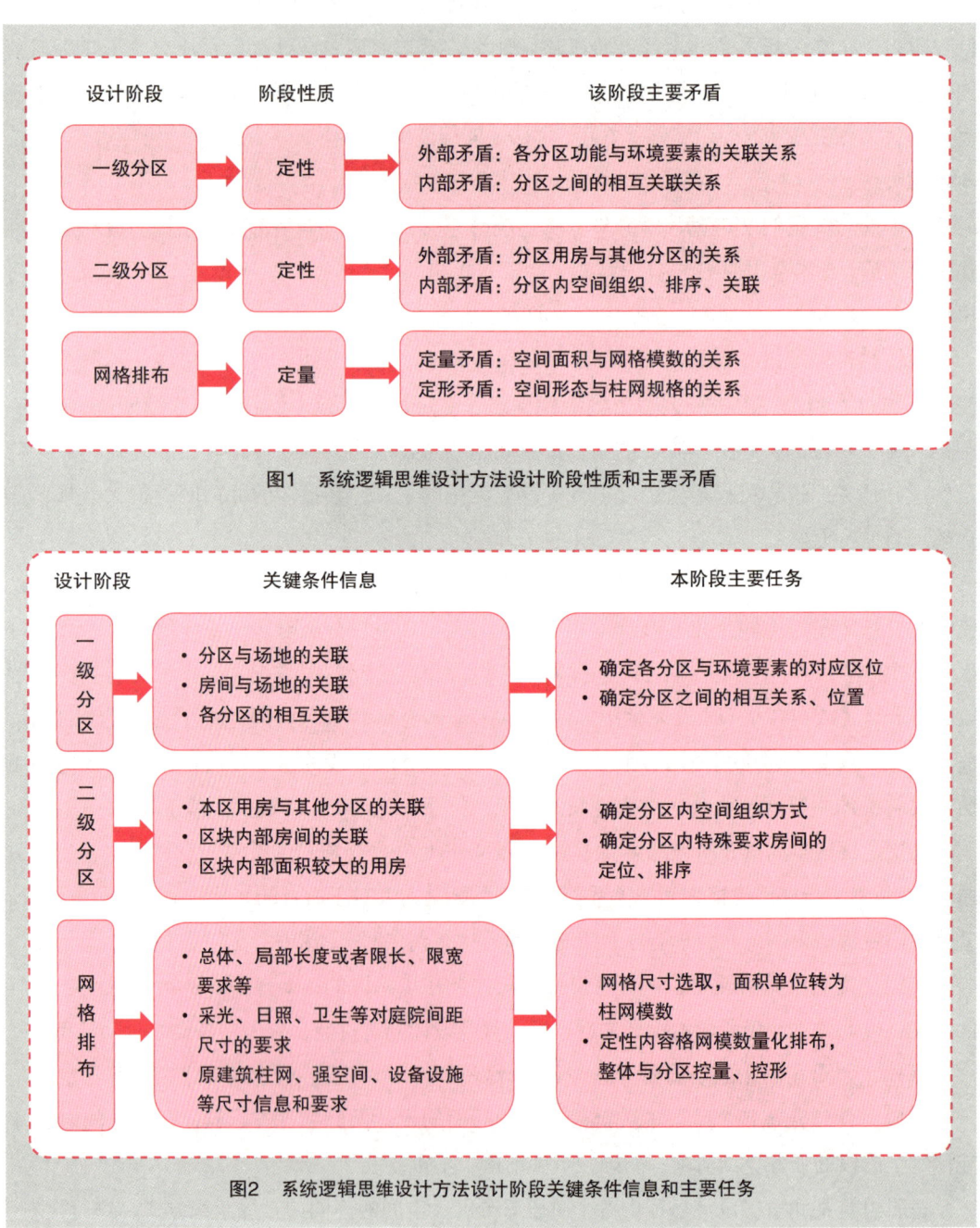

图1　系统逻辑思维设计方法设计阶段性质和主要矛盾

图2　系统逻辑思维设计方法设计阶段关键条件信息和主要任务

这种思辨是设计师对待设计取向的一种"理性"态度，也是优秀建筑师不断自我否定、完善、提升设计品质的一种"职业素养"，越是短时间的快题考试越能体现这种职业素养。

本书将通过对多个题目案例的多种组织布局的思辨来为读者解惑。"该怎样设计"和"为什么这样设计"的双重密码，正是本书的独特之处。

具体操作步骤如下：

一、审题分析

从拿到题目后快速浏览任务书，到详细、精准地分析任务描述对设计定位的明示、暗示等，审题逐步深入，由粗到细。在《一级注册建筑师考试建筑方案设计（作图）考点解析与应试指导》（本书的姊妹篇，后简称《指导》）的第一章中，笔者提出了审题的四个方法，即图示转化法、信息分类法、关联对照法与逻辑辨析法，都是考试中实用、科学的方法。实际运用的时候，这四个方法也可以综合运用，边读边画，标记、划分等级，遇到多角度、多方面描述的信息也可随时几个方面对照来看，或者最后着重研究下重点流线的各方面要求。

1. 建筑类型与要求简析

该科目每年考察的建筑类型都不相同，文化建筑、商业建筑、交通建筑等建筑类型不同，其空间的交通组织形式也不同，设计原理不同，考察重点也不同。所以，还应根据建筑类型的特点、题目要求有的放矢，适当分析和回忆相关类型的设计经验、使用经验和设计原理。

2. 功能泡图特征分析

功能泡图（即主要功能关系图，后简称功能泡图）是方案平面布局的重要依据，对功能泡图形式、特征的分析有助于后面更好地进行功能泡图向平面的转化。功能泡图表达类型不一而同，千变万化，有共性也有特性，所以要先分析、看懂功能泡图的功能分区、类型、特征，选择合适的方法进行转化。对于各种功能泡图的类型、特点、转化方法、策略，笔者在《指导》中第五章"功能泡图解读"部分已进行了全面的总结。读者可根据书中介绍的知识进行分析解读。本书中也将结合各年题目对功能泡图进行一定的分析解读。

3. 图底关系分析

这里的"图"指的是建筑基底（首层平面）面积；"底"指的是建筑红线面积。为了量化"图"在"底"中的"满铺"程度，我们引入一个量化指标，就是建筑红线首层覆盖率，即首层建筑面积/建筑红线面积，用这个指标推算、预判建筑形式。因为考试中图纸大小、图纸比例相对比较确定，设计面积也是在一定范围内，题目所给定的建筑（红线）范围也不会与实际建筑形体边界相差太多。

所以这个指标在一定程度上上下浮动则显示了建筑规模的变化。根据历年经验：50%左右，建筑形式较为自由分散（仍为一个整体建筑，通过局部或连廊等联系）；60%~80%，极有可能是带内院的集中形式；90%左右则为较集中的"满铺"形式了。对建筑"满铺"程度的预判也有利于后面布局结构的选择以及采光内院等的设置。当然，有的时候也有特殊情况，也可能是集中无内院，但故意留很大的空地。应根据题目要求和具体情况进行分析。

4. 关键条件分拣

关键条件分拣，是读题的同时标记划分出题目条件属于哪个阶段的设计要求，对题目条件进行分拣，为后面各阶段作答做好准备。边读题边分拣条件，边手绘出重要的流线和条件信息。手绘图示根据个人习惯绘制成不同的表达简图，原则是以自己能看懂为主。表达示例可见《指导》第一章。由于本书篇幅有限，就不一一绘制了，考生可自行实践，寻找适合自己的图示草图。

具体的各级分区关键条件如下。

（1）一级分区关键条件

一级分区任务主要是勾绘各分区（或主要房间）定位草图，目的是确定各分区在场地中的占位和各分区之间的相互关系。其关键条件有以下三方面内容（图3）。

1）分区与场地相关联的条件。一级分区的分区定位主要依据环境、场地等外部条件来确定，环境要素由外向内地引导和制约各个分区，分区也向其所关联的环境要素靠近，这些外部条件有采光、日照、景观等自然因素，也有道路、原有建筑、场地用地、文物古迹等人文因素，都影响着各分区的布置定位。这些条件对分区的定位引导，有的是明确要求，有的经过分析才能得到答案（可详见《指导》第二章、第四章）。

场地与分区的关联除了"联系关联"之外，还有"冲突关联"，也就是某分区或房间不适于邻近某地环境，对于这种情况，我们要及时找出并作出预判，可排除"冲突关联"后再通过分析进行定位。如2011年图书馆题目中，题目要求"应避免城市主干道对阅览室的干扰"，也就意味着各种阅览室都不能邻近北侧城市主干道（详见图11-4）。这就是阅览功能分区与主干道环境的冲突关联。

2）房间与场地相关联的条件。主要是某些具体的功能用房和场地相关联的要求，这里的"房间"指的是分区级别之下的小房间。某些区域须开设专用出入口，如厨房、洗衣、临终关怀等，进货等要能够直接对外；某房间须有对外出口，如隔离室、污洗间、贵宾室等；还有某些特殊功能用房要求邻近某些室外景观或方便出入某室外场地、某场所等。相比于环境与分区的关联，环境与房间的关联显得更加局部，甚至有些时候和前者是重合的，这些环境场地要素对某些特定房间的引导制约也会影响分区的定位。这些因素在一级分区的分区定位过程中也起着重要的决定作用。例如2008年的汽车客运站设计中，根据设计原理，调度应看到站台，所以此房间就会被环境"外力"牵引至发车和进站站台，而该房间所在的整个分区也会随之变形。如果对于此类空间不能预先在布局中予以考虑，很可能会使整个分区的布局都无法达到要求而导致设计"崩盘"。故审题时应预先分拣此类关键条件，在设计的一级分区阶段，落入条件以及复核此类条件是否满足。

3）各分区相互关联的条件。各个分区间的功能流线联系和相互制约关系，此类条件主要体现在功能泡图的示意中，多以各个分区（或房间）的连线来表示，有时也辅以文字描述说明，进一步表达不同的联系方式和联系关系,如2012年的题目中功能泡图有单双线的区别(双线为紧密联系),2014年的题目中功能泡图连线都是相同的单线,但任务描述中却强调了哪些区域是紧密联系,哪些区域是"拉廊"联系。设计时应首先考虑分区间的紧秩序的联系,其次要考虑分区间的松秩序的联系(详见《指导》第三章"空间组合特性")。

另外,分区之间的联系关联除了水平方向的关联外,还应考虑垂直方向的关联,同类分区的上下连通。如果上下层功能分区类似,则容易对位(如2012年博物馆考题),如果上下层功能分区的内容、面积差异较大,那么上下层功能对位则成为考题难点(如2017年旅馆扩建题目中南侧功能区上下对位,2008年客运站题目中内务部分的对位),并且要同时考虑上下层的对位与交通联系。故审题时也应注意提炼、归类此类信息,备作一级分区设计时使用。

再有,分区之间的关联,除了联系关联(分区间连通、邻近),也应考虑"冲突"关联,就是分区间不能邻近、连通,或者不可布置成上下层关系。如2017年考题题目要求"不考虑同层排水或设备转化",就说明卫生间等的下水管道会在下层进行处理,也就意味着卫生间和带有卫生间的房间(客房)不能放在厨房、餐厅一类卫生要求较高的房间上面。这个也是典型的上下层关系中的"冲突关联",再审题时应予以提炼,设计过程中要进行校验。

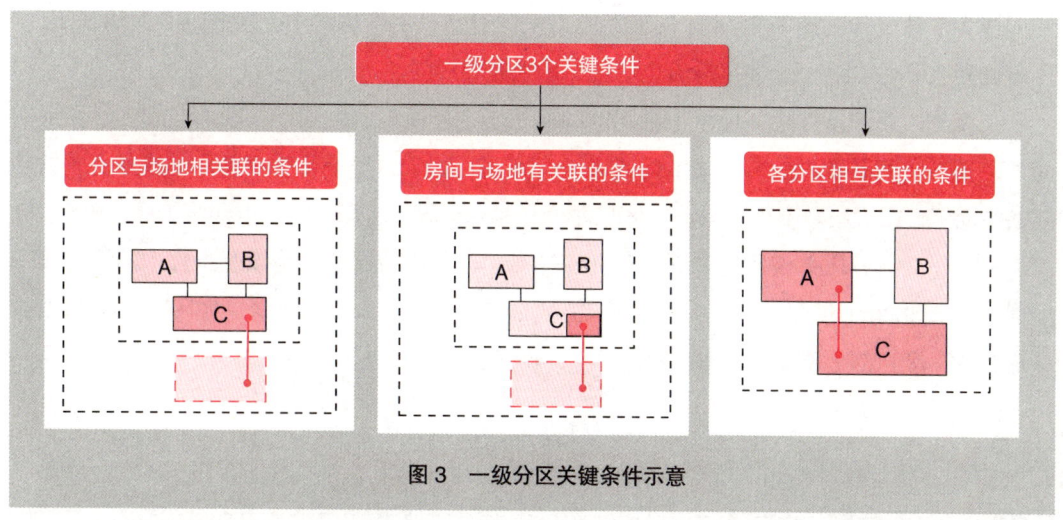

图3 一级分区关键条件示意

(2)二级分区关键条件

二级分区是在一级分区基础上的进一步细化和调整,其主要任务是进一步确定各分区内部的空间组织,解决分区内房间排布的问题。其关键条件有三个方面(图4)。

1)本区内房间和其他分区有关联的条件。这类房间有特殊要求,是分区中房间排布的关键因素,在二级草图中需预先定位,才能使后面的空间排布更加顺畅,故审题时要预先归纳分类。例如2009年大使馆题目中,二层大使官邸区中的书房要与办公区中的大使办公连通,那么书房和大使办公就都是各自分区中和其他分区相关联的房间;再如2013年题目中二层的外租用房区的快餐、咖啡空间要和一层的顾客服务大厅有交通联系，卖场中的生鲜、熟食、面包加工销售间要求连接进货储货区，这些空间也都是二级分区中的首要关键房间。这种类型的房间出现频率很高，几乎每年的考题都会涉及，考生应提前做好归纳、分类预案，能在设计的各个阶段有条不紊地处理这些信息。

2）分区内房间相互关联的条件。这类用房的布局仅次于上条所述房间，也是二级分区设计过程中的关键空间，因和其他用房有关联，所以在空间布置中具有一定的次序性，一些串联小流线常是考点。例如2014年的养老院考题，一层中备餐与职工餐厅联系，厨房和备餐联系，形成了顺序性的餐饮小流线。2010年题目中，门诊楼二层外科诊区病人更衣用房与准备间联系，准备间与手术室联系，形成了一系列医疗小流线。还有些房间的相互联系并非串联小流线，但可体现内部关系，如2009年大使馆考题，要求夫人卧室邻近大使卧室，大使办公室邻近秘书室。对于这类小流线空间的题目要求也应在审题时及时提取、划分，方便在适合的阶段取用，不走弯路和回头路。

3）分区内面积较大的房间。如果在一个分区内空间大小差异较大，那么在这个分区的空间排布中应预先定位面积较大的房间，然后再考虑次大的和较小的，这样有利于整体空间的整合和利用，如果不预先定位面积较大的房间，可能会造成剩余空间不足，导致大空间挤压变形或者推翻重排。例如2014年的老年养护院题目，一层厨房区中，应先划分厨房加工区，再布置其他房间（图4）。故审题时也应预先识别此类房间。

二级分区关键条件除了题目中描述的和面积表中备注说明的相互关联的空间和小流线空间外，还有一些是常识性的顺序空间或者组合空间，如"厨房→备餐→餐厅（或兼有餐饮功能的空间）"，较大集散空间和其前厅休息厅等。这一类的"组合空间"也要给予提前预判。

另外，二级分区关键条件中同样存在"冲突关联"的情况，就是以上条件中的谁和谁不能邻近等，如2011年题目要求空调室不宜邻近阅览室，2017年题目要求"客房不得贴邻电梯井道布置"等，都是主要考虑防止噪声干扰，这一类的条件也要一并找出。

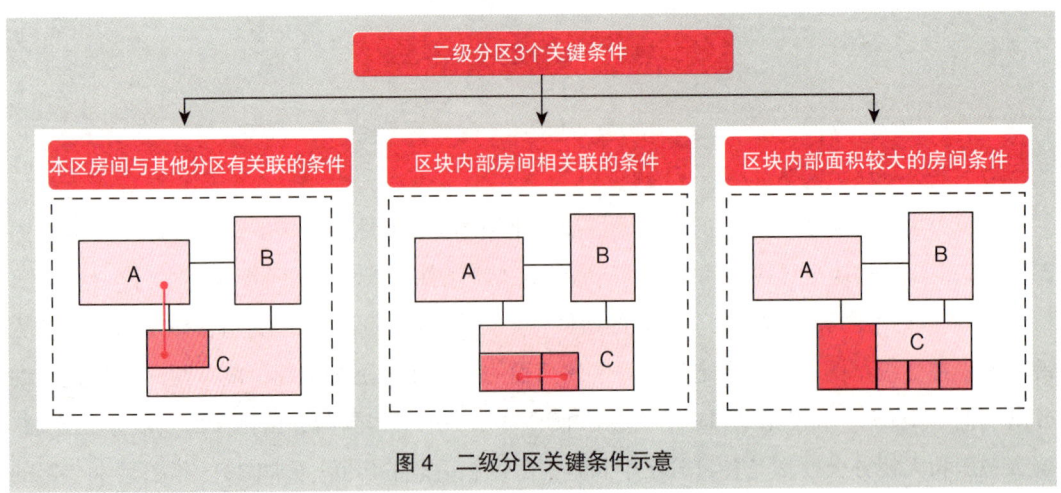

图4　二级分区关键条件示意

(3) 网格排布关键条件

网格排布是在一二级分区设计的基础上纳入柱网体系，将之前草图定性的内容网格量化，其任务主要为柱网尺寸选取、场地空间网格量化以及适应网格排布等。其关键条件有以下三方面，主要涉及空间量化的具体要求，应预先予以分拣、提炼，在网格排布阶段之前集中处理（图5）。

1）原有建筑柱网、强空间、设备设施等尺寸信息和要求。这些信息多用于判定柱网尺寸。如有改扩建等要求时，原有柱网对新建建筑柱网尺寸的影响会比较大。

2）总体、局部长度或者限长、限宽要求等。这些信息多用于判定区域空间的柱网跨数。一般来说，建筑红线就是对建筑总体长、宽的限制，无特殊要求的按照建筑红线限定建筑规模。有的时候题目中会有对建筑局部空间的尺寸限定要求，这是要格外注意的，如2017年的旅馆题目就要求"客房楼东西长度不大于60m"。在该阶段重点核实比对轴网尺寸，判断是否符合题目要求。

3）采光、日照、卫生等对庭院间距尺寸的要求。这些信息用于判定虚空间的柱网距离或者跨数，从而合理规划整体空间的网格排布。建筑各部分井院间距的要求，虽然是对虚空间的要求，但也影响建筑的实体布局和空间布置。预留庭院天井的大小要考虑柱网柱距的模数，这非常重要，它也是建筑布局的一个组成部分。具体的井院间距尺寸，题目说明有时比较明确，有时比较隐晦，需要转译，如2011年的题目中提示井院尺寸和建筑高度有关系。井院柱网尺寸预留可考虑柱网整跨，也可适当伸缩，较之实体空间柱网尺寸设定，可相对灵活一些。

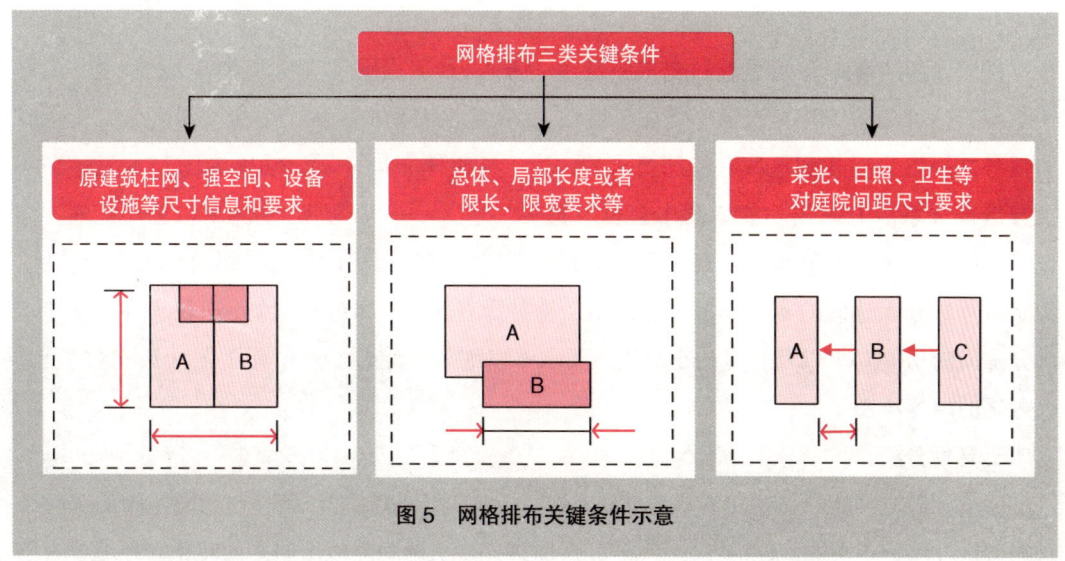

图5 网格排布关键条件示意

(4) 细节设计常见条件

细节设计任务是完善各功能空间的设计，其主要条件为：房间中含有的子房间划分；区域家具设备的划分与添加；有视线要求的房间不能设柱子等。细节条件的划分多在面积表的备注中出现，有视线要求的房间则是根据原理、经验自行判定，如各种报告厅、礼堂、宴会厅等，适合做成大跨结构，一般其上层不再有其他空间（图6）。

对于细节设计，在开始读题目的时候不必过多在意，其内容常是对某空间或房间内部的细节要求，所以基本上不太影响分区布局与房间排布。实际上，挑出一、二级分区后剩下的内容基本上都是细节设计的内容，可以在整体设计完成后再加工此类信息，如果时间紧张，可在正图上加工完善细节设计。

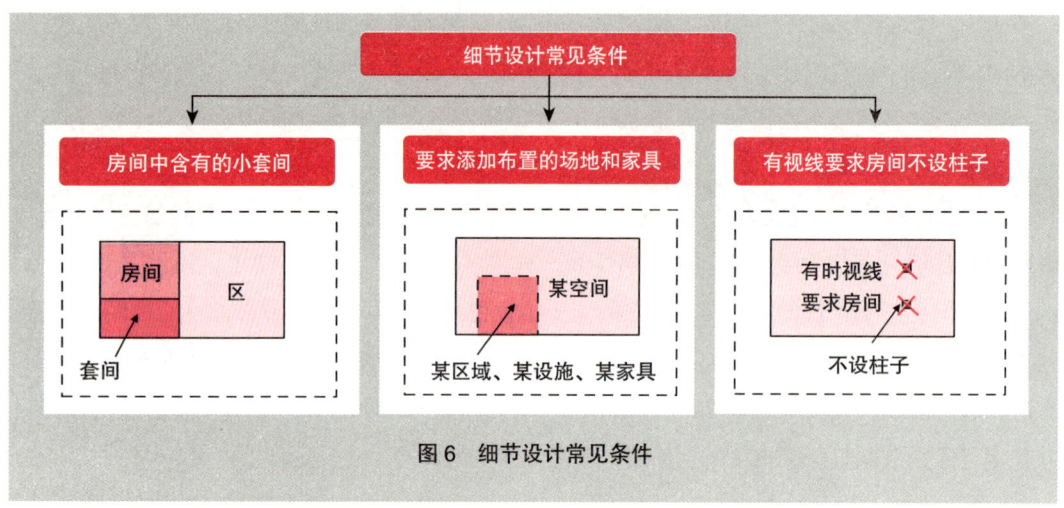

图6 细节设计常见条件

各级分区"地图"：考试题目要求图纸是一张A2横版白图纸，要求文字、面积表、功能关系图等内容分为三栏，布局如下图（底图）。在这个布局中，各个分级交错隐含，读题时的任务之一就是要找到这些有特殊要求的内容。从整体布局来看，功能泡图基本表达了一级分区的关系。有时候功能泡图中会有"越级气泡"——以功能用房为单位的功能泡（详见《指导》一书中第五章"功能关系气泡图解读"），可把该房间视为一级分区的一个分区。文字叙述部分表达的内容以一级分区为主，有时含有部分二级分区内容；面积表部分备注了部分房间的功能要求以及相应的小流线。要求多以细节设计为主，含有部分一级分区以及二级分区的内容（图7）。

5. 环境分析

环境分析对功能分区定位有决定性的作用，通过对环境要素、条件与功能泡图的对应关系的分析可以确定功能泡图的"固定端"，从而进一步引导功能泡图向平面转化。环境要素条件多种多样，包括来自外部道路的、来自自然景观的和原有建筑等，关于它们对功能分区定位的影响，笔者在《指导》中也详细地进行了分析。读者可根据该书中讲述的知识点对各种环境条件信息进行分析。这些环境要素条件在考题中的呈现为一张A2的总平面图纸，分析时可以从以下几个方面考虑。

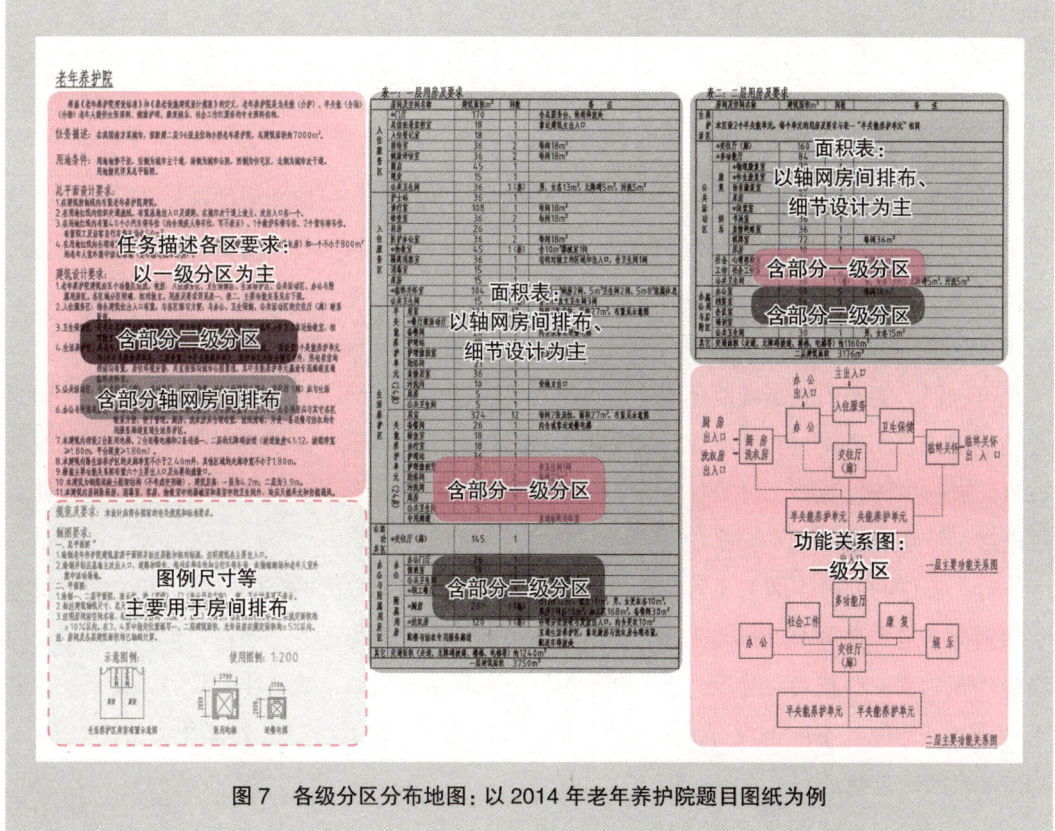

图 7　各级分区分布地图：以 2014 年老年养护院题目图纸为例

一个方面是理清总图环境中的"内、外，动、静"区、边。外部环境也有"外"、"内"之分，环境的"外"、"内"决定建筑朝向的"外"、"内"。一般情况下，用地临道路的"边"为外边，未临道路边为内边。往往外边对应建筑的对外功能分区，内边对应建筑的内部功能分区，但也需要根据实际条件进行分区布局组织。外部场地环境的"动、静"情况往往也和建筑分区的"动、静"属性对应。

再有，可以从场地环境的三个层次来分析：

一是外层次环境要素条件，就是用地红线之外，如道路和周边用地环境等。外层次环境对建筑分区的影响主要为：道路决定功能区域；周边环境对应动静分区；景观层次影响视线对景等。

二是中层次环境要素条件，则是在建筑红线之外用地红线之内的环境要素条件，这个层次的要素对建筑分区的影响较外部层次更加强烈，可能会通过对外部场地的布置间接影响功能布局，或者通过其他场地景观的关联影响建筑的布局，但其影响一般都是间接的影响。

三是内层次环境要素条件，也是对建筑布局环境影响最强烈、最直接的，即在建筑红线之内的环境要素条件。在这个范围内的景观要素条件将参与建筑的布局规划，影响建筑形态，某些出现在该范围的环境要素与建筑的关系或避让、围绕、或关联、对话。其影响都是直接和明显的。应充分重视该区域范围内的环境条件。

二、一级分区

1. 泡图就位

从功能气泡图到建筑平面图是一个逐渐演变的转化过程。根据环境信息与功能泡图的对应关系将功能泡图转化为分区定位草图。首先对与环境信息相对应的功能泡图"固定端"进行占位布置，使各个泡单元所代表的分区占"边"、占"宫"。再根据功能泡图的关联和其他分析思考定位其他"非固定端"泡单元。定位原则：先明示，后暗示；先确定，后模糊。

可以把功能泡图放在场地环境中进行比对。通过功能泡图"固定端"的占位，就可以判定功能泡图绘制方位与实际场地环境是否一致。以此承上启下，如果泡图"忠实"则可按部就班，进一步转化变形，如果不完全"忠实"，则需要根据题目条件将泡图进一步变形，使之逐渐接近正确的建筑分区布局。

分区占位的同时，泡单元向功能分区转化，应考虑功能分区的空间"形"和空间"量"，很多同学在这个环节上就很是头疼，表示"找不准形"、"面积感差"等。其实也可运用专业经验的积累和一些技巧对分区"形"和"量"进行概括。当然，这个环节对形和面积量的要求并不高，即便找不准也没有关系，因为该阶段的主要矛盾是分区和外部环境条件的关联，和分区之间的关联。

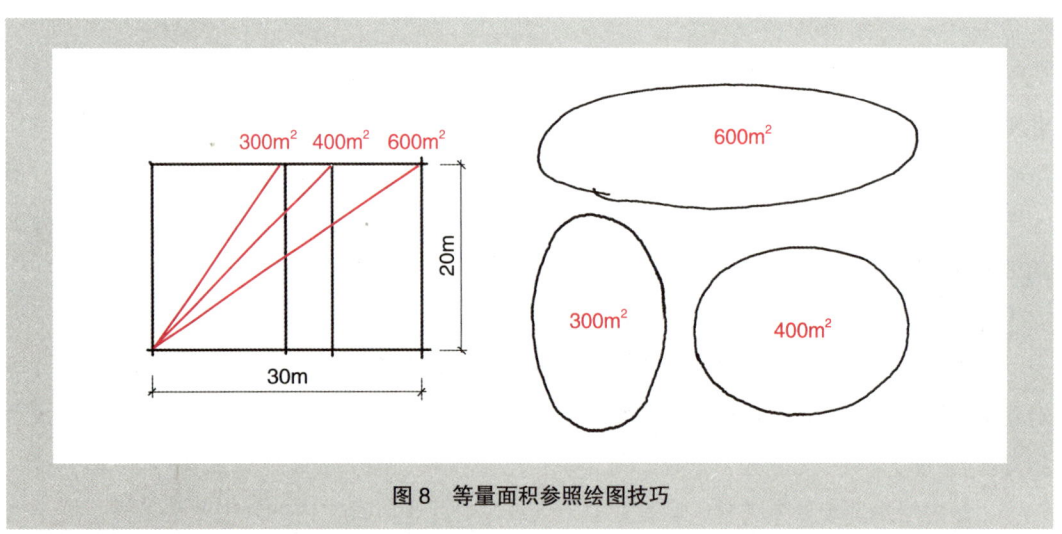

图8 等量面积参照绘图技巧

> **小锦囊**：如何使一级分区草图中的区块面积更准确？可事先在草图纸上画好1:500的长方形"块"，面积可为100m²、200m²、300m²、400m²、600m²等（也可做成塑料模板，还可以参照其他工具、肢体面积大小等，这里的肢体主要指如手掌、手指、指甲等局部肢体部位）。这样就可以参照模板上的面积进行"等量"绘图（图8）。

对于分区"量"来说，有经验的设计师和考生是有一定的"面积感"的，大多数时候我们都是绘制1：500的草图，久而久之，这个比例上各个部分的面积大约多大就心中有数了。但对于新手来说，这也是个很大的难题。那些缺乏面积感的考生也可以试用一些实用的"面积参照技巧"（图8），不过，"方形"转"圆形"，面积会有些差异，也不会太大。感兴趣的考生快去试试吧。

对于分区"形"来说，主要会形成"面形"、"带形"、"点形"。面形主要为较大空间、放射式空间形式的分区或多跨度复合式空间形式的分区；带形一般为走廊式（单双廊）空间形式的分区；"点形"则为单一小房间（越级泡单元），或面积小、数量少的分区。对于训练有素和专业素养较好的建筑设计师来说，带着这样的空间形式的思考来规划分区泡图并不是什么难事，考生也应在作图中逐步养成良好的习惯。

非固定端的组合方式常常不能根据已有信息直接生成答案，有的时候需要通过多方案的逻辑辨析比选才能获得最佳组合方式。建筑方案设计过程中，既有感性的审美创作也有理性的逻辑分析，在一注考试中，理性的分析则占有相当大的比重。

2. 组合逻辑辨析

功能泡图高度抽象地概括地表达功能分区的相互关系，要将其还原成具体的空间平面还涉及很多其他的考虑因素和自主发挥。为便于统一评判标准，还是设定很多要求，来"引导"考生向"标答"方向作答。但方案设计在各个设计者的大脑中形成，是一种"黑箱思维"，其结果会各不相同，千差万别。所以，在这个"添枝加叶"的过程中就会有很大不确定性，就好像向目的地进发的道路上有很多岔路口，稍有不慎就会误入"歧途"。为避免错误的思维导向，除了具备相应的知识经验外，还应具有能够在关键节点步骤环节进行不同组合方案辨析、比选的能力。

一级分区功能分区组合逻辑的辨析、比选尤为重要。因为在该阶段不同的组合逻辑将决定方案的不同走向，方案组合逻辑辨析比选可能是非固定端位置排布方案的不同；也可能是各个分区联系方式的不同；还有可能是庭院开设方案的不同。该阶段中方案的不同组织方式也许是优、劣的不同，也许是正、误的不同。

这种对于多方案、多可能的辨析、优选是考生真正设计能力的体现，也是考生取得高分成绩的必经之路，但恰恰也是众多考生以及很多培训教学中最容易忽略的环节。很多培训老师可以直接拿出他们的"优良"方案，让你惊呼：原来还可以这样，我怎么没想到。但你却不知道自己的问题在哪里。本书中将对关键步骤的不同方案取向进行对比分析，让考生"知其然，知其所以然"。通过此环节让考生学会如何选择正确作答方向，如何优化方案等。

3. 一级分区关键条件校验

一级分区是最初的整体定位，是后续设计的基础，如果一级分区产生错误或流线缺失，将会导致后面的设计都不能满足要求。一级分区必须准确，不容有失，所以一级分区的校验也尤为重要。

一级分区关键条件的校验与落入主要为以下三个方面：

（1）校验场地与分区的关联，确定分区区位布置是否正确。主要校验固定端分区（或主要房间）定位是否全面、准确。

（2）校验分区之间的关联要素，确定各部分的相互关系和整体形式是否正确。

此步骤也称为"验流"，就是校验功能泡图中所呈现出来的泡单元的联系关系是否全部做到，是否有缺漏，各个分区经过形变、加减空间、距离拉伸后，是否还能"忠实"于原功能泡图的基本要求。校验各个分区的水平联系是否连通、是否合理、是否短捷；校验同类分区的上下层是否连通、是否布置合理；校验有冲突关联的分区是否相互回避。

人脑毕竟不是电脑，在紧张的情况下或面对不熟悉的题目要求时，容易错漏信息，尤其是在平时缺乏训练的情况下，会更加慌乱无措。很多考生出考场后才会恍然大悟，很多地方没按要求做。评卷老师在判卷时也是疑问多多，为什么不按要求作答？所以有必要采用科学有效的方法、步骤来规避上述情况。以上校验在此步骤中尤为重要，因为这是最早期方案发展方向的确定，及时纠错才可保证后面设计的正确与顺畅。

校验方法可如图9所示。

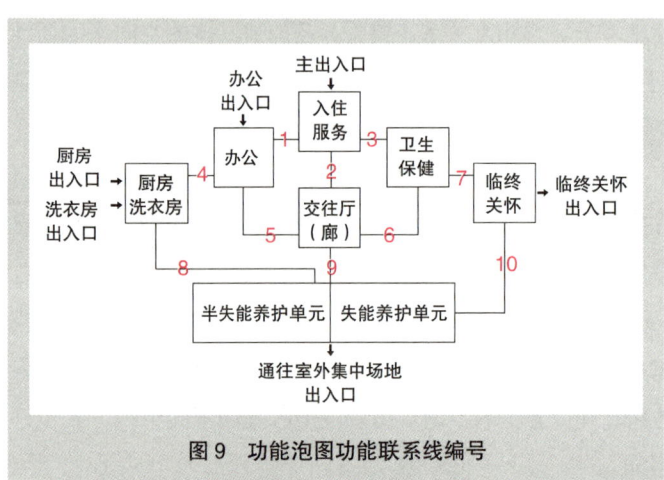

图9 功能泡图功能联系线编号

小锦囊： 检验各分区功能关联时，可在功能连线上依次标注序号，在平面关系中一一对应检验，以保证不丢流线。

（3）校验以及补充场地与房间之间的关联关系，保证分区位置合理、对外出口合理可行。校验与外部有关联要求的房间是否全面掌控，是否有疏漏，尤其是二层用房，检验该类房间的布置是否合理，有无不良设计导致房间无法取得与外部的联系。

三、二级分区

二级分区由"场地布局矛盾"转化为"分区内部矛盾"。该阶段分区内空间组织将更加明确，是方案设计由模糊向明确，也是由分区轮廓向量化排布的过渡阶段。该阶段是在一级分区大关系的基础上，进一步细化方案，其任务是：确定空间组合方式和垂直交通布置；明确一级分区下面的子分区的联系、组合方式；判定分区内的组合逻辑；落入、校验该阶段关键房间。

1. 空间组合与交通布置

（1）各区空间组合

方案由一级分区轮廓进入细化组织阶段，首要任务就是建立空间组织的骨架，这个骨架就是组织各个房间的交通方式，也可称为空间组合方式。交通组织方式的确定尤为重要，如同构建建筑生命的骨骼与血脉。根据空间性质和流线联系的要求，选择合理的交通方式，如走廊式、穿套式或大空间式、复合式等（详见《指导》在第三章）。

（2）水平流线生成

水平流线既包含交通联系也包含其他分区关联。依据上一步判定的空间组合模式，对各分区交通路线进行规划并考虑各个分区交通路线以及其他流线的相互衔接，使相互关联的各个分区流线通达、顺畅。

（3）垂直交通布置

1）垂直交通楼梯的设置。楼梯设置从以下几个方面考虑：交通枢纽空间、分区的上下联系、防火疏散、无障碍措施等。

a. 交通枢纽空间。交通枢纽空间主要负责人流进、出、上、下的组织与再分配，如门厅、过厅、交通厅等。

b. 分区的上下联系。某一分区上下层都有功能空间，或上层功能分区在首层设有独立出入口等情况，均要考虑设置垂直交通联系。所以，上下联系空间要考虑空间对位，满足垂直交通上下通达且都在本分区之内。

c. 二层功能须独立或便于对外。虽然是二层功能用房，但要求有独立对外出入口，或方便到达室外。这时，就要在这类功能用房附近设置专用或作疏散用的楼梯间。例如2013年的题目，超市外租用房部分的二层咖啡和快餐须有独立对外出入口，要在其附近设专用楼梯；2014年的养老院题目中，养护区的二层污洗室须便于直达室外，也要在附近设楼梯。

d. 防火疏散。防火疏散的垂直交通布置要结合一、二层空间来确定，尤其是要满足二层空间的疏散距离，然后落入一层，并应结合功能联系楼梯，减少对一层功能空间连续布置的破坏。如上下层使用功能流线性质不同，应避免通过楼梯造成流线"串区"，必要时疏散楼梯可做成封闭楼梯间，并直接对一层室外设出口。疏散设计应满足相应的设计规范，注意特殊建筑的疏散距离要求，以及封闭楼梯间与防烟楼梯间的使用条件。

2）垂直交通电梯设置。电梯应尽量结合楼梯设置，邻近楼梯布置，或者组合成防火或防烟楼电梯间。

a. 无障碍公共电梯设计。一般公共建筑中，公众需要到达二层或以上楼层时要考虑设置无障碍电梯，常设置在门厅等交通枢纽处或是公众上下层流线衔接处。

b. 货运电梯设计。需要上下层运送货品、物品、食品等的要设置货梯，货梯宜邻近对外出入口或该区域的货运流线起始端，以减少货运流线长度。常见的货运电梯还有垃圾电梯、餐梯等，餐梯可不上人。餐梯布置应结合备餐等空间。垃圾电梯结合垃圾间等。有多种电梯出现时也可适当组团布置，以减少电梯占用空间，减少阴阳角空间。

c. 医用电梯。医疗建筑或有特殊要求的建筑按要求设计医用电梯。

d. 消防电梯。按《建筑设计防火规范》和题目要求来设置消防电梯。消防电梯可结合货梯、医梯等兼设。

3）无障碍坡道形式的垂直交通。无障碍坡道的设置也需满足相关设计规范的要求。有的建筑首层入口处需设置无障碍入口坡道。

2. 子分区组合逻辑辨析

当一级分区下有子分区时，该分区的多个子分区与其他有功能联系的一级分区衔接时，要根据空间属性、功能特征来确定空间组织方式。多个子分区的空间流线组织上存在分流、混流等不同的流线组织方式，这也将形成不同的空间布局形式，这些都需要设计者根据专业知识、经验和题目要求进行具体的辨析判断。如2012年的考题中，陈列区的三个陈列室子分区其流线组织方式须为分流方式（详见图12-12），空间的组织形式为并联复合走廊形式；2014年的考题中后勤部分的厨房、洗衣两个子分区的流线组织方式则为混流形式，其空间组织形式为并联单走廊形式（详见图14-18）。所以，往往二级流线的子分区组合逻辑也十分重要，甚至有一锤定音的决定性作用，考生应对此步骤有足够的重视。当然，也有些题目并无明显的子分区，或者子分区组合无很大分歧，那么这个步骤也可省略。

《指导》一书中的第四章"流线解析"章节已经详细分析了哪些情况分流，哪些情况混流，以便在遇到该种空间特征时正确判断，正确组织各个子分区的流线交通空间。

3. 二级分区关键条件落入

前文中已叙述，二级分区的关键条件主要有以下三个方面：本分区（分区按泡单元）中房间和其他分区相关联；本分区中房间的相互关联；本分区中是否有较大面积的房间。理清二级分区的关键条件有助于认清分区内空间组织的矛盾。二级分区的关键条件信息同样分布在任务书中各处，而这些条件应在审题阶段就已经被提炼、分拣出来，在此阶段直接拿来"使用"，而不必再重头找起，减少重复工作，才是科学统筹的方法。落入关键条件中的联系关联的同时，也要校验条件中的"冲突关联"是否规避。

一、二级关键条件的落入是相对的定性的标示，并非严格的定位和准确的定量，随着方案的发展和深入，某些分区和关键房间的位置也可能会发生变化，有可能是微调变化，也有可能是较大的位置变化，但无论怎样，都应该是一种拓扑型转化，其相对关系应该是准确的。标示关键条件的目的是让我们在设计过程中有意识地重视主要矛盾，协调好主次矛盾关系，同时不丢落重要信息，让设计者在全盘掌握设计信息后，更加灵活自如地"调兵遣将、指挥作战"。

四、网格空间排布

1. 柱网尺寸判定

在整个设计过程中，在哪个步骤引入柱网，对设计的速度与质量都有一定的影响。柱网引入太早，网格化空间会限制思维的灵活性，不利于理清建筑内部空间关系和分区逻辑比选；柱网引入太晚，空间量化不准确，有可能使设计偏离准确量值较远，甚至导致设计的返工，或者在空间排布上做很多"无用工作"，浪费许多宝贵时间。所以，在适合的阶段与步骤引入柱网，才能使整个设计过程顺畅、合理。

本方法中，在二级分区完成后引入柱网进行网格量化更合适。一方面，因为空间定性的工作已做完，此时开始空间量化不会改变之前预判的空间形态关系等，所以此时引入柱网不会嫌早；另一方面，同类的房间可直接在柱网空间排布中解决，不做重复工作，所以也不会嫌晚。在适合的阶段，运用适合的步骤，恰到好处，也是保证设计快速准确的必要条件。

轴网尺寸的判定在《指导》一书第六章中已作详细讲解，主要与建筑类型、大小空间面积、单元空间基本尺寸、设备尺寸和原有柱网体系等因素有关。从设计快捷方便的角度看，不宜形成太多种类的轴网尺寸，以选用方形等边网格为好。

常见的几种柱网尺寸易形成的面积组合应牢记在心（图10）。

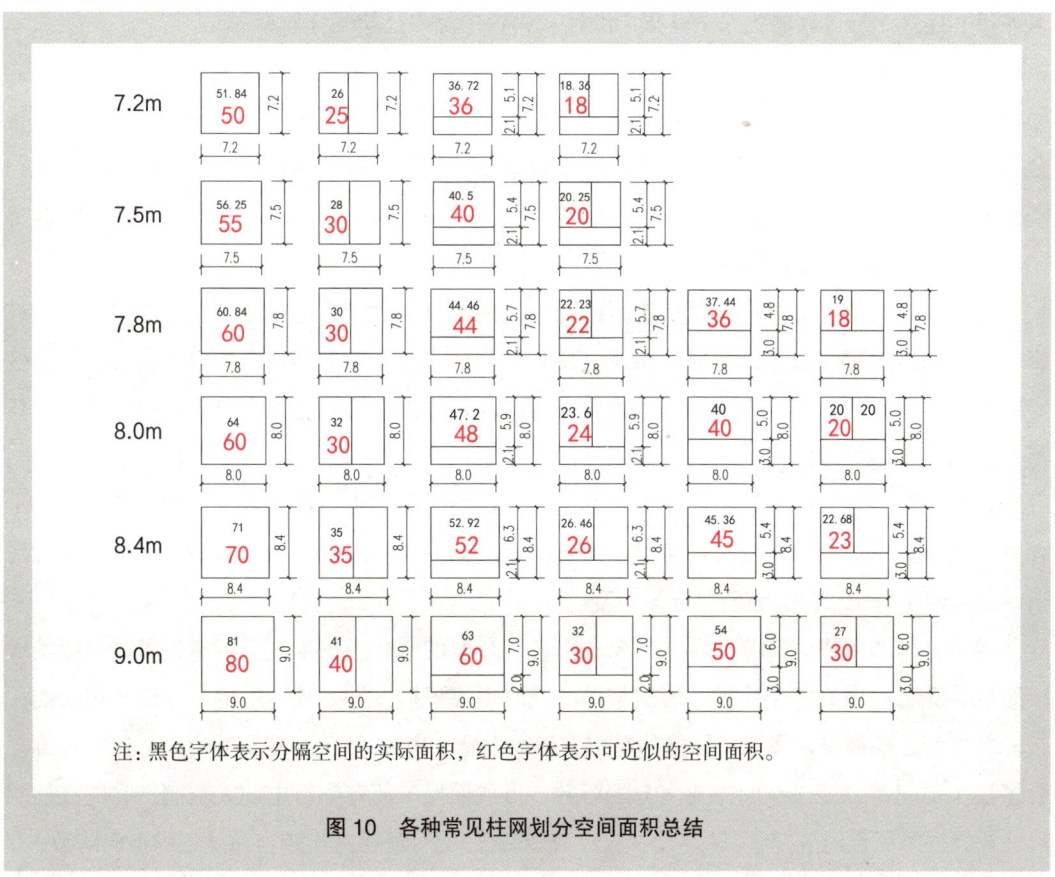

注：黑色字体表示分隔空间的实际面积，红色字体表示可近似的空间面积。

图10 各种常见柱网划分空间面积总结

小锦囊：常用柱网空间面积应熟记，如果记不住，考场上现画几组以作参考。

2. 网格模数量化

将题目条件中的尺寸数值、面积数值转化为轴网模数单位，在转化的过程中遵循"总分层控、独立统一"的原则。主要为以下三个层次。

（1）轴网场地纳入

计算场地中可纳入的最大网格限度和建筑首层所需网格数量。该步骤也是轴网量化总控的第一层次。用建筑红线纵横向长宽数值除以所选柱网尺寸就可得到建筑用地横向和纵向可纳入的最大网格数量以及最多总网格量（为便于绘图和说明，统一将用地长边方向视为横向，短边方向视为纵向）。有了这样的范围总控，后面的分区规划布置可在这个范围内进行分配和组织。

为了能够更加准确地掌握建筑的面积总量和网格的关系，我们也需在此环节中计算一下建筑总面积折合的网格模数总量，即用首层总建筑面积除以单元网格面积，得总建筑面积折合网格数量（为保证建筑面积在规定的上下浮动范围内，可用上下限面积分别除以单元网格面积，得到上下限总网格数）。用实际所需网格数量和总网格数量进行比对，可以大致预判建筑体量和建筑用地之间的关系——集中满铺、集中挖院或是伸展分散布局。

因为考试题目的要求和图纸范围的限制，一般情况下，建筑用地范围不会比实际所需要的建筑体量富余太多，所以一般情况下是在可容纳最大网格范围内进行划分、设计。当然也会有例外的情况。我们可根据建筑首层网格总量、建筑各区跨数等情况综合分析判定建筑与网格的关系。

（2）纵横向跨数分配预判

纵横向跨数预判是对网格总量进行的大分区网格分配预判，也是总分层控的第二层次控制。结合网格总量和已有的分区草图对主要功能分区进行纵横向网格跨数分配，可以对分区空间形式进行预判，如单双廊形式取舍等；还可以对预留庭院的位置、尺寸、数量进行总体预判。这个步骤使得设计者能够从更加宏观的角度掌控设计布局，也可使设计方案更加优化、合理，可以更好地协调建筑整体与局部的关系，避免出现排不下以致返工、网格分配规划不合理等状况。然此步骤也常常被考生忽略，拿过草图后就直接进入网格排布，没有总体、清晰的分区网格分配思路，常常是越排越乱。

各个分区的网格跨数分配，一是要根据各个分区的空间组织形式、形态，单廊一般给一个跨度，双廊一般给两个跨度，形成带形。同时也要根据设计要求、用地限制以及用房面积指标等进行合理调整，在原有网格的基础上增减走廊（宽度）。放射形空间组合分区、厅廊复合多层次空间等也要按空间需要多分配跨数，形成面形。还有题目中的大空间，有的在柱网尺寸预判环节就已经确定了其所含网格数，在网格分配时就相对比较容易确定纵横向跨数；有的要在本环节中转化为网格模数，确定其占的网格数目，从而进行组合分配。其原则也是尽量保持空间形态完整。

（3）分区量化

在总体情况纵横向跨数预判的基础上，精确计算确定分区总网格量，从而确定分区轮廓或其始末端，以方便各个分区的实际衔接排布，而不必边试验边排布。这也是总体第三层次的控制。关于多空间分区网格量化的方法，在《指导》一书中，笔者介绍了定格法和系数法，考生可根据实际情况合理应用不同的方法进行分区总量的预判。

在量化的各个层次中，依据各部分设计需要，依次引入网格排布关键条件，并在分区总控完成后校核题目中有关网格排布的各种条件。

3. 网格排布组合逻辑辨析

虽然在一、二级分区阶段，我们已经完成了各个分区和关键空间的定性、定位，但转入网格量化阶段也会有分区布置在不同网格位置的方案比选，但其与相关分区的流线逻辑组织关系是不变的。如2017年考题中西餐与西餐厨房的排布位置（详见图17-26~图17-28），在网格定位中就有多种不同的处理方式，可在草图中大致画出几种方案进行分析比选，选择的原则为空间紧凑整合、流线顺畅短捷。当然，此步骤并非独立于某一阶段，而是贯穿整个设计始终。如果空间布局紧凑而明确，也可省略此步骤。

4. 空间排布与调整

进入具体的房间排布阶段，主要有以下三个方面的任务。

（1）交通体系纳入、交通空间完善

在分区网格中明确各个分区的水平交通与垂直交通，布置原则同前，落入定性阶段分区草图的水平、垂直空间，量化交通空间。在该阶段检验校核交通疏散的疏散宽度、疏散距离等具体数值是否满足规范要求以及其他无障碍设计、货梯等布置情况是否到位。

（2）关键条件落入

首先，将之前标记在草图中的所有关键条件（包括一、二级分区中的条件）全部量化落入网格空间中，此时各功能房间的位置、面积也要更加准确。多个关键条件房间同时落入时，要协调好相互之间的关系，尽量先满足较大空间的布置。

其次，某些分区在之前的设计中"调转了"某些房间，这里也要提前标示，以免疏漏，如内部办公区向门厅公共区"拉廊配房"调转的部分房间，要预先布置。

再有，该阶段中除了关键条件房间落入之外，还应标注各个分区之间的分区门和有门禁要求的分区门，以免绘制正图时有所丢落。

（3）空间排布与局部调整

网格空间排布很多时候不会一步到位，合理有效地进行空间排布的调整，将使方案整体排布更加顺畅、合理。关键条件空间落入之后，发现有些空间和其他空间布置有冲突的，或者在其他空间排布过程中发现有冲突的，要进行一定程度的调整，如适当改变空间比例、空间位置、微调大小等，但不影响其本质关系。另外，在排布其他没有特殊要求的空间时，也应先排布不利处空间，再排布有利处空间，如先排布不采光或采光不利的位置（见《指导》

第六章）。其他细节划分可在正图中添加完成。

总之，各个阶段遵循先定性、后定量，先比选、后预判，先确定、后一般，先大后小，先粗后细，先整体、后局部这样的分析组织过程，使设计有条不紊地展开，遵循科学规律和方法，才能最大程度地达到最优方案和最短时间。

五、总平面设计

1. 建筑总平面相关设计

（1）绘出建筑屋面轮廓

建筑轮廓要与平面相符，注意绘制不同层高的分界线。如无特殊要求，台阶坡道不可超出建筑控制线。建筑外轮廓线加粗（图11）。

（2）标注建筑总平面信息

标注建筑的层数、标高、各个出入口。注意建筑的屋顶层次线，同层的不同标高要标注，体块的不同层高要注意划分，建筑各个出入口对照功能泡图进行校核（图12）。

2. 场地道路设置

（1）标示双线车道和绿化退线

标示出绿化等场地退线以及退线距离。在退线内布置场地道路等。按双车道距离沿建筑外轮廓绘出两条道路边线，不管建筑凹凸与否，道路轮廓尽量方整（图13）。

（2）道路连通建筑出入口

沿道路内边线开向建筑各个出入口。道路交叉转弯处内边线作倒圆角（图14）。

（3）道路连通场地出入口

道路外边线连通外部城市道路，并标注场地出入口。人行口处路牙可不断开（图15）。

3. 广场与停车场等场地布置

（1）结合道路布置广场场地

主入口和大量人流集散入口处道路扩大，留出广场，标注场地名称和必要的面积数据。按题目要求设置相关的场地用地。

（2）结合道路布置停车场

各种人员机动车与自行车停车场地邻近使用功能，就近停车，组团停车场可用绿化隔离，并连通场地道路。社会车辆停车场布置在主入口附近，员工车辆停车位布置在内部入口附近。其他特殊车辆布置在相关功能区附近（图16）。

4. 绿化环境等布置

用圆圈标示树木，用点点标示草地，树木布置三三两两，示意性绿化点到即可，总图点点可丰富图面效果、增加图面层次，给阅卷人留下好印象。需要注意的是，树木的布置不要影响消防车道，不要妨碍消防登高场地（图17）。

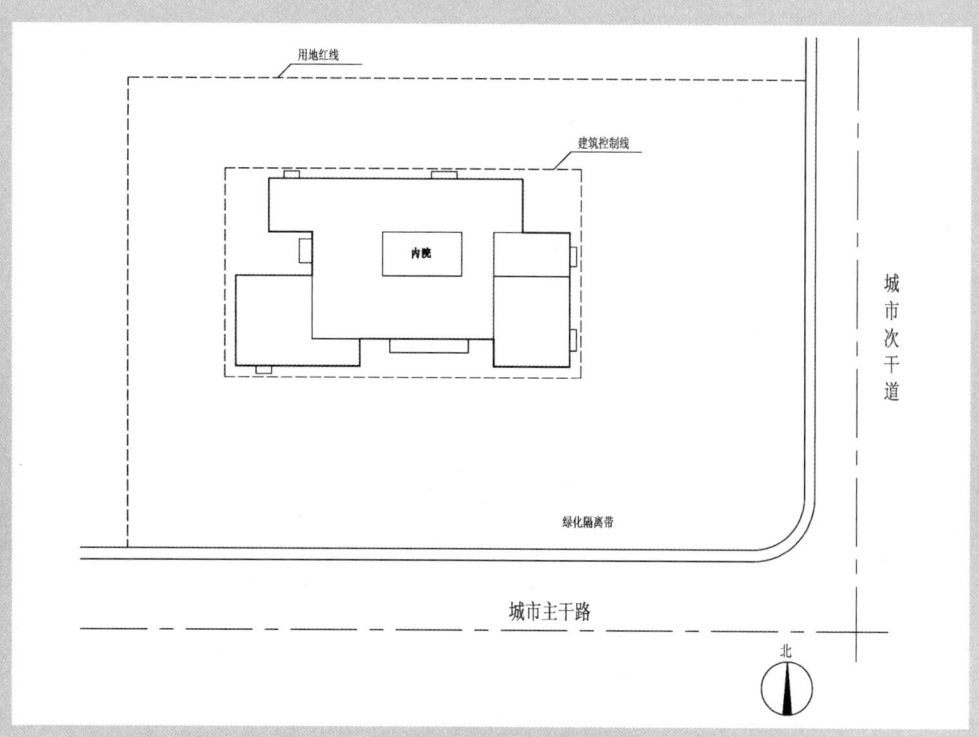

图 11　总图步骤——建筑轮廓绘制

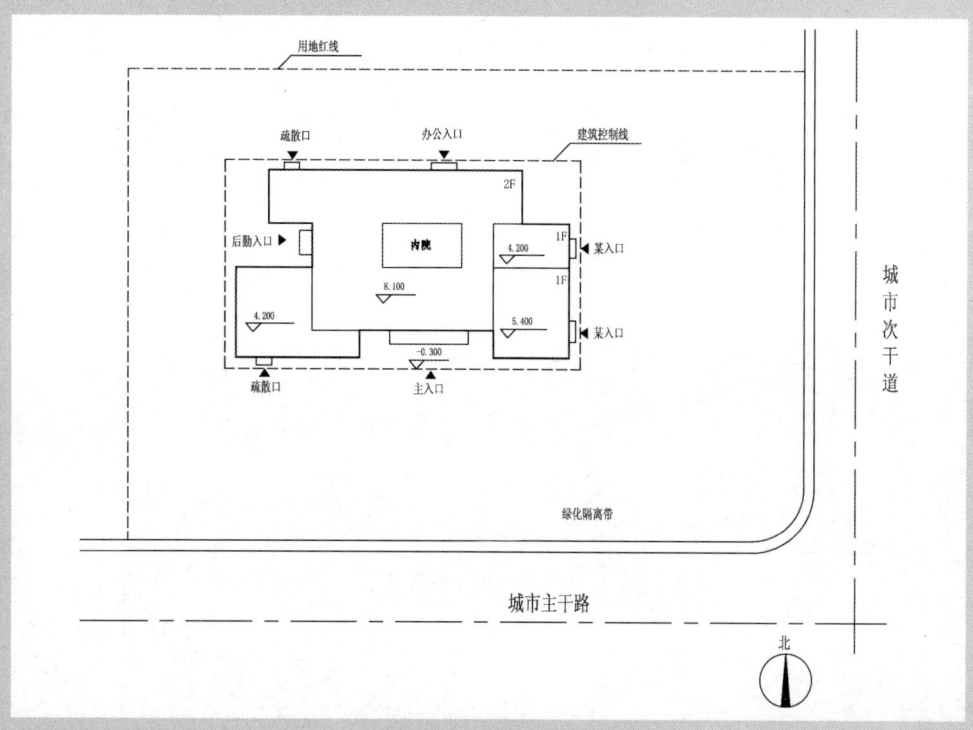

图 12　总图步骤——建筑总平面信息标注

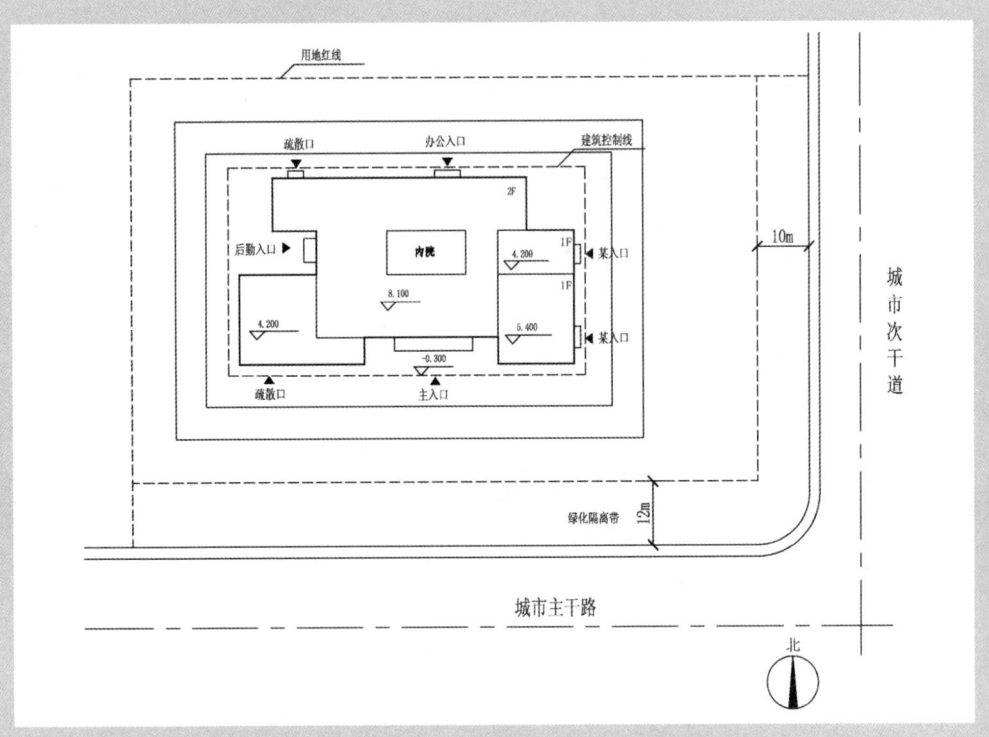

图 13 总图步骤——场地道路轮廓绘制，绿化退线标注

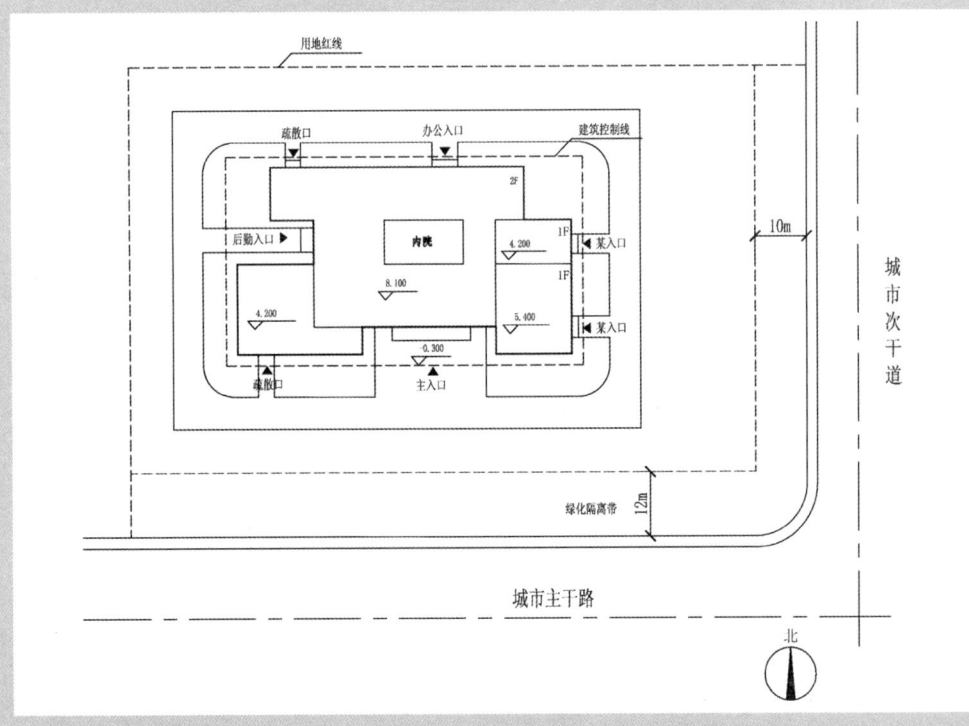

图 14 总图步骤——场地道路连通建筑出入口

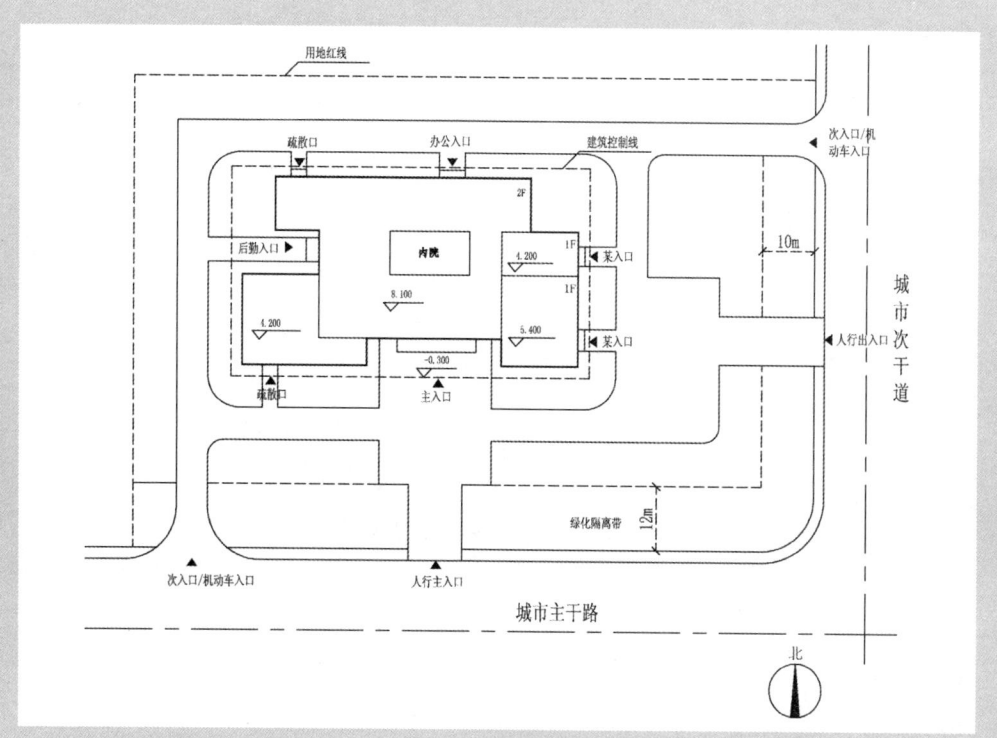

图 15 总图步骤——场地道路连通城市道路并预留入口广场

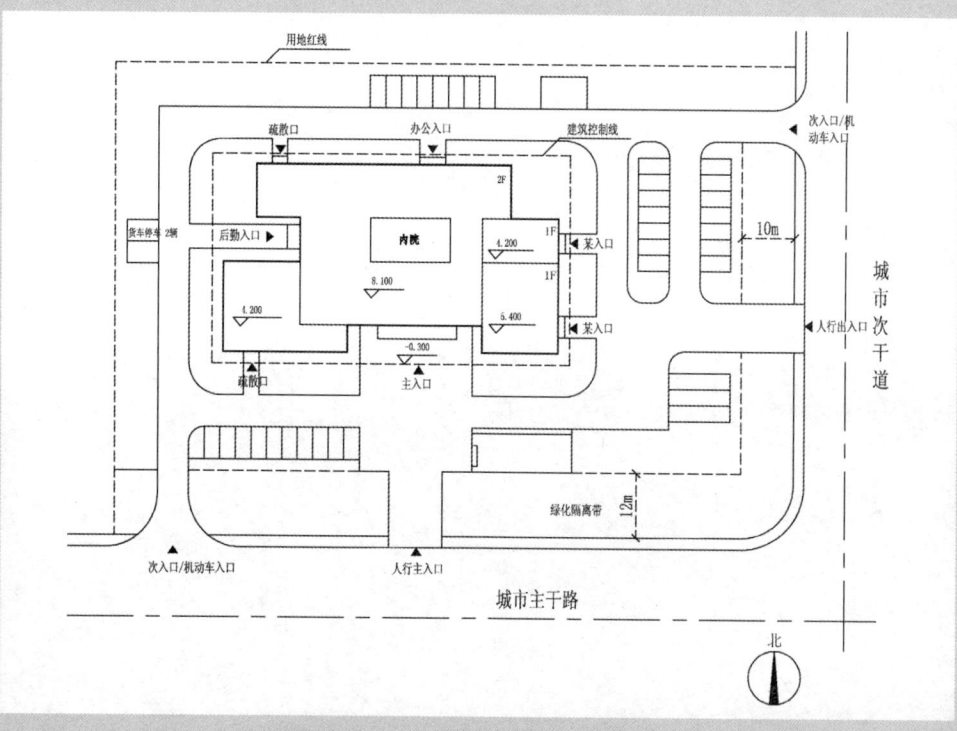

图 16 总图步骤——绘制停车场与其他场地

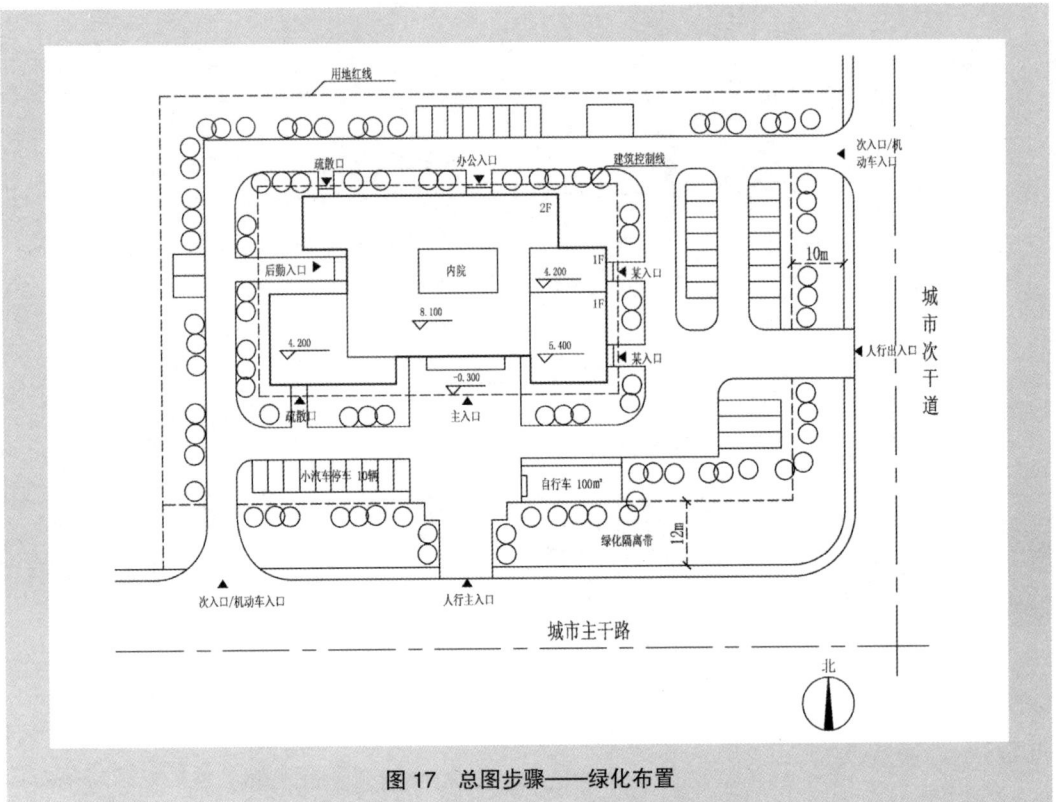

图 17 总图步骤——绿化布置

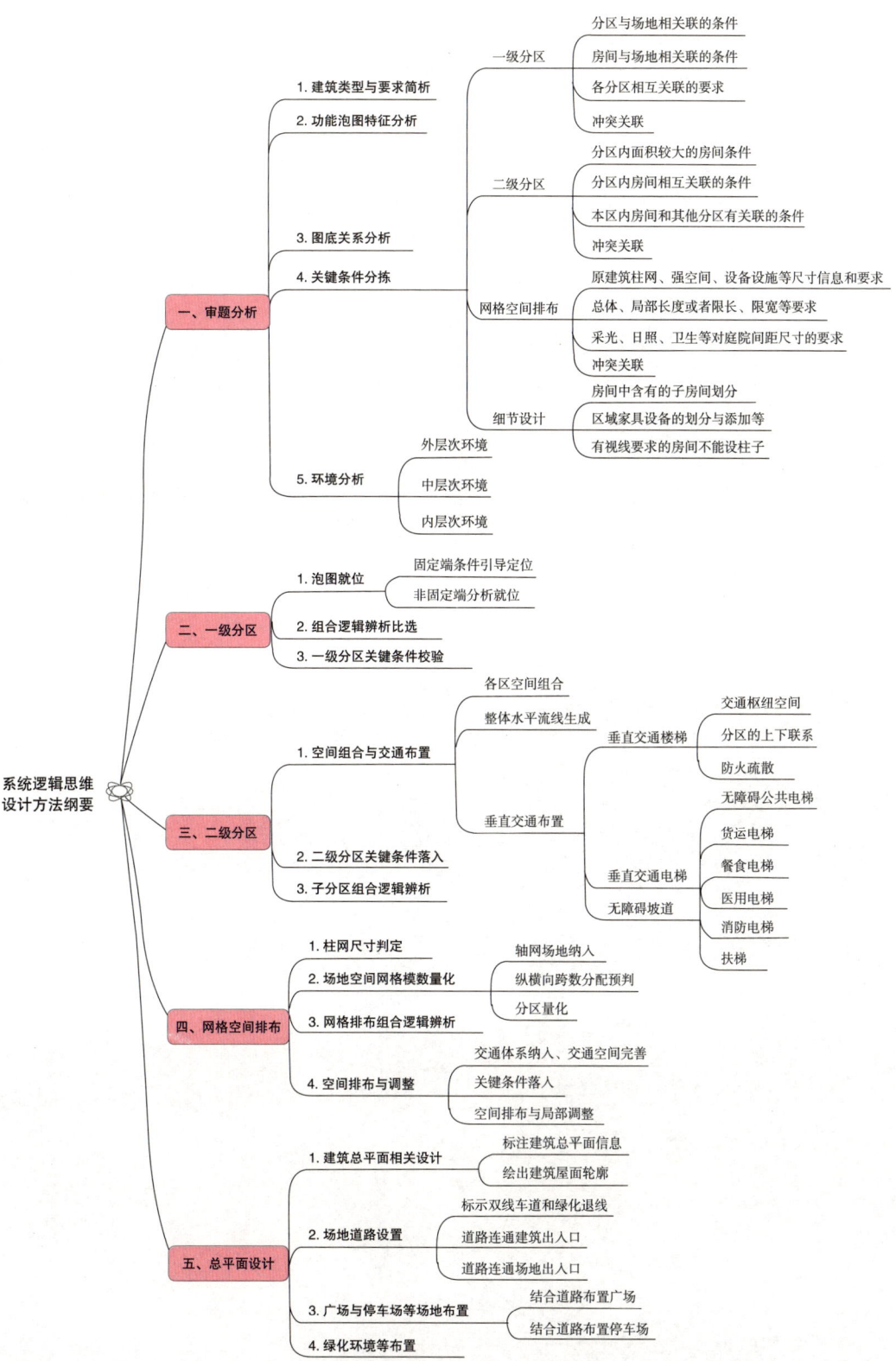

图18 系统逻辑思维设计方法纲要

[2019 年]
电影院真题解析

考题设计任务书

（一）任务概述

在我国南方某城市设计多厅电影院一座，电影院为3层建筑，包括大观众厅一个（350座）、中观众厅二个（每个150座）、小观众厅一个（50座）及其他功能用房，部分功能用房为2层或3层通高，本设计仅绘制总平面图和一、二层平面图（三层平面及相关设备设施不考虑和表达）。一、二层建筑面积合计5900m²。

（二）用地条件

基地东侧与南侧临城市次干道，西侧临住宅区，北侧临商业区，用地红线、建筑控制线详见总平面图。

（三）总平面设计要求

在用地红线范围内合理布置基地各出入口、广场、道路、停车场和绿地，在建筑控制线内布置建筑物（雨篷、台阶允许突出建筑控制线）。

1. 基地设置两个机动车出入口，分别开向两条城市次干道，基地内人车分流，机动车道宽7m，人行道宽4m。

2. 基地内布置小型机动车停车位40个，300m²非机动车停车场一处。

3. 建筑主入口设在南面，次入口设在东面，基地东南角设一个进深不小于12m的人员集散广场（L形转角），连接主、次出入口，面积不小于900m²，其他出入口根据功能要求设置。

（四）建筑设计要求

电影院一、二层为观众区和公众区，两区之间应分区明确，流线合理。各功能房间及面积要求详见表19-1、表19-2，功能关系见示意图（图19-1），建议平面采用9m×9m柱网。三层为放映机房与办公区，不要求设计和表达。

1. 观众厅区

（1）观众厅相对集中布置，出入场流线不交叉，各观众厅入场口设在二层入场厅内，入场厅和候场厅之间设验票口1处，所有观众厅入口均设声闸。

（2）大观众厅的入场口和出场口各设2个，两个出场口均设在一层，一个直通室外，另一个直通入口门厅。

（3）中观众厅和小观众厅的入场口和出场口各设1个，出场口通向二层疏散通道，观众经疏散通道内的疏散楼梯或乘客电梯到达一层后即可直通室外，也可不经室外直接返回一层公共区。

（4）乘轮椅的观众均由二层出入（大观众厅乘轮椅的观众利用二层入场口出场）。

（5）大、中、小观众厅平面长×宽尺寸分别为27m×18m、18m×13.5m、15m×9m，前述尺寸均不包括声闸，平面图见示意图（图19-2）。

2. 公共区

（1）一层入口大厅局部2层通高，售票处服务台面向大厅，可看见主出入口，专卖店、快餐厅、VR体验厅临城市道路设置，可兼顾内外经营。

（2）二层休息厅、咖啡厅分别与候场厅相邻。

（3）大观众厅座席升起的下部空间（观众厅长度三分之一范围内）需利用。

（4）在一层设专用门厅为三层放映机房与办公服务。

3. 其他

（1）本设计应符合国家现行规范、标准及规定。

（2）在入口大厅设自动扶梯2部，连通二层候场厅，在公共区设乘客电梯1部服务进场观众，在观众厅区散场通道内设置乘客电梯1部服务散场观众。

（3）层高：一、二、三层各层层高均为4.5m（大观众厅下部利用空间除外），入口大厅局部通高9m（一至二层）；大观众厅通高13.5m（一至三层）；中、小观厅通高9m（二至三层）；建筑室内外高差150mm。

（4）结构：钢筋混凝土结构。

（5）采光通风：表19-1、表19-2"采光通风"栏内标#的房间，要求有天然采光和自然通风。

（五）制图要求

1. 总平面图

（1）绘制建筑物一层轮廓，并标注室内外地面相对标高。

（2）绘制机动车道、人行道、小型机动车停车位（标注数量）、非机动车停车场（标注面积）、人员集散广场（标注进深和面积）及绿化。

（3）注明建筑物主出入口、次出入口，快餐厅、厨房出入口，各散场出口。

2. 平面图

（1）绘制一、二层平面图，表示柱、墙（双线或单粗线）、门（表示开启方向）、窗、卫生洁具可不表示。

（2）标注建筑轴线尺寸、总尺寸，标注室内楼地面及室外地面相对标高。

（3）标注房间或空间名称，标注带*号房间及空间（见表19-1、表19-2）的面积，允许误差在±10%以内。

（4）填写一、二层建筑面积，允许误差在规定面积的±5%以内，房间及各层建筑面积均以轴线计算。

一层用房、面积及要求　　　　　　　　　　　　　　　　　　　　　　　表 19-1

功能区	房间或空间名称	建筑面积（m²）	数量	采光通风	要求及备注
观众厅区	*大观众厅	486	1		1～3层通高
公共区	*入口大厅	800	1	#	局部2层通高，约450m²，含自动扶梯，售票处50m²（服务台长度不小于12m）
	*VR体验厅	400	1	#	
	儿童活动室	400	1	#	
	展示厅	160	1		
	*快餐厅	180	1	#	含备餐20m²，厨房50m²
	*专卖店	290	1	#	
	厕所	54	2处		每处54m²，男女各27m²，均含无障碍厕位。两处厕所之间间距大于40m
	母婴室	27	1		
	消防控制室	27	1	#	设疏散门直通室外
	专用门厅	80	1	#	含1部至三层的疏散楼梯
其他		走道、楼梯、乘客电梯等约442m²			

一层建筑面积 3400m²（允许±5%）

二层用房、面积及要求　　　　　　　　　　　　　　　　　　　　　　　表 19-2

功能区	房间或空间名称	建筑面积（m²）	数量	采光通风	要求及备注
公共区	*候场厅	320	1		
	*休息厅	290	1	#	含售卖处40m²
	*咖啡厅	290	1	#	含制作间和吧台，计60m²
	厕所	54	1处		男、女各27m²，均含无障碍厕位
观众厅区	*入场厅	270	1		需用文字示意检票口位置
	入场口声闸	14	5处		每处14m²
	*大观众厅	计入一层			1～3层通高
	*中观众厅	243	2个		每个243m²，2～3层通高
	*小观众厅	135	1		2～3层通高
	散场通道	310	1	#	
	员工休息室	20	2个		每个10m²
	厕所	54	1处		男女各27m²，均含无障碍厕位
其他		楼梯、乘客电梯等约181m²			

二层建筑面积 2500m²（允许±5%）

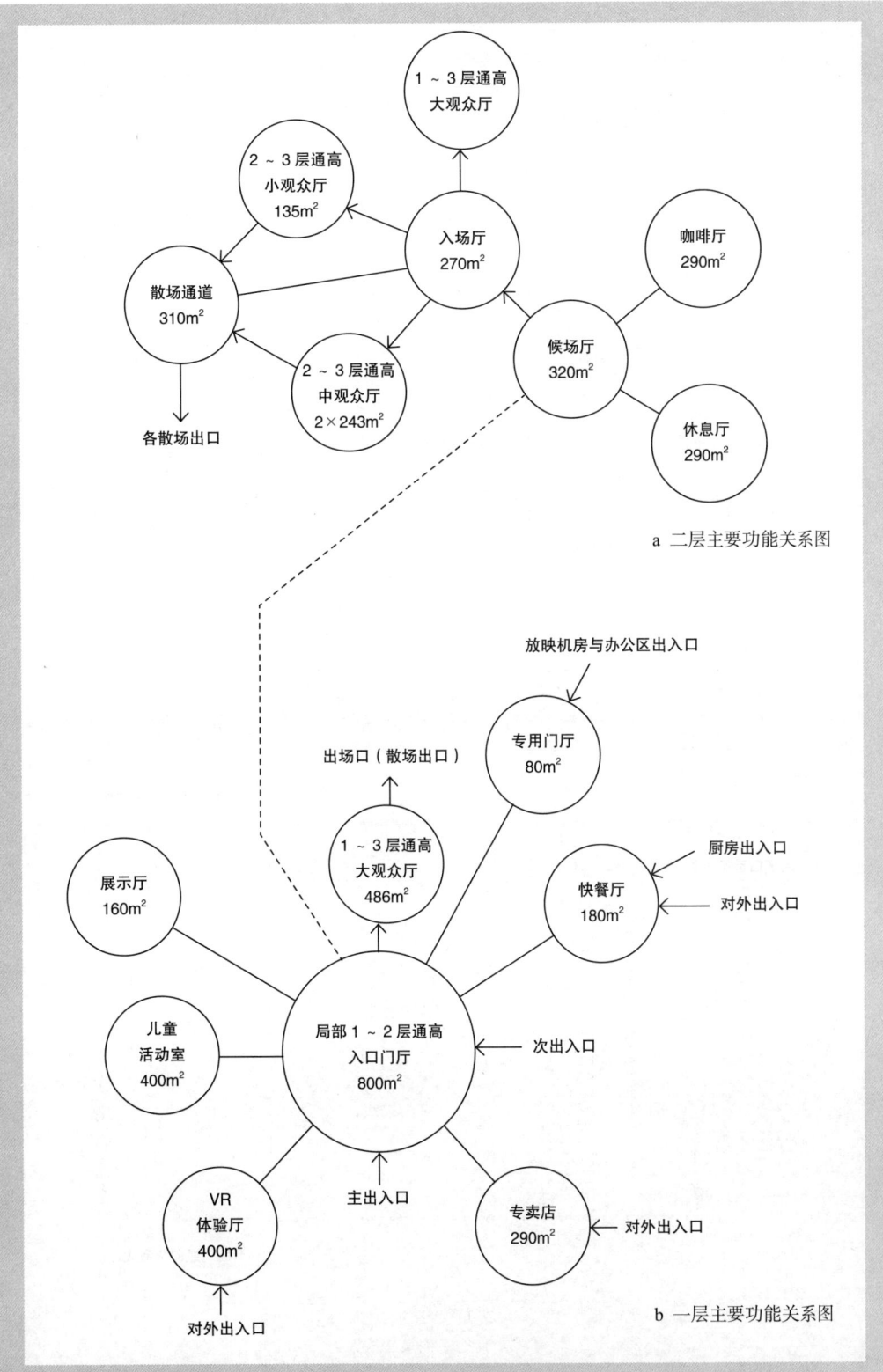

图19-1 一、二层主要功能关系图

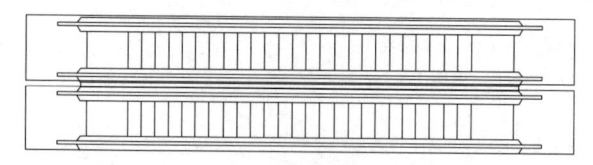 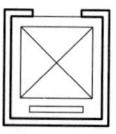

a 自动扶梯图例　　　　　　　　b 乘客电梯图例

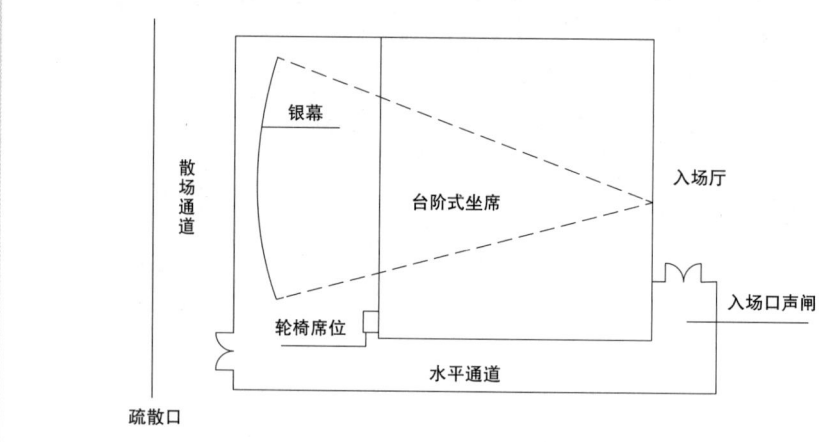

c 中、小观众厅平面示意图
（本图不作为平面尺寸依据）

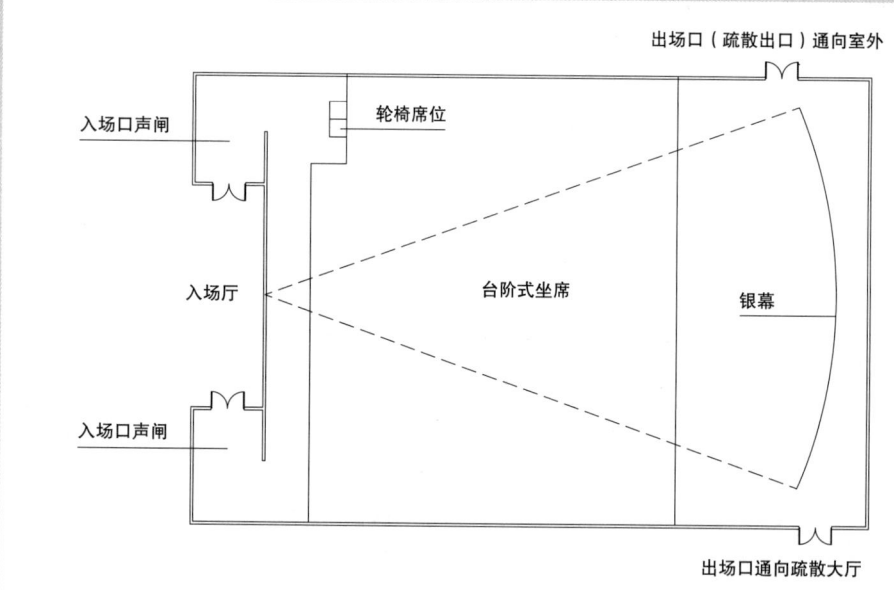

d 大观众厅平面示意图
（本图不作为平面尺寸依据）

图 19-2　各种图例示意

解题过程

一、审题分析

1. 建筑类型

多厅电影院,属于公共建筑中的观演建筑类型。这类建筑用房对声学、视线等要求较高,但本题目已经给出设计的具体规格,故不在考虑范围内。对于电影院来说,主要就是做好进、出流线的分流设计,做好进场、出场流线序列组织,做好影厅的疏散设计等。

2. 泡图特征分析

功能泡图从泡单元级别上看主要是以房间为泡单元,较之以往以分区为泡单元或分区房间混合作为泡单元的功能泡图,降低了一个级别,自然难度也降低很多。这也是本题目的一个设计特征,就是空间组织设计主要以大房间排布为主。

按泡图形式分,一层功能泡图为放射状的"点支式"泡图形式,围绕中央门厅展开,一方面预示将要形成"放射式"空间组织形式,另一方面该种形式简单、可变性大,也有可能会有泡单元发生旋转位移等变化,各处定位还是以题目要求为准。二层功能泡图主要功能空间(影厅区部分)呈"总分总"泡图形式,可能形成并联"同向通过流"布局形式。入场厅及其相关泡单元也表现出"点支式"泡图形式,平面关系也会形成"中心放射"形式(各种空间流线类型名称详见《指导》第三章、第四章、第五章)。

3. 图底关系分析

平面构成比较简单,集中式布局,并且还有退线要求,故本题不做图底分析。

4. 关键条件的提取

本题目的各种关键条件几乎都已经显示在功能泡图上面了(当然,任务描述中也有相应的强调)。主要的流线考点很明确,就是入场和出场的时空序列。这是一个"出入分流"的空间组织布局,观众入场和出场要经不同的交通空间,相互不逆行交叉。几个中小影厅形成"同向通过流"。这个在《指导》一书中也有系统的讲解(见《指导》第四章第二节)。

再有,出场也有两个方向的联系,一是能直接对外,二是能回到公共区。

另外需要补充的关键条件就是一层的两个厕所距离至少 40m 远。

按前面综述介绍的各级关键条件分拣方法,分拣提取任务书中各部分的关键条件,并做以标识。标识如下所示:

- 一级分区关键条件
- 二级分区关键条件
- 网格排布关键条件

特别需要提醒的是,为方便说明和读者阅读,本书中用不同颜色进行了标注,考生在实际答卷时不可出现铅笔之外的任何标记,否则按违纪处理。

多厅电影院设计

设计任务书

（一）任务概述

在我国南方某城市设计多厅电影院一座，电影院为3层建筑，包括大观众厅一个（350座）、中观众厅二个（每个150座）、小观众厅一个（50座）及其他功能用房，部分功能用房为2层或3层通高，本设计仅绘制总平面图和一、二层平面图（三层平面及相关设备设施不考虑和表达）。一、二层建筑面积合计5900m²。

（二）用地条件

基地东侧与南侧临城市次干道，西侧临住宅区，北侧临商业区，用地红线、建筑控制线详见总平面图。

（三）总平面设计要求

在用地红线范围内合理布置基地各出入口、广场、道路、停车场和绿地，在建筑控制线内布置建筑物（雨篷、台阶允许突出建筑控制线）。

1. 基地设置两个机动车出入口，分别开向两条城市次干道，基地内人车分流，机动车道宽7m，人行道宽4m。

2. 基地内布置小型机动车停车位40个，300m²非机动车停车场一处。

3. 建筑主入口设在南面，次入口设在东面，基地东南角设一个进深不小于12m的人员集散广场（L形转角），连接主、次出入口，面积不小于900m²，其他出入口根据功能要求设置。

（四）建筑设计要求

电影院一、二层为观众区和公众区，两区之间应分区明确，流线合理。各功能房间及面积要求详见表19-1、表19-2，功能关系见示意图（图19-1），建议平面采用9m×9m柱网。三层为放映机房与办公区，不要求设计和表达。

1. 观众厅区

（1）观众厅相对集中布置，出入场流线不交叉，各观众厅入场口设在二层入场厅内，入场厅和候场厅之间设验票口1处，所有观众厅入口均设声闸。

（2）大观众厅的入场口和出场口各设2个，两个出场口均设在一层，一个直通室外，另一个直通入口门厅。

（3）中观众厅和小观众厅的入场口和出场口各设1个，出场口通向二层疏散通道，观众经疏散通道内的疏散楼梯或乘客电梯到达一层后即可直通室外，也可不经室外直接返回一层公共区。

（4）乘轮椅的观众均由二层出入（大观众厅乘轮椅的观众利用二层入场口出场）。

（5）大、中、小观众厅平面长×宽尺寸分别为27m×18m，18m×13.5m，15m×9m，前述尺寸均不包括声闸，平面图见示意图（图19-2）。

2. 公共区

（1）一层入口大厅局部2层通高，售票处服务台面向大厅，可看见主出入口，专卖店、快餐厅、VR体验厅临城市道路设置，可兼顾内外经营。

（2）二层休息厅、咖啡厅分别与候场厅相邻。

（3）大观众厅座席升起的下部空间（观众厅长度三分之一范围内）需利用。

（4）在一层设专用门厅为三层放映机房与办公服务。

3. 其他

（1）本设计应符合国家现行规范、标准及规定。

（2）在入口大厅设自动扶梯2部，连通二层候场厅，在公共区设乘客电梯1部服务进场观众，在观众厅区散场通道内设置乘客电梯1部服务散场观众。

（3）层高：一、二、三层各层层高均为4.5m（大观众厅下部利用空间除外），入口大厅局部通高9m（一至二层）；大观众厅通高13.5m（一至三层）；中、小观厅通高9m（二至三层）；建筑室内外高差150mm。

（4）结构：钢筋混凝土结构。

（5）采光通风：表19-1、表19-2"采光通风"栏内标#的房间，要求有天然采光和自然通风。

（五）制图要求

1. 总平面图

（1）绘制建筑物一层轮廓，并标注室内外地面相对标高。

（2）绘制机动车道、人行道，小型机动车停车位（标注数量）、非机动车停车场（标注面积）人员集散广场（标注进深和面积）及绿化。

（3）注明建筑物主出入口、次出入口，快餐厅、厨房出入口，各散场出口。

2. 平面图

（1）绘制一、二层平面图，表示柱、墙（双线或单粗线）、门（表示开启方向）、窗、卫生洁具可不表示。

（2）标注建筑轴线尺寸、总尺寸，标注室内楼地面及室外地面相对标高。

（3）标注房间或空间名称，标注带*号房间及空间（见表19-1、表19-2）的面积，允许误差在±10%以内。

（4）填写一、二层建筑面积，允许误差在规定面积的±5%以内，房间及各层建筑面积均以轴线计算。

一层用房、面积及要求 表19-1

功能区	房间或空间名称	建筑面积（m²）	数量	采光通风	要求及备注
观众厅区	*大观众厅	486	1		1~3层通高
公共区	*入口大厅	800	1	#	局部2层通高，约450m²，含自动扶梯，售票处50m²（服务台长度不小于12m）
	*VR体验厅	400	1	#	
	儿童活动室	400	1	#	
	展示厅	160	1		
	*快餐厅	180	1	#	含备餐20m²厨房50m²
	*专卖店	290	1	#	
	厕所	54	2处		每处54m²。男女各27m²，均含无障碍厕位，两处厕所之间间距大于40m
	母婴室	27	1		
	消防控制室	27	1	#	设疏散门直通室外
	专用门厅	80	1	#	含1部至三层的疏散楼梯
其他		走道、楼梯、乘客电梯等约442m²			

一层建筑面积3400m²（允许±5%）

二层用房、面积及要求 表19-2

功能区	房间或空间名称	建筑面积（m²）	数量	采光通风	要求及备注
公共区	*候场厅	320	1		
	*休息厅	290	1	#	含售卖处40m²
	*咖啡厅	290	1	#	含制作间和吧台，计60m²
	厕所	54	1处		男、女各27m²，均含无障碍厕位
观众厅区	*入场厅	270	1		需用文字示意检票口位置
	入场口声闸	14	5处		每处14m²
	*大观众厅	计入一层			1~3层通高
	*中观众厅	243	2个		每个243m²，2~3层通高
	*小观众厅	135	1		2~3层通高
	散场通道	310	1	#	
	员工休息室	20	2个		每个10m²
	厕所	54	1处		男女各27m²，均含无障碍厕位
其他		楼梯、乘客电梯等约181m²			

二层建筑面积2500m²（允许±5%）

5.环境分析

（1）外层次环境

场地指北针为正南北向，基地东侧和南侧临城市次干道，东、南、北方向均为商业区，西侧为住宅区。相对基地来说，其东侧和南侧为其"外边"，西侧和北侧相对为其"内边"。

两条道路均为城市次干路，东侧稍宽一些，但题目要求建筑主入口设在南侧，次出入口设在东侧。基地设置2个机动车出入口，并要求人车分道，那么场地出入口开设方式如图所示（图19-3）。

（2）中层次环境分析

中层次场地形态似乎和以往不太一样，邻近道路两"外边"的中层次空间相对较"窄"，但这只是表象，事实上题目要求在基地东南角设一个进深不小于12m的人员集散广场（L形转角），并连接主次入口，面积不小于900m²。那么实际的建筑用地就要退让出这个集散场地了。

（3）内层次分析

建筑控制线内方整空地相对比较简单（注意：建筑的可建范围在12m退线范围之内）。

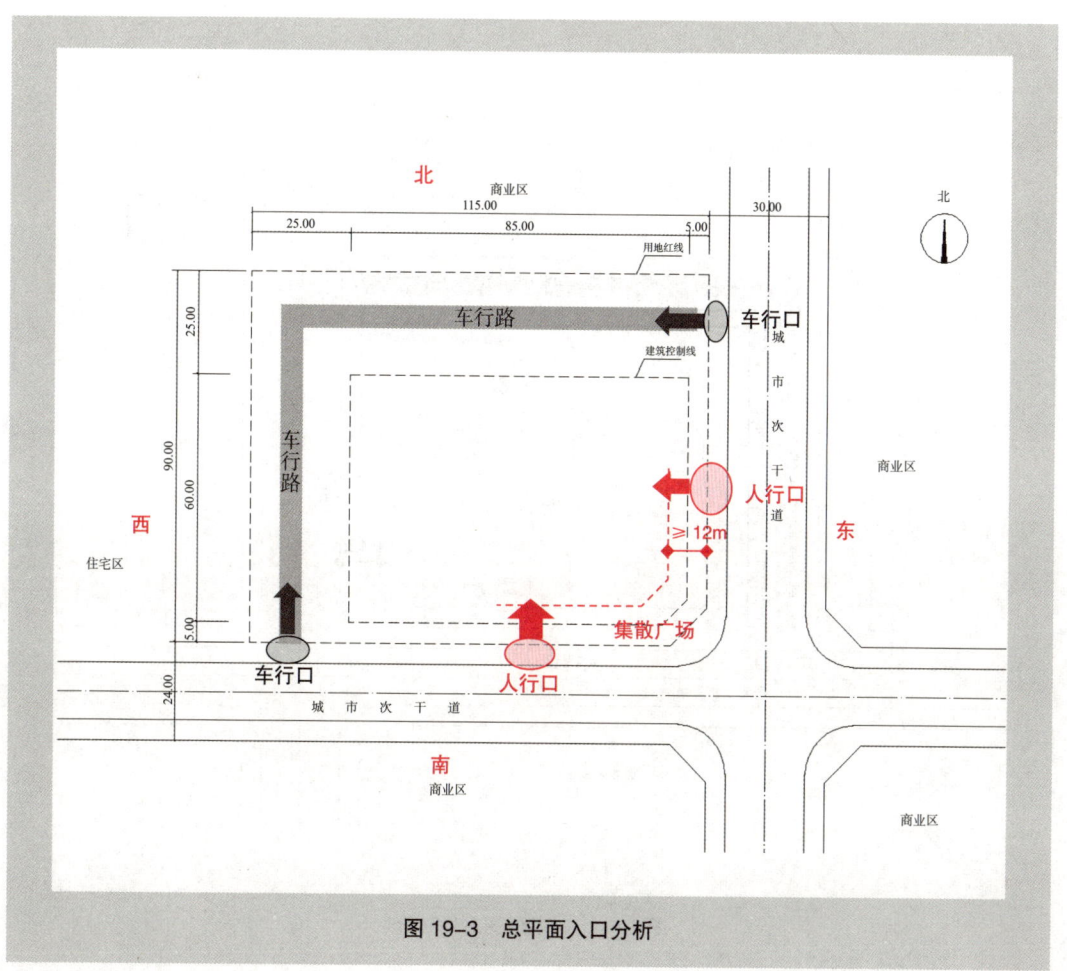

图19-3 总平面入口分析

二、一级分区

1. 泡图对位分析

将首层功能泡图放在环境中比对分析一级分区的定位关系，主、次入口与题目要求一致，一层有对外出入口的功能泡单元，其所处位置也基本符合题目要求（图19-4）。这样我们可以按照功能泡图示意的位置关系来布置一层一级分区草图（图19-5a）。其中厨房与办公放映机房出入口为内部人员使用，适合布置在"内边"，故让其出入口朝向北侧。

结合二层泡图与场地关系，初步绘制二层一级分区草图（图19-5b）。

2. 关键条件落入与确认

本题目最为重要的流线考点就是观众观影的入场、出场流线以及出场后回到公共区的流线。在分区草图绘制时要考虑这个主要流线的序列性，满足每个流程环节的要求，并且注意上下层的流线关联（图19-6）。

（1）观影入场考虑

入场流线主要考虑人流交通扶梯的设置、扶梯与售票的关系；扶梯应位于候场厅起点位置，检票布置于候场厅终点位置，注意检票口的关卡性质，设置于候场和入场之间；入场路线应短

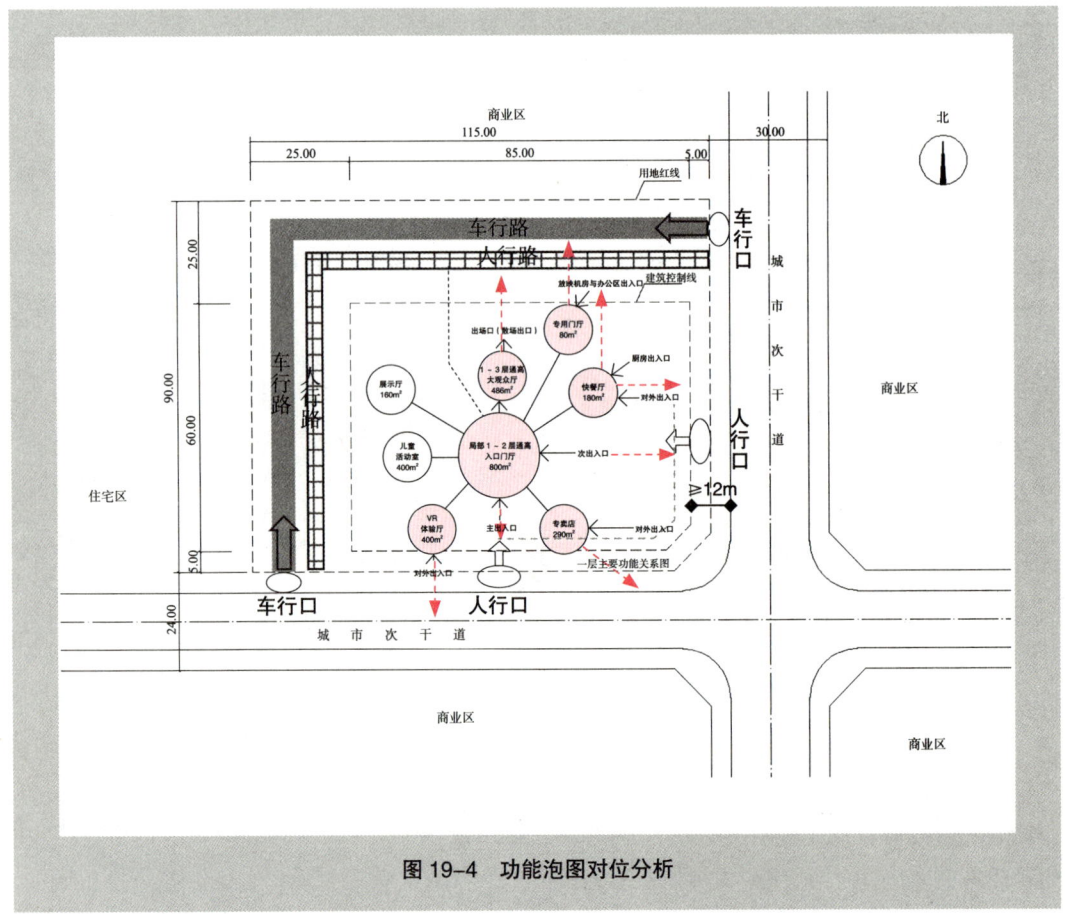

图19-4　功能泡图对位分析

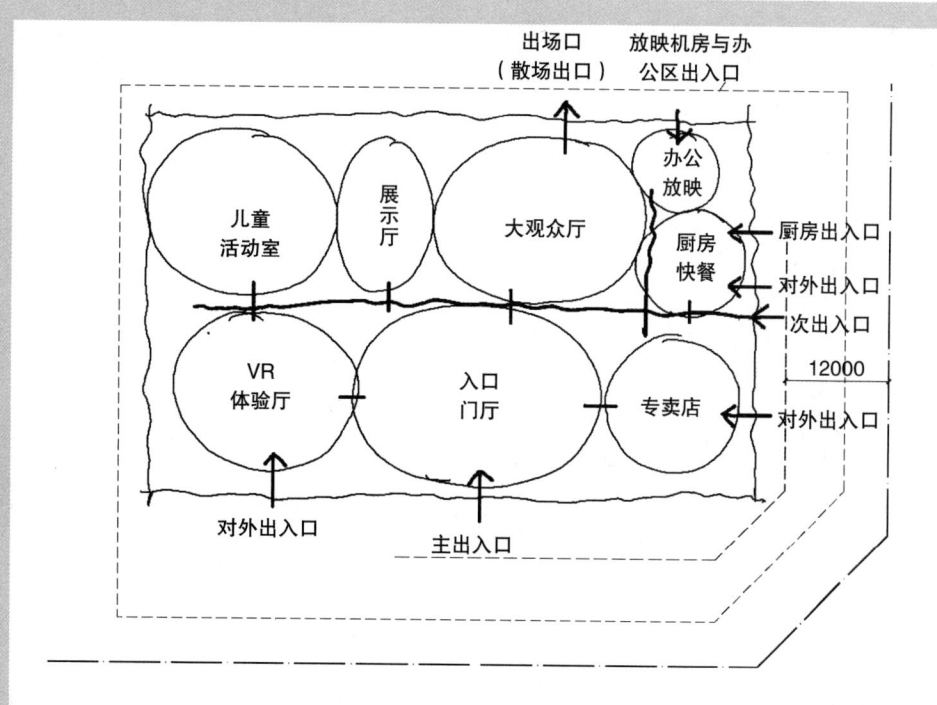

a 一层草图

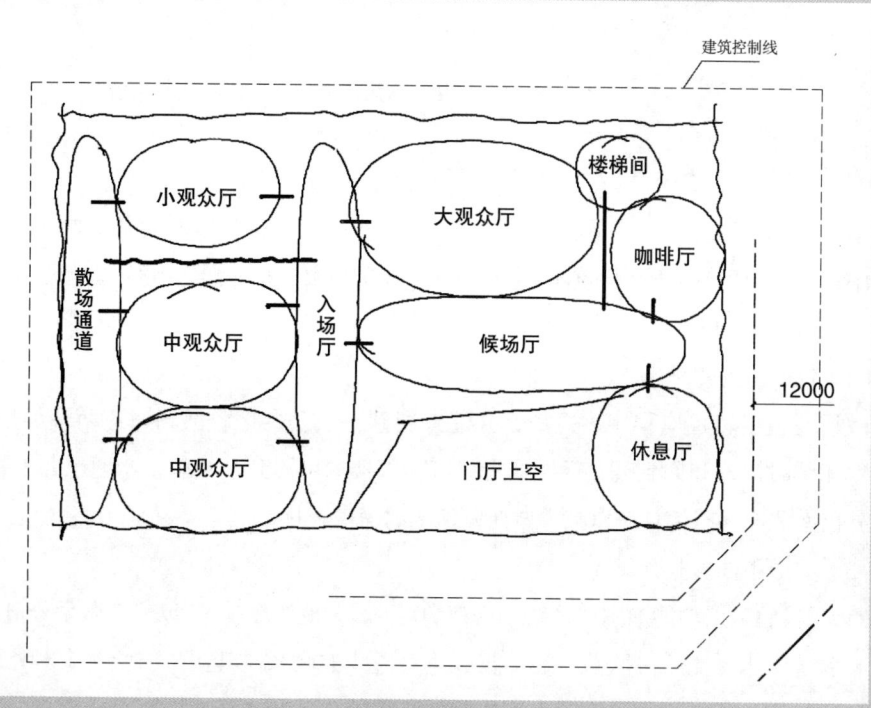

b 二层草图

图 19-5 一级分区：平面分区草图

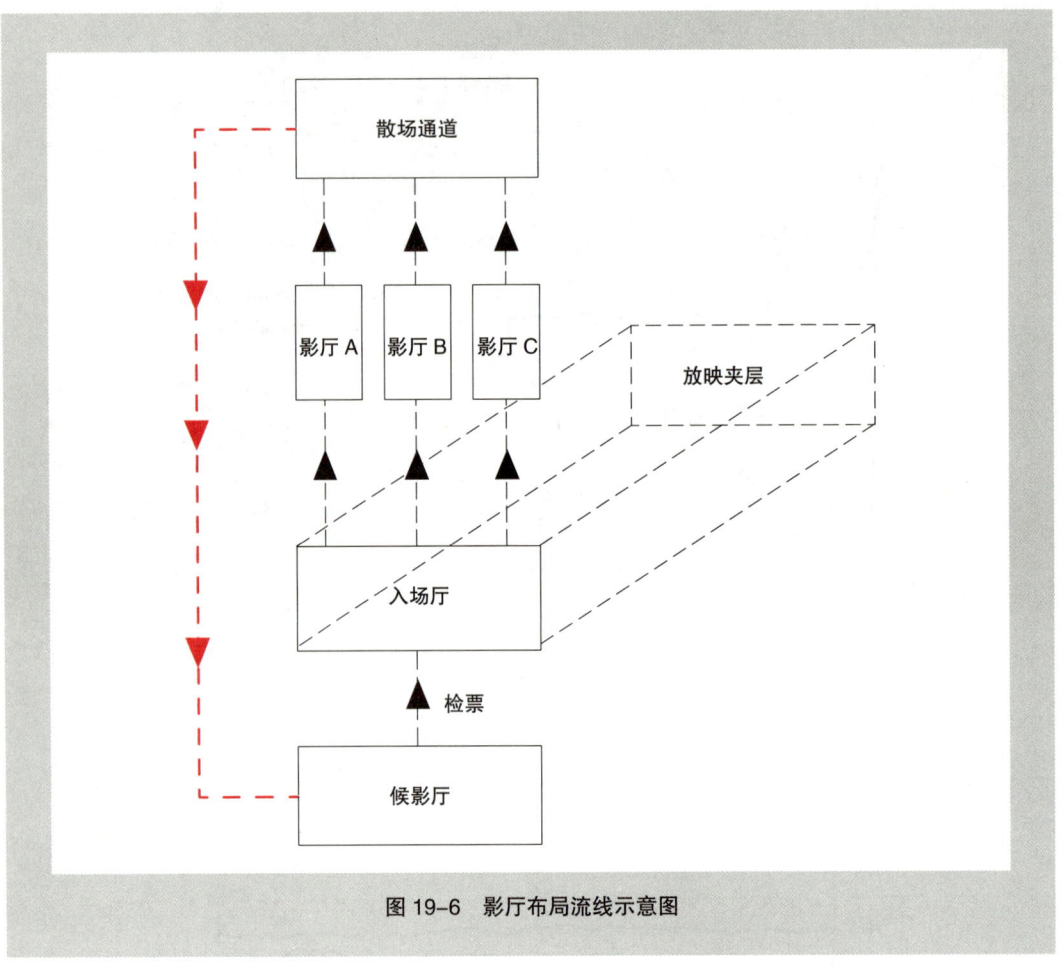

图 19-6 影厅布局流线示意图

捷、集中。影厅设置方向应适当考虑三层放映厅（室）的设置以及设备的操作，为使放映设备集中布置，便于操作管理，影厅的布置应该方向一致（东西向），尽可能减少旋转、错位等情况（见图 19-24）。

（2）观影出场的考虑

散场通道设置也应集中、短捷，并能够回到一层公共区。散场通道两端如果分设楼梯，最好都能同时对外和回到公共区（或者只有一部楼梯可回到公共区，本题也并不扣分）；疏散到室外以南北向开门为佳，以减少对西侧住宅的噪声干扰。

（3）关键条件校验

首先，校验各层功能泡图的连线是否都满足（因为流线较少，所以每个联系分值都将升值）。除了校验各层水平流线的联系，还要校验垂直流线的联系。其次，校验各个对外出入口是否都开通，并满足条件。除了泡图表达的对外联系外，还有消控室需有对外出口，散场通道需对外开口。

同步完成二层的一级分区草图布置（图 19-7）。

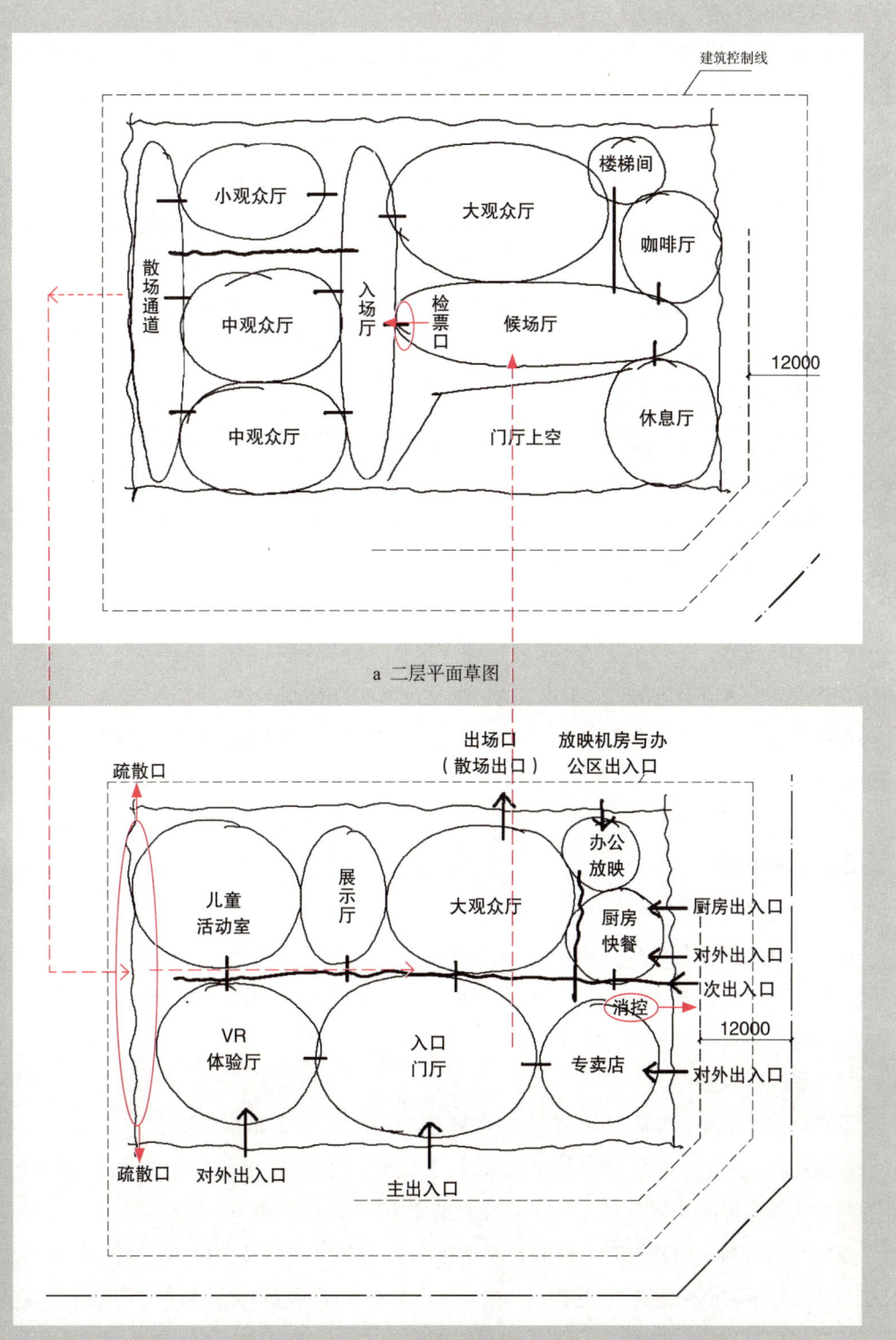

a 二层平面草图

b 一层平面草图

图 19-7 一级分区：关键条件补充

3. 组合逻辑辨析

二层依据功能泡图示意位置关系，我们会把影院区放置在西侧。还有另一种可能就是影院区在东侧，这样散场人员则出到东侧广场。那么东侧出和西侧出哪个更优选呢？

首先，东西影厅不是根本性、决定性的影响因素。因为本身这个电影院的布置功能、房间相对都很少。没有内外之分，动静要求也不十分明显，只是侧重流线的设计。只要流线顺畅都是好方案。其次，东出西出也各有道理。西出符合泡图，流线保持前进方向，室外场地出入不逆行交叉；东出有利于人员场地疏散和再次入场。

但考场如战场，"选案如选郎"，每个人都必须做出唯一的答案。做选择的话，我倾向于西出。理由如下：

1）符合泡图示意布局方向。

2）西影厅布局其人流观影路线始终保持前进方向，没有发生折返、迂回，这样会使人感到舒适、顺畅，当然这个也并非重点。

3）西影厅布局体现了整体组织相对的"内"与"外"，相对于公共区，影厅区较为"内向"。西影厅布局和总平面环境的"内、外"关系一致。

4）进与出分设在不同方向上，使得室外场地避免了逆行交叉，使得整个建筑流线形成良好的顺序循环流线，就像生物的"吸收"和"排泄"都不在同一端。这样也使得主入口广场秩序井然，减少进出人流的交叉干扰。这一条是最重要的依据。

有考生认为题目给了集散场地，可疏散到这里，这实际上是电影院规范针对主要出入口的硬性要求。

三、二级分区

1. 水平交通与空间组织

在一级分区基础上明确水平交通，安排布置垂直交通。一层整体为放射式空间组合形式；二层影院区为复合双廊空间形式，其他部分也基本为放射式空间组合（图19-8）。

2. 垂直交通

（1）解析与构思

垂直交通的设置更多从二层疏散的角度考虑。中小影厅的疏散成为重中之重。

按照最新《建筑设计防火规范》的要求，对于观众厅、展览厅、多厅电影院、餐厅、营业厅等，分为两种疏散设置情况（图19-9）。我们题目的电影厅适用哪一种呢？

或许题目是为了明确答案，给出了各种电影厅的规格尺寸。我们也可适时地依据给出的尺寸制作出标准"网格组件"。这样，一来，影厅规格和柱网网格关系就非常明晰了，在网格排布的时候也可直接"拿来"。二来，也可以明确各个影厅的疏散标准。按给定的影厅尺寸，结合题目建议的9m柱网，布置影厅适应柱网组件如下图（图19-10）。

另外，大影厅占3层通高，一、二层都可以进入，涉及三维空间组织，考生对影厅形式

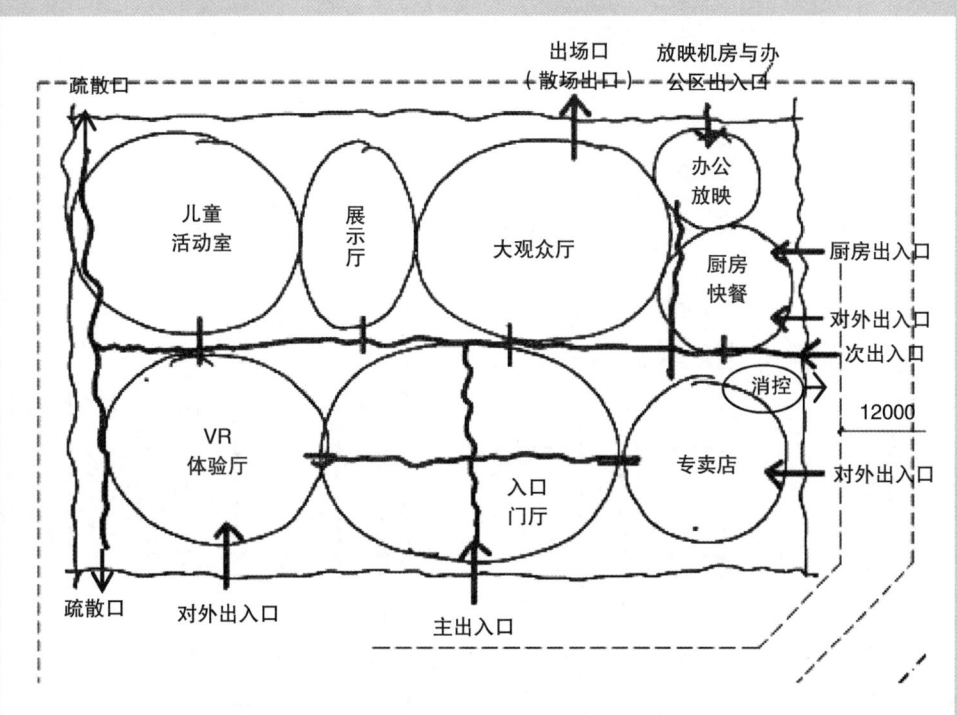

a 一层平面草图

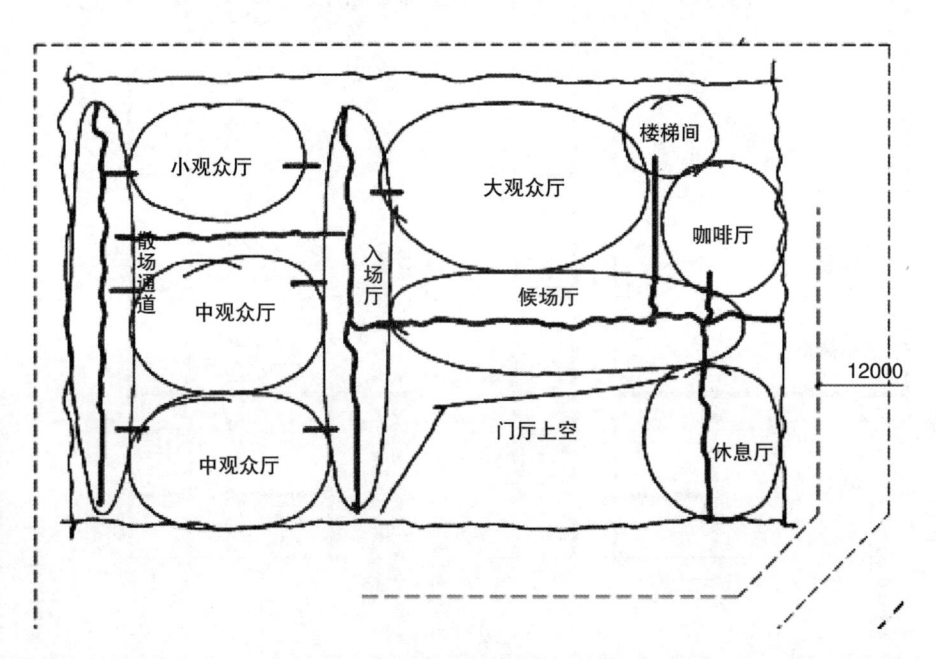

b 二层平面草图

图19-8 二级分区：水平交通布置草图

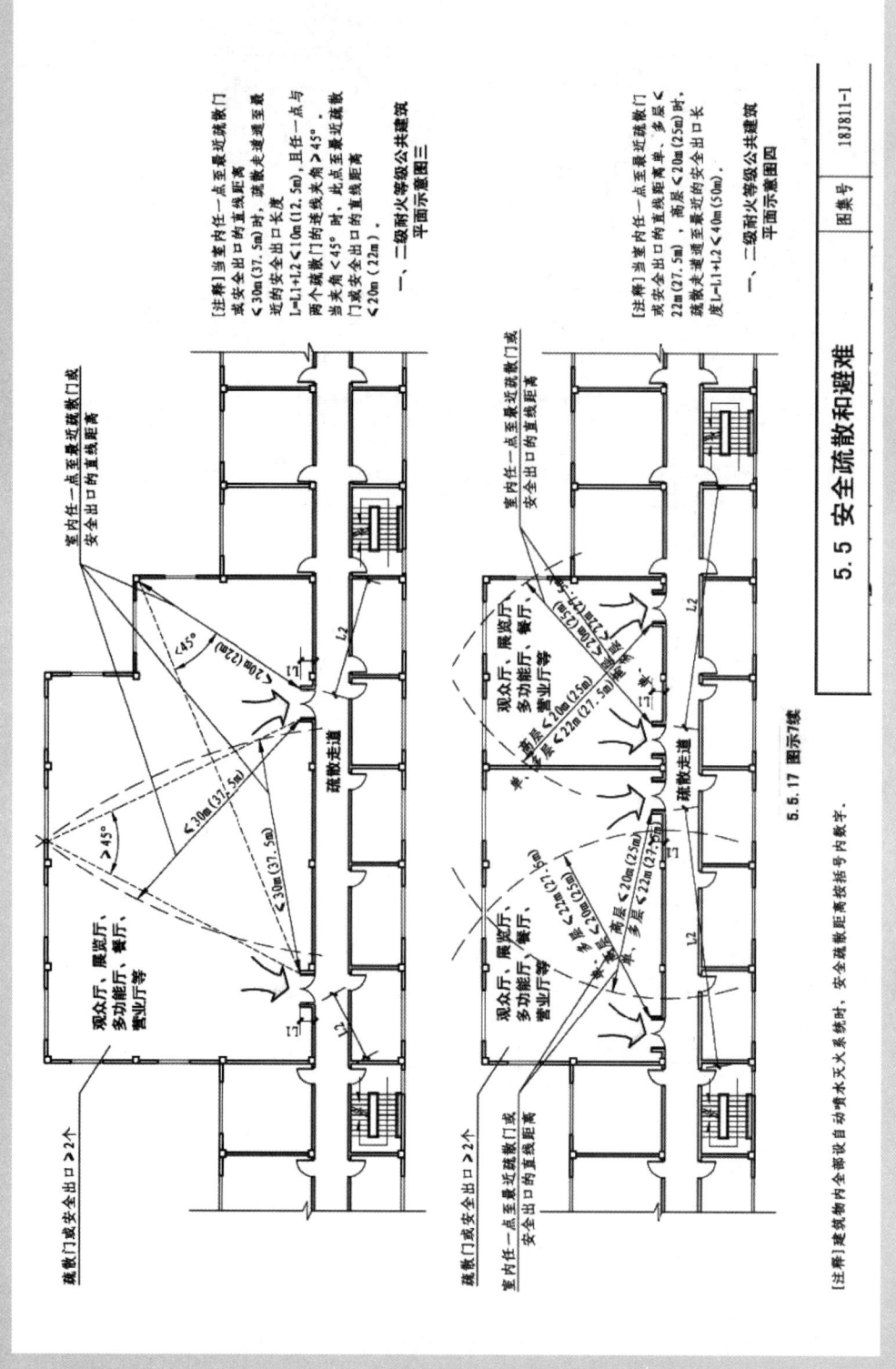

图 19-9 《建筑设计防火规范》图示 5.5.17

应有三维的空间想象。为了更好地组织大影厅空间的交通流线,考生应该绘制一个大影厅的三维空间示意图或者剖面示意图,避免考试时造成空间形式理解的偏差或遗忘(图19-11)。

本题目中有大、中、小三种影厅规模,但即便是大影厅室内任一点到疏散门的最远距离也没超过22m,故本题目所有影厅适用规范图示中的"一、二级耐火等级公共建筑平面示

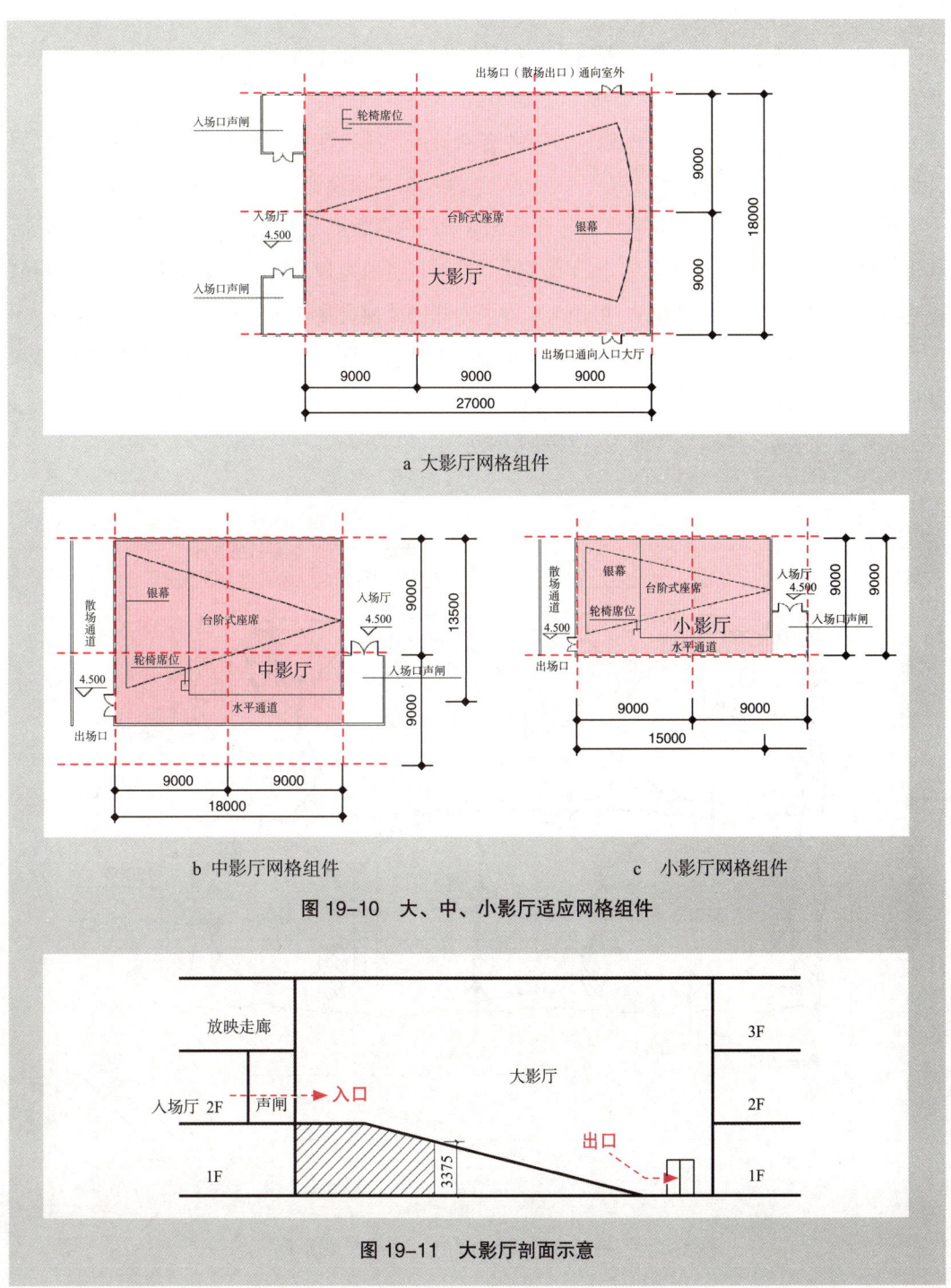

a 大影厅网格组件

b 中影厅网格组件　　　　　　　　　c 小影厅网格组件

图19-10　大、中、小影厅适应网格组件

图19-11　大影厅剖面示意

意图四（5.5.17 图示 7 续）"。即当室内任一点至最近疏散门或安全出口的直线距离单、多层 ≤ 22m（27.5m）时，疏散走道至最近安全出口的长度 ≤ 40m（50m）。值得注意的是，图示所表达的距离为每个疏散门都位于两个安全出口之间的情况，若影厅疏散门处于袋形走道两侧时，则至最近安全出口不超过单、多层 22m（27.5m）。

（2）本题目垂直交通布置

首先，考虑枢纽交通。题目要求入口门厅要布置扶梯和无障碍电梯，其组合根据流线关系适合布置在东侧。门厅楼梯结合疏散功能布置在休息厅附近。

其次，考虑上下层联系。本题目没有独立的分区，所以没有联系上下层的楼梯，只有办公放映在一层的入口，也是"上层下一层出口"类型的楼梯设置，结合办公门厅布置。

再有，疏散楼梯布置。首先考虑影厅和散场走廊的疏散楼梯，疏散走廊两端各布置1部楼梯，其中一处加设电梯。保证影厅入口门（疏散门）不超过前述规范要求。为避免顾客由一层门厅直接进入入场厅造成"逃票"，可使入场厅内的疏散楼梯直接开向室外。

最后，考虑建筑其他各处边角的疏散要求。建筑整体规模不大，东侧休息厅附近楼梯和办公门厅楼梯可兼作疏散楼梯（图 19-12）。

需要注意的是，本建筑要求设置封闭楼梯间。

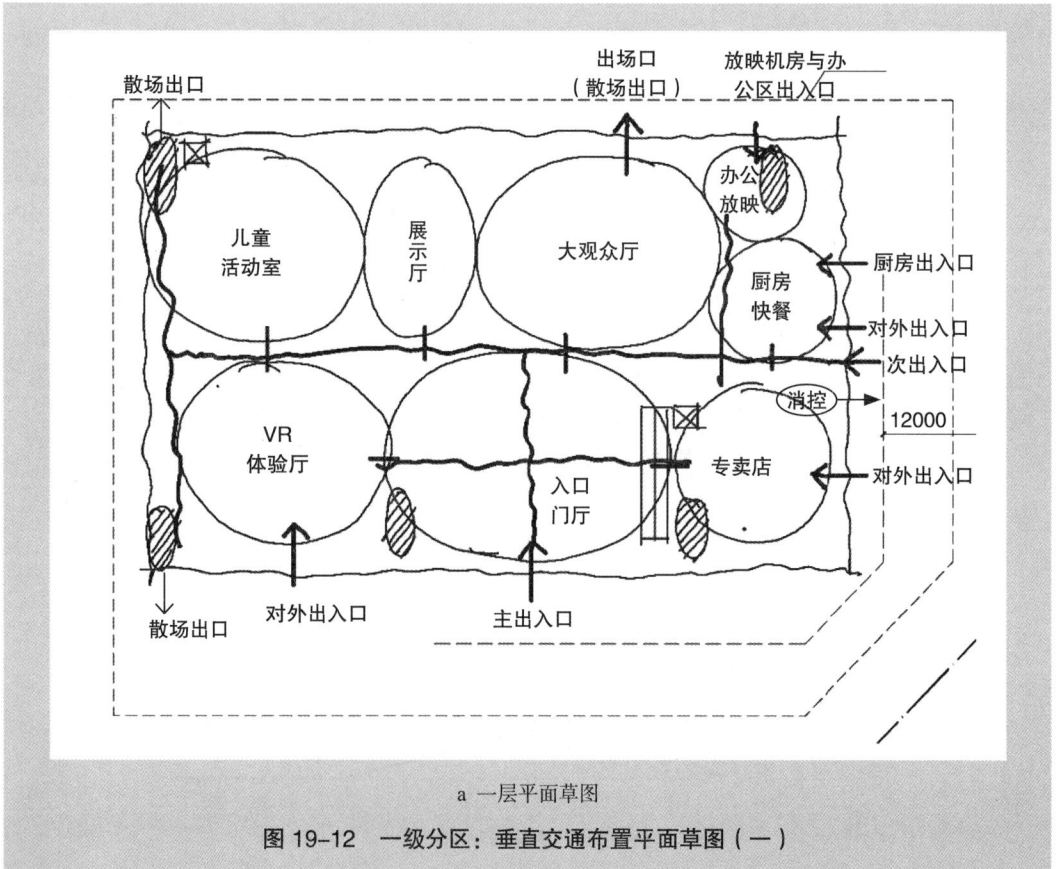

a 一层平面草图

图 19-12　一级分区：垂直交通布置平面草图（一）

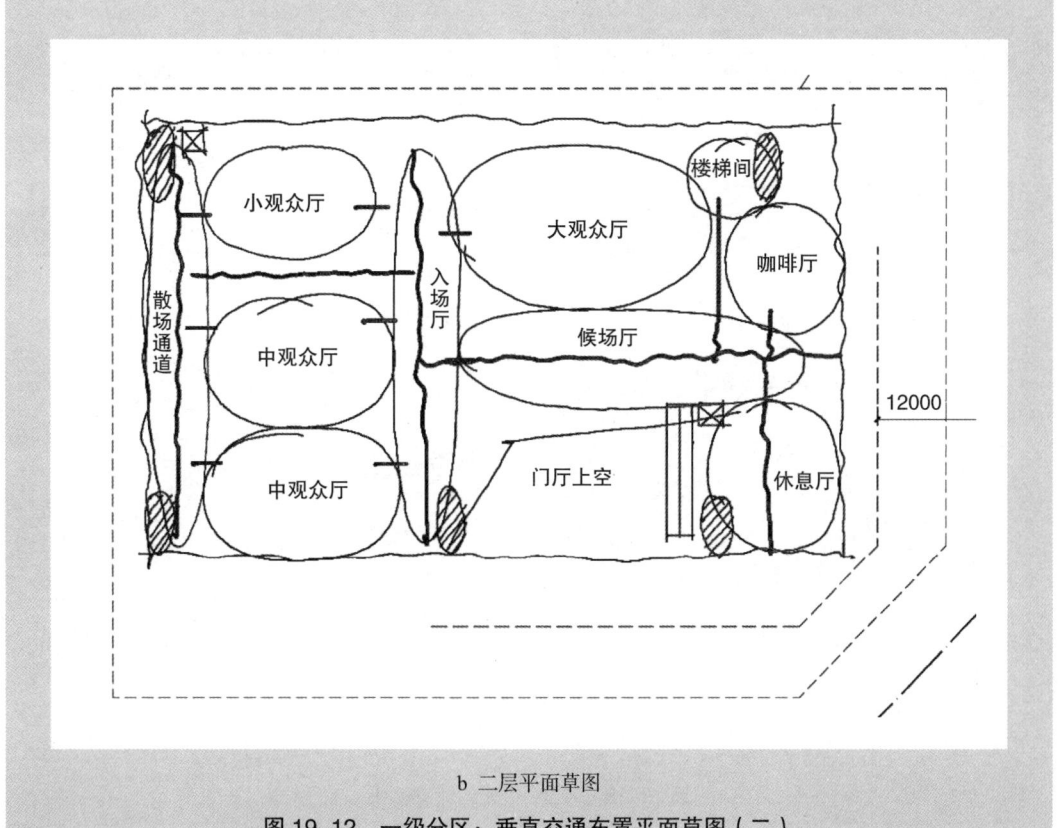

b 二层平面草图

图19-12 一级分区：垂直交通布置平面草图（二）

3. 组合逻辑辨析

为满足各个影厅疏散要求和联通散场通道与入场厅，二层观众厅的布置也会有两种方案。

为使观众厅相对集中，附属用房和联系通道宜合并考虑，可能设置在影厅区的南端或者北端。

方案一（图19-13），附属用房和联系廊设置在北端，优势是使大影厅入口在两个安全出口之间，并且大影厅入口到安全出口（楼梯间门）距离不超过40m，满足大影厅入口疏散距离要求。但劣势是，一层对应楼梯和附属用房占据北向采光面，儿童活动就得占西采光，这样散场后的观众再回到公共区的路线就变得分散了，空间不够完整、紧凑。

方案二（图19-14），附属用房和联系廊设置在南端，大影厅入口附近还要再安排疏散楼梯（否则形成袋形走道，不符合疏散要求）。但入场厅南端就不用再安排楼梯了，这样也减少了门厅楼梯逃票的风险。一层可通过散场廊道集中设置离场和回到公共区，儿童活动临北向采光，公共区可以形成较为完整的中央公共走廊。

方案一、二都有可行性，但综合考虑，方案二功能设置合理，整体空间形式完整，故选择方案二进行推进。

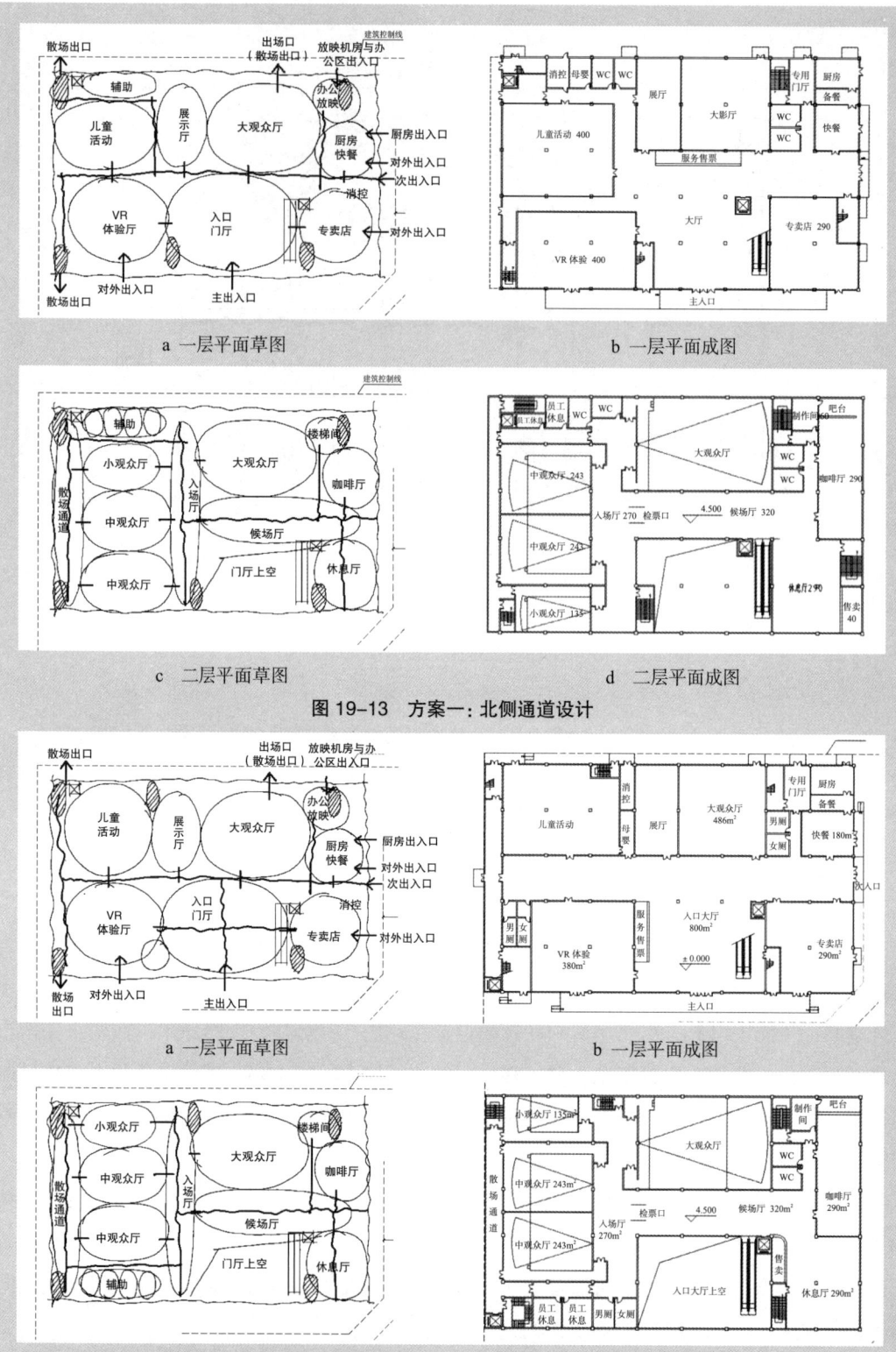

图 19-13　方案一：北侧通道设计

图 19-14　方案二：南侧通道设计

4. 关键条件落入

本题目二级分区的关键条件不多，主要是相关设计要求和一些小流线设计。

首先，其中一层需要布置2个厕所，题目要求二者距离"大于40m"，这其实是二级分区中的"冲突关联"。在以往的题目中这类冲突关联也会不时出现。布置的时候应该综合考虑二者的合理位置，草图中暂且将厕所布置在门厅西侧和快餐附近。

其次，适当考虑一层快餐和二层咖啡的餐厨小流线。

再有，根据相似相邻功能整合原则，一层的母婴空间使其临近儿童活动区布置（图19-15）。

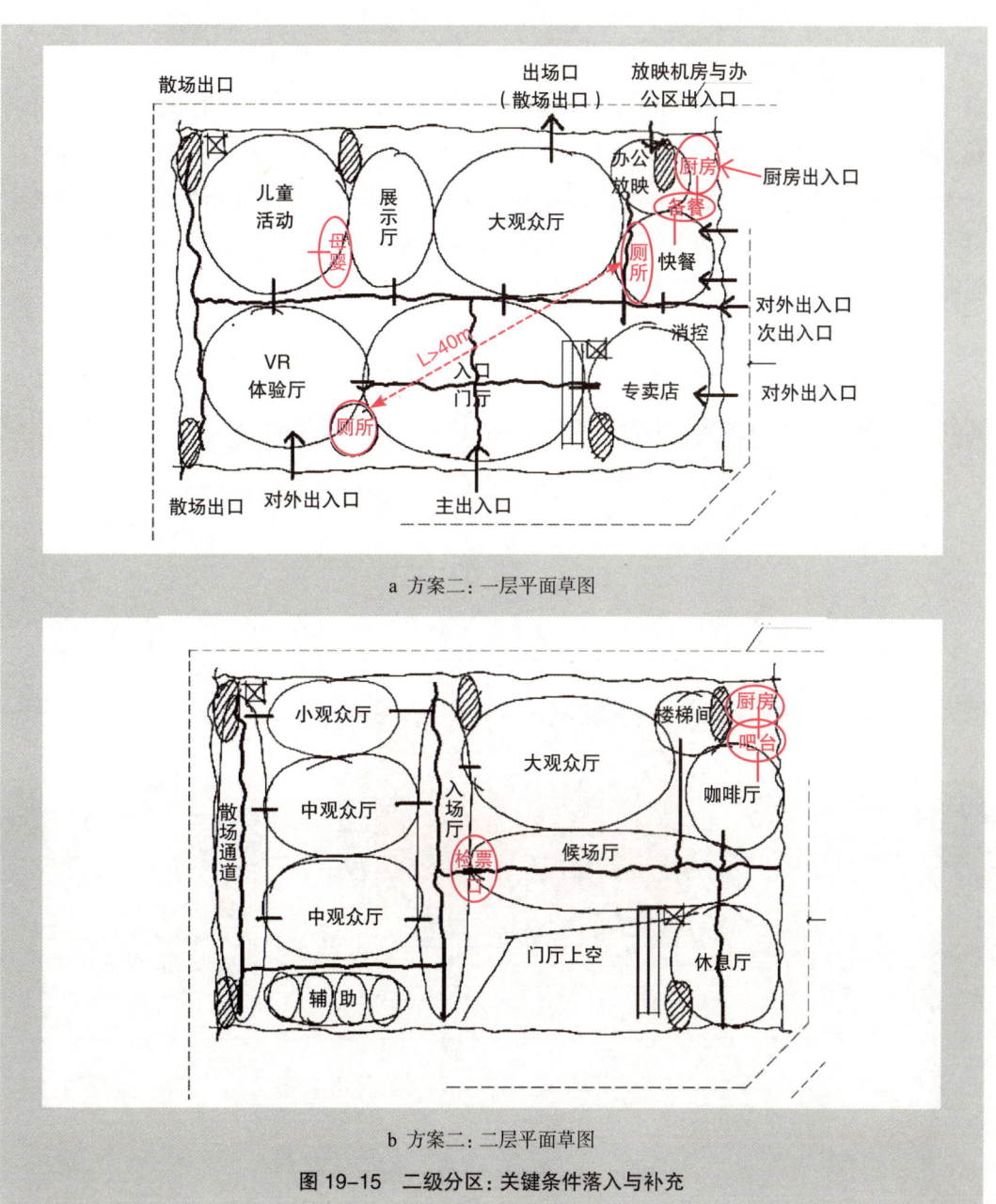

a 方案二：一层平面草图

b 方案二：二层平面草图

图19-15 二级分区：关键条件落入与补充

关键条件以定性方式进行定位，有的时候插入空间中可能会很突兀，造成空间不完整或使用效果不佳。但在后期网格排布过程中可以结合其他空间、交通楼梯、实际面积等因素综合进行调整、整合，使主要使用空间最大限度地合理化布局。

四、网格排布

1. 网格纳入

根据建筑控制线和退线要求，先明确建筑的可建范围（留出主、次入口处12m宽的L形广场）。然后在可建范围内布置9m柱网，并且在基地西侧留出通道的宽度。一层总建筑面积3400m^2，折合网格数为42格（一层按要求下部1/3要利用，那么一层影厅实际只占总影厅面积的2/3，但面积表给出的是整个影厅的面积，加上下部空间利用，将多出一部分面积，即多出大影厅的三分之一，也就是2个网格面积160m^2，那么实际一层应该为3400－160=3240m^2，即40格。但题目要求是以首层总面积为准，这是题目的不严谨之处）。场地中可容纳5×8=40个整格，加上左边散场通道，基本接近一层所要求的总面积（扣除重复的也能够满足面积要求），于是，我们在这个范围内进行房间布置（图19-16）。

2. 宫格板块划分

根据强空间（主要是尺寸确定的影厅空间）规格和其他主要空间面积要求进行宫格板块划分（图19-17）。因主要强空间都集中在二层，所以宫格板块划分应从二层着手，做好二层

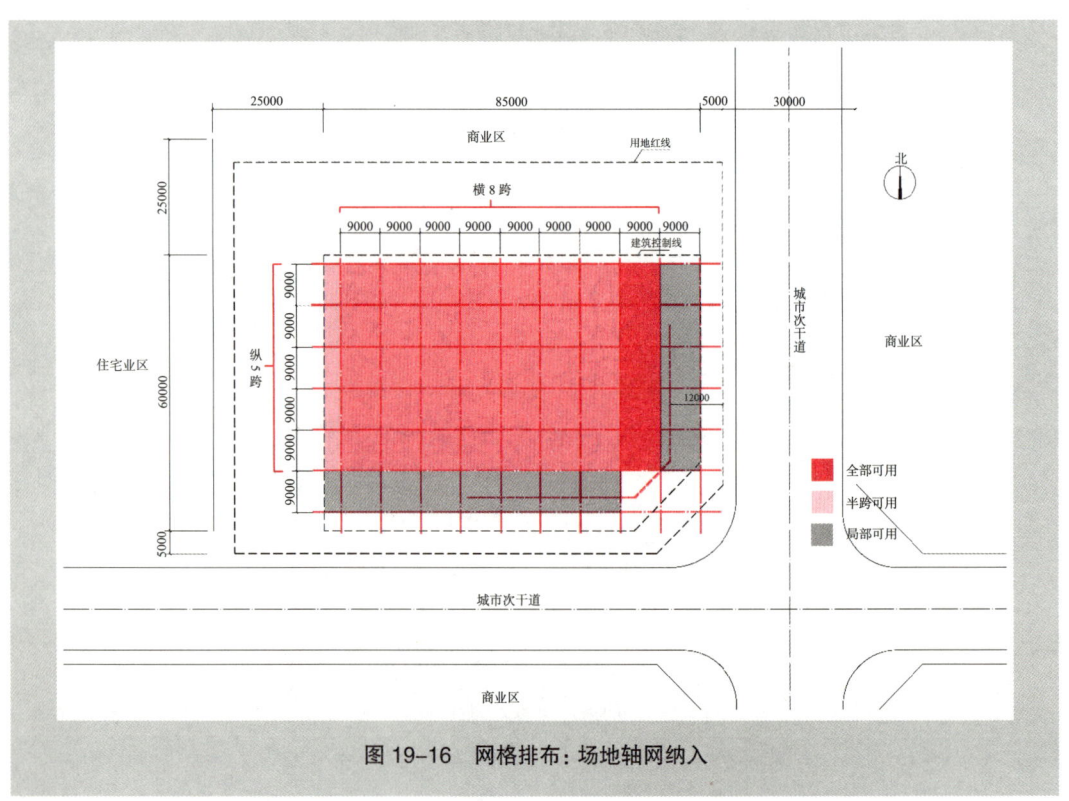

图19-16 网格排布：场地轴网纳入

整体板块布局，一层自然水到渠成。

（1）二层划分

影厅空间布置按之前做好的网格匹配组件预案落入到网格之中。中、小影厅西侧集中布置，中、小影厅横向占2跨，大影厅横向占3跨共6格，咖啡厅占2跨，还有1跨留给入场厅。纵向大影厅占2跨，门厅上空占2跨，候场厅占1跨（图19-17a）。

（2）一层划分

首先大影厅下部与二层对应，靠近屏幕一侧占4格，纵横向划分依据主要空间面积占格数如图所示（图19-17b）。

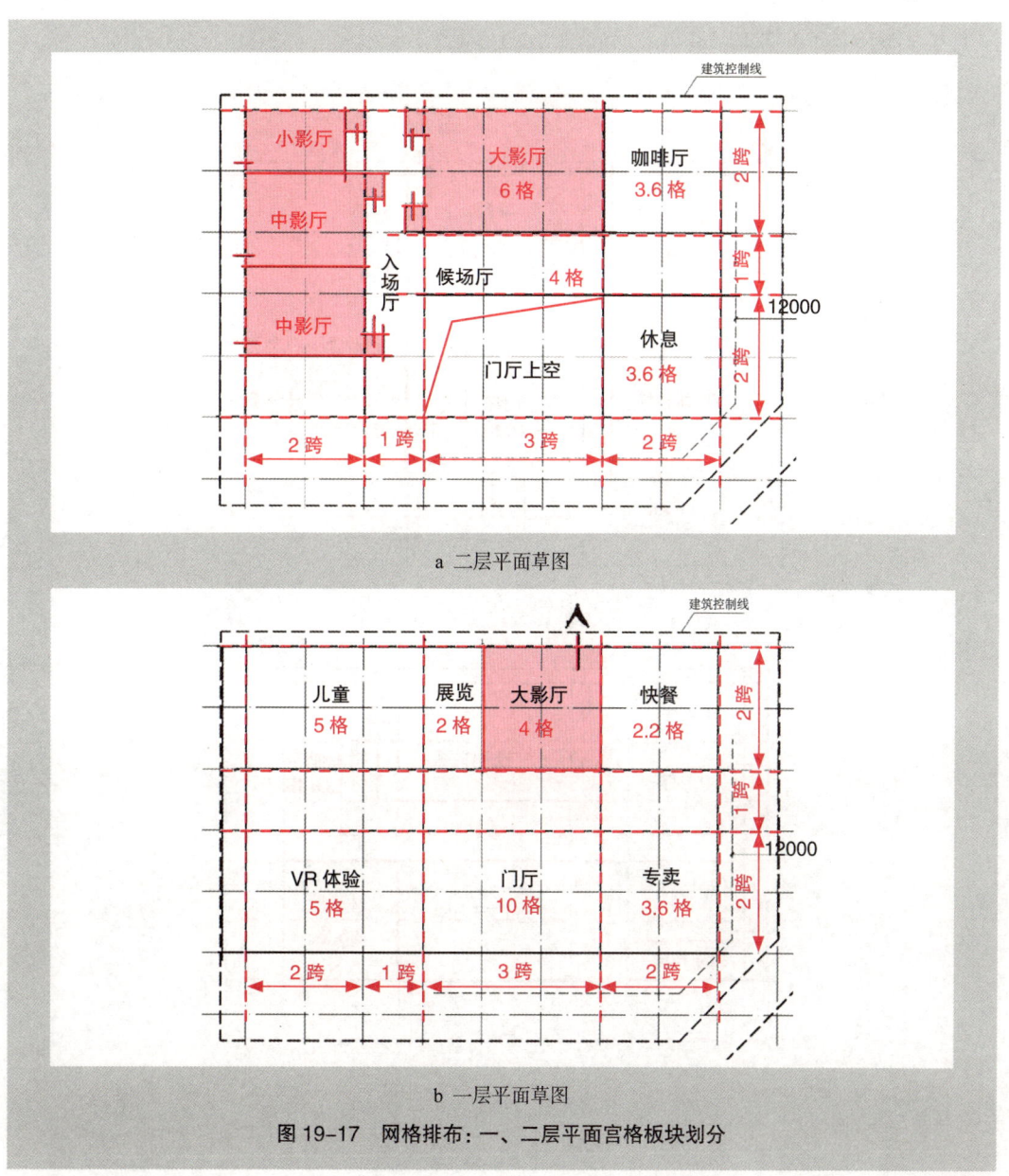

a 二层平面草图

b 一层平面草图

图19-17 网格排布：一、二层平面宫格板块划分

3. 网格排布

（1）主要空间划分

根据上一步的强空间落入和宫格板块划分进一步完成主要空间布置。很多主要空间也刚好都是关键条件房间，一并落入。

一层儿童活动室和VR体验厅各占5格，之前的划分留有6格，相对比较富余，可结合辅助空间布置。一层大观众厅下部三分之一处要求利用，即为2格空间，刚好展示厅为2格，布置在大影厅西侧。两个厕所的距离至少为40m，为冲突关联条件，可分别布置在门厅和快餐附近（图19-18a）。

二层明确候场厅、咖啡厅与休息厅网格数量与位置，咖啡厅需3.6格，可"借用"专用门厅上方一部分空间（图19-18b）。

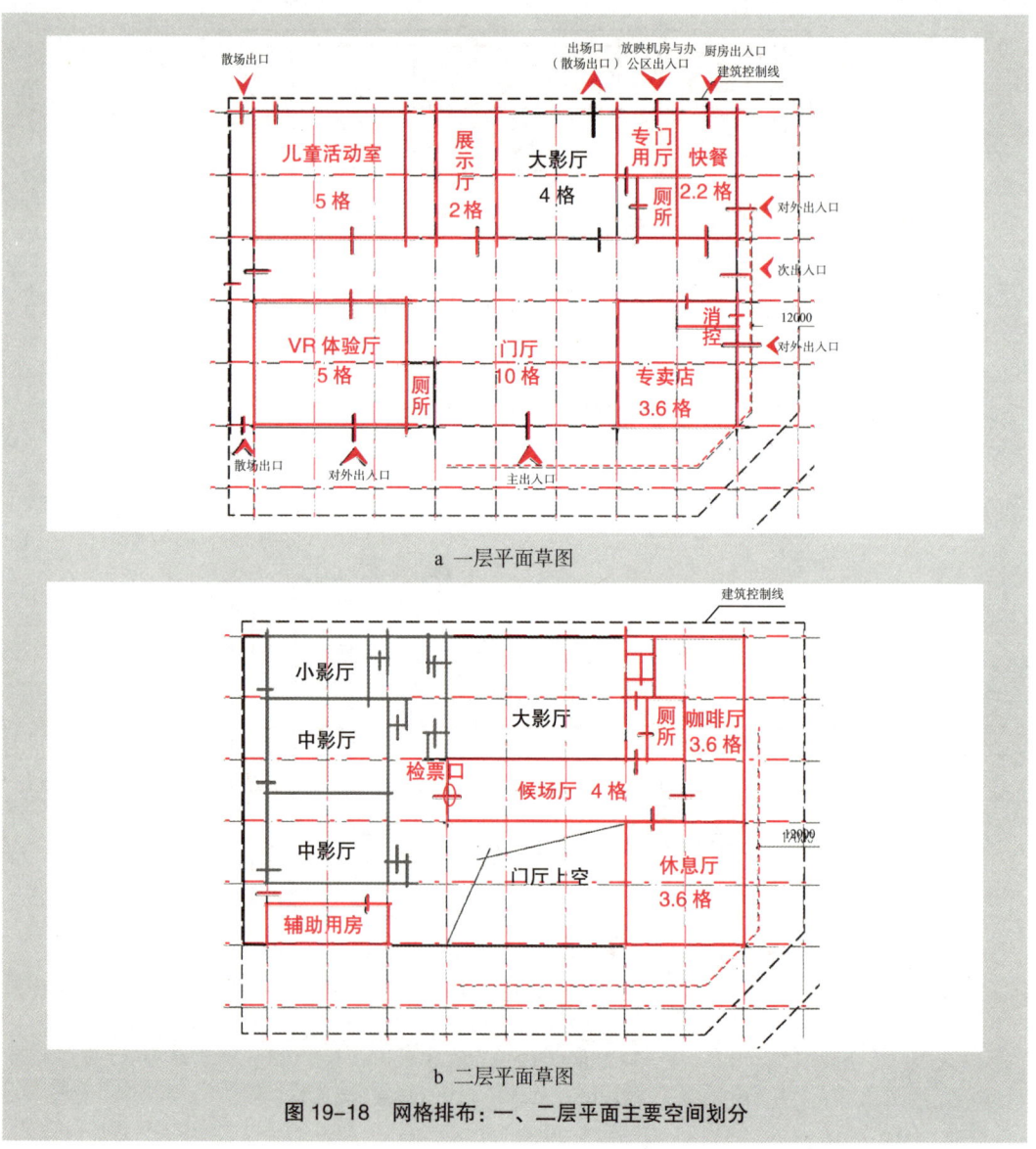

a 一层平面草图

b 二层平面草图

图19-18 网格排布：一、二层平面主要空间划分

（2）交通空间布置

依据一、二级分区草图，明确水平交通空间，落入垂直交通空间。垂直交通宜从二层着手设计，一层对应核查。核对各处疏散是否符合要求。散场廊道两端布置疏散楼梯，结合辅助区域布置客运电梯，大影厅入口附近布置疏散楼梯。另外，办公放映楼梯可兼作疏散楼梯，休息厅布置1部楼梯。基本满足建筑四角和必要的袋形走道尽端疏散（图19-19）。

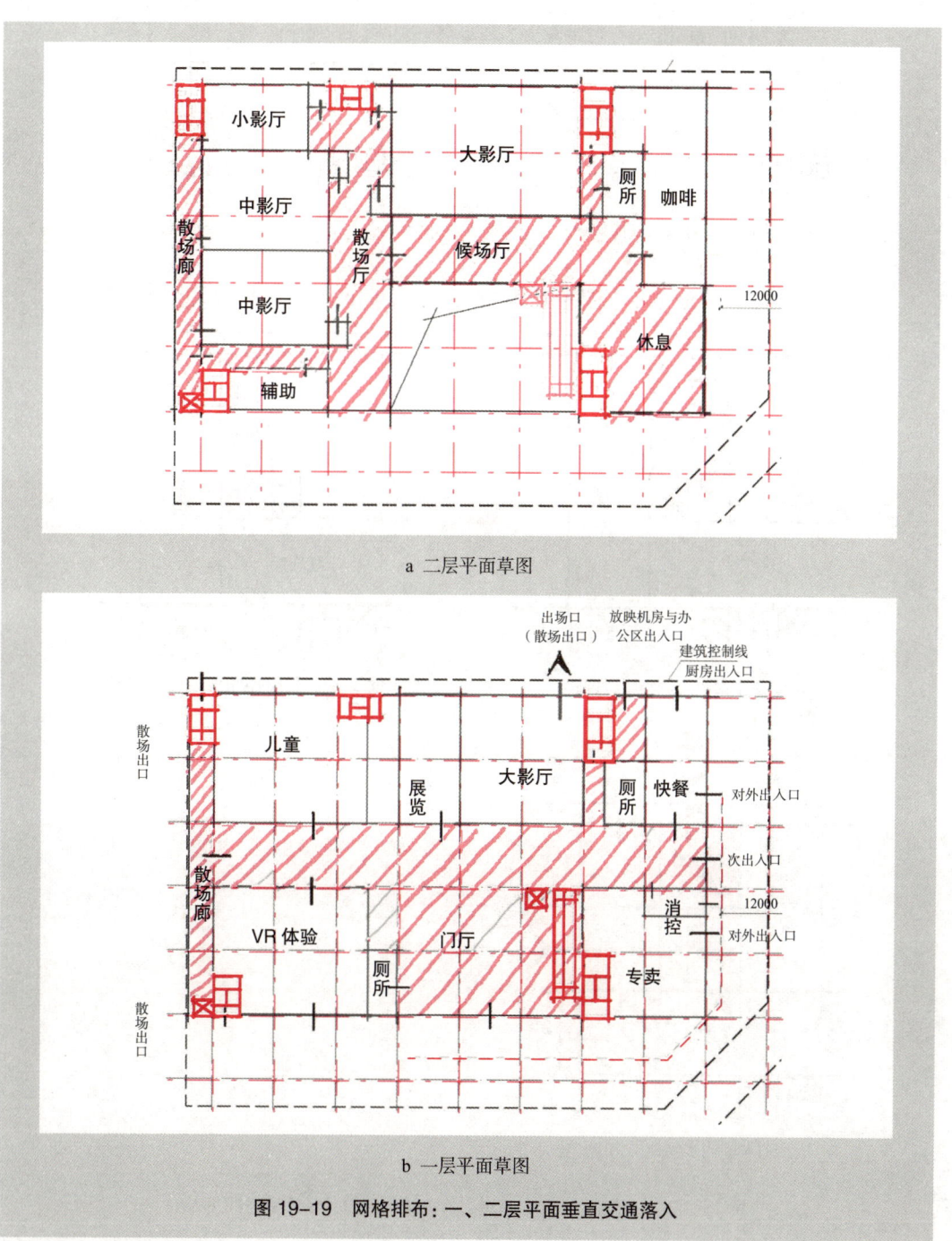

a 二层平面草图

b 一层平面草图

图19-19 网格排布：一、二层平面垂直交通落入

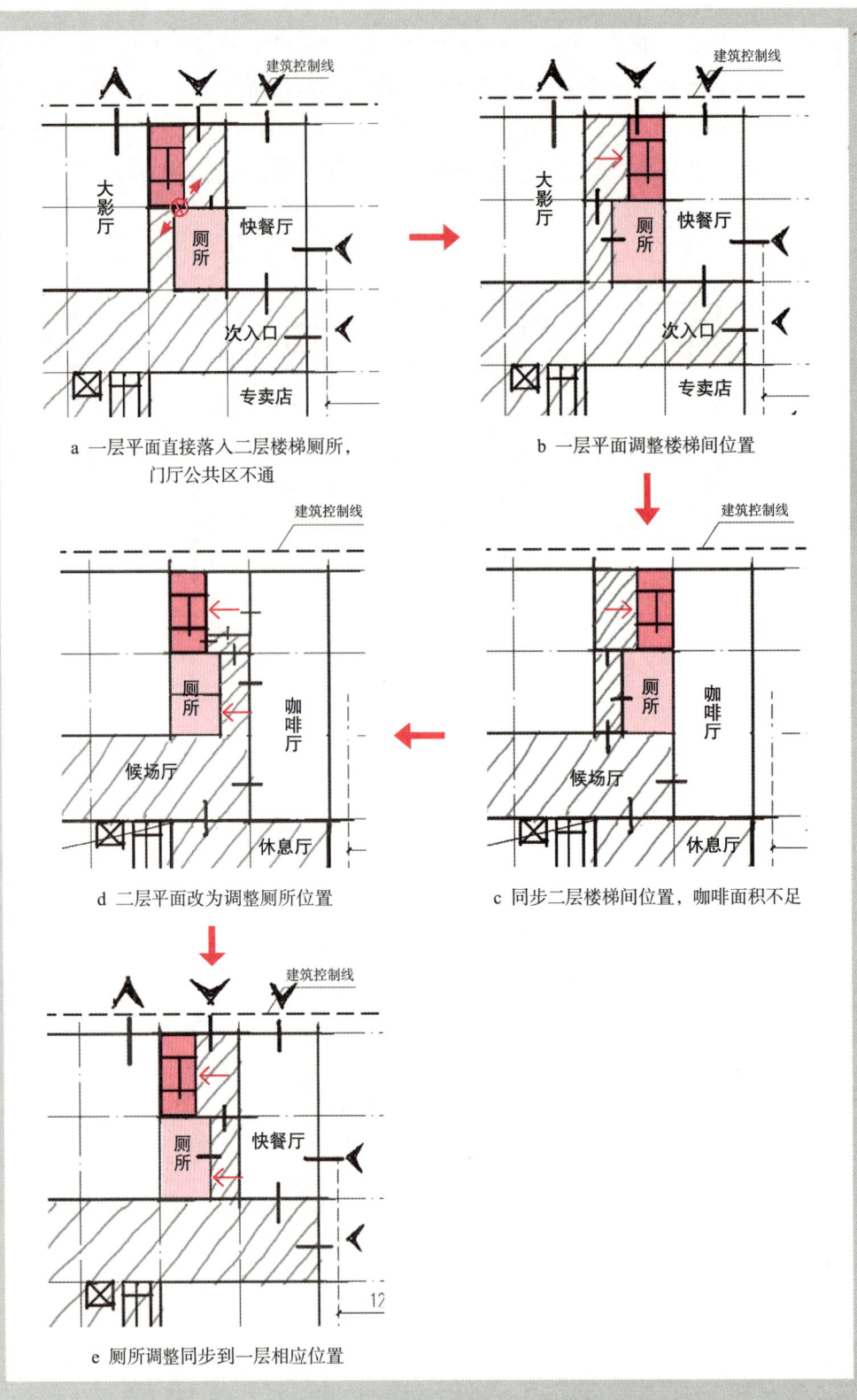

图 19-20 网格排布：一、二层平面关键条件与其他细节房间落入

在完成水平、垂直交通布置后，发现一层办公放映门厅与公共交通联系不好（图19-20a），厕所的放置妨碍了交通的连续。虽然可以通过楼梯平台底部联通，但这样总归少了一些设计的合理性。那么，调整的方式一个是"推移"楼梯，一个是"推移"厕所。如果选择推移楼梯，楼梯间靠近东侧（图19-20b），那么二层快餐部分的空间将没有机会借用交通（图19-20c），面积偏小，造成空间浪费。于是选择楼梯不动，"推移"厕所，这样一、二层的布置都能够相对比较合理（图19-20d）。

虽然是一处比较小的调整，此处把它明晰放大，目的是展示一个思考和调整的过程。每一个优秀的方案都不可能一次做到位，很多地方都是经过反复推敲、思考，权衡利弊，有所取舍，从而达到的最优化选择。所以方案的调整是一个"隐形"但却必要的过程。

最后落入其他关键条件与其他次要空间。此时应整合琐碎空间、优化主体空间。

将一层门厅附近的厕所和散场楼梯间整合一处，使VR体验厅和入口门厅都相对比较完整（楼梯间可设计成四跑，解决梯间面宽较大、上下长度不对应问题）；另外将母婴和消控室整合设计，刚好一个不需采光，另一个可直接对外，整合"占边"节约空间。

同时，把售票服务放置在门厅西侧，使售票服务接近门厅入口，便于找到，顾客购票后乘扶梯上二层路线短捷方便。

一层东北角快餐面积略有不足，适当压缩快餐东边走廊和厕所面积，增大快餐面积，仍能保持空间完整（图19-21a）。

二层影厅区厕所应布置在入场厅范围内，员工休息与厕所等辅助空间占一边，并分别加门分隔。

二层咖啡厅面积略微不足，设法把对应一层的办公门厅"借给"咖啡厅，作为厨房（图19-21b）。

综上所述，完成平面作答（图19-22～图19-24）。

五、总图布置

总图布置考虑以下几个方面（图19-25）：

1）建筑的轮廓因不绘制三层平面，故按要求只需绘制一层轮廓。

2）留出L形人行广场，联系主次入口，至少900m^2。

3）道路要求人车分道，人行道应联系人行广场。散场观众应到达人行道。为避免各种人员取车时干扰车行流线，停车位应邻近人行道一侧。

4）非机动车设置在主入口人行广场附近。

5）适当布置绿化等，散场口处人行道路场地适当放宽，便于大量人流集散。

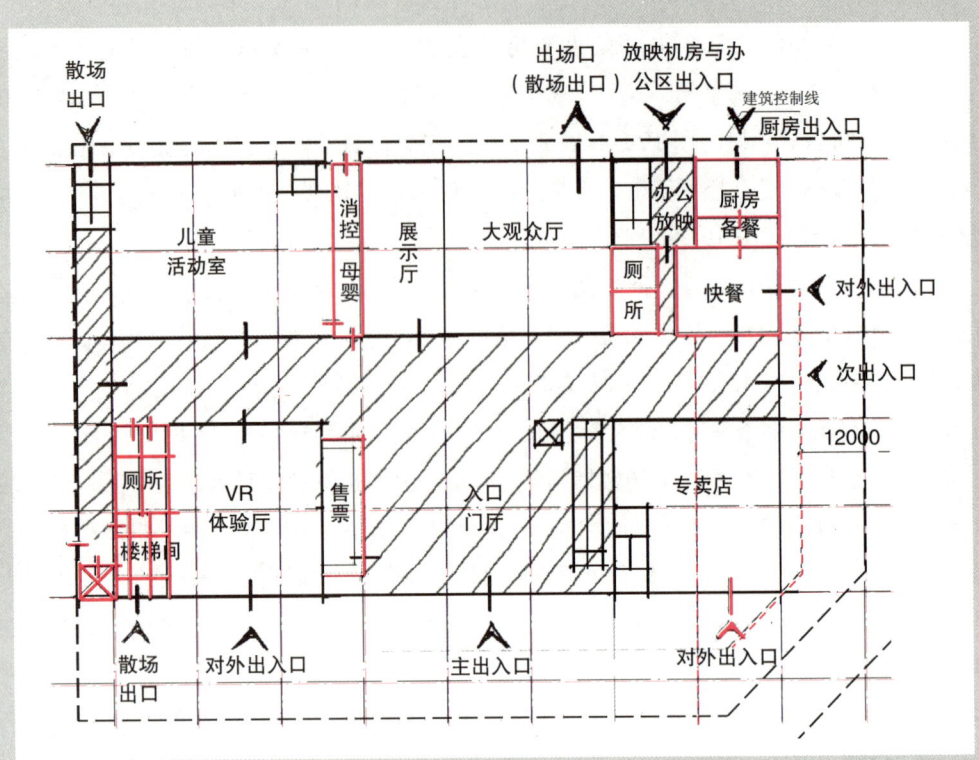

a 一层平面草图

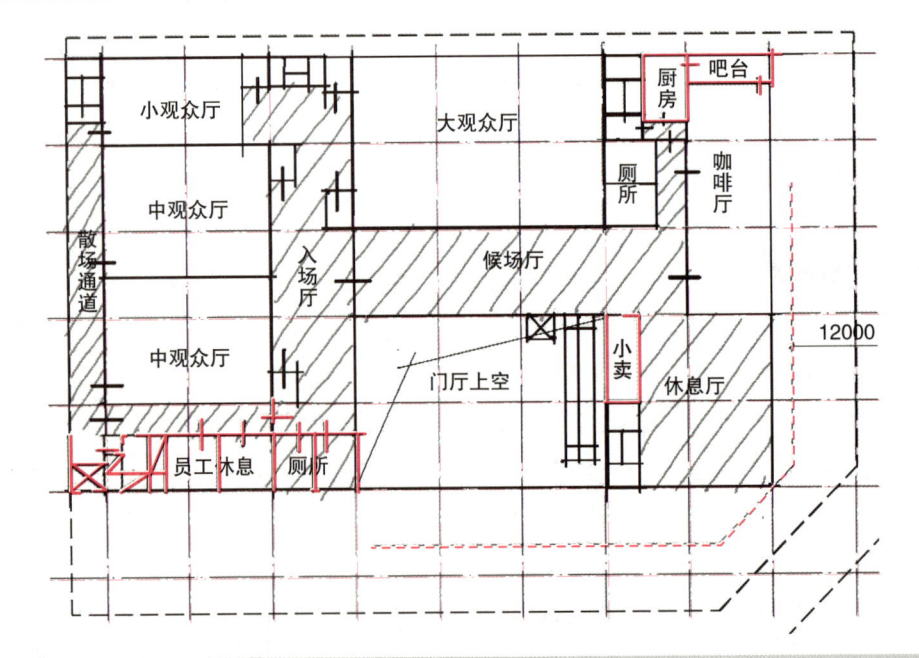

b 二层平面草图

图 19-21 一级分区：垂直交通布置平面草图

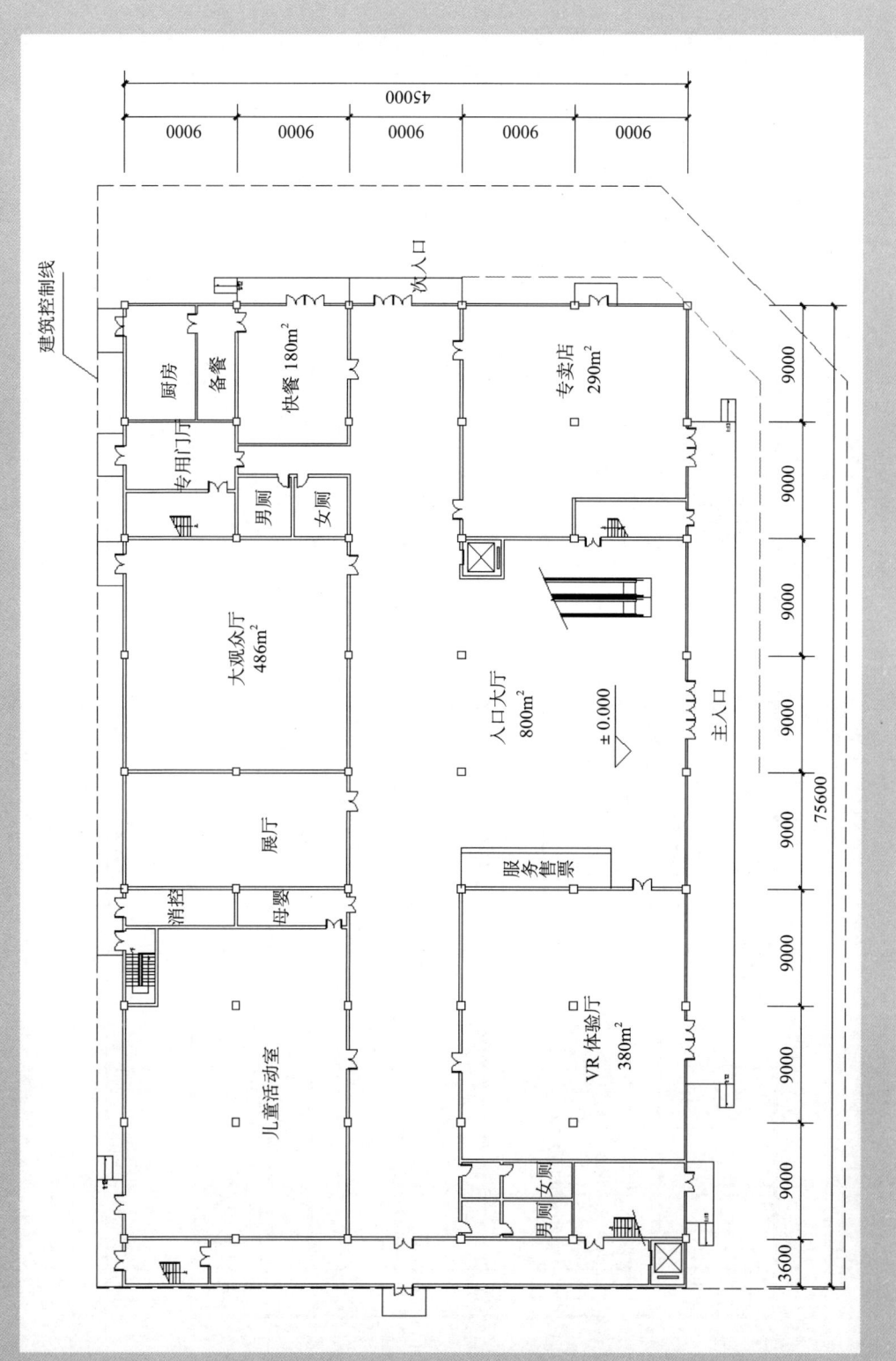

图 19-22 作答一层平面图

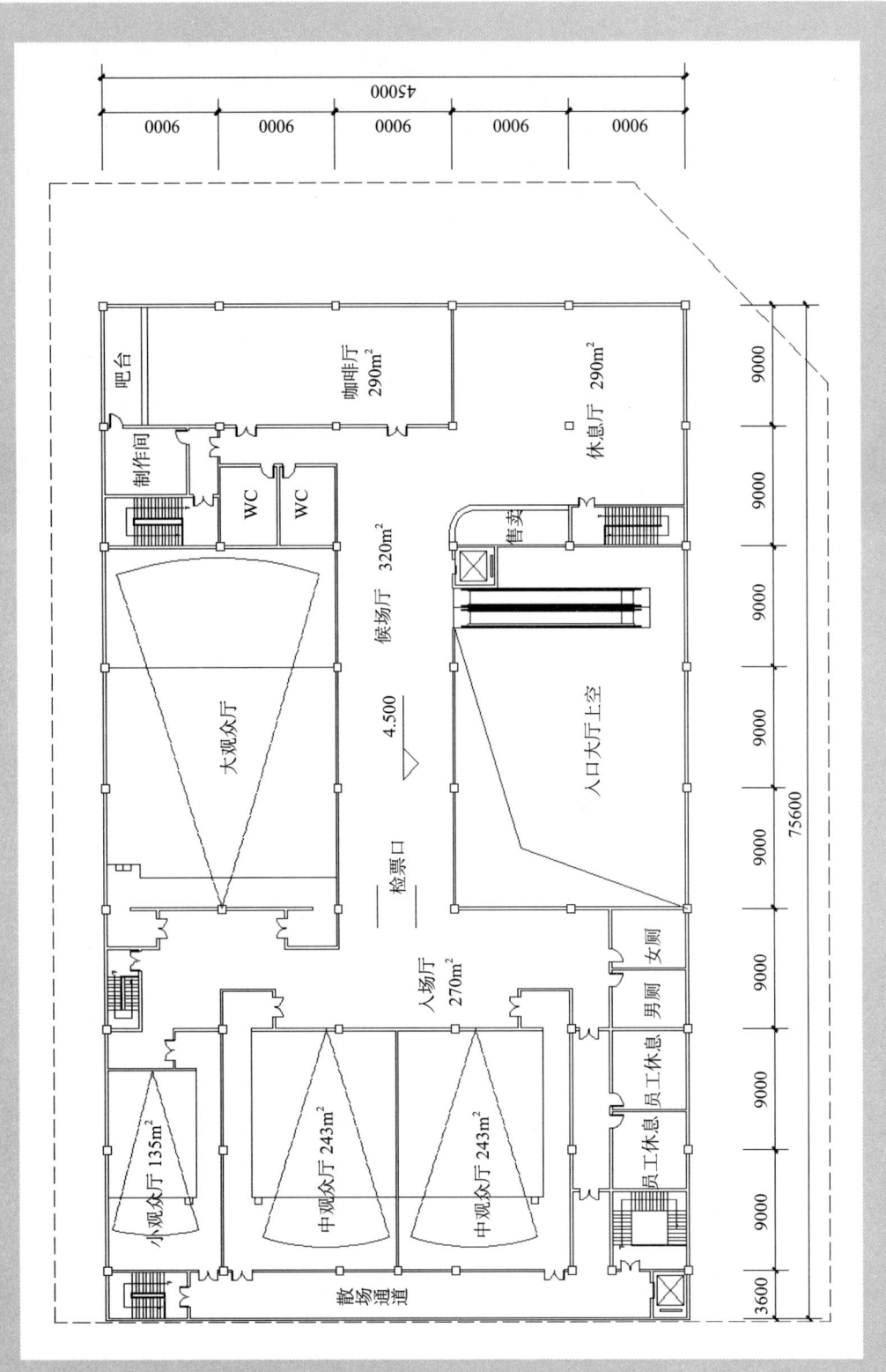

图 19-23 作答二层平面图

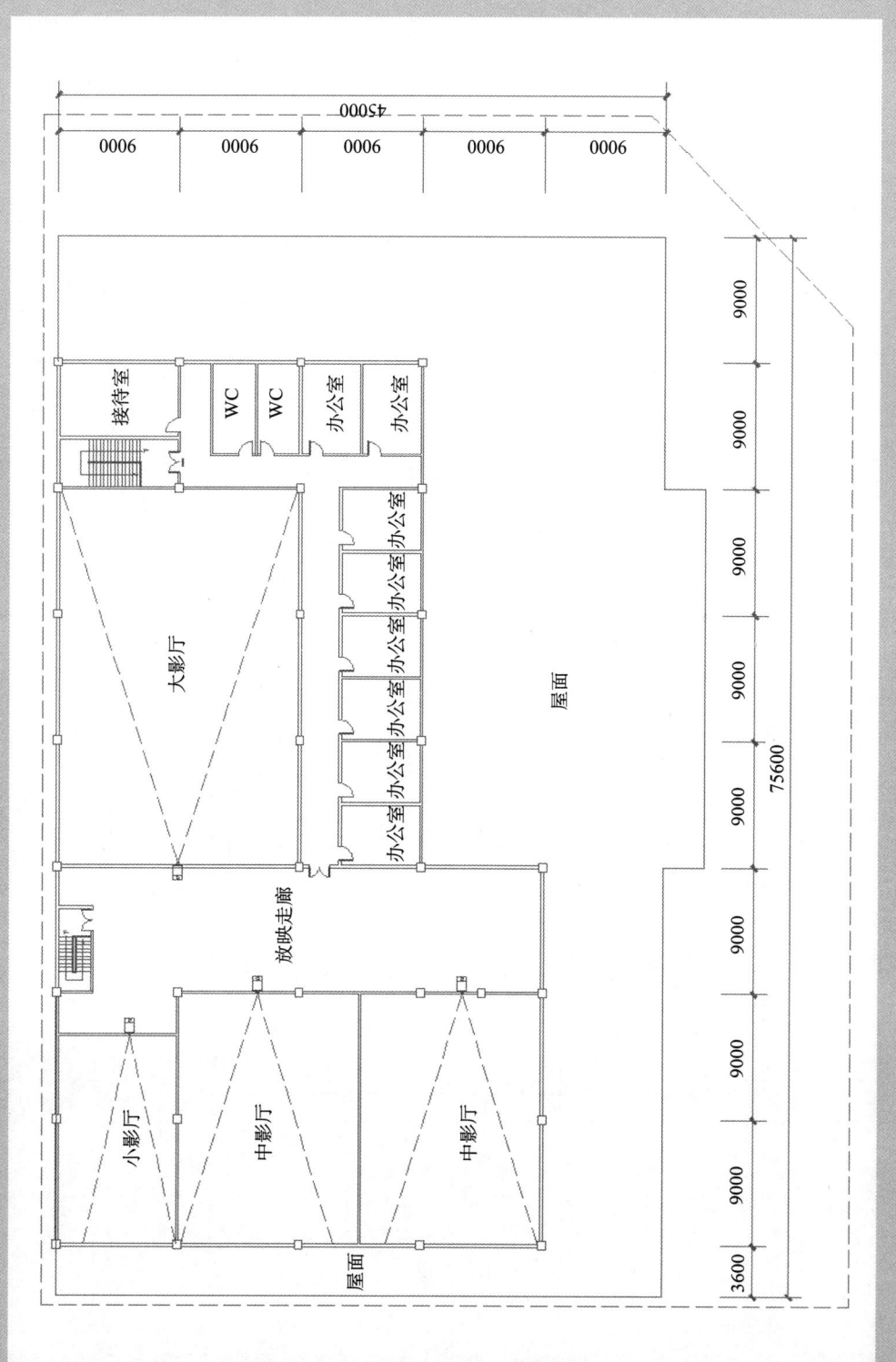

图 19-24 作答三层平面图

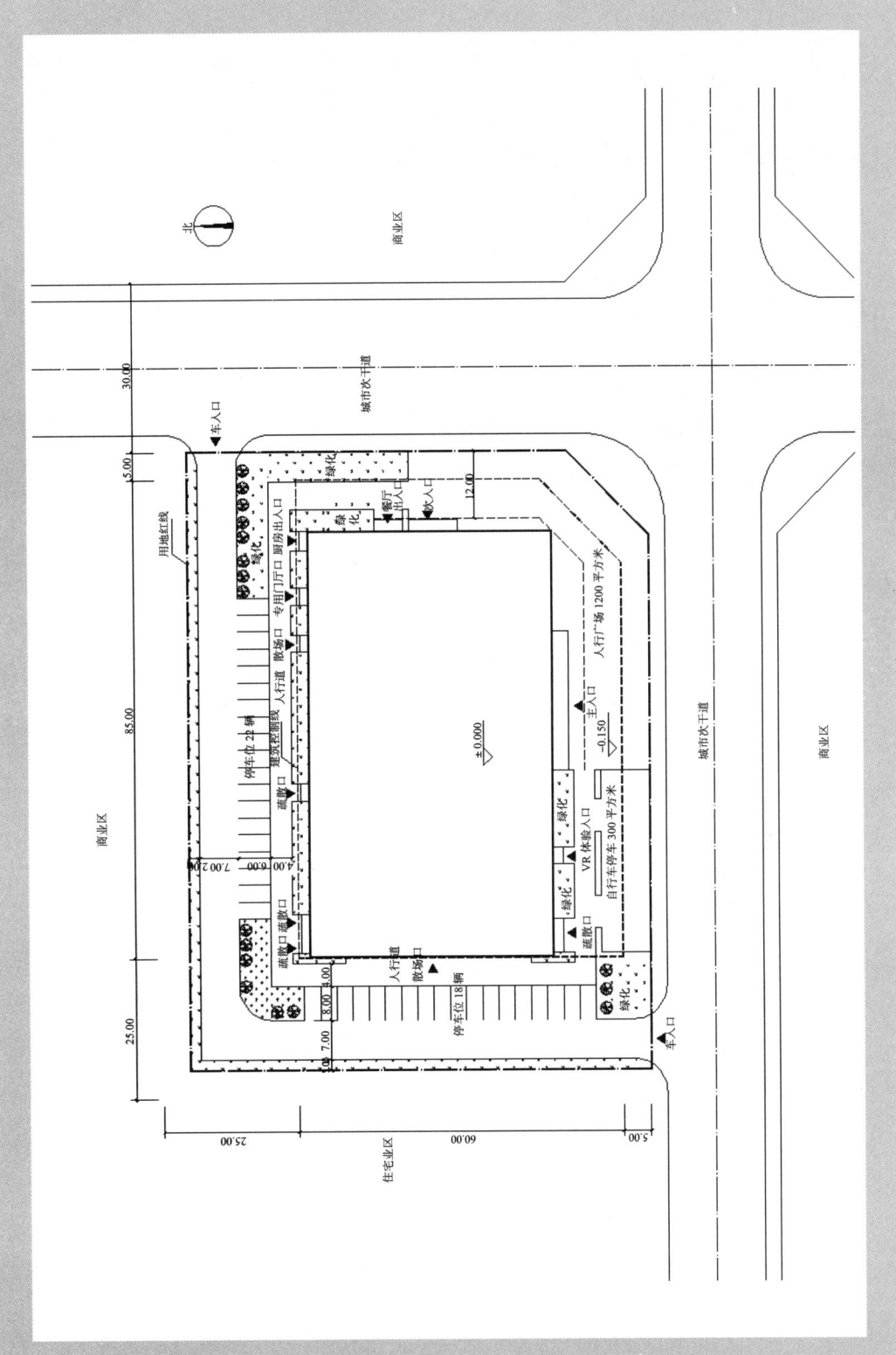

图 19-25 作答总平面

[2018年]
公交枢纽站真题解析

考题设计任务书

（一）任务描述

在南方某市城郊拟建一座总建筑面积6200m²的两层公交客运枢纽站（以下简称客运站），客运站站房应接驳已建成的高架轻轨站（以下简称轻轨站）和公共换乘停车楼（以下简称停车楼）。

（二）用地条件

基地地势平坦，西侧为城市主干道辅路和轻轨站，东侧为停车楼和城市次干道，南侧为城市次干道和住宅区，北侧为城市次干道和商业区，用地情况与环境详见总平面图（图18-3）。

（三）总平面设计要求

在用地红线范围内布置客运站站房、基地各出入口、广场、道路、停车场和绿地，合理组织人流、车流，各流线互不干扰，方便换乘与集散。

1. 基地南部布置大客车营运停车场，设出、入口各1个；布置到达车位1个、发车车位3个及连接站房的站台；另设过夜车位8个、洗车车位1个。
2. 基地北部布置小型汽车停车场，设出、入口各1个；布置车位40个（包括2个无障碍车位）及接送旅客的站台。
3. 基地西部布置面积约2500m²的人行广场（含面积不小于300m²的非机动车停车场）。
4. 基地内布置内部专用小型汽车停车场1处，布置小型汽车位6个，快餐厅专用小型货车车位1个，可经北部小型汽车出入口出入。
5. 客运站东西两侧通过二层接驳廊道分别与轻轨站和停车楼相连。
6. 在建筑控制线内布置客运站站房建筑（雨棚、台阶允许突出建筑控制线）。

（四）建筑设计要求

客运站站房主要由换乘区、候车区、站务用房区及出站区组成，要求各区相对独立，流线清晰。用房建筑面积要求分别见表18-1、表18-2，主要功能关系见示意图（图18-1）。

1. 换乘区

（1）换乘大厅设置2台自动扶梯、2台客梯（兼无障碍）和1部梯段宽度不小于3m的开敞楼梯（不作为消防疏散楼梯）。

（2）一层换乘大厅西侧设出入口1个，面向人行广场；北侧出入口2个，面向小型汽车停车场；二层换乘大厅东西两端与接驳廊道相连。

（3）快餐厅设置独立的后勤出入口，配置货梯1台，出入口与内部专用小型汽车停车场联系便捷。

（4）售票厅相对独立，购票人流不影响换乘大厅人流通行。

2. 候车区

（1）旅客通过换乘大厅经安检通道（配置2台安检机）进入候车大厅，候车大厅另设开向换乘大厅的单向出口1个，开向站台检票口2个。

（2）候车大厅内设独立的母婴候车室，母婴候车室内设开向站台的专用检票口。

（3）候车大厅的旅客休息区域为两层通高空间。

3. 出站区

（1）到站旅客由到达站台通过出站厅经验票口进入换乘大厅。

（2）出站值班室与出站站台相邻，并向站台开门。

4. 站务用房区

（1）站务用房独立成区，设独立的出入口，并通过门禁与换乘大厅、候车大厅连通。

（2）售票室的售票窗口面向售票厅，窗口柜台总长度不小于8m。

（3）客运值班室、广播室、医务室应同时向内部用房区域与候车大厅直接开门。

（4）公安值班室与售票厅、换乘大厅和候车大厅相邻，应同时向内部用房区域、换乘大厅和候车大厅直接开门。

（5）调度室、司乘临时休息室应同时向内部用房区域和站台直接开门。

（6）职工厨房需设独立出入口。

（7）交通卡办理处与二层换乘大厅应同时向内部用房区域和换乘大厅直接开门。

（五）其他

1. 换乘大厅、候车大厅的公共厕所采用迷路式入口，不设门，无视线干扰。

2. 除售票厅、售票室、小件寄存处、公安值班室、监控室、商店、厕所、母婴室、库房、洗碗间外，其余用房均有天然采光和自然通风。

3. 客运站站房采用钢筋混凝土框架结构；一层层高为6m，二层层高为5m，站台与停车场高差0.15m。

4. 本设计应符合国家相关规范、标准和规定。

5. 本题目不要求布置地下车库及其出入口、消防控制室等设备用房。

（六）制图要求

1. 总平面图

（1）绘制广场、道路、停车场、绿化，标注各机动车出入口，停车位数量及人行广场和非机动车停车场面积。

（2）绘制建筑的屋顶平面图，并标注层数和相对标高；标注建筑物各出入口。

2. 平面图

（1）绘制一、二层平面图，表示柱、墙体（双线或单粗线）、门（表示开启方向），窗、卫生洁具可不表示。

（2）标注建筑轴线尺寸、总尺寸，标注室内楼、地面及室外地面相对标高。

（3）标注房间及空间名称，标注带＊房间及空间（表18-1、表18-2）的面积，允许误差±10%以内。

（4）填写一、二层建筑面积，允许误差在规定面积的±5%以内，房间及各层建筑面积均以轴线计算。

一层用房、面积及要求　　　　　　　　　　　　　　　　表18-1

功能区	房间及空间名称	建筑面积（m²）	间数	备注
换乘区	＊换乘大厅	800	1	
	自助银行	64	1	同时开向人行广场
	小件寄存处	64	1	含库房40m²
	母婴室	10		
	公共厕所	70	1	男女各32m²，无障碍6m²
	＊售票厅	80	1	含自动售票机
候车区	＊候车大厅	960	1	旅客休息区域不小于640m²
	商店	64	1	
	公共厕所	64	4	男女各29m²，无障碍6m²
	＊母婴候车室	32	1	哺乳室、厕所各5m²
站务用房区	门厅	24	1	
	＊售票室	48	1	
	客运值班室	24	1	
	广播室	24	1	
	医务室	24	1	
	＊公安值班室	24	1	
	值班站长室	24	1	
	调度室	24	1	
	司乘临时休息室	24	1	
	办公室	24	2	
	厕所	30	1	男女各15m²
	＊职工餐厅和厨房	108	1	餐厅60m²，厨房48m²
出站区	＊出站厅	130	1	
	验票补票室	12	1	靠近检票口设置
	出站值班室	16	1	
	公共厕所	32	1	男、女各16m²（含无障碍厕位）
其他交通面积（走道、楼梯等）约670m²				
一层建筑面积3500m²（允许±5%：3325～3675m²）				

二层用房、面积及要求　　　　　　　　表 18-2

功能区	房间及空间名称	建筑面积（m²）	间数	备注
换乘区	*换乘厅	800	1	面积不含接驳廊道
	商业	580	1	合理布置 50～70m² 的商店 9 间
	母婴室	10	1	
	公共厕所	70	1	男女各 32m²，无障碍 6m²
	*快餐厅	200	1	
	*快餐厅厨房	160	1	含备餐 24m²、洗碗间 10m²、库房 18m²，男女更衣室各 10m²
站务用房区	*交通卡办理处	48	1	
	办公室	24	8	
	会议室	48	1	
	活动室	48	1	
	监控室	32	1	
	值班宿舍	24	2	各含 4 m² 卫生间
	厕所	30	1	男女各 15m²（含更衣）

其他交通面积（走道、楼梯等）约 440m²

二层建筑面积 2700m²（允许 ±5%：2565～2835m²）

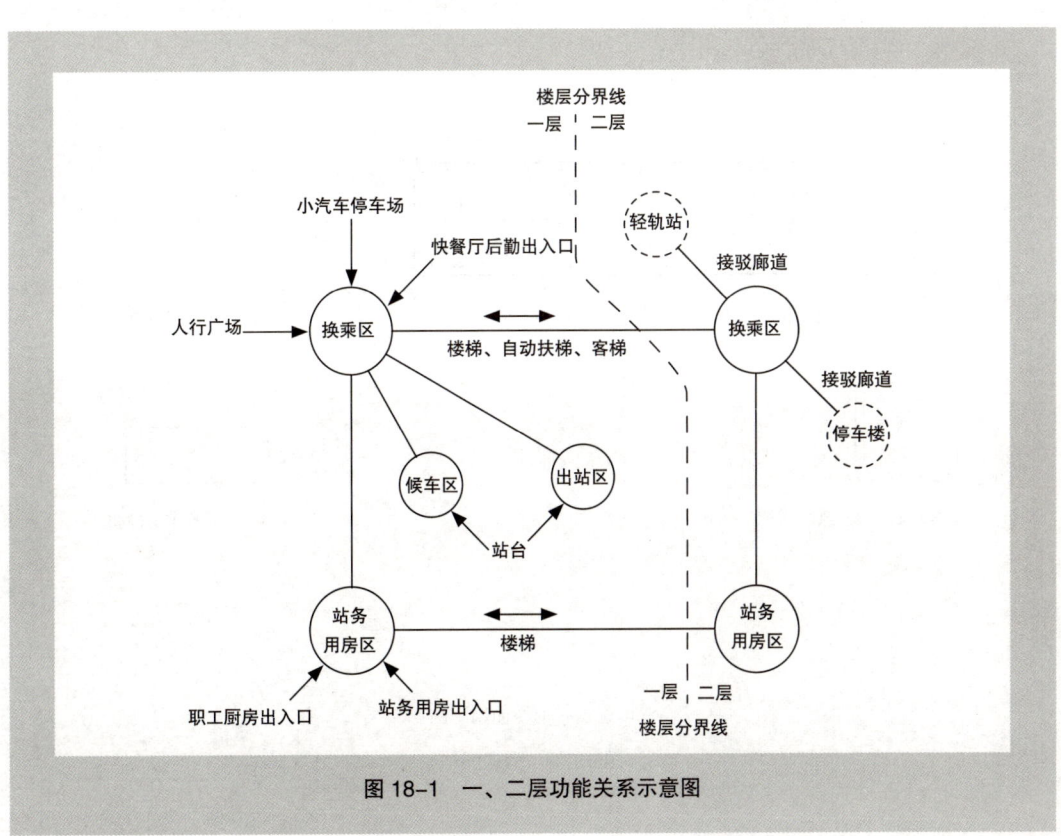

图 18-1　一、二层功能关系示意图

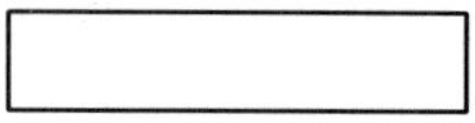

12m×2.5m 大客车车位

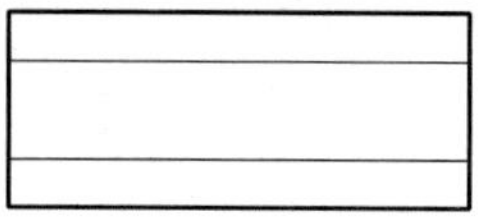

12m×5m 洗车车位

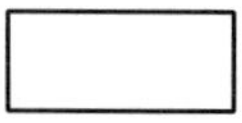

6m×2.5m 小型汽车、小型货车车位

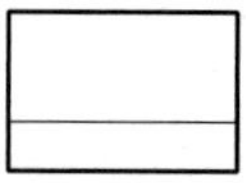

6m×4m 无障碍车位

a 总平面图使用图例

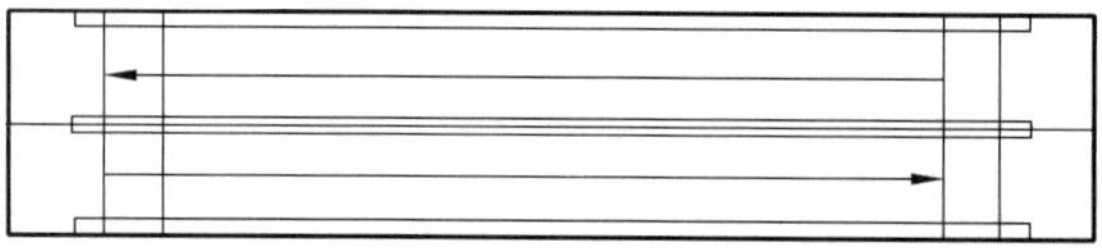

15m×3m 自动扶梯

直径1500 单向门

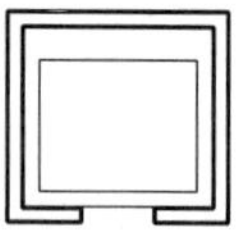

2.8m×3m 客梯、货梯

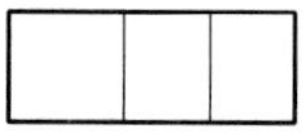

4m×1.5m 安检机

b 建筑平面图使用图例

图 18-2 示意图例

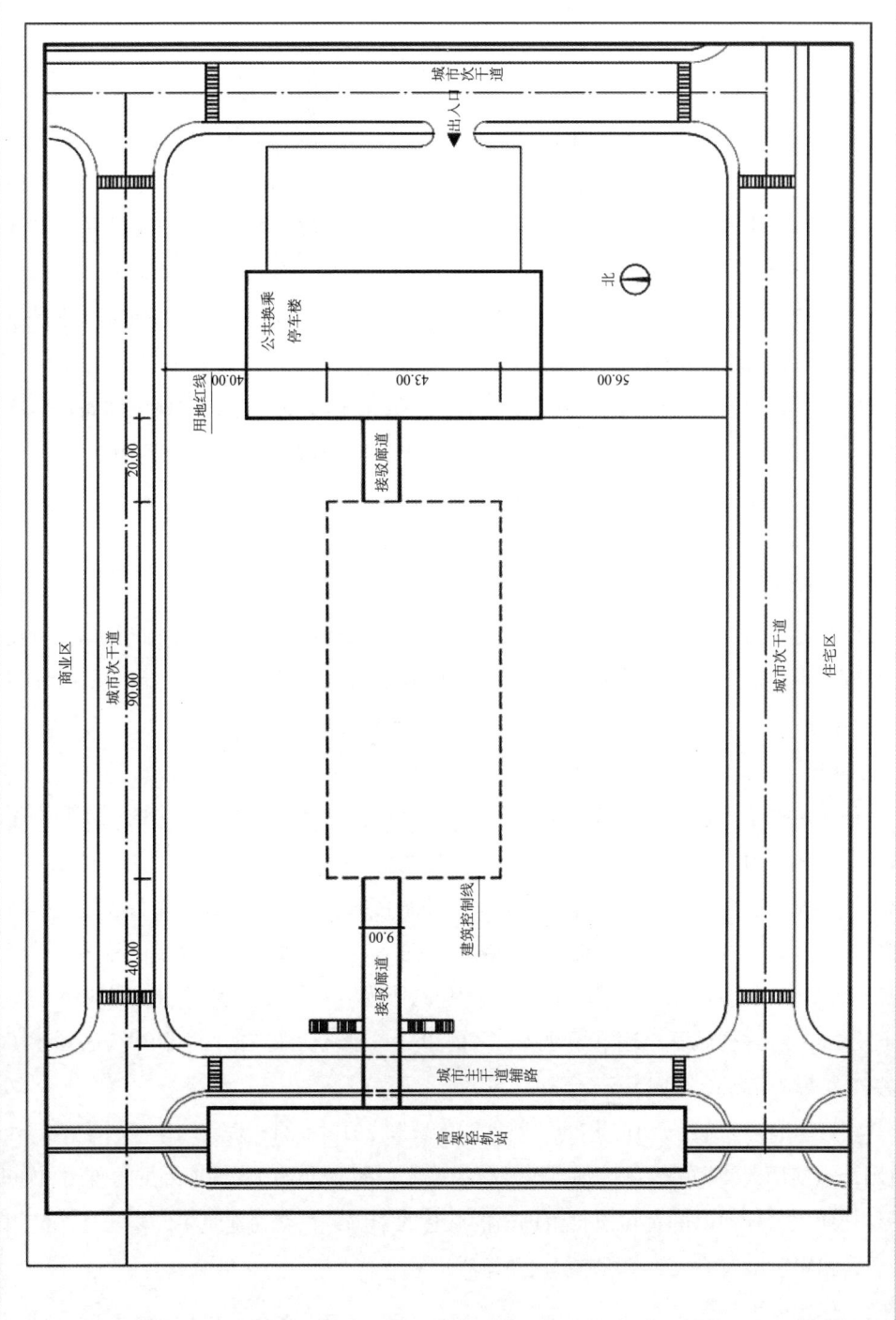

图 18-3 总平面条件图

解题过程

一、审题分析

1. 功能类型要点

首先，本题目"公交客运枢纽站"为交通建筑类型。在一注考试历届题目中，不乏交通建筑类型的出现，其中2003年航站楼、2008年客运站都是以交通建筑类型为考题。在《指导》一书中第三章（平面功能分区与空间组织）笔者也曾阐述过，对于交通建筑来说，其建筑的主要矛盾应该是乘客乘降交通工具"出"与"入"的流线组织与功能排布，即"出入分流、分区"，甚至"出入分区"的矛盾大于"内外分区"的矛盾，所以，解决好使用人群的这两股路线以及其他相关路线是设计的关键。

其次，交通建筑的空间组织与整体布局特点为：使用空间方整，整体空间布局紧凑，多为"平行通过"布局结构特点（见《指导》一书第三章平面功能分区与空间组织）。交通流线设计应顺畅、短捷、不绕、不交叉、不逆行等。

2. 功能泡图分析

（1）出入功能流线分析

针对交通建筑以"出入分流、分区"为第一矛盾的特点，对功能泡图进行出入分流、分区的分析整理。进站功能区域主要为换乘区、候车厅站台等部分；出站功能区域主要为站台、出站区、换乘大厅。并且出入的流线也要和外部的整体环境吻合（图18-4）。

（2）内外功能分析

从常规角度分析，供外部旅客使用的应该为外区，内部人员专用的为内区。我们很容易把站务用房识别为"内区"，其他的使用部分识别为"外区"。值得注意的是，功能泡图中未形成"泡单元"的站台是什么功能属性呢？这和站台的使用性质有关，站台收到工作管理人员管控，只有在其规定的时间才能允许旅客检票进入，虽然使用人是外部的旅客，但其进站台的时间、地点、路线都受到内部人员管理制约，此处转化为半内身份。故而站台处可视为"内区"（图18-5）。这样就不难理解场地运营"内边"和建筑功能"内区"的对应关系了（流线转化见《指导》第四章第四节）。

其实这里有点类似于2015年的"羁押"区域和2012年的"贵宾"区域，虽然是外部人员使用，但使用人使用的时间、地点以及行为路线等都是受到内部管理人员的监控和管理的，并不是任何人、任何时间都可以自由进出的。总的来讲，在交通建筑中，内与外的使用性质的矛盾，相比于出入关系的矛盾应属次要矛盾了。

（3）形式分析

总的来说，本年的功能泡图相较于往年，无论是泡图数量还是泡单元之间的连接方式都是比较简单的。

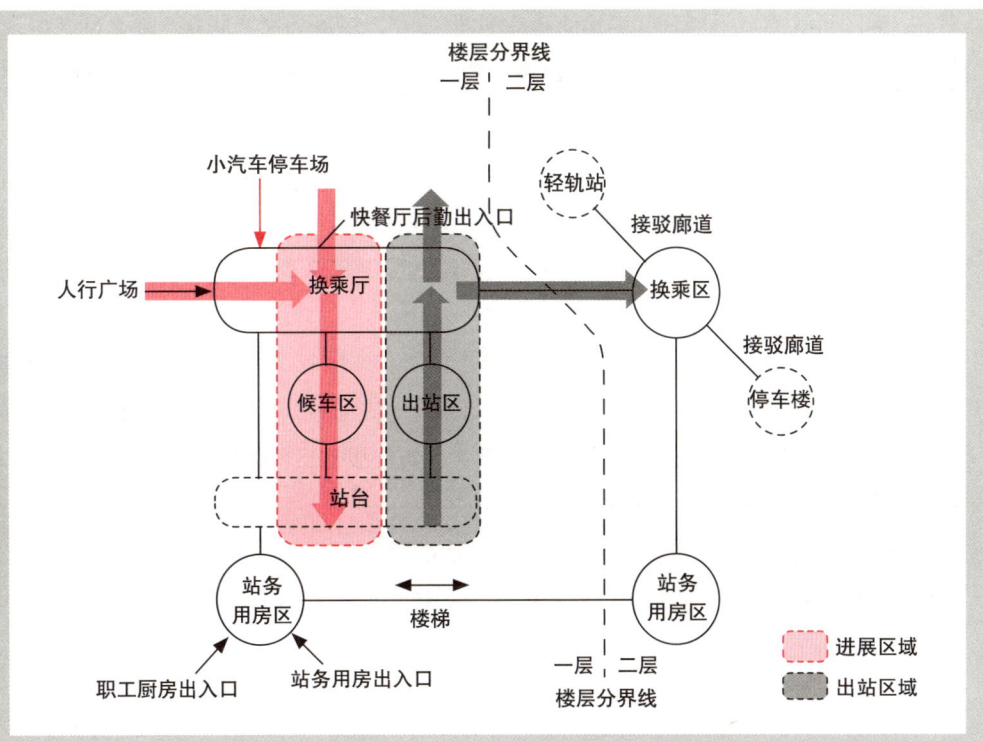

图 18-4 功能泡图进出站功能分区流线分析

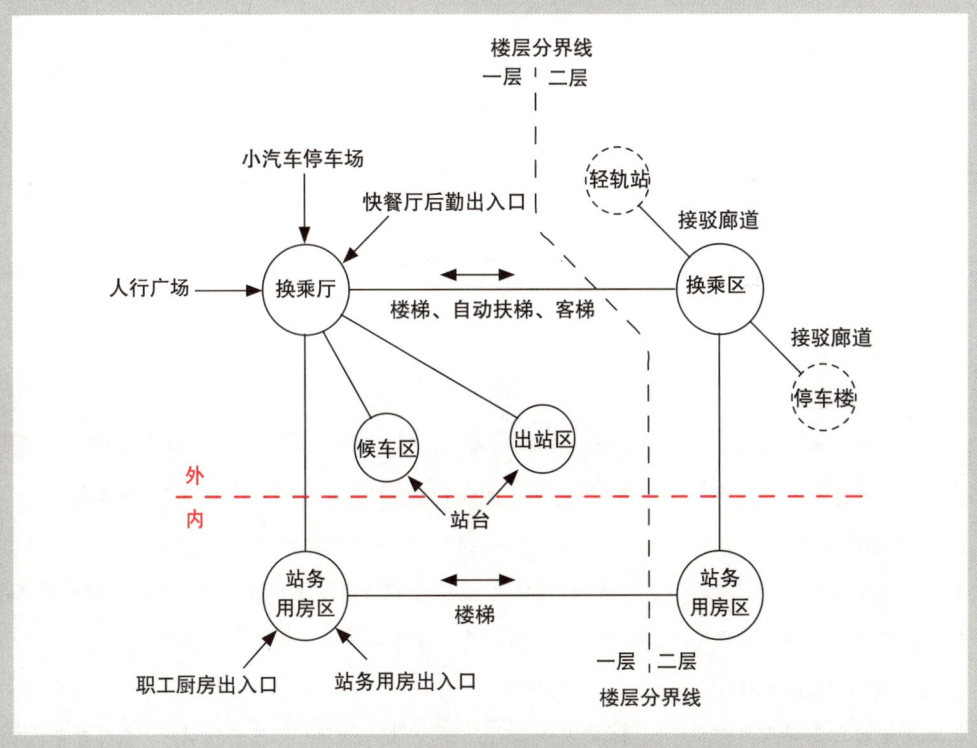

图 18-5 功能泡图内外功能分析

首先，泡图形式为上下层合并表达的功能泡图，一、二层既独立又联系。那么问题出现了，上下层合并互联的泡图是否存在某一层镜像？我们观察发现，一层功能泡图有可能发生左右镜像，其中候车区与出站区都同时联系站台，它们必定相邻，有可能在站务的左侧或者右侧，那么实际布局的时候也就可能有不同的布局方式。

其次，泡图中泡单元代表的功能有的是一个分区，有的是一个重要的空间。这里值得注意的是一层泡单元"换乘区"而非"换乘厅"，换乘区应包含换乘厅，并包含相关附属用房。

3. 图底关系分析

图底关系分析有助于预判建筑空间的布局形式，该题目为交通建筑，预判应主要为集中形式，不妨也做个图底关系的分析加以验证，辅助设计。该题目中建筑红线面积 $90 \times 43=3870m^2$，建筑首层基底面积 $3500m^2$，那么建筑红线首层覆盖率为 $3500 \div 3870=90.4\%$。这一比例相当高，预判基本为集中布局满铺形式。

4. 关键条件分拣

按前面综述介绍的各级关键条件分拣方法，分拣提取任务书中各部分的关键条件，并做以标识。标识如下所示：

▮ 一级分区关键条件

▮ 二级分区关键条件

▮ 网格排布关键条件

特别需要提醒的是，为方便说明和读者阅读，本书中用不同颜色进行了标注，考生在实际答卷时不可出现铅笔之外的任何标记，否则按违纪处理。

公交客运枢纽站

一、设计任务书

（一）任务描述

在南方某市城郊拟建一座总建筑面积 $6200m^2$ 的两层公交客运枢纽站（以下简称客运站），客运站站房应接驳已建成的高架轻轨站（以下简称轻轨站）和公共换乘停车楼（以下简称停车楼）。

（二）用地条件

基地地势平坦，西侧为城市主干道辅路和轻轨站，东侧为停车楼和城市次干道，南侧为城市次干道和住宅区，北侧为城市次干道和商业区，用地情况与环境详见总平面图（图18-3）。

（三）总平面设计要求

在用地红线范围内布置客运站站房、基地各出入口、广场、道路、停车场和绿地，合理组织人流、车流，各流线互不干扰，方便换乘与集散。

1. 基地南部布置大客车营运停车场，设出、入口各1个；布置到达车位1个、发车车位3个及连接站房的站台；另设过夜车位8个、洗车车位1个。

2. 基地北部布置小型汽车停车场，设出、入口各1个；布置车位40个（包括2个无障碍车位）及接送旅客的站台。

3. 基地西部布置面积约2500m²的人行广场（含面积不小于300m²的非机动车停车场）。

4. 基地内布置内部专用小型汽车停车场1处，布置小型汽车位6个，快餐厅专用小型货车车位1个，可经北部小型汽车出入口出入。

5. 客运站东西两侧通过二层接驳廊道分别与轻轨站和停车楼相连。

6. 在建筑控制线内布置客运站站房建筑（雨棚、台阶允许突出建筑控制线）。

（四）建筑设计要求

客运站站房主要由换乘区、候车区、站务用房区及出站区组成，要求各区相对独立，流线清晰。用房建筑面积要求分别见表18-1、表18-2，主要功能关系见示意图（图18-1）。

1. 换乘区

（1）换乘大厅设置2台自动扶梯、2台客梯（兼无障碍）和1部梯段宽度不小于3m的开敞楼梯（不作为消防疏散楼梯）。

（2）一层换乘大厅西侧设出入口1个，面向人行广场；北侧出入口2个，面向小型汽车停车场；二层换乘大厅东西两端与接驳廊道相连。

（3）快餐厅设置独立的后勤出入口，配置货梯1台，出入口与内部专用小型汽车停车场联系便捷。

（4）售票厅相对独立，购票人流不影响换乘大厅人流通行。

2. 候车区

（1）旅客通过换乘大厅经安检通道（配置2台安检机）进入候车大厅，候车大厅另设开向换乘大厅的单向出口1个，开向站台检票口2个。

（2）候车大厅内设独立的母婴候车室，母婴候车室内设开向站台的专用检票口。

（3）候车大厅的旅客休息区域为两层通高空间。

3. 出站区

（1）到站旅客由到达站台通过出站厅经验票口进入换乘大厅。

（2）出站值班室与出站站台相邻，并向站台开门。

4. 站务用房区

（1）站务用房独立成区，设独立的出入口，并通过门禁与换乘大厅、候车大厅连通。

（2）售票室的售票窗口面向售票厅，窗口柜台总长度不小于8m。

（3）客运值班室、广播室、医务室应同时向内部用房区域与候车大厅直接开门。

（4）公安值班室与售票厅、换乘大厅和候车大厅相邻，应同时向内部用房区域、换乘大厅和候车大厅直接开门。

（5）调度室、司乘临时休息室应同时向内部用房区域和站台直接开门。

（6）职工厨房需设独立出入口。

（7）交通卡办理处与二层换乘大厅应同时向内部用房区域和换乘大厅直接开门。

（五）其他

1. 换乘大厅、候车大厅的公共厕所采用迷路式入口，不设门，无视线干扰。

2. 除售票厅、售票室、小件寄存处、公安值班室、监控室、商店、厕所、母婴室、库房、洗碗间外，其余用房均有天然采光和自然通风。

3. 客运站站房采用钢筋混凝土框架结构；一层层高为6m，二层层高为5m，站台与停车场高差0.15m。

4. 本设计应符合国家相关规范、标准和规定。

5. 本题目不要求布置地下车库及其出入口、消防控制室等设备用房。

（六）制图要求

1. 总平面图

（1）绘制广场、道路、停车场、绿化，标注各机动车出入口，停车位数量及人行广场和非机动车停车场面积。

（2）绘制建筑的屋顶平面图，并标注层数和相对标高；标注建筑物各出入口。

2. 平面图

（1）绘制一、二层平面图，表示柱、墙体（双线或单粗线）、门（表示开启方向）、窗、卫生洁具可不表示。

（2）标注建筑轴线尺寸、总尺寸，标注室内楼、地面及室外地面相对标高。

（3）标注房间及空间名称，标注带＊房间及空间（表18-1、表18-2）的面积，允许误差±10%以内。

（4）填写一、二层建筑面积，允许误差在规定面积的±5%以内，房间及各层建筑面积均以轴线计算。

一层用房、面积及要求　　　　　　　　　　　　　表18-1

功能区	房间及空间名称	建筑面积（m²）	间数	备注
换乘区	＊换乘大厅	800	1	
	自助银行	64	1	同时开向人行广场
	小件寄存处	64	1	含库房40m²
	母婴室	10		
	公共厕所	70	1	男女各32m²，无障碍6m²
	＊售票厅	80	1	含自动售票机

续表

功能区	房间及空间名称	建筑面积（m²）	间数	备注
候车区	*候车大厅	960	1	旅客休息区域不小于640m²
	商店	64	1	
	公共厕所	64	4	男女各29m²，无障碍6m²
	*母婴候车室	32	1	哺乳室、厕所各5m²
站务用房区	门厅	24	1	
	*售票室	48	1	
	客运值班室	24	1	
	广播室	24	1	
	医务室	24	1	
	*公安值班室	24	1	
	值班站长室	24	1	
	调度室	24	1	
	司乘临时休息室	24	1	
	办公室	24	2	
	厕所	30	1	男女各15m²
	*职工餐厅和厨房	108	1	餐厅60m²，厨房48m²
出站区	*出站厅	130	1	
	验票补票室	12	1	靠近检票口设置
	出站值班室	16	1	
	公共厕所	32	1	男、女各16m²（含无障碍厕位）
其他交通面积（走道、楼梯等）约670m²				
一层建筑面积3500m²（允许±5%：3325~3675m²）				

二层用房、面积及要求　　　　　　　　　　表18-2

功能区	房间及空间名称	建筑面积（m²）	间数	备注
换乘区	*换乘厅	800	1	面积不含接驳廊道
	商业	580	1	合理布置50~70m²的商店9间
	母婴室	10	1	
	公共厕所	70	1	男女各32m²，无障碍6m²
	*快餐厅	200	1	
	*快餐厅厨房	160	1	含备餐24m²，洗碗间10m²，库房18m²，男女更衣室各10m²
站务用房区	*交通卡办理处	48	1	
	办公室	24	8	
	会议室	48	1	
	活动室	48	1	
	监控室	32	1	
	值班宿舍	24	2	各含4m²卫生间
	厕所	30	1	男女各15m²（含更衣）
其他交通面积（走道、楼梯等）约440m²				
二层建筑面积2700m²（允许±5%：2565~2835m²）				

5. 环境分析

对环境条件有层次、有秩序的分析可以避免信息条件的丢落，也可以帮助考生快速而准确地捕捉设计信息。

（1）外层次环境分析

外层次环境即为用地红线之外的环境要素和其他自然要素。

用地指北针正放，上北下南。

用地西侧临城市主干道，并且还有一处高架轻轨站，也是人行广场的方向，意味着其为大量人流来向，是场地的"外边"。

北侧临城市次干道，并开设小汽车停车场出入口各1个。路北侧为商业区，也会存在潜在人流来向，也是场地的"外边"。

南向临城市次干道，道路一侧为住宅区，相对比较安静，南侧设置大客车出入口，该边为乘客乘降边，该侧场地与其出入口受内部管理，不对外开放，应是场地的"内边"。

东侧二层接驳公共换乘停车楼，并且有自己独立的交通入口，那么东侧与地基建筑的交通流线关系应仅为二层接驳交通，故非主要人流来向，也属场地的"内边"（图18-6）。

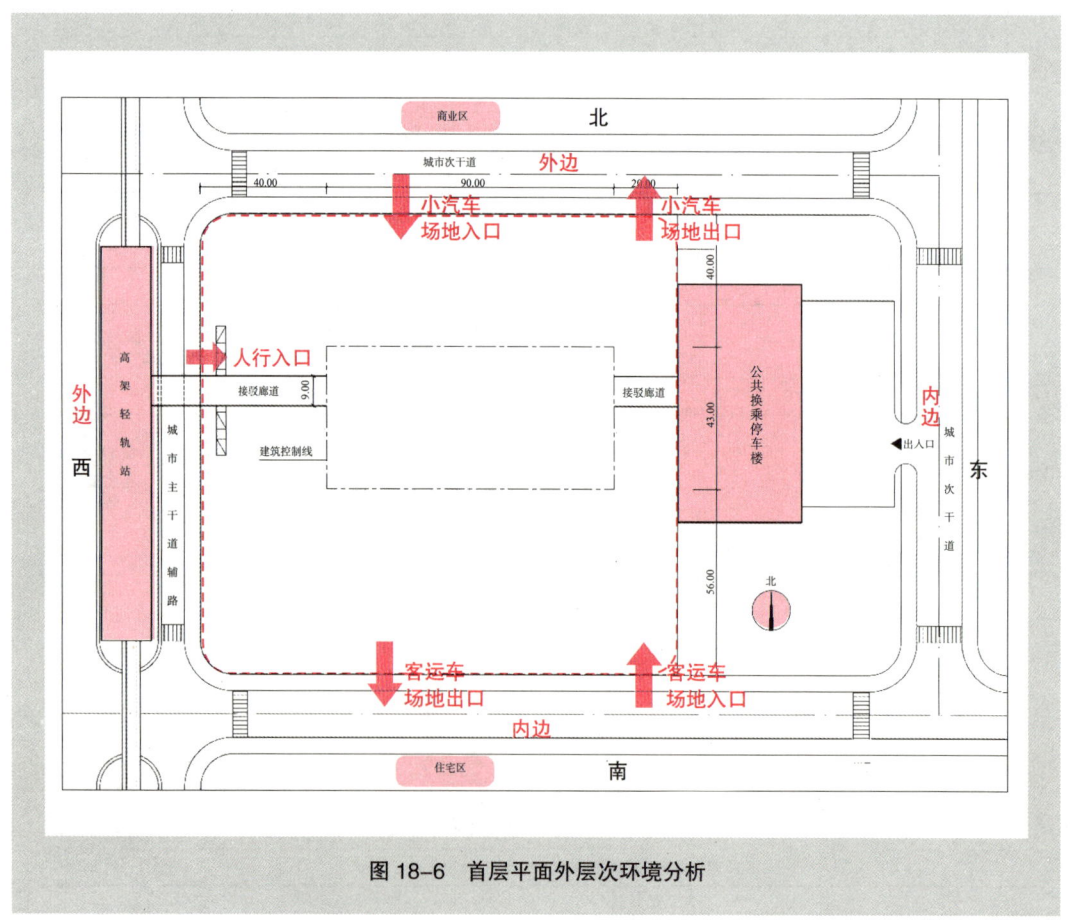

图18-6　首层平面外层次环境分析

（2）中层次环境分析

这里我们把场地出入口和场地用地结合在一起，放在中层次分析更为合适一些。

西侧人行广场应为主要人流来向，也是建筑的主入口方向，那么该侧也应对应换乘大厅的主入口。北侧为小汽车停车场，并设有出入口各1个，该侧也对应着换乘大厅，场地出入口对应换乘大厅出入口。故换乘大厅应位于基地北侧，呈"长条状"。

用地南侧题目要求布置大客车运营场地，设置大客车出入口各1处，根据停车场设计右侧驶入原则，场地入口应在东、出口应在西，并且要离开一定距离（至少10m）。大客车运营必然先下后上，故到站下车、出站应对应场地入口，位于东侧；进站发车、候车应对应场地出口，在出站西侧（图18-7）。

其他未明确给出定位的场地还有一处300m²的非机动车停车场，餐厅专用货车停车位和内部小汽车停车位1处。非机动车停车可结合人行广场，邻近北侧小汽车停车场设置，这样距主入口也较近；餐厅货车位由北侧小汽车出入口出入，故也应邻近北侧场地出入口，并设置在"内边"为佳，暂时设置在基地东北角方位。最后就是内部专用小汽车停车位，也应设于"内边"，为避免和大客车运营场地发生干扰，暂时将该场地设于基地东南侧。那么，内部站务区是否要与内部停车场对应布置在西侧呢？我们将在一级分区部分继续分析这一问题。

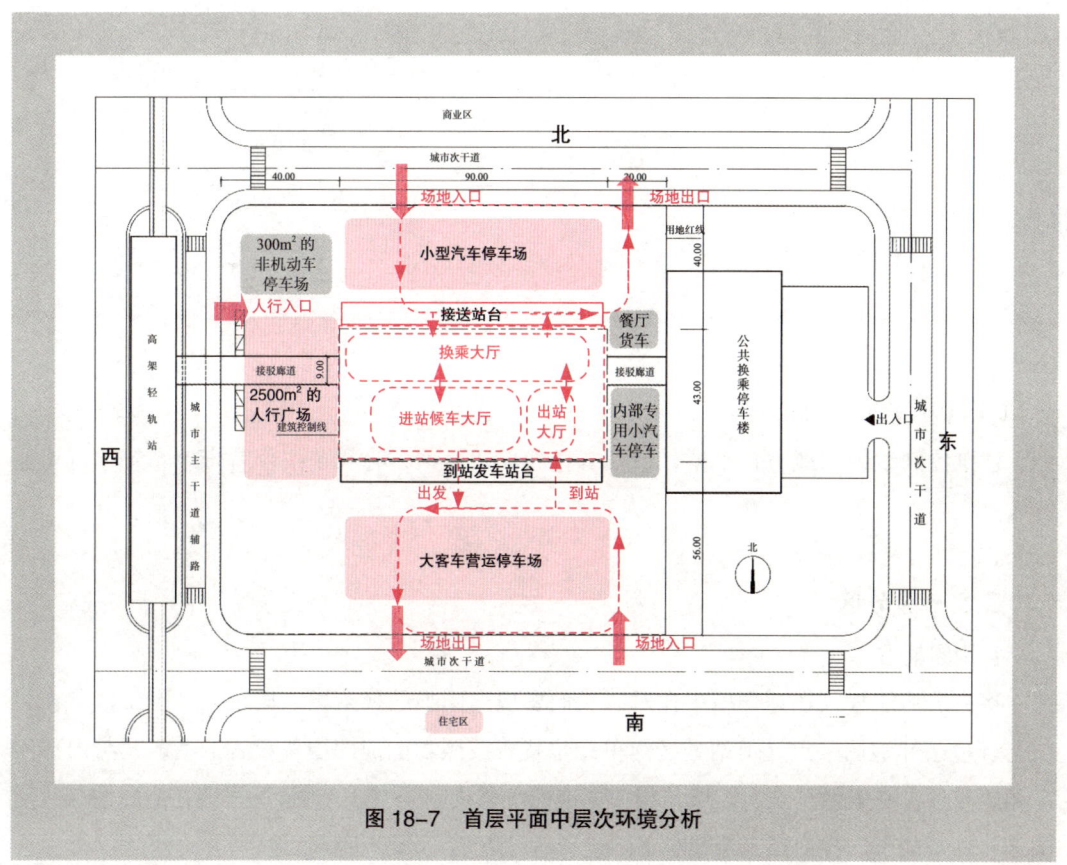

图18-7 首层平面中层次环境分析

中层次环境中预设有与高架轻轨站和公共换乘停车楼的二层接驳的廊道，廊道将与二层换乘大厅接驳，廊道的位置暗示了二层换乘大厅的位置，即较靠北侧，东西长向延伸，与其称之为"厅"，更类似于一条"廊"。其形态与方位基本与一层换乘厅对应（图18-8）。

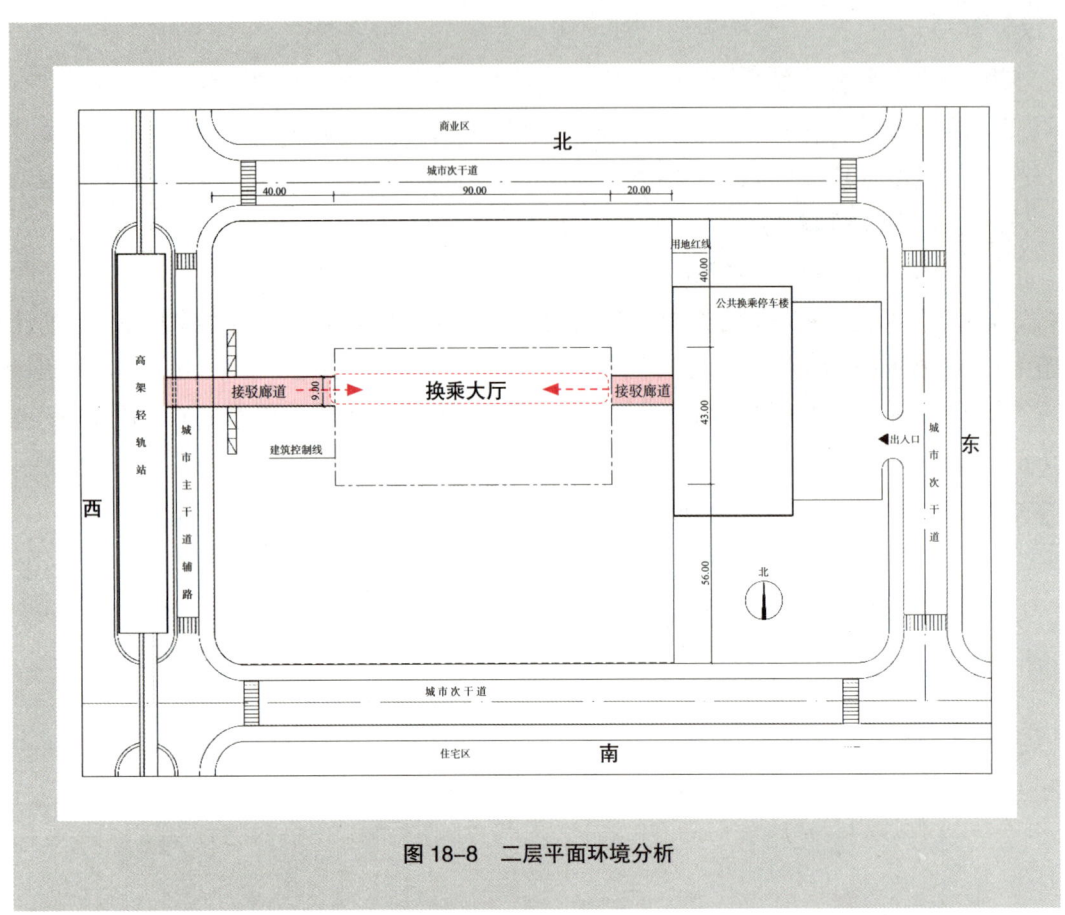

图18-8 二层平面环境分析

（3）内层次环境分析

建筑控制线内用地方正平整，也没有任何保留事物，有利于按部就班地布置建筑功能区域。

二、一级分区

1. 泡图就位

将一层功能放入场地环境中比对，我们发现泡图中的换乘区、候车区、出站区所在方位与环境条件泡图一致，但站务区泡单元位置若按照功能泡图原位设置的话，其与内部停车相距较远，并未做到功能区域与相关场地的毗邻（图18-9）。难道这里存在泡图的翻转镜像吗？针对这个，我们还是绘制小草图进行各种方案逻辑分析与比选。

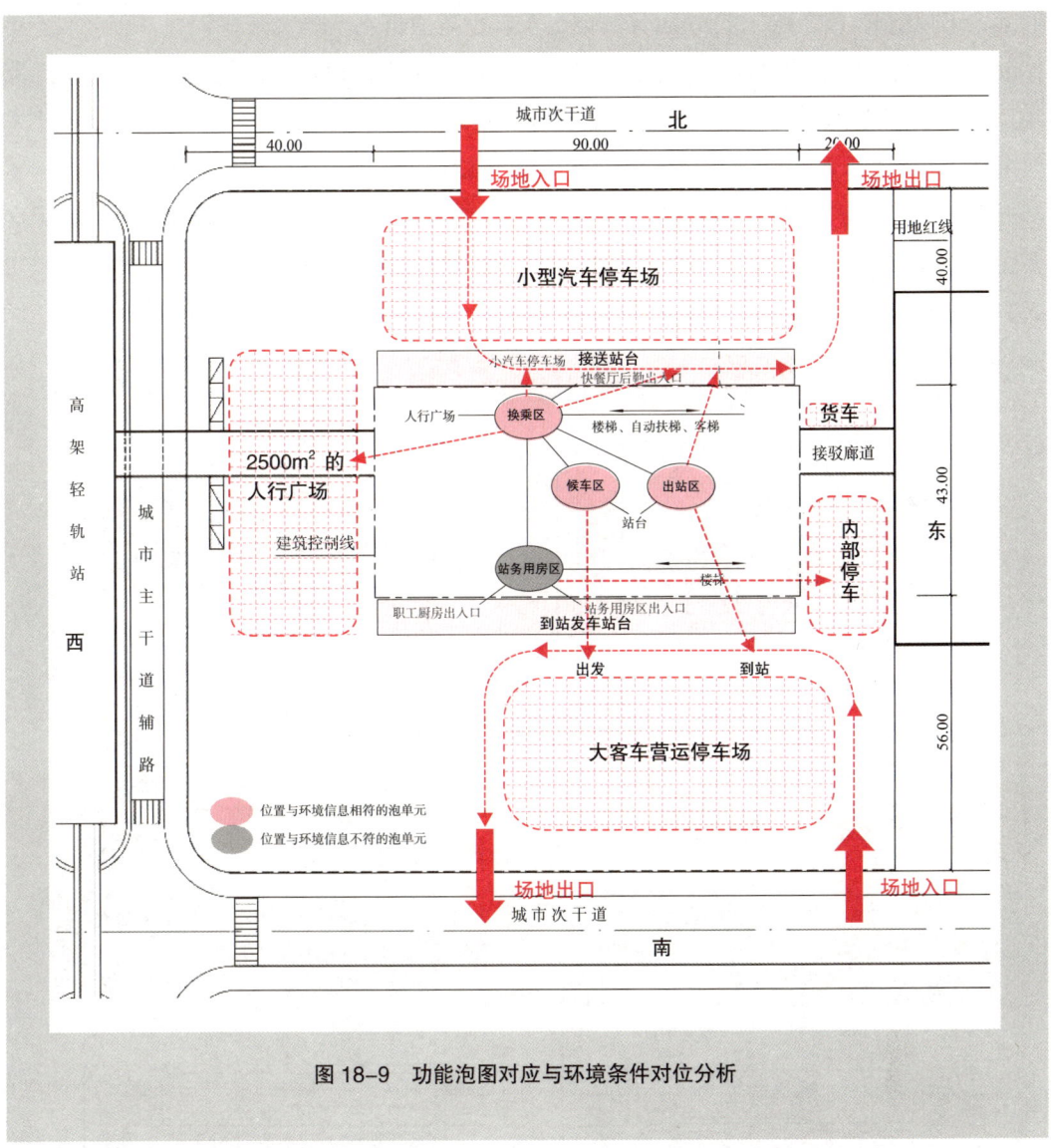

图18-9 功能泡图对应与环境条件对位分析

2. 组合逻辑辨析

方案一，如果只是简单地把站务用房放到基地东侧，这样单纯从外部条件来看似乎都能对应顺畅，但问题是，站务用房有一部分房间是要联通进站大厅的，所以，站务用房和进站大厅必须相邻，这样方案一就被否定（图18-10a）。

因进、出站区域都要联系站台，所以进、出站功能区块必定相邻，又因为站务用房有多个房间（广播、医务等）要和进站大厅联系，所以站务和进站区域也必定相邻，这样进、出站区和站务区三者为顺序关系，其布局方式有且只有图示两种布局可能（图18-10b）。

方案二，站务用房在东侧，出站区在西侧。这样站务用房邻近内部停车，但进站与出站用房布置方向则与客车进出场地方向相反，这样势必造成大客车运营场地车辆路线迂回、混乱，不便管理（图18-10c）。而且场地出车口距离城市主干道交叉口较近，有可能不足70m。并且在内部使用功能上，站务区的售票功能距离主入口较远，旅客购票再进站，路线迂回，容易发生逆行交叉；进站人流也存在和出站人流交叉干扰的可能（注意：出站进入换乘厅，并不是直接出到人行广场），不利于整体旅客流线的使用、管理。

方案三，站务用房在西侧，出站在东侧。虽然站务用房距离其专用停车位较远，但客车运营交通顺畅，管理方便，用地节约。而且旅客购票进站路线顺畅不迂回、不逆行，也减少了进站和出站旅客的交叉干扰（图18-10d）。

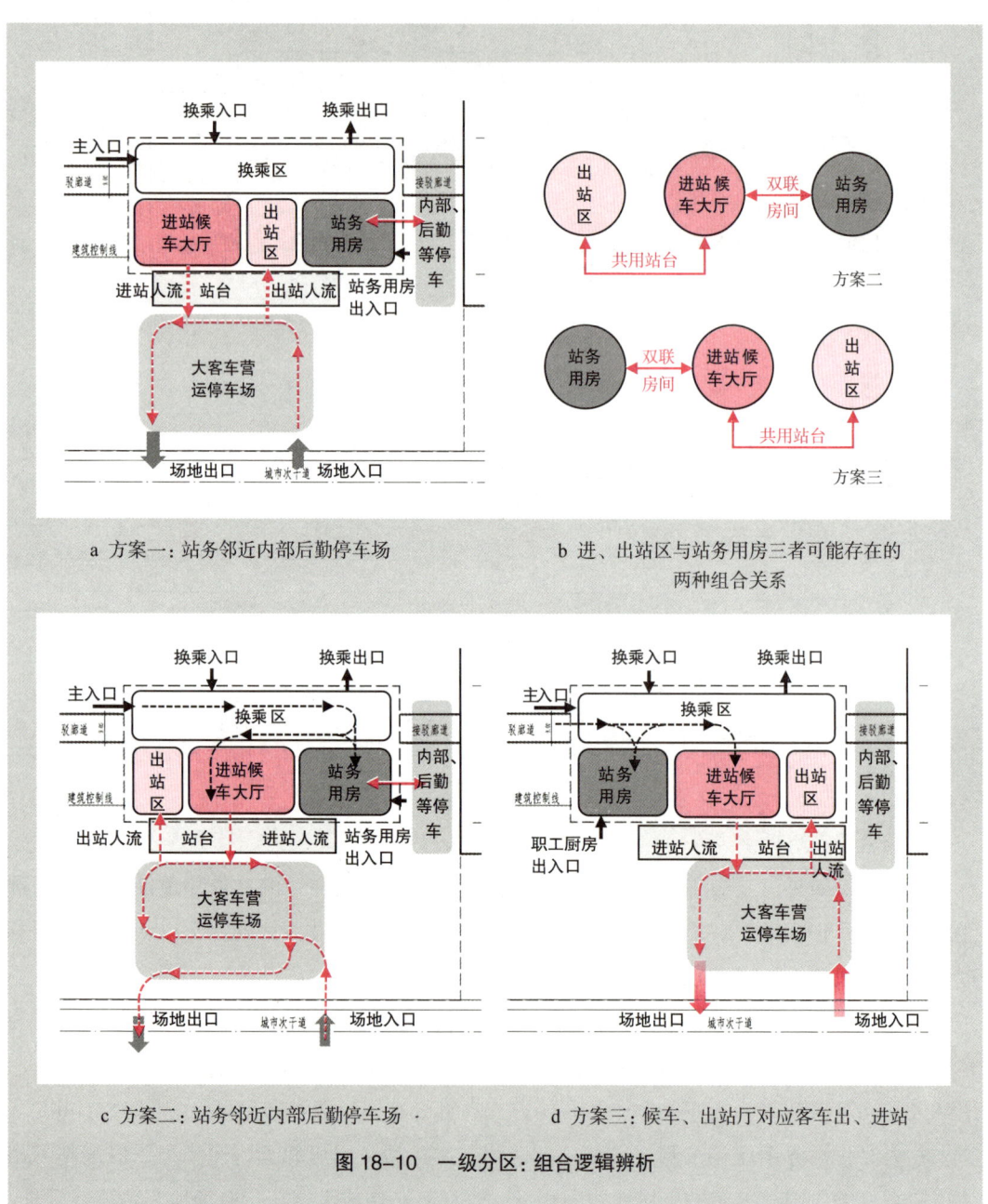

a 方案一：站务邻近内部后勤停车场　　　　b 进、出站区与站务用房三者可能存在的两种组合关系

c 方案二：站务邻近内部后勤停车场　　　　d 方案三：候车、出站厅对应客车出、进站

图18-10　一级分区：组合逻辑辨析

对于方案二和方案三的逻辑分析比选，我们可以清晰地看出来，虽然二者各有利弊，但方案三明显利大于弊。

交通建筑中"出入矛盾"是其设计的主要矛盾，旅客进站上车交通顺畅，和客车运营流线顺畅，都是这类建筑设计首要考虑的问题。内部工作人员是否能就近停车相较于此就显得比较次要了。并且工作人员可以停车后经站台到达站务用房，之前也分析过，站台具有"内部"功能属性，可分时段利用，避免交叉干扰。

考试结束后一段时间，"东出"、"西出"成为考生讨论的焦点话题，西出站方案场地内外关系一致，东出站旅客、运营流线合理，真是"公说公有理，婆说婆有理"。甚至很多"主流"作答也是西出答案。笔者愚见，大多数西出作答考生根据之前太多考试以及相关原理的"经验"，都是将公共建筑的内外分区作为建筑设计的首要矛盾，而事实上，这个原则只是适用于一般公共建筑，对于交通类建筑应考虑将出入矛盾作为建筑设计的首要矛盾，其他位列其后。正如医疗建筑，会将洁污矛盾、医患矛盾作为其首要矛盾，其他位列其后一样，不同的建筑有着其自身不同的设计需求，满足建筑其最根本的功能需求才是设计的王道。这一点笔者早在《指导》一书功能分区内容中有所阐释。

3. 一、二层同步思考

在一层方案逐渐清晰成型的同时，二层布局也要同步构思思考。因为二层布局也可能会影响一层布局，好的方案总是在不断协调内外上下关系中找到相对合理的点。

二层在一层基础上划分布置，首先核对下二层与一层的面积对应关系：二层面积2700m^2，比一层（3500m^2）少800m^2，其中，一层旅客休息区域640m^{2}要求二层通高，这样二层实际面积比一层小 800 – 640=160m^2。二层功能"规划"所占空间基本与一层空间一致。具体留空还是满铺，可在网格排布中进行准确控制。

二层的功能相对比较简单，功能泡图只有两个泡单元，即换乘区和站务用房区。换乘区主要包含换乘厅、商铺、餐饮等部分。另外还要适当考虑进站大厅上空的预留，以及换乘厅和两侧接驳廊道的联系（图18-11）。

4. 关键条件校验

一级分区前提下，对分区和环境关系校验、分区和分区关系校验、空间和环境关系校验，我们发现还有一处未"落实"的关键条件，就是快餐的后勤出入口。

在功能泡图中该部分指向换乘区，那么，此处表达是否意味着快餐厅后勤出入口要联系换乘大厅呢？该出入口布置在哪里合适呢（图18-12a、b）？

从功能泡图视觉直观上，快餐后勤出入口似乎应布置在换乘厅的东北角，而且与任务书中描述的后勤专用停车位的对应定位也是相符的。但餐厅厨房主要功能区域在二层，还是要根据二层的实际情况进行综合考虑，如果一层入口在东北角，二层餐厨就要放在换乘厅北侧成长条状展开（图18-12c、d，方案一），但二层东南侧出站区上方空间进深较大，作为商铺空间可能不甚合理，或使用效果不好，或大面积退让造成建筑形象不完整。但较

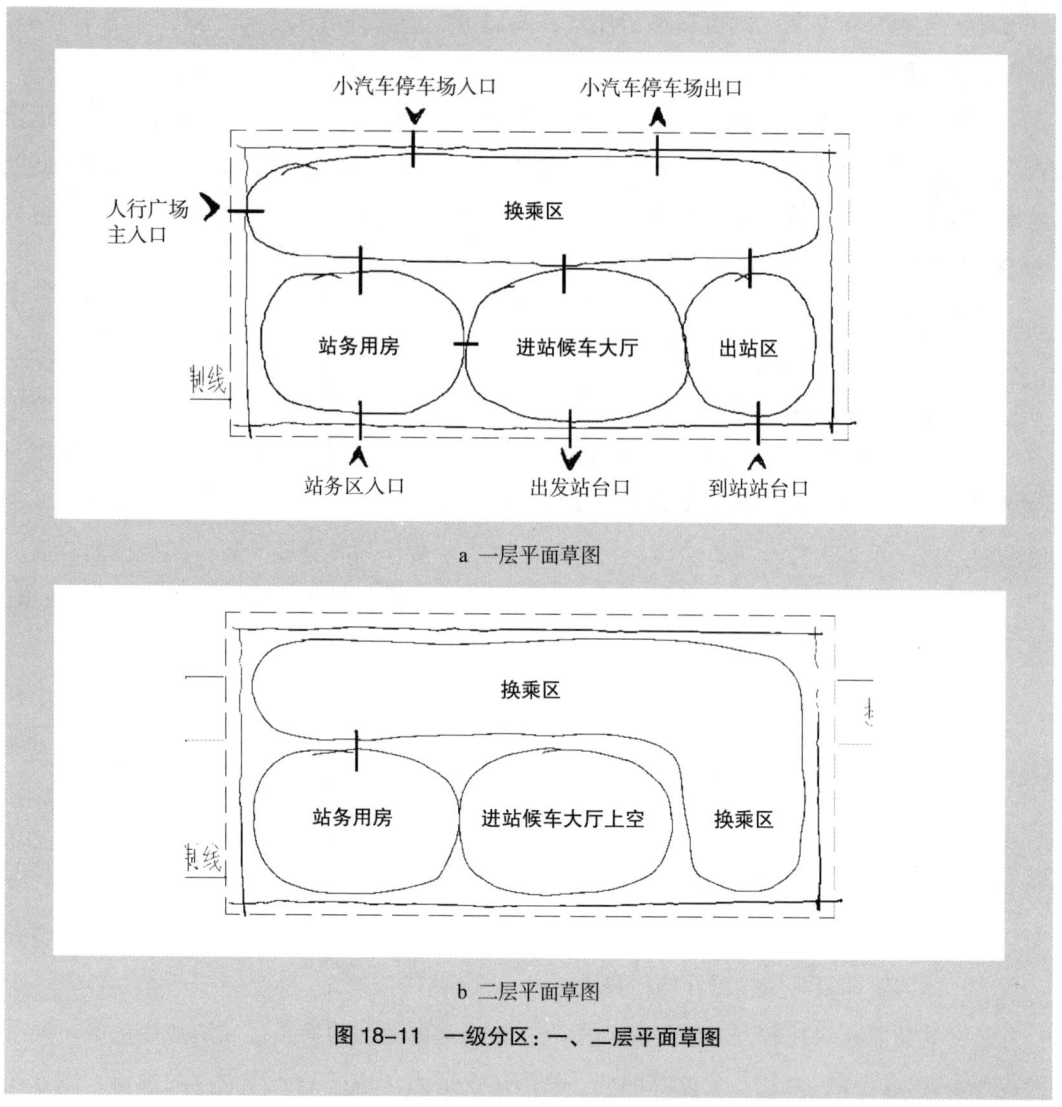

a 一层平面草图

b 二层平面草图

图18-11 一级分区：一、二层平面草图

为适合布置餐厨空间（图18-12e、f，方案二），而如果餐厨在东南侧的话，一层出入口就也要调整到东南侧，似乎已远离"换乘区"。那么二层餐厨空间应该在东北角条状展开还是南侧集中布置呢？

从空间使用上两个方案相比较：

首先，方案二"用地"方整、充足，适合布置较大空间，有利于划分整合空间，而方案一空间"用地"进深较窄，布置面积较大的空间势必拉长空间，空间利用上不尽合理；其次，方案二餐厅在前（面向换乘厅），厨房在后，有利于节约换乘厅商业面宽，可布置更多商铺，产生更多商业价值；最后，较之方案一，方案二送餐流线更短捷，方便使用。

那方案二入口在首层未联通换乘区有问题么？

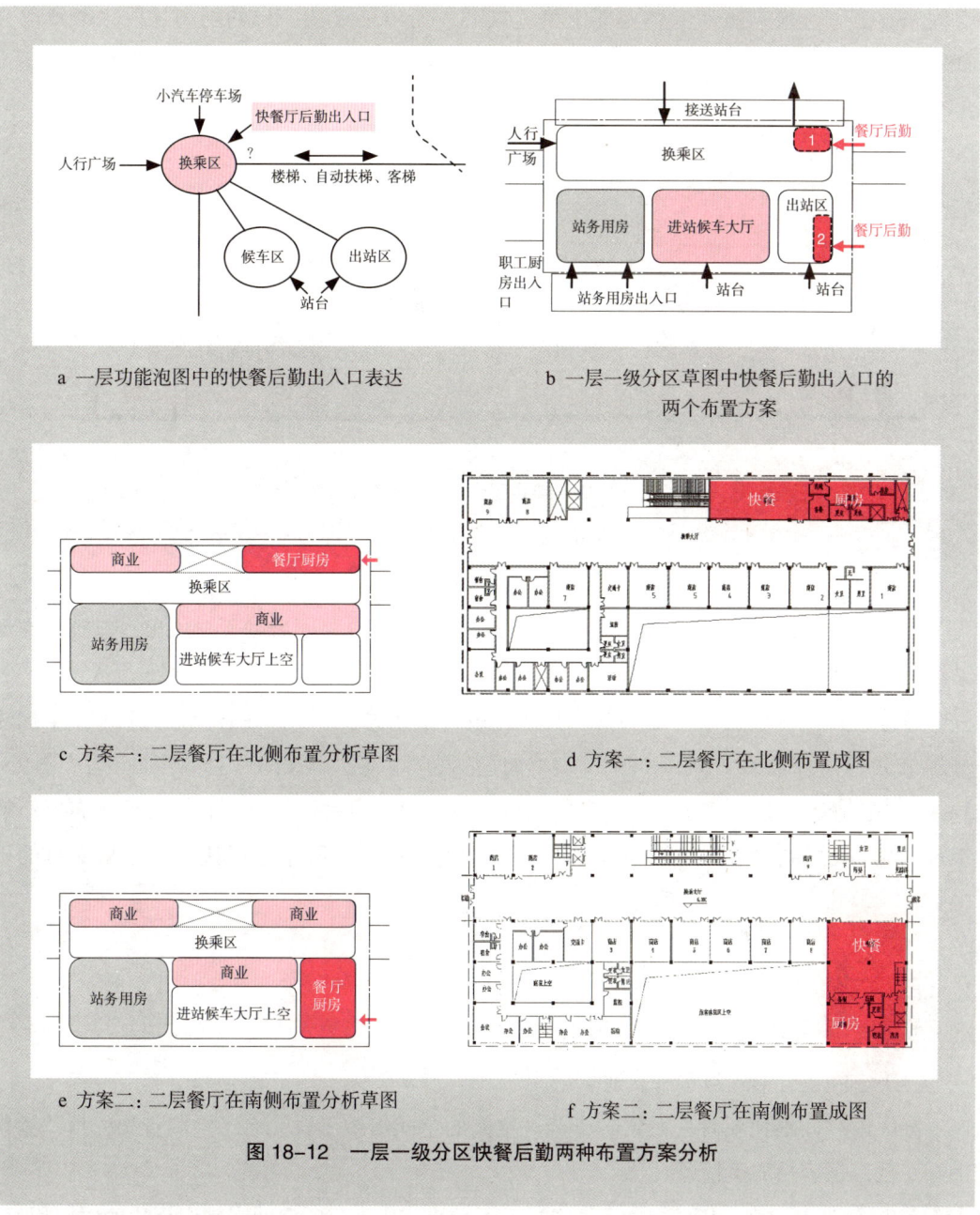

图 18-12　一层一级分区快餐后勤两种布置方案分析

　　首先，从原理上分析，快餐厅后勤出入口使用人为餐厅的后勤工作人员，这类人员需要频繁进入换乘厅吗？显然是不需要的。它们之间不存在功能上的必然联系。

　　其次，我们要明确概念，快餐厅后勤出入口指向的是换乘区而非换乘厅，换乘区包含换乘厅和相关附属功能。当然，二层的餐厅厨房也是换乘区的一部分。所以该部分在一层的出入口必然只能对应其所属区域，但未必要对应联系换乘厅。并且，从整体三维空间来看，整个换乘区在立体空间上是连续的，而不是仅从一层的剖切片段来断章取义（图18-13）。

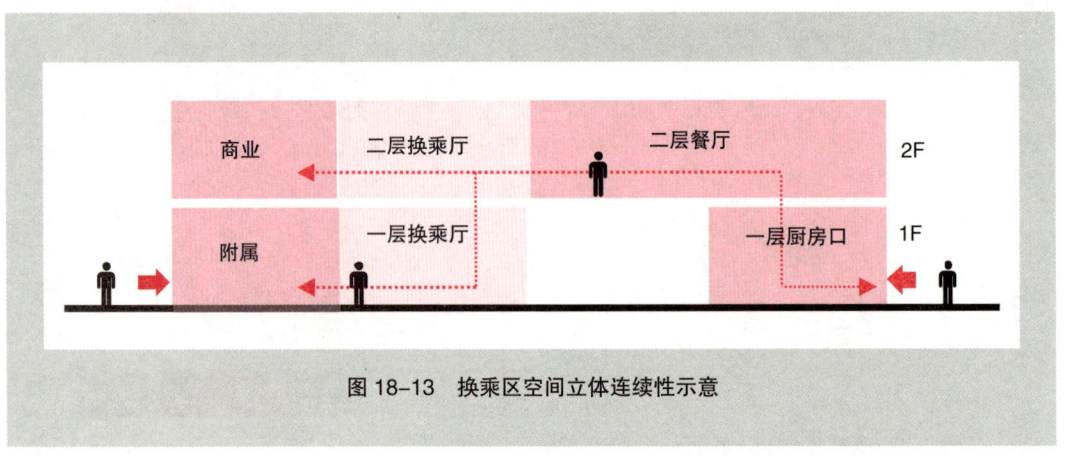

图18-13 换乘区空间立体连续性示意

综上分析，选择方案二的布局方式更为合理。由此，餐厅后勤下一层出入口则加在出站厅东侧。

另外，在一级分区中，还要落入其他一级分区相关要素：标注各个出入口位置；标注分区之间的特殊联系方式，如安检、单向门等；落入需要对外开门的各种空间（图18-14）。其中站务区的调度和司机休息应邻近东侧站台，出站区值班结合快餐后厨布置。换乘厅ATM机房间邻近人行广场布置。二层于南角预布置联系一层快餐后勤出入口的楼电梯。

三、二级分区

1. 空间组合与交通设置

（1）空间组合形式与水平交通

分区内空间细化要首先确定各个分区空间的空间组织形式，有了空间骨架，再"添枝加叶"就是很容易的事情了。

首先，一层平面换乘区相当于建筑的门厅空间，作为交通空间来组织周边的附属用房，空间基本呈放射式布局。进站候车大厅呈大空间式布局，辅助房间为便于服务进站候车，直接包含于大厅空间之内，形成"母子型"空间模式（见《指导》空间组织形式）。其实，换乘区和进站大厅的空间形式都是主辅空间形式，二者的区别就是换乘区的主体空间以交通功能为主，进站大厅的主体空间以使用功能为主，包含有一定的交通功能。出站区空间组织类似于进站大厅。再有就是站务用房区域，该区房间多要求采光，但该区域"用地"较为方整，"用地"邻外的可布置采光房间，邻内的两侧（邻换乘厅和进站大厅）可布置和

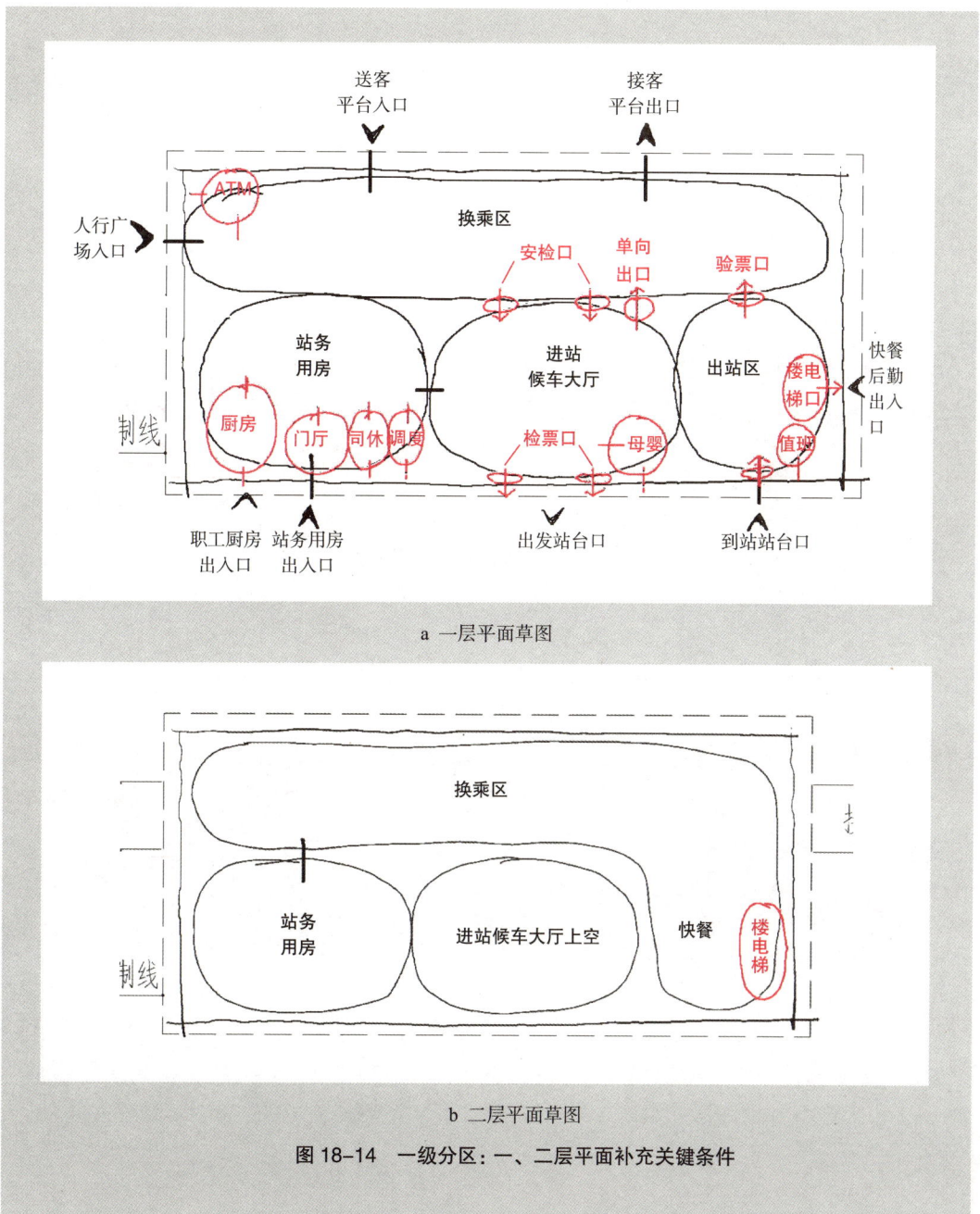

a 一层平面草图

b 二层平面草图

图18-14 一级分区：一、二层平面补充关键条件

两区相关联的房间，中间核心则可挖空，使该区域形成庭院式布局（图18-15a）。

其次，二层空间组织形式基本与一层一致（图18-15b）。

（2）垂直交通布置

首先，考虑公共枢纽交通，在换乘区中部布置大楼梯和扶梯，为不干扰换乘厅和进站大厅的流线"对接"，大楼梯和扶梯应靠北侧布置。注意大楼梯不应占据换乘厅区域空间，

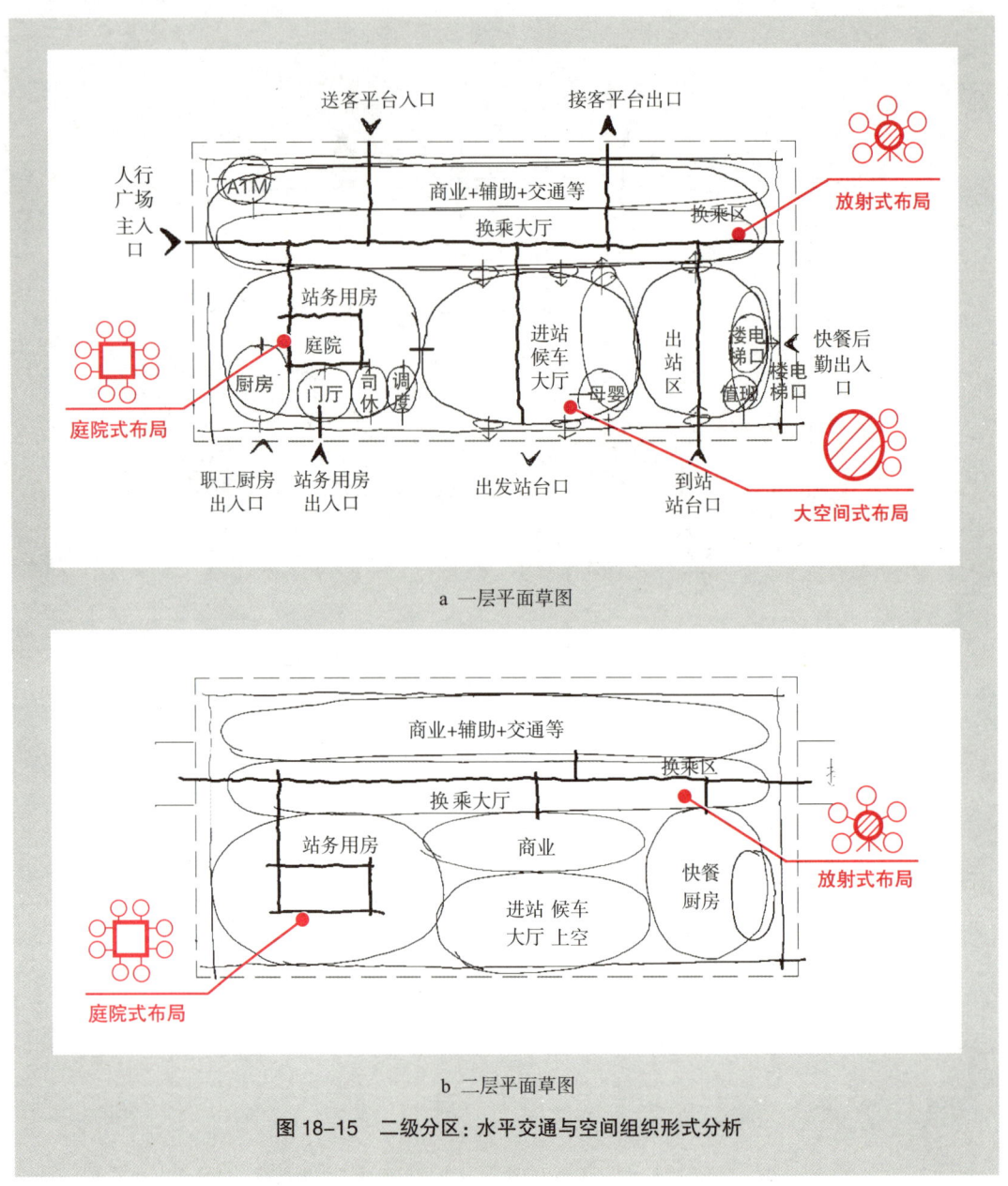

a 一层平面草图

b 二层平面草图

图 18-15　二级分区：水平交通与空间组织形式分析

因为大量人流集散通道都应顺畅、连续，不应该有任何障碍物阻塞交通。此处也是本题的一个考点之一。同时换乘区调整小汽车停车场方向的出入口位置，使之互不干扰。

其次，考虑区域的上下层联系，主要是站务区的上下层功能联系，在站务门厅附近布置交通楼梯 1 部。

再有，考虑到二层下一层出口交通，在快餐后勤出入口附近布置楼梯、电梯各 1 部。

最后，全面综合地安排和调整消防疏散楼梯。消防疏散楼梯主要从二层找，建筑总长度80余米，总宽40余米，在建筑的四角各布置1部楼梯，且疏散成环，交通双向可达就可以了。于是在换乘区北侧两端再布置2部楼梯即可（如图18-16）。

值得注意的是，交通建筑应采用封闭楼梯间。

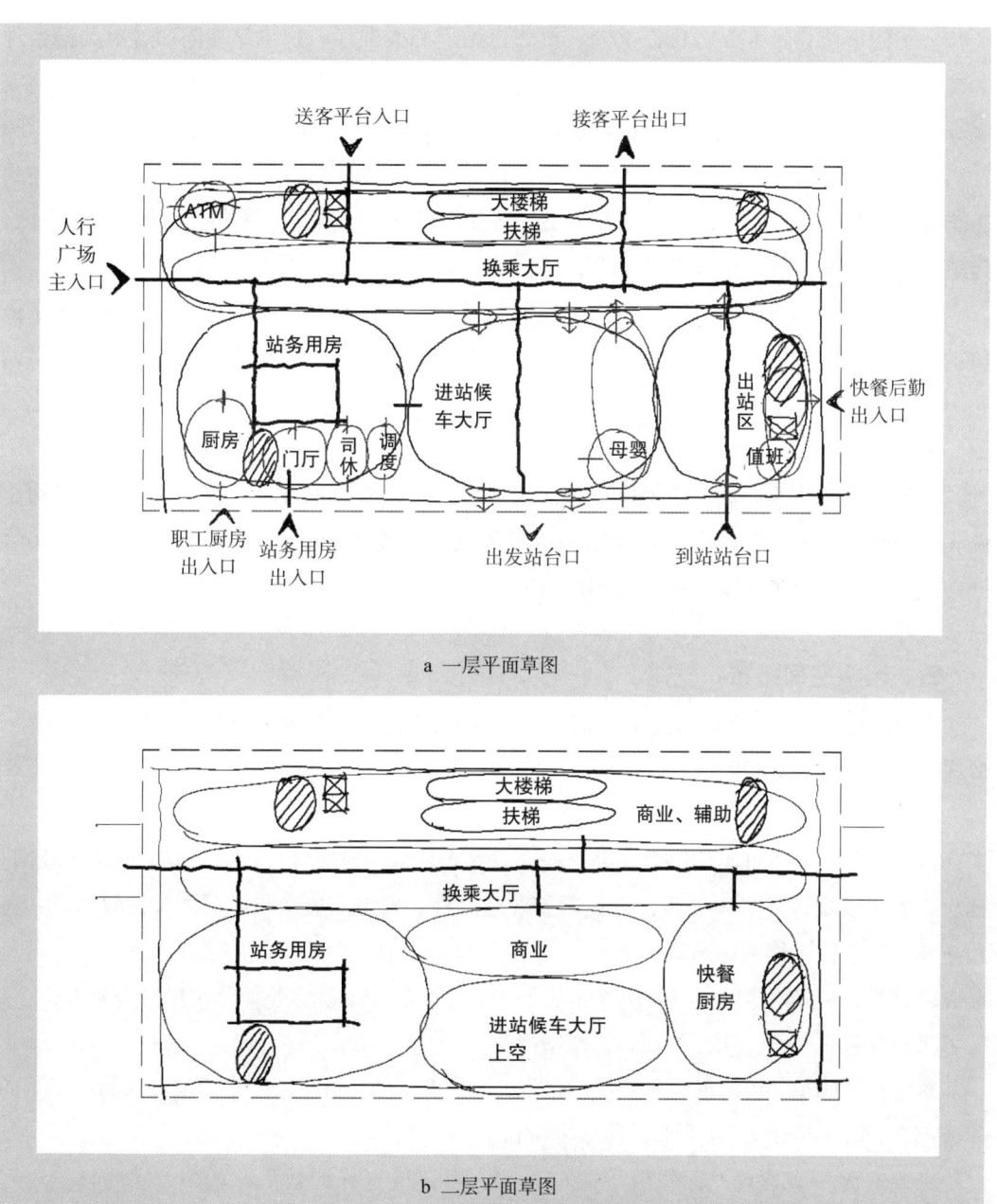

a 一层平面草图

b 二层平面草图

图18-16 二级分区：垂直交通布置草图

2. 关键条件落入

找出本题目中二级分区的关键条件。

（1）在一层平面中

在站务区这类房间比较多：站务区的"公安值班"需连通站务区、进站大厅、换乘大厅并邻近售票厅，属于"多通节点流"之"多区（房间）联系型"房间（见《指导》第四章流线解析中流线与房间的基本关系）。这类房间往往需要布置在几个分区交界的核心地带，本题公安值班应设置在站务区东北角，毗邻进站厅和换乘厅。这也是在同期各类关键条件中首先要确定位置并布置的房间。站务—售票—售票厅—换乘厅的关联流线组布置在公安值班附近。注意，售票厅要求"相对独立，购票人流不影响换乘大厅人流通行"，那么意味着售票厅不能"混设"在换乘厅内，二者应相对分开，各自的空间范围明确。根据前述的功能分析，售票厅虽然在面积表中并不属于站务用房部分，但其位置应该"退"入站务区，与站务区的其他空间一起形成完整的空间区块。

另外，同时与站务区、进站大厅相连的广播、医务、客运值班房间布置在站务区东侧和进站大厅相邻的一边上；站务后勤的餐厨串联小流线就只剩站务的西侧边可放了。出站区的检票邻检票口（图18-17a）。

（2）在二层平面中

换乘区各个商业店面都应面向换乘区以取得较好的商业效益。快餐、厨房形成餐厨小流线；站务区IC卡室连通换乘区；监控室无需采光，可布置在站务区采光不利的东侧边上（邻进站候车大厅采光非直接采光）（图18-17b）。

四、网格空间排布

定性工作完成后就剩下定量的工作了。网格空间排布阶段即为准确量化各种空间大小、形式、形状的过程。

1. 柱网选择

首先，看一下建筑类型，中小型交通建筑，人流量相对比较大，适宜较大柱距的柱网。其次，看一下场地环境中是否已有柱网需要延续等。发现二层换乘厅两侧有接驳廊道，需和新建建筑接驳，接驳廊道宽度为9m，二层换乘大厅宜和两侧接驳廊道无缝衔接。为避免形成廊道的凹凸阻碍换乘交通，换乘厅宽度也应设置为9m。那么整体建筑柱网全为9m么？接下来还要看一下其他用房的面积适配情况。

重复较多的单元性房间并不明显，商业店铺虽有9间，但并未严格要求每间的面积（面积范围在 50～70m^2），算下来平均每间64m^2。

再观察面积表发现，面积数量在64、32、48、24这样的数值比较多，很明显，64m^2网格柱距为8m的整格，32m^2为半格，48m^2、24m^2为整格去掉一条走廊后的一格和半格（图18-18）。再核对面积表中的较大空间的面积，很多也都是64的倍数，如进站候车大厅

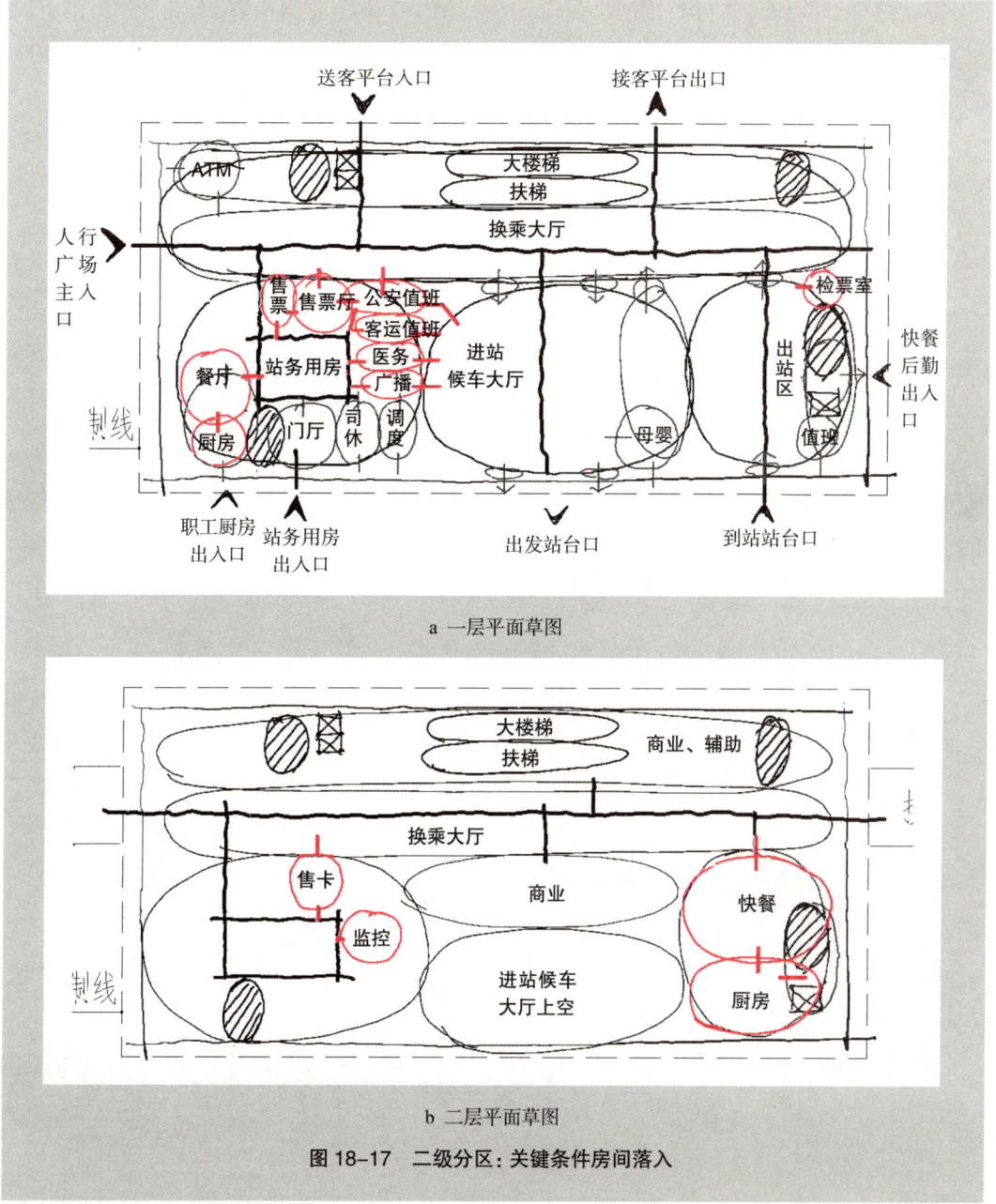

a 一层平面草图

b 二层平面草图

图18-17 二级分区：关键条件房间落入

面积960m², 960÷64=15格等。

所以我们确定主体柱网为8m柱距，换乘厅纵向部分局部拓宽到9m。这样，整体柱网就产生了一个变柱网，换乘厅部分柱网格面积将变为72m²。

2. 场地空间网格模数量化

（1）轴网场地纳入

将之前分析的网格纳入场地环境中（建筑红线内），注意换乘厅部分柱网与接驳廊道的对接。这样，我们总共可布置网格横向 11 跨，纵向 5 跨；总网格数 55 格，总网格面积 3608m² （图 18-19）。较之一层给定面积 3500m²，余出 108m²，大约可富余 2 个格子。刚好与之前预判的站区为庭院式布局相吻合，可作为站务庭院。

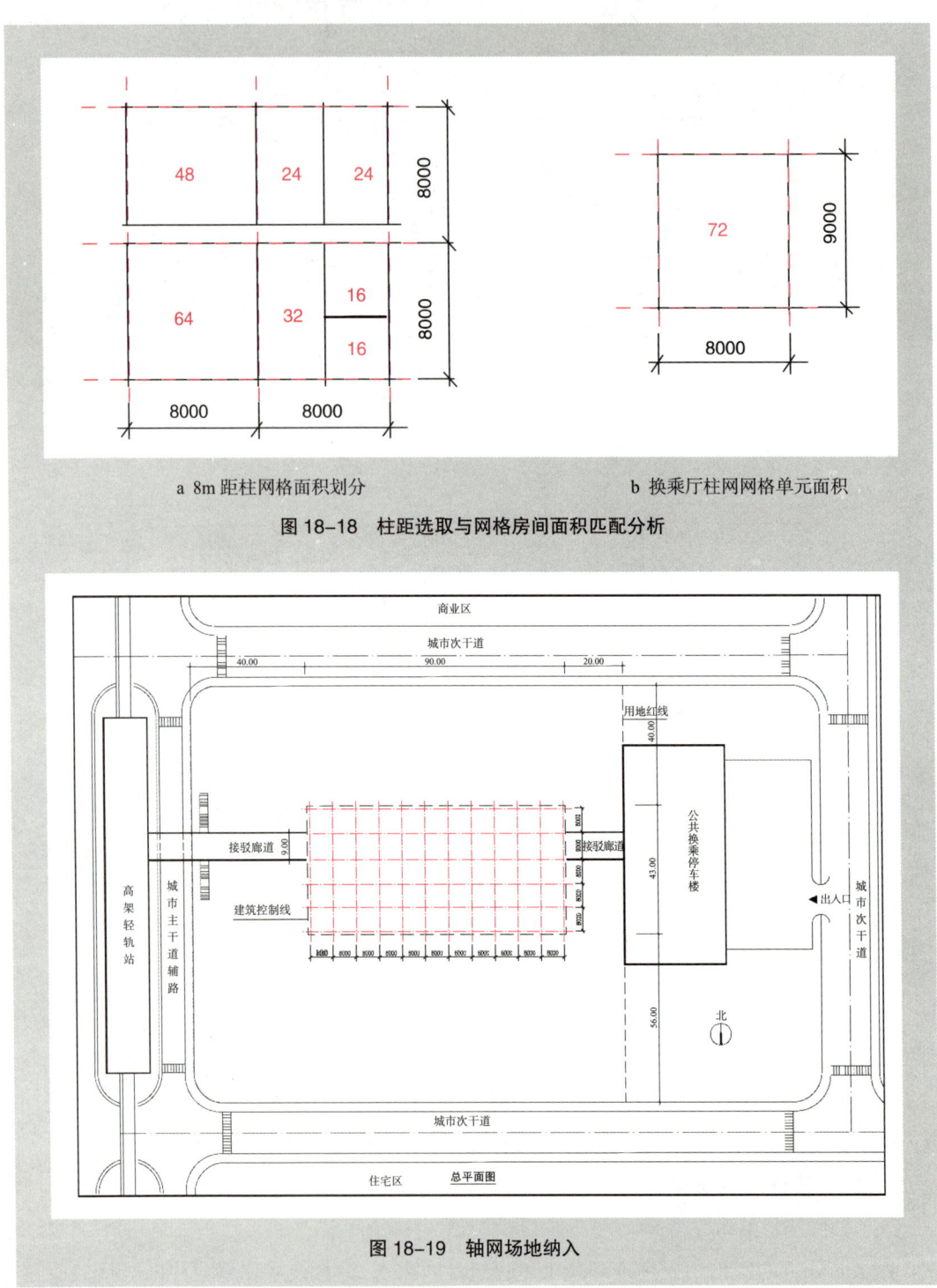

a 8m 距柱网格面积划分　　　　　　　　b 换乘厅柱网网格单元面积

图 18-18　柱距选取与网格房间面积匹配分析

图 18-19　轴网场地纳入

（2）纵横向跨数分配预判

本题分区空间相对比较简单，纵横宫格板块划分也主要集中在几个分区和大空间分界部分上。所以应该先确定几个大空间的网格排布（组合）模式。之前确定了进站候车大厅总共15格，这15格就可设计成5×3的网格组合模式（横5纵3）。旅客休息不小于640m²即10格，这10个格子需要二层通高，可设置为2×5的组合。那么这个通高部分是放在南侧还是北侧呢？从二层功能使用角度来看，进站上空布置的商业应邻近换乘大厅，方便使用。从一层旅客使用角度来看，通高空间置于南侧，北侧留给安检区域，功能分配合理；空间序列上，旅客行进时，空间由低到高，序列感受更佳；并且靠近站台区域空间的开敞有利于旅客视线通达，及时观察客车到站情况（图18-20）。

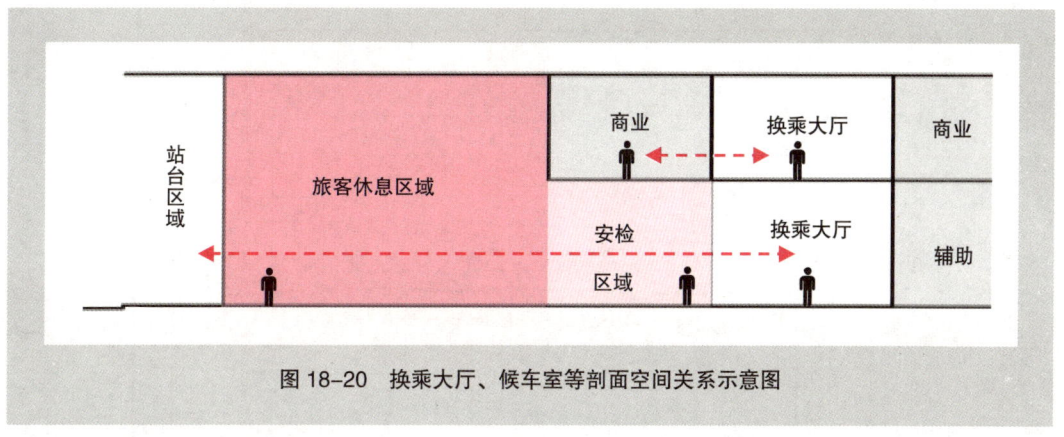

图18-20　换乘大厅、候车室等剖面空间关系示意图

另外，不要忘记候车区还有相关的附属用房约2.5格，应整合在一侧布置，占横向1跨，这样，进站候车区横向占6跨。

一层横向除去候车区，出站区和站务区还有5跨面宽可利用，那么这5跨在这两区怎样分配呢？是"二三分"还是"一四分"呢？我们先来看一下出站区。出站区为大空间布置，额外交通占比较小，我们测算其总面积可不计入交通系数，应考虑快餐厨房后勤交通的整合。经计算，出站区总面积为190m²，计入快餐厨房后勤入口交通约30m²，总计220m²，总共需要3个格子。这3个格子也要和进站大厅、换乘厅等整体对位，则分给出站区横向面宽1跨，不足的部分刚好可"借"候车区的富余部分（图18-21）。

这样，站务区横向还剩余4跨可用，配比纵向3跨总共12格可用，现在要检验一下这些空间与站务区给定的面积需求的"匹配度"，从而进一步验证网格分配是否合理。之前我们做空间组织形式预判的时候，设定该区为庭院式布局，而且总面积合计时也需要挖掉2格，那么这里挖空的2格给站务区作庭院是否合适呢？从网格组合形式来看，从中间挖掉2格其形态仍能保持完整合理。此后该区可用网格数就剩余10格了，在具体排布之前有必要校验一下10个格是否够用（图18-22）。

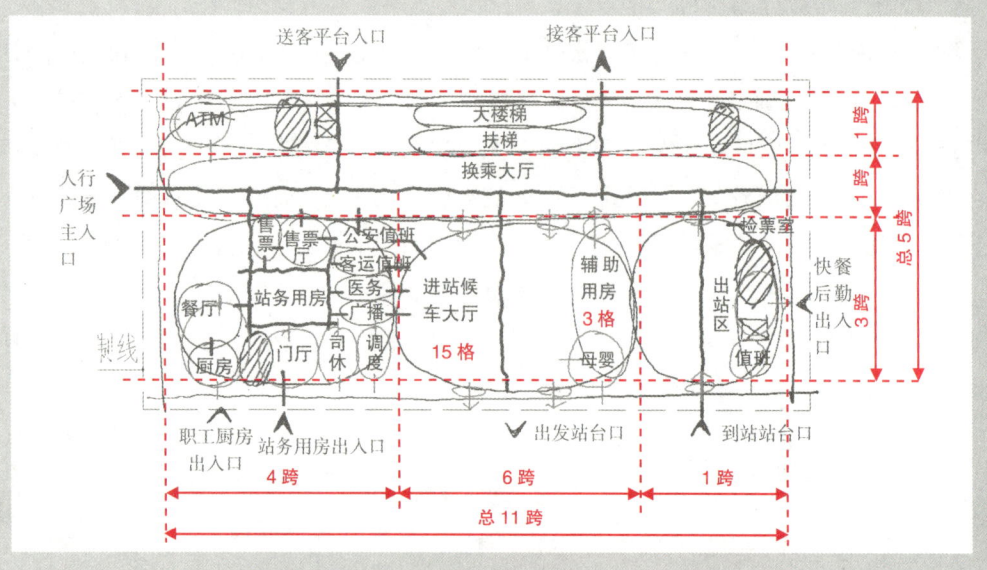

a 一层平面草图

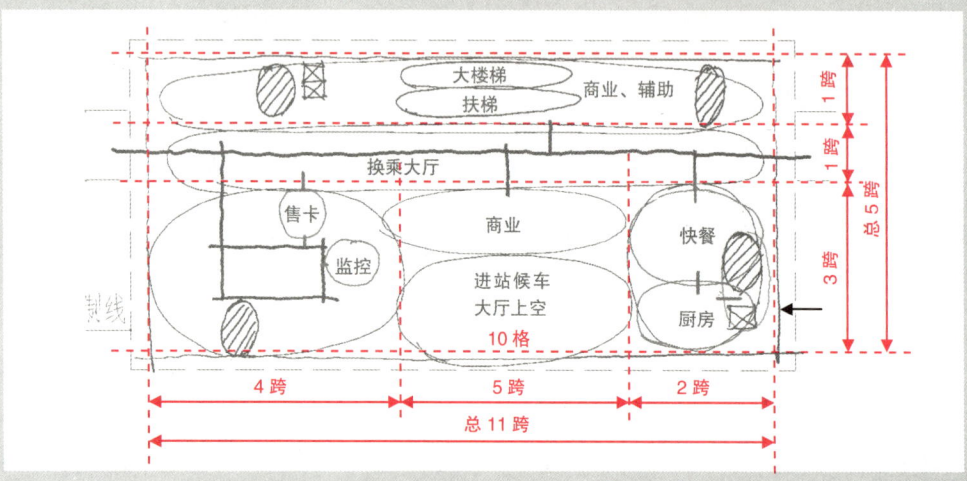

b 二层平面草图

图 18-21 网格空间排布：纵横向网格跨数划分

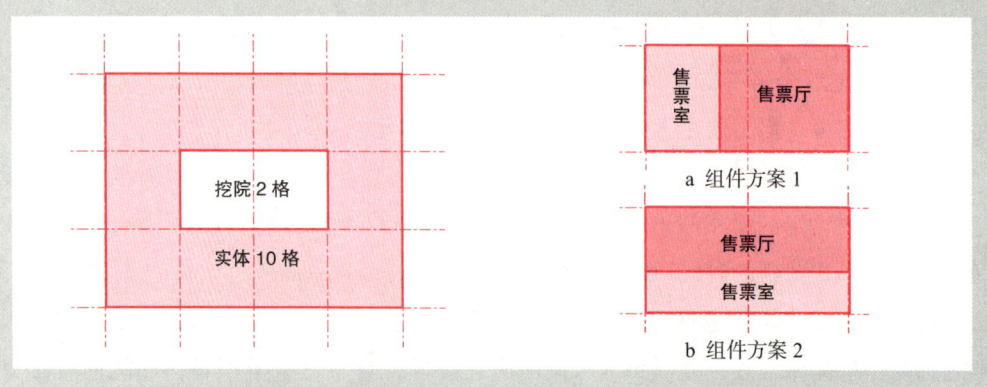

图 18-22 站务区网格控制分析　　图 18-23 售票空间网格组件（占2格）

按之前的分析，售票厅合并入站务区形成一个完整的空间区域，那么该区块面积测算应包含售票大厅，并且，我们发现售票厅和售票室两个房间加在一起刚好128m^2，也就是2个整格，所以我们可以预先把这两个空间做成一个"网格组件"，在后面房间排布时快速完成"组装"。题目要求，售票窗口宽度不小于8m，组件方案1（图18-23a）因空间柱距为8m，实现起来比较困难和勉强，选组件方案2（图18-23b）较为合适，有更多的窗口空间可以利用，便于快速办理业务。

站务用房其他的空间相对比较有规律，可用"定格法"快速测算其所用网格数量。总房间用量9格（24~30m^{2}占半格，厨房+餐厅占2格，售票组件占2.5格），加上交通楼梯可占0.5格，总分区占空间10格，与之前预留10格基本相符（表18-3）。

站务区一层定格法确定用格数量　　　　表18-3

分区	功能用房	面积	间数	占网格数
站务用房区	门厅	24	1	0.5
	*售票室	48	1	1.5
	客运值班室	24	1	
	广播室	24	1	
	医务室	24	1	
	*公安值班室	30	1	0.5
	值班站长室	24	1	2
	调度室	24	1	
	司乘临时休息室	24	1	
	办公室	24	2	
	厕所	30	1	0.5
	*职工餐厅和厨房，餐厅60m^2，厨房48m^2	108	1	2.5
	楼梯			0.5
	售票室+售票厅		2	2
	总计			10

纵向宫格板块划分分为三段，分别为换乘区辅助空间、换乘厅和南侧的站务+进、出站大厅。

此时也要核对一下换乘厅与所在网格空间面积是否匹配。换乘大厅面积800m^2，应需要800÷72约为11格。刚好换乘厅占纵向1跨，横向满跨。

同时，进行二层的宫格板块划分工作。纵向三段与一层一致（这里换乘厅部分务必与接驳走廊位置对应，并以此为依据对应一层纵向网格位置）。

横向西侧，站务用房宫格板块与一层对应，并校验二层网格总数，基本符合。横向中部，留有10格,为南侧的进站大厅上空通高部分。东侧出站和进站辅助部分上空6格作为快餐餐厨部分,对该部分面积进行大概测算,基本吻合此处"用地"面积(图18-24)。

3. 空间排布与调整

(1)交通空间明确

明确主要水平交通空间组织和垂直交通位置、形式。

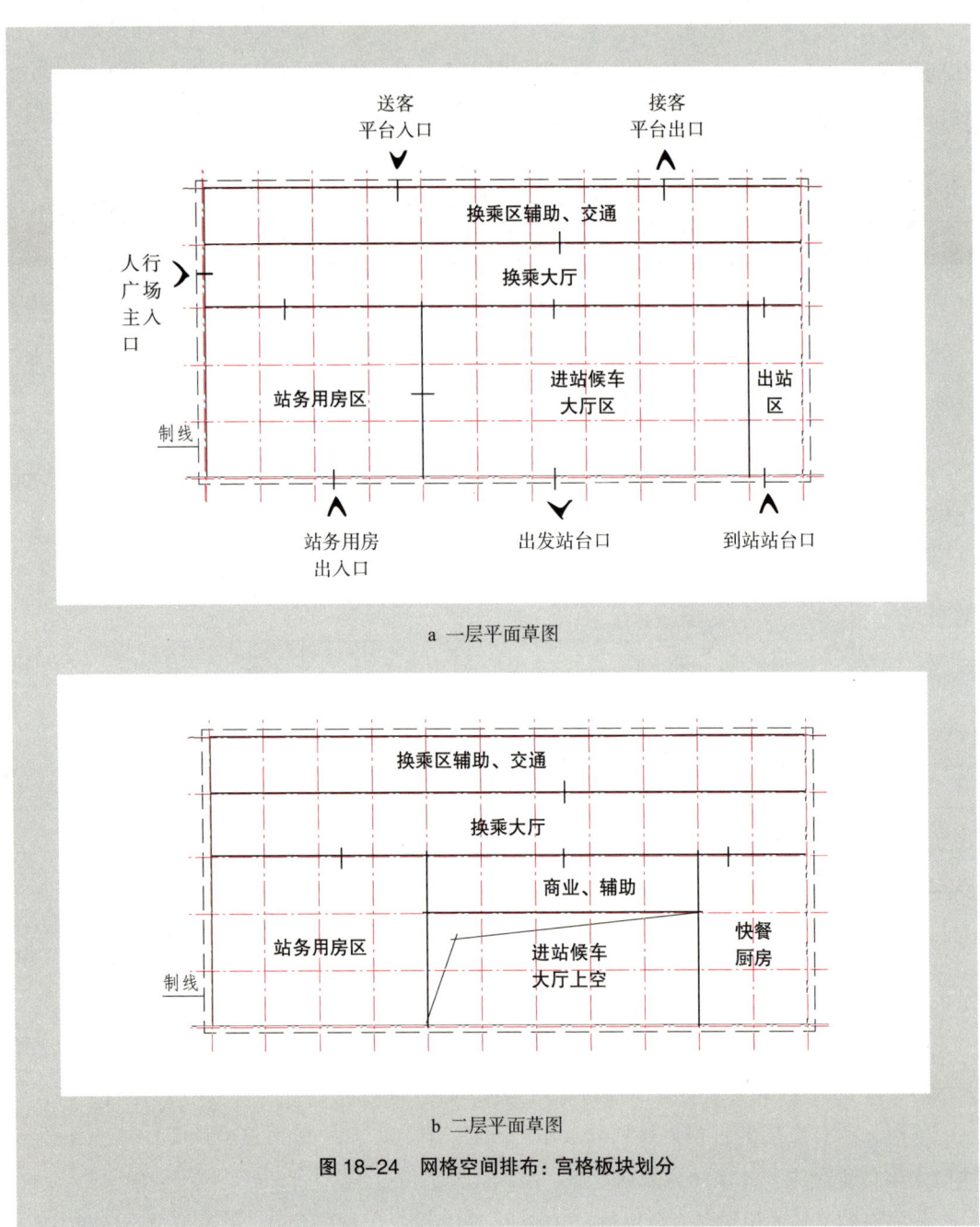

a 一层平面草图

b 二层平面草图

图18-24 网格空间排布:宫格板块划分

水平交通按照之前分区草图预判的空间形式大致落入，换乘大厅本身也是交通空间，进站候车大厅兼有交通功能。

垂直交通依据之前分区草图定性位置进行布置，主楼梯布置在换乘厅北侧。在建筑四角布置四处封闭楼梯间，兼作上下层空间联系和疏散楼梯，并校验疏散距离是否满足（尽端部分按照袋形走道要求考虑）（图 18-25）。

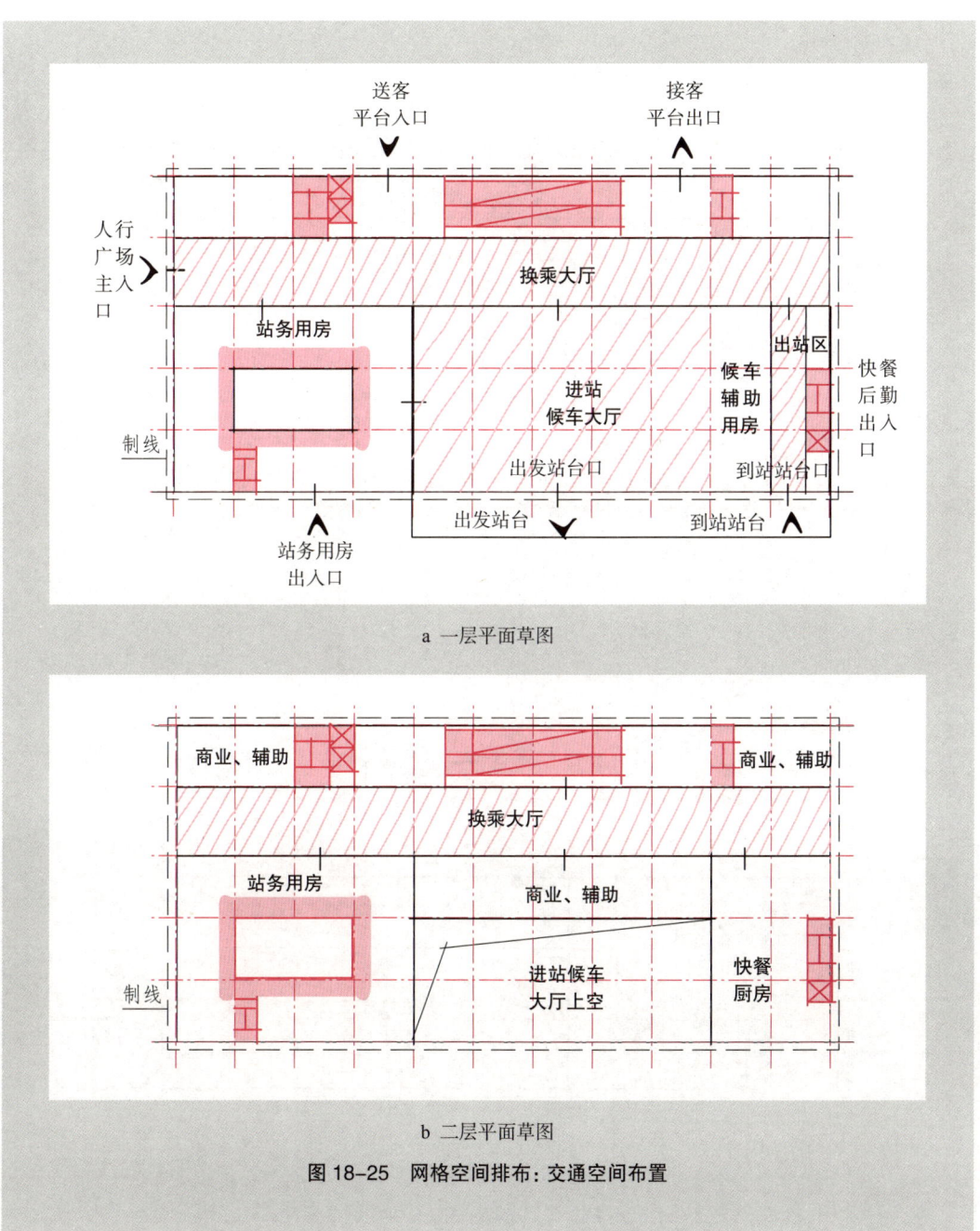

a 一层平面草图

b 二层平面草图

图 18-25　网格空间排布：交通空间布置

（2）关键条件落入

将之前一、二级分区中划出的关键条件和网格组件逐一落入一、二层柱网平面空间中去（图18-26）。

（3）细化与调整

关键条件落入完成之后，还应该对整体空间排布作优化调整，使各处空间更加合理。

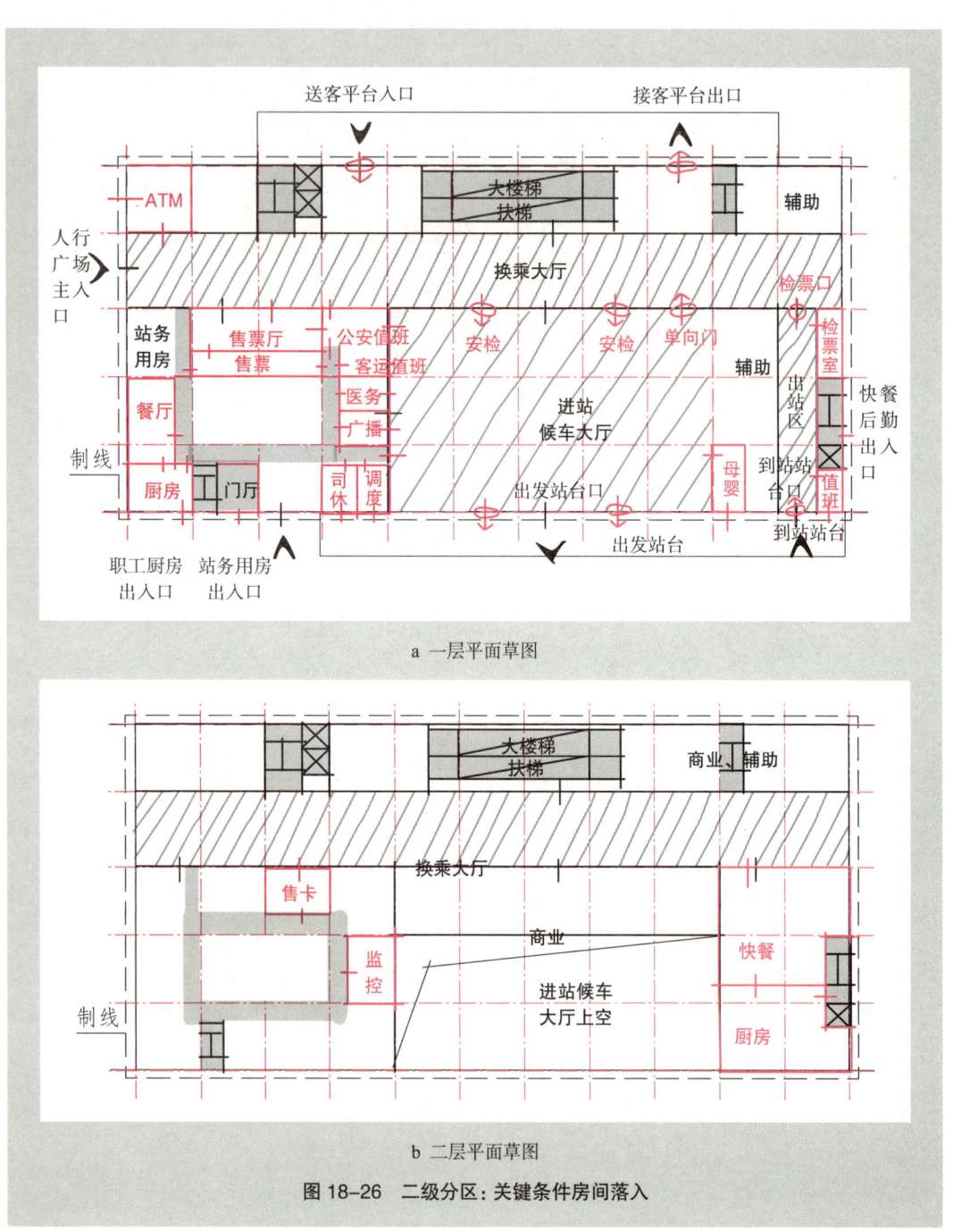

a 一层平面草图

b 二层平面草图

图18-26 二级分区：关键条件房间落入

为使站务区使用房间能更多地争取直接采光,故将广播移动至南向采光侧,仍能双向连通。更衣厕位不要求直接采光,可放在东侧,并考虑一、二层的上下对位布置(图18-27)。

二层站务区北侧可使部分办公房间靠近庭院以争取直接采光。

另外,二层快餐厅厨房部分布置尽量保持主要使用空间的整合。厨房可有1个出入口,快餐厅应有两个方向的出入口。母婴室可结合卫生间整合布置。

最后生成一、二层平面图(图18-28、图18-29)。

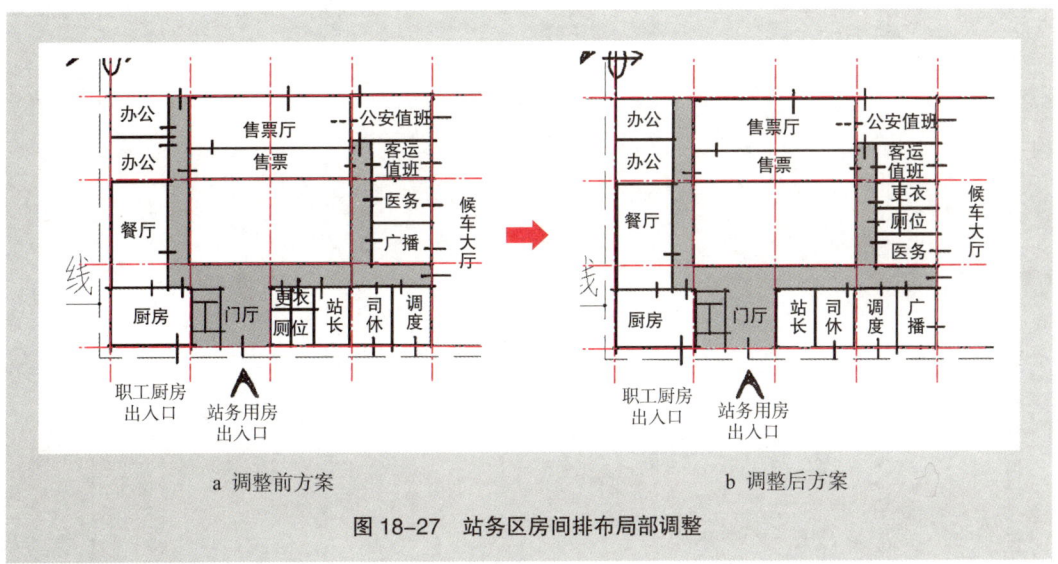

图18-27 站务区房间排布局部调整

五、总平面设计

因该题目为交通建筑,总平面布置的内容也相对比较多一些(图18-30)。

完善建筑总平面,联系两侧接驳廊。

首先,布置场地南侧大客车运营场地,靠近建筑进、出站口设置进出站平台,宽度大于4m。到站平台设置到站车位1个,出发平台设置出发车位3个。运营场地南侧布置过夜车和洗车车位。场地中间应宽敞平整,以硬质铺装为主。标注场地出入口,注意机动车出入口应距离城市主干道道路红线至少70m。

其次,布置场地北侧小汽车停车场,小汽车停车场也同样是右侧驶入,入口在西,出口在东。布置小汽车停车位40个,可分2组,每组20个。在入口附近布置无障碍停车位2个。建筑出入口外布置接送客平台,并可使车辆能够方便驶上,接送旅客。

西侧布置人行广场2500m^2,以及自行车停车场地300m^2。

场地东侧布置内部小汽车停车位6个、快餐厨房专用小货车位1个。东侧用地比较狭长,布置车位并留出通道后相对比较紧张,而且内部车辆使用并不方便。但从整体布局看也只能"丢卒保车",顾全大局。

场地西南角布置绿化用地。

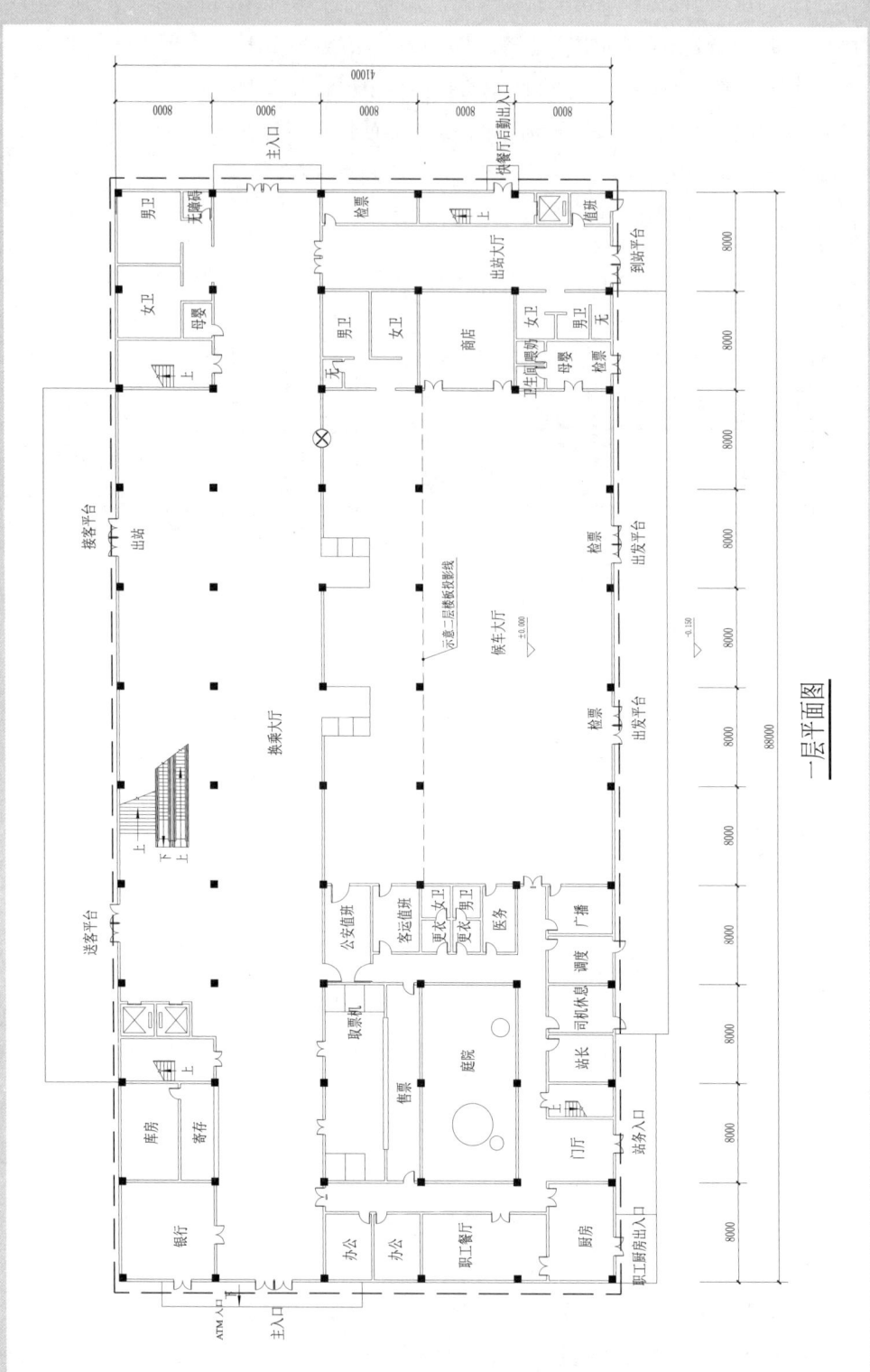

图 18-28 作答一层平面图

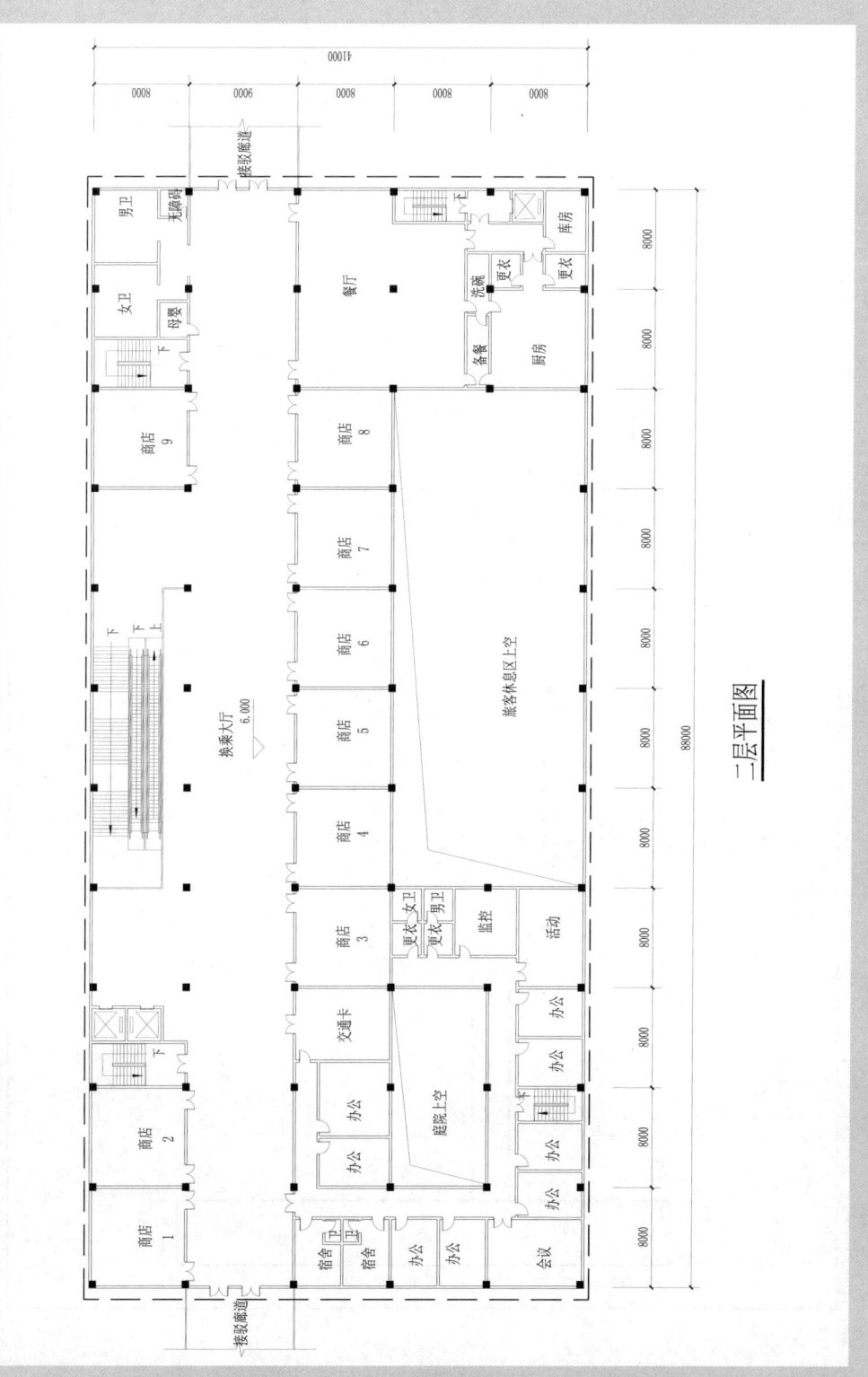

图 18-29 作答二层平面图

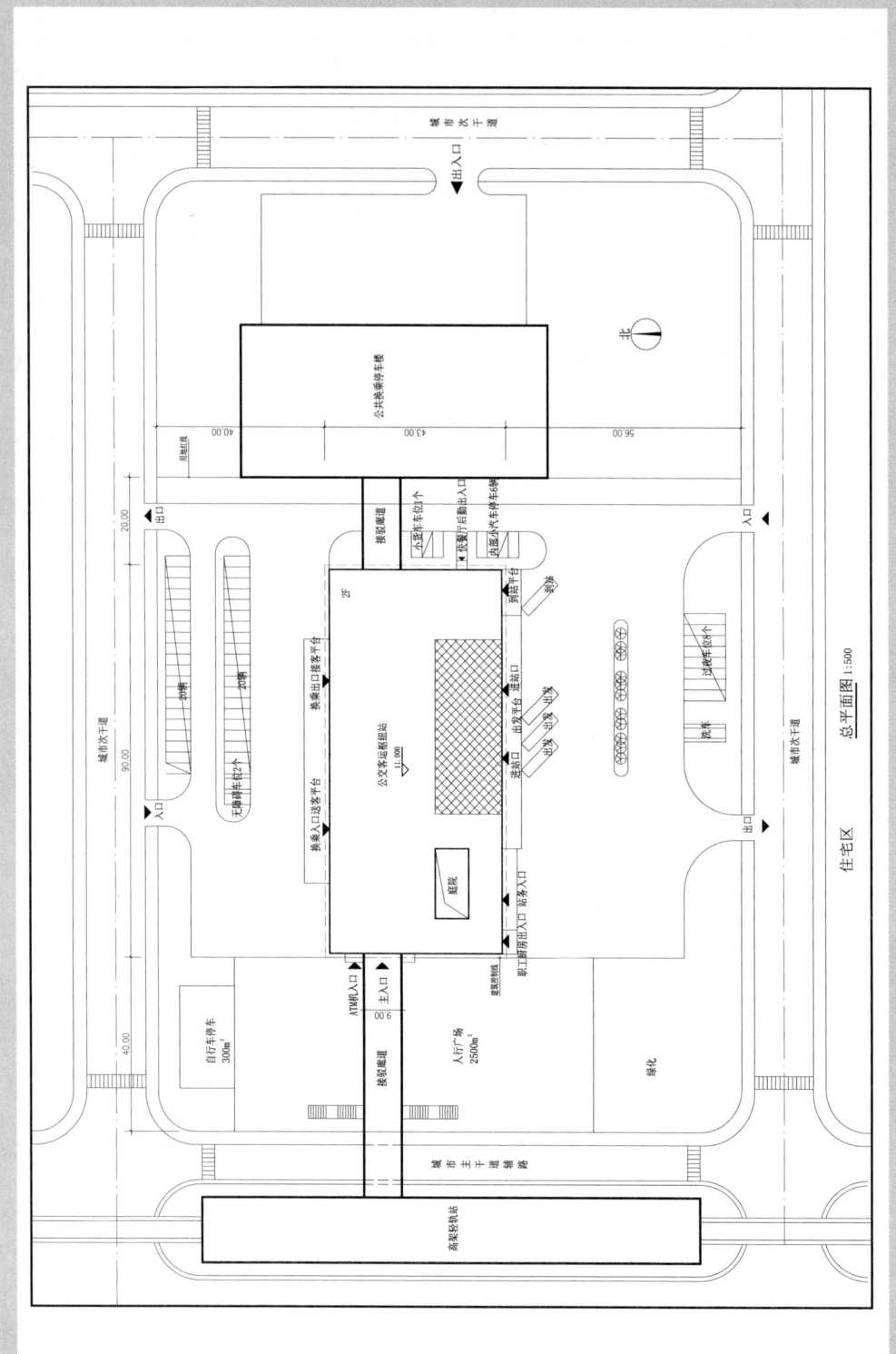

图 18-30 作答总平面图

[2017年]
旅馆改扩建真题解析

考题设计任务书

（一）任务描述

因旅馆发展需要，拟扩建一座9层高的旅馆建筑（其中旅馆客房布置在2～9层）。按下列要求设计并绘制总平面图和一、二层平面图，其中一层建筑面积约4100m²，二层建筑面积3800m²。

（二）用地条件

基地东侧、北侧为城市道路，西侧为住宅区，南侧为城市公园。基地内地势平坦，有保留的既有旅馆建筑一座和保留的大树若干。具体情况详见总平面图。

（三）总平面设计要求

根据给定的基地主出入口、后勤出入口、道路、既有旅馆建筑、保留大树等条件进行如下设计：

1. 在用地红线内完善基地内部道路系统，布置绿地及停车场地（新增：小轿车停车位20个、货车停车位2个、非机动车停车场一处100m²）。

2. 在建筑控制线内布置扩建旅馆建筑（雨篷、台阶允许凸出建筑控制线）。

3. 扩建旅馆建筑通过给定的架空连廊与既有旅馆建筑相连接。

4. 扩建旅馆建筑应设主出入口、次出入口、货物出入口、员工出入口、垃圾出口及必要的疏散口。扩建旅馆建筑的主出入口设于东侧；次出入口设于给定的架空连廊下，主要为宴会（会议）区客人服务，同时便于与既有旅馆建筑联系。

（四）建筑设计要求

扩建旅馆建筑主要由公共部分、客房部分、辅助部分三部分组成，各部分应分区明确，相对独立，用房、面积及要求详见表17-1、表17-2，主要功能关系图见示意图。

1. 公共部分

（1）扩建旅馆大堂与餐饮区、宴会（会议）区、健身娱乐区及客房区应联系方便，大堂总服务台位置应明显，视野良好。

（2）次出入口门厅设2台客梯和楼梯与二层宴会（会议）区联系。二层宴会厅前厅与宴会厅给定的架空联廊联系紧密。

（3）一层中餐厅、西餐厅、健身娱乐用房的布置应相对独立，并直接面向城市公园或基地内保留大树的景观。

（4）健身娱乐区的客人经专用休息厅进入健身房与台球室。

2. 客房部分

（1）客房楼应邻近城市公园布置，按城市规划要求客房楼东西长度不大于60m。

（2）客房楼设2台客梯、1台货梯（兼消防电梯）和相应的楼梯。

（3）2～9层为客房标准层，每层设23间客房标准间，其中直接面向城市公园的客房不少于14间，客房不得贴邻电梯井道布置，服务间邻近货梯厅。

3. 辅助部分

（1）辅助部分应分设货物出入口、员工出入口及垃圾出口。

（2）在货物门厅中设1台货梯，在垃圾电梯厅中设1台垃圾电梯。

（3）货物由货物门厅经收验后进入各层库房；员工由员工门厅经更衣后进入各厨房区或服务区；垃圾收集至各层垃圾间，经一层垃圾电梯厅出口运出。

（4）厨房加工制作的食品经备餐间送往餐厅；洗碗间须与餐厅和备餐间直接联系；洗碗间和加工制作间产生的垃圾通过走道送至垃圾间，不得穿越其他用房。

（5）二层茶水间、家具库的布置便于服务宴会厅和会议室。

4. 其他

（1）本建筑为钢筋混凝土框架结构（不考虑设置变形缝）。

（2）建筑层高：一层层高6m；二层宴会厅层高6m，客房层高3.9m，其余用房层高5.1m；3～9层客房层高3.9m。建筑室内外高差150mm。给定的架空连廊与二层室内楼面同高。

（3）除更衣室、库房、收验间、备餐间、洗碗间、茶水间、家具库、公共卫生间、行李间、声光控制室、客房卫生间、客房服务间、消毒间外，其余用房均应天然采光和自然通风。

（4）本题目不要求布置地下车库及出入口、消防控制室等设备用房和附属设施。

（5）本题目要求不设置设备转换层及同层排水措施。

（五）规范及要求

本设计应符合国家相关规范的规定。

（六）制图要求

1. 总平面图

（1）绘制扩建旅馆建筑的屋顶平面图（包括与既有建筑架空连廊的联系部分）并标明层数和相对标高。

（2）绘制道路、绿化和新增的小轿车停车位、货车停车位、非机动车停车场，并标注停车位数量和非机动车停车场面积。

（3）标注扩建建筑的主出入口、次出入口、货物出入口、员工出入口、垃圾出口。

2. 平面图

（1）绘制一、二层平面图，标示柱、墙（双线）、门（标示开启方向），窗、卫生洁具可不标示。

（2）标注建筑轴线尺寸、总尺寸，标注室内楼、地面及室外地面相对标高。

（3）标注房间或空间名称，标注带*号房间（见表17-1、表17-2）的面积。各房间面积允许误差在规定面积的±10%以内。

（4）填写一、二层建筑面积，允许误差在规定面积的±5%以内。

注：房间及各层建筑面积均以轴线计算。

一层用房、面积及要求　　　　　　　　　　　表17-1

房间及空间名称			建筑面积（m²）	间数	备注
公共部分	旅馆大堂区	*大堂	400		含前台办公40m²、行李20m²、库房10m²
		*大堂吧	260		
		商店	90		
		商务中心	45		
		次入口门厅	130		含2台客梯、1部楼梯，通向二层宴会（会议）区
		客房电梯厅	70		含2台客梯、1部楼梯，可结合大堂布置适当扩大面积
		客房货梯厅	40		含1台货梯（兼消防电梯）、1部楼梯
		公共卫生间	55	3	男、女各35m²，无障碍卫生间5m²
	餐饮区	*中餐厅	600		
		*西餐厅	260		
		公共卫生间	85	4	男、女各35m²，无障碍卫生间5m²，清洁间10m²
	健身娱乐区	休息厅	80		含接待服务台
		*健身房	260		
		台球室	130		
辅助部分	厨房共用区	货物门厅	55		含1台货梯
		收验间	25		
		垃圾电梯厅	20		含1台垃圾电梯，并直接对外开门
		垃圾间	15		与垃圾电梯厅相邻
		员工门厅	30		含1台专用电梯
		员工更衣室	90	2	男、女更衣各45m²（含卫生间）
	中餐厨房区	*加工制作间	180		
		备餐间	40		
		洗碗间	30		
		库房	80	2	每间40m²，与加工制作间相邻
	西餐厨房区	*加工制作间	120		
		备餐间	30		
		洗碗间	30		
		库房	50	2	每间25m²，与加工制作间相邻

其他交通面积（走道、楼梯等）约800m²

一层建筑面积4100m²（允许±5%：3895～4305m²）

二层用房、面积及要求　　　　　　　　　　　　　　　　　表 17-2

房间及空间名称		建筑面积（m²）	间数	备注
公共部分	宴会会议区	*宴会厅	660		含声光控制室 15m²
		*宴会厅前厅	390		含通向一层次出入口的 2 台客梯和 1 部楼梯
		休息廊	260		服务宴会厅与会议室
		公共卫生间（前厅）	55		男、女各 35m²，无障碍卫生间 5m²，服务于宴会厅前厅
		休息室	130		每间 65m²
		*会议室	390		每间 130m²
		公共卫生间（会议）	85		男、女各 35m²，无障碍卫生间 5m²，清洁间 10m²，服务宴会厅与会议室
辅助部分	厨房共用区	货物电梯厅	55		含 1 台货梯
		总厨办公室	30		
		垃圾电梯厅	20		含 1 台垃圾电梯
		垃圾间	15		与垃圾电梯厅相邻
	宴会厨房区	*加工制作间	260		
		备餐间	50		
		洗碗间	30		
		库房	75	2	每间 25m²，与加工制作间相邻
	服务区	茶水间	30		方便服务宴会厅与会议室
		家具库	45		方便服务宴会厅与会议室
客房部分	客房区	客房电梯厅	70		含 2 台客梯和 1 部楼梯
		客房标准间	736		每间 32m²，客房标准间可参照提供的图例设计
		服务间	14		
		消毒间	20		
		客房货梯厅	40		含 1 台货梯（兼消防电梯）、1 部楼梯
其他交通面积（走道、楼梯等）约 340m²					
二层建筑面积 3800m²（允许 ±5%：3610～3990m²）					

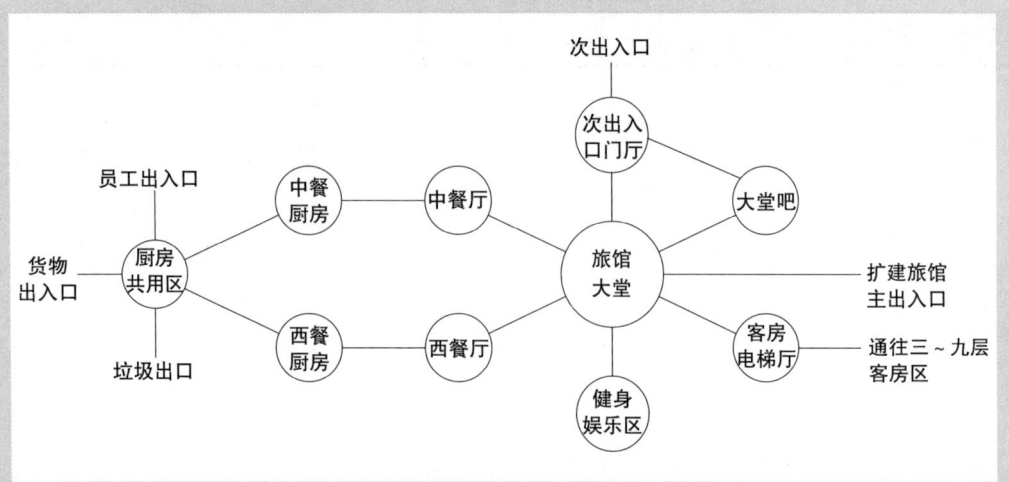

a 一层主要功能关系图

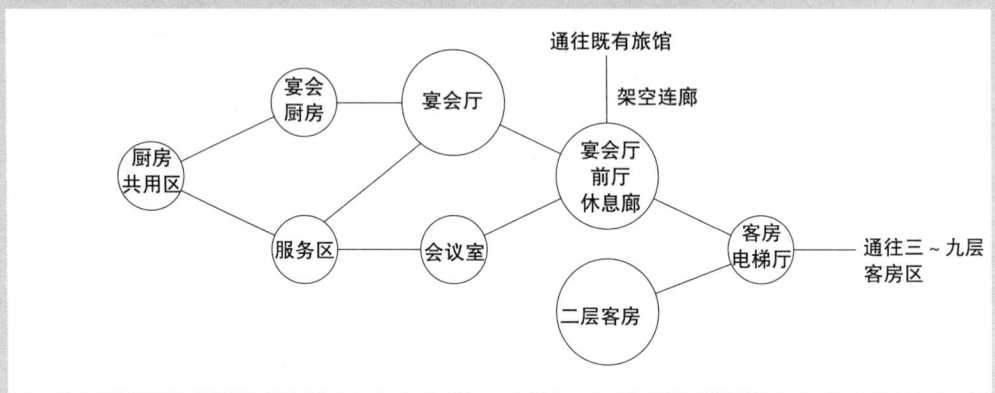

b 二层主要功能关系图

图 17-1 主要功能关系图

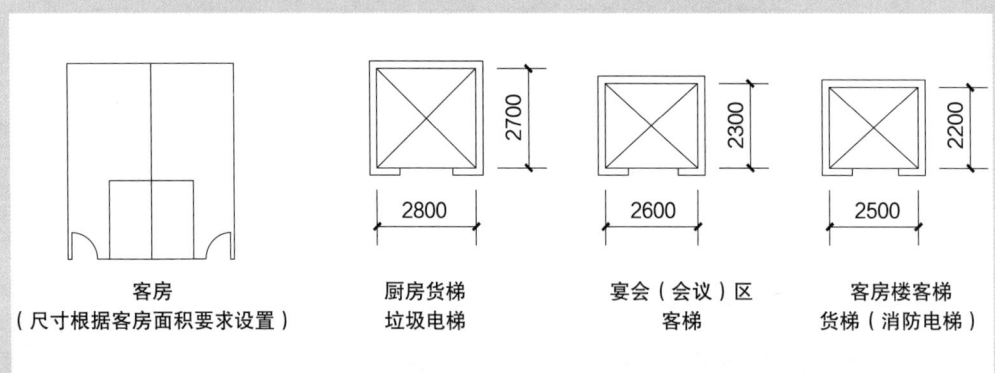

a 客房示意图例　　　　　　　　b 各类电梯尺寸图例

图 17-2 图例示意

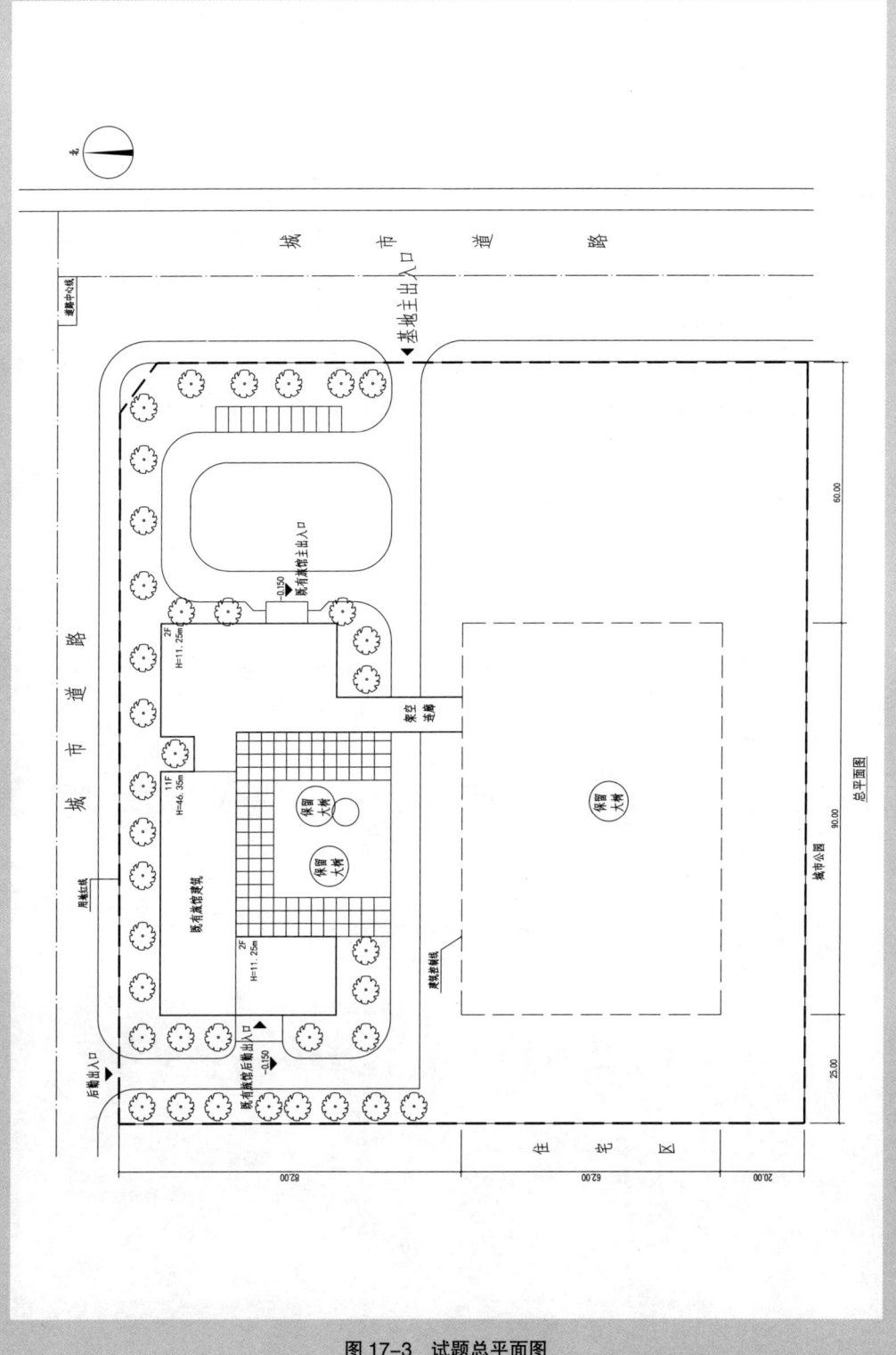

图17-3 试题总平面图

解题过程

一、审题分析

1. 建筑类型与要求

旅馆建筑也是较为常见的公共建筑类型,主要功能分区有大堂、餐饮、健身娱乐、后勤、客房等。各部分分区明确,互不干扰。应处理好外部客人、内部工作人员、货品、垃圾等流线。客房部分,处理好与其他功能的关系,如设置客梯在大堂(门厅)宜明显易找,环境安静,尽量不被其他闹区打扰,具有良好的景观视线等。客房部分为多层或高层,按相关规范和要求设置垂直交通楼电梯等。旅馆规范中明确指出:"旅馆建筑的卫生间、盥洗室、浴室不应设在餐厅、厨房、食品储藏等有严格卫生要求的用房的直接上层。"实际工程中根据设

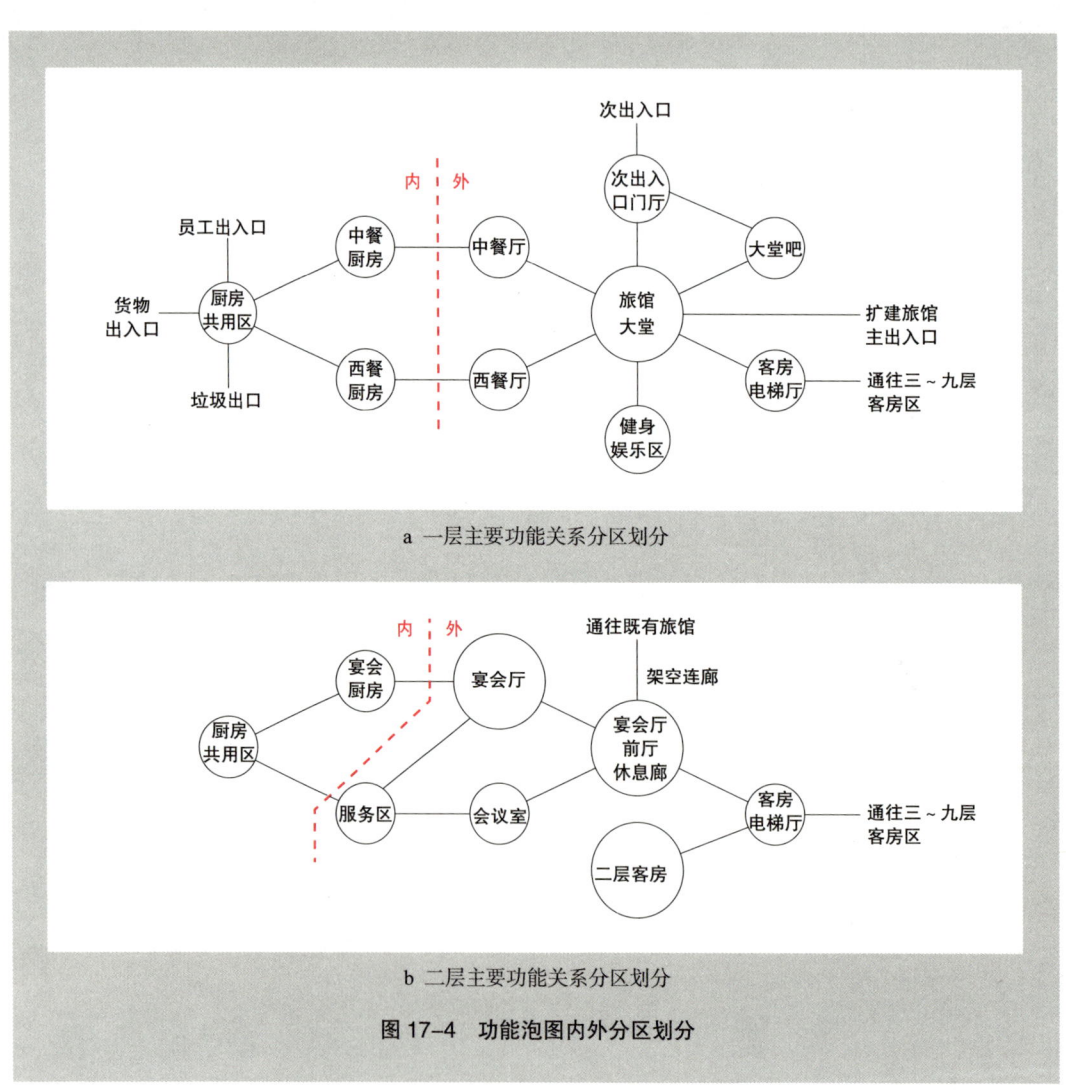

a 一层主要功能关系分区划分

b 二层主要功能关系分区划分

图 17-4 功能泡图内外分区划分

备结构处理灵活设置。本题目为避免对题目作答评判产生分歧，特意用黑体字强调："要求不设置设备转换层及同层排水措施"。也就是有水或污染的用房不能直接放在卫生要求高的用房上面。

2. 泡图特征分析

（1）内外功能分析

功能泡图中一层内外功能的分界在中西餐厅及各自的厨房之间（图17-4），左侧为内部后勤部分，右侧为外部公众使用部分。二层功能分区中，宴会厅与厨房同一层，服务区在面积表中被划分为辅助部分，但并不意味着该区就一定是内区，因为这部分的作用是为宴会会议服务，附属于两个主要功能，并且题目也要求该部分便于服务宴会与会议。所以把这部分泡单元划分到外区去。

（2）形式特征分析

首先，功能泡图的表达为上下层分开的形式。泡单元代表主要使用空间和主要分区，是房间与分区共存的混合形式泡图。协调好分区与主要房间的布局关系，组织好分区与各主要房间的交通联系也是本题的要点。

其次，功能泡图围合形成内环，结合建筑用地中间的保留大树，预判建筑将形成外部围合的内部庭院形态。但具体庭院位置还应按实际功能需要和题目要求合理布置。

3. 图底关系分析

建筑在建筑红线（建筑控制线）内的覆盖程度表明了建筑图底关系，也是决定建筑"形"的因素之一。首层建筑面积为 $4048m^2$，建筑红线面积为 $5580m^2$，建筑红线内首层覆盖率为 $4048 \div 5580 = 72.5\%$，图底关系中底的比例中等，可预判该建筑形式应为有内院的集中的布局形式。

4. 关键条件分拣

按前面综述介绍的各级关键条件分拣方法，分拣提取任务书中各部分的关键条件，并做以标识。标识如下所示：

■ 一级分区关键条件

■ 二级分区关键条件

■ 网格排布关键条件

特别需要提醒的是，为方便说明和读者阅读，本书中用不同颜色进行了标注，考生在实际答卷时不可出现铅笔之外的任何标记，否则按违纪处理。

旅馆扩建

设计任务书

（一）任务描述

因旅馆发展需要，拟扩建一座 9 层高的旅馆建筑（其中旅馆客房布置在 2～9 层）。按下列要求设计并绘制总平面图和一、二层平面图，其中一层建筑面积约 4100m^2，二层建筑面积 3800m^2。

（二）用地条件

基地东侧、北侧为城市道路，西侧为住宅区，南侧为城市公园。基地内地势平坦，有保留的既有旅馆建筑一座和保留的大树若干。具体情况详见总平面图。

（三）总平面设计要求

根据给定的基地主出入口、后勤出入口、道路、既有旅馆建筑、保留大树等条件进行如下设计：

1. 在用地红线内完善基地内部道路系统，布置绿地及停车场地（新增：小轿车停车位 20 个、货车停车位 2 个、非机动车停车场一处 100m^2）。

2. 在建筑控制线内布置扩建旅馆建筑（雨篷、台阶允许凸出建筑控制线）。

3. 扩建旅馆建筑通过给定的架空连廊与既有旅馆建筑相连接。

4. 扩建旅馆建筑应设主出入口、次出入口、货物出入口、员工出入口、垃圾出入口及必要的疏散口。

扩建旅馆建筑的主出入口设于东侧；次出入口设于给定的架空连廊下，主要为宴会（会议）区客人服务，同时便于与既有旅馆建筑联系。

（四）建筑设计要求

扩建旅馆建筑主要由公共部分、客房部分、辅助部分三部分组成，各部分应分区明确，相对独立，用房、面积及要求详见表 17-1、表 17-2，主要功能关系图见示意图。

1. 公共部分

（1）扩建旅馆大堂与餐饮区、宴会（会议）区、健身娱乐区及客房区应联系方便，大堂总服务台位置应明显，视野良好。

（2）次出入口门厅设 2 台客梯和楼梯与二层宴会（会议）区联系。二层宴会厅前厅与宴会厅给定的架空联廊联系紧密。

（3）一层中餐厅、西餐厅、健身娱乐用房的布置应相对独立，并直接面向城市公园或基地内保留大树的景观。

（4）健身娱乐区的客人经专用休息厅进入健身房与台球室。

2. 客房部分

（1）客房楼应邻近城市公园布置，按城市规划要求客房楼东西长度不大于 60m。

（2）客房楼设 2 台客梯、1 台货梯（兼消防电梯）和相应的楼梯。

（3）2～9 层为客房标准层，每层设 23 间客房标准间，其中直接面向城市公园的客房不少于

14间,客房不得贴邻电梯井道布置,服务间邻近货梯厅。

3. 辅助部分

(1)辅助部分应分设货物出入口、员工出入口及垃圾出口。

(2)在货物门厅中设1台货梯,在垃圾电梯厅中设1台垃圾电梯。

(3)货物由货物门厅经收验后进入各层库房;员工由员工门厅经更衣后进入各厨房区或服务区;垃圾收集至各层垃圾间,经一层垃圾电梯厅出口运出。

(4)厨房加工制作的食品经备餐间送往餐厅;洗碗间须与餐厅和备餐间直接联系;洗碗间和加工制作间产生的垃圾通过走道送至垃圾间,不得穿越其他用房。

(5)二层茶水间、家具库的布置便于服务宴会厅和会议室。

4. 其他

(1)本建筑为钢筋混凝土框架结构(不考虑设置变形缝)。

(2)建筑层高:一层层高6m;二层宴会厅层高6m,客房层高3.9m,其余用房层高5.1m;3~9层客房层高3.9m。建筑室内外高差150mm。给定的架空连廊与二层室内楼面同高。

(3)除更衣室、库房、收验间、备餐间、洗碗间、茶水间、家具库、公共卫生间、行李间、声光控制室、客房卫生间、客房服务间、消毒间外,其余用房均应天然采光和自然通风。

(4)本题目不要求布置地下车库及出入口、消防控制室等设备用房和附属设施。

(5)本题目要求不设置设备转换层及同层排水措施。

(五)规范及要求

本设计应符合国家相关规范的规定。

(六)制图要求

1. 总平面图

(1)绘制扩建旅馆建筑的屋顶平面图(包括与既有建筑架空连廊的联系部分)并标明层数和相对标高。

(2)绘制道路、绿化和新增的小轿车停车位、货车停车位、非机动车停车场,并标注停车位数量和非机动车停车场面积。

(3)标注扩建建筑的主出入口、次出入口、货物出入口、员工出入口、垃圾出口。

2. 平面图

(1)绘制一、二层平面图,标示柱、墙(双线)、门(标示开启方向),窗、卫生洁具可不标示。

(2)标注建筑轴线尺寸、总尺寸,标注室内楼、地面及室外地面相对标高。

(3)标注房间或空间名称,标注带*号房间(见表17-1、表17-2)的面积。各房间面积允许误差在规定面积的±10%以内。

(4)填写一、二层建筑面积,允许误差在规定面积的±5%以内。

注:房间及各层建筑面积均以轴线计算。

一层用房、面积及要求　　　　　　　　　　　表 17-1

房间及空间名称			建筑面积（m²）	间数	备注
公共部分	旅馆大堂区	*大堂	400		含前台办公 40m²、行李 20m²、库房 10m²
		*大堂吧	260		
		商店	90		
		商务中心	45		
		次入口门厅	130		含 2 台客梯、1 部楼梯，通向二层宴会（会议）区
		客房电梯厅	70		含 2 台客梯、1 部楼梯，可结合大堂布置适当扩大面积
		客房货梯厅	40		含 1 台货梯（兼消防电梯）、1 部楼梯
		公共卫生间	55	3	男、女各 35m²，无障碍卫生间 5m²
	餐饮区	*中餐厅	600		
		*西餐厅	260		
		公共卫生间	85	4	男、女各 35m²，无障碍卫生间 5m²，清洁间 10m²
	健身娱乐区	休息厅	80		含接待服务台
		*健身房	260		
		台球室	130		
辅助部分	厨房共用区	货物门厅	55		含 1 台货梯
		收验间	25		
		垃圾电梯厅	20		含 1 台垃圾电梯，并直接对外开门
		垃圾间	15		与垃圾电梯厅相邻
		员工门厅	30		含 1 台专用电梯
		员工更衣室	90	2	男、女更衣各 45m²（含卫生间）
	中餐厨房区	*加工制作间	180		
		备餐间	40		
		洗碗间	30		
		库房	80	2	每间 40m²，与加工制作间相邻
	西餐厨房区	*加工制作间	120		
		备餐间	30		
		洗碗间	30		
		库房	50	2	每间 25m²，与加工制作间相邻
		其他交通面积（走道、楼梯等）约 800m²			
		一层建筑面积 4100m²（允许 ±5%：3895～4305m²）			

二层用房、面积及要求 表17-2

	房间及空间名称		建筑面积（m²）	间数	备注
公共部分	宴会会议区	*宴会厅	660		含声光控制室15m²
		*宴会厅前厅	390		含通向一层次出入口的2台客梯和1部楼梯
		休息廊	260		服务宴会厅与会议室
		公共卫生间（前厅）	55		男、女各35m²，无障碍卫生间5m²，服务于宴会厅前厅
		休息室	130		每间65m²
		*会议室	390		每间130m²
		公共卫生间（会议）	85		男、女各35m²，无障碍卫生间5m²，清洁间10m²，服务宴会厅与会议室
辅助部分	厨房共用区	货物电梯厅	55		含1台货梯
		总厨办公室	30		
		垃圾电梯厅	20		含1台垃圾电梯
		垃圾间	15		与垃圾电梯厅相邻
	宴会厨房区	*加工制作间	260		
		备餐间	50		
		洗碗间	30		
		库房	75	2	每间25m²，与加工制作间相邻
	服务区	茶水间	30		方便服务宴会厅与会议室
		家具库	45		方便服务宴会厅与会议室
客房部分	客房区	客房电梯厅	70		含2台客梯和1部楼梯
		客房标准间	736		每间32m²，客房标准间可参照提供的图例设计
		服务间	14		
		消毒间	20		
		客房货梯厅	40		含1台货梯（兼消防电梯）、1部楼梯
其他交通面积（走道、楼梯等）约340m²					
一层建筑面积3800m²（允许±5%：3610~3990m²）					

5. 环境分析

该场地用地方正,地势平坦,无特殊地域说明。任务为扩建项目,但原有建筑延伸到建筑红线边缘,对新建筑有一定影响,但影响不强烈。指北针正放,上北下南。

(1) 外层次环境分析

先看用地外部环境,用地东侧和北侧临两条城市道路,虽然其级别都是城市道路,但道路宽度不一样,表明道路所承载的人流量不一样,东侧道路较宽,并且在该道路上标示了基地主入口,也就意味着该道路方向为建筑主要出入口方向。北侧道路较窄,标示有后勤出入口,那么建筑的后勤相关功能应与此口有联系。再看用地的另外两侧,西侧和南侧分别为住宅区和城市公园,临住宅区一侧为安静内边,临城市公园一侧为景观边,但城市公园在用地红线之外,对建筑布局的影响更多的是观看视线的联系。也就是说可能会有某些功能分区需要观看公园景观,那么该功能分区也应占位于南侧一边,且面向南侧景观(其实这个时候很多考生就已经可以根据基本常识想到旅馆客房应优先给予良好景观,题目也要求在客房可观看公园景观),即二层及二层以上的客房部分需定位于南侧边(图17-5)。

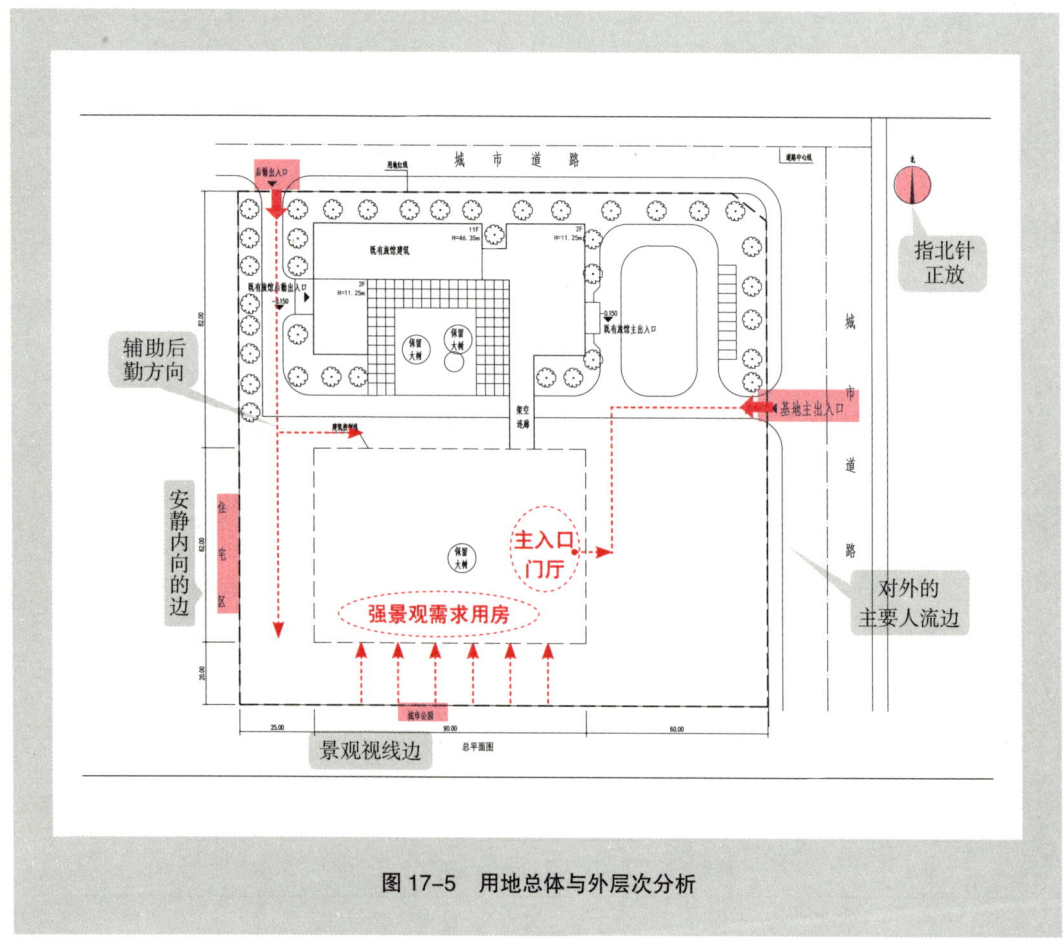

图17-5 用地总体与外层次分析

（2）中层次环境分析

中层次环境指用地红线之内、建筑红线之外，这个层次的环境要素对建筑布局的影响往往是间接的，已有场地环境要素或与建筑相关功能分区相似相邻，或暗示建筑功能分区的，或通过影响场地布局从而影响建筑布局等。本题中中层次环境要素为如下几个方面：既有建筑——建筑红线北侧保留既有旅馆建筑；景观环境——建筑红线北侧既有建筑半围合庭院中有几株保留大树和建筑周边绿化；既有道路——既有建筑周边已有道路和停车场。既有旅馆建筑结构为板式高层与裙房相结合，分别为11层和2层，并且设有架空连廊接至新建建筑红线边缘，那么这就意味着新建建筑要和既有建筑形成适合的连廊联系，结合题目要求："次入口设于架空连廊下面"，我们也可以确定新建建筑次入口的位置。二层宴会厅前厅休息廊衔接既有建筑架空连廊，也确定了该空间的布局位置。

既有建筑标明东侧为主入口，西侧为后勤入口，新建建筑的功能布局方向应与之相同。新建建筑交通道路应衔接、延续原有内部道路，西侧道路为后勤路，东侧为入口道路，结合题目要求可确定新建建筑的主入口为东侧、后勤入口在西侧，内外入口相对不同方向设置。保留大树可能成为某些建筑功能的视线景观对景。题目要求："一层中餐厅、西餐厅、健身娱乐用房的布置应相对独立，并直接面向城市公园或基地内保留大树的景观。"所以上述功能空间也可布置在北侧一边，以观看保留大树。

（3）内层次环境分析

内层次环境指建筑红线之内环境要素，这种要素对建筑的影响极大，往往要和建筑产生一定的对话关系，建筑形式因基地内环境要素的限定而改变。本题中，建筑红线内中部有一棵保留大树，那么，首先，建筑形体需避让该保留事物，围绕其展开或挖天井；其次，该要素也是景观要素，可能有相关功能要求的分区或空间可以与之有视线对景关系。可结合上文中的观景空间、用房综合分析考虑（图17-6）。

二、一级分区

1. 泡图就位

先将一层功能泡图放入场地中分析环境要素与泡单元的关联性，我们发现：大堂位于东侧，和之前确定的主入口方位对应；次入口门厅位于连廊下，与确定的次入口对应；厨房共用区为后勤功能，与确定的后勤出入口方向对应。健身娱乐区临南侧城市公园，可观看其景观。由此可以判定，该功能泡图与平面的相符程度较高，既没有左右镜像，也没有上下翻转。上述几处泡单元为一层功能泡图中明示的"固定端"（图17-7）。

另外，大堂吧与大堂和次入口紧密联系，其位置必在二者之间，也基本可以确定。保留树木北侧的大面积空地也适宜布置中餐厅，且在中餐厅可看到北侧基地保留大树，符合题目要求。同时，中餐厨房同时联系中餐和厨房共用区，其位置也基本可以确定。上述几处泡单元可为经分析确定的"半固定端"。

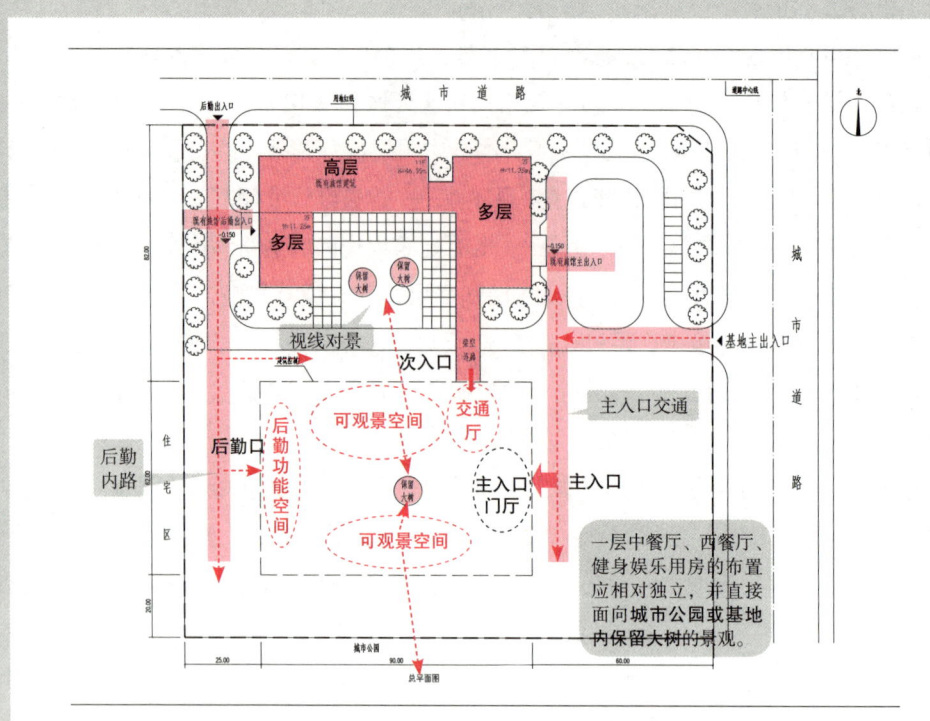

图 17-6 用地中、内层次分析

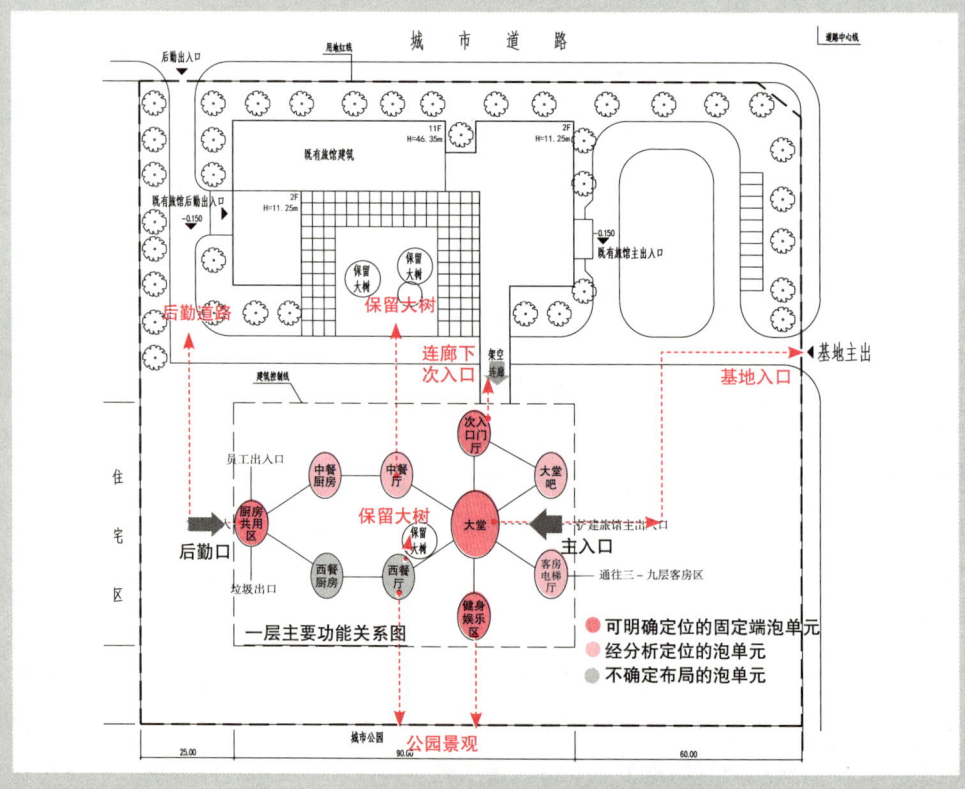

图 17-7 功能泡图的固定端与对应的环境条件要素

那么保留大树的南侧是不是应该按部就班地布置西餐厅和西餐厨房呢？西餐厅是看基地保留大树景观还是公园景观呢？我们发现，和大堂紧密联系的除了西餐厅外，还有健身娱乐部分，且南部用地宽度较小。健身娱乐面积也较大，两处功能区都在南部排开势必造成大堂到西餐厅路线较长，其联系路径被迫在健身娱乐北侧拉廊，健身娱乐只能在南侧单向采光，这样空间布置可能会比较被动（图17-8a）。似乎西餐路线在庭院北侧结合中餐更合理些。这里面开始产生疑问，况且还没有二层的布局分析，我们不妨先分析二层功能布局再作定案。

同样，我们依据二层功能泡图绘制二层分区草图。宴会厅前厅休息廊衔接二层连廊；宴会厅与宴会厨房布置于一层中餐厅与中餐厨房之上；厨房共用区与一层该区对应。以上区域功能类同，面积相似，布置都比较顺畅（图17-8b）。

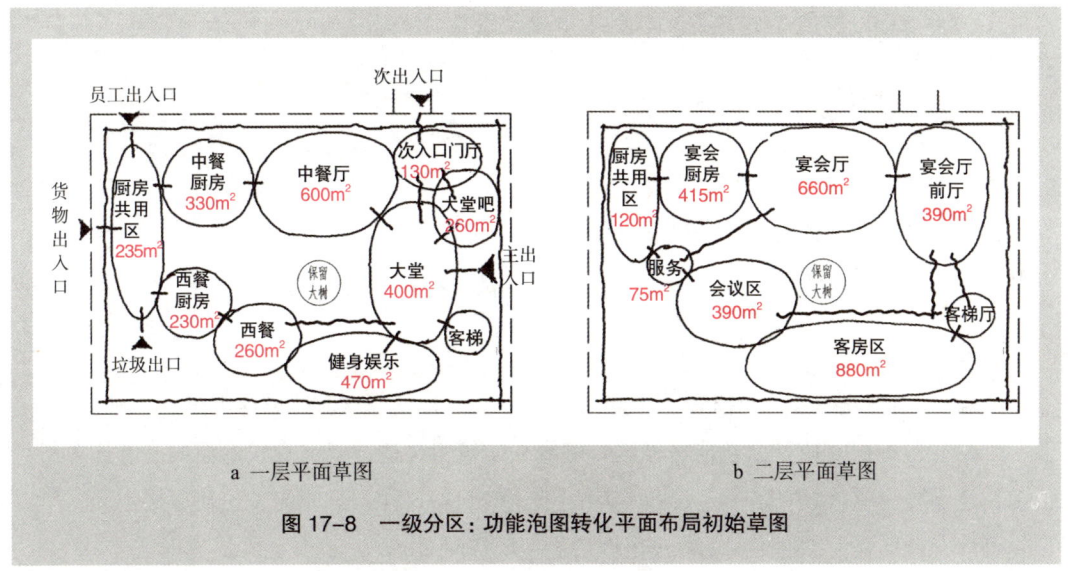

a 一层平面草图　　　　　　　　　　b 二层平面草图

图17-8　一级分区：功能泡图转化平面布局初始草图

再看南侧部分，先按功能泡图关系布置，会发现存在诸多问题：

1）客房为南北向采光的带形强空间，如果会议室也在南向联系宴会厅前厅休息廊，则需在客房北面再拉一道走廊，势必会造成客房北向房间无法采光（南侧用地狭小，另加天井既没条件也不合理）。

2）同时到达会议的人流可能造成对客房休息的影响。

3）上述功能联系导致会议路线过远，不便使用。

这印证了一层布局时的猜测是对的，为解决问题，必须上下层同步调整方案布局。首先，将二层自宴会前厅休息廊进入会议室的路线由原来的在保留大树南侧调整为在大树北侧，可以和宴会厅走廊合并使用，因二者使用主体的性质相同，都是外部公众（客人），因而是可以合并的。其次，将休息廊作为宴会厅的疏散走廊，同时会议室与服务区等相互联系（图17-9a）。

二层调整布置完成后,对应调整一层分区布局(图 17-9b)。因西餐厅上层不能有卫生间出现,也就是客房不能布置在西餐厅的上面(冲突关联),所以西餐厅位置要避开客房在一层的投影,故可选择将西餐厅布置在会议室之下。只是西餐厅面积比会议区小很多,可预判为一层"西餐+西厨"与二层"会议+服务"功能区对应。

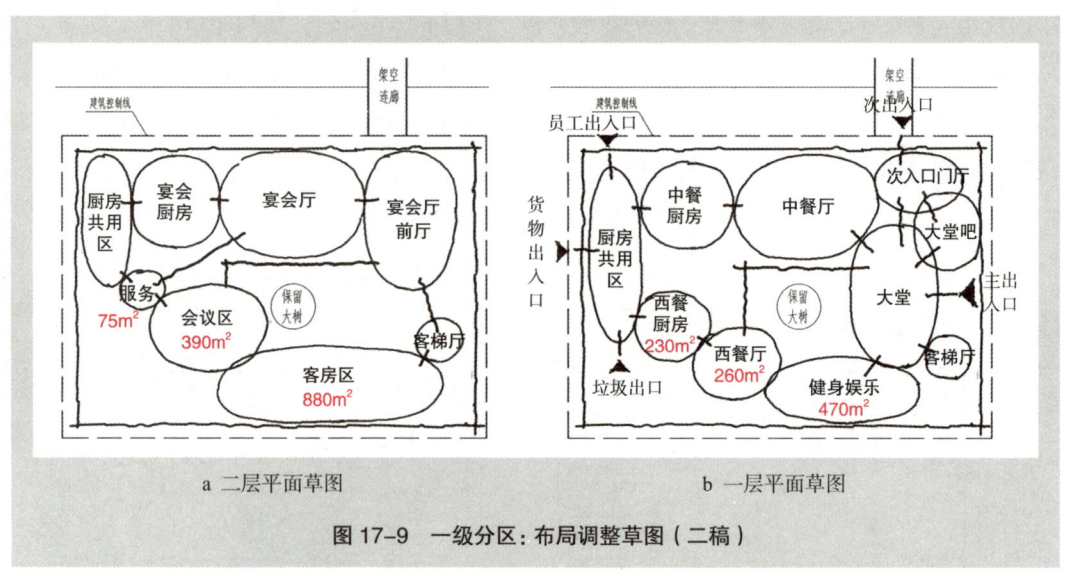

图 17-9　一级分区:布局调整草图(二稿)

西餐和大堂的联系与中餐和大堂的联系合并布置,也使餐饮流线更为集中、合理。

二层客房下层对应什么功能区域呢?健身娱乐较为合适,但健身娱乐面积显然比客房小很多,还需要有其他功能补充,占据客房的下层空间。这样,只能向东边找下层空间,所以预判可以有一部分大堂的附属功能设于客房的下层空间。

这样,我们再次调整二层平面方案,即健身娱乐与大堂附属功能共同对应二层客房投影空间(图 17-10a)。

二层,根据题目要求:"茶水间、家具库(服务区)的布置便于服务宴会和会议室",我们将服务区调整到会议区的东侧,使该功能位于宴会和会议区之间,便于服务二者(图 17-10b)。

2. 组合逻辑辨析

在功能泡图向一级分区转化的过程中,对于各分区泡单元布局可能出现的多种组合方案应作以组合逻辑的辨析。二层会议室的位置靠东或者靠西,在布局中会出现两种可能,同时会议室的布局也会影响一层各主要功能区的布局。我们将二者的分区草图作比较,以便进行下一步方案优选。

(1)方案一:会议区在西侧(图 17-11)

优点:

1)二层服务区处于宴会、会议中间,服务宴会、会议和联系后勤的路线都比较短;

a 一层平面草图

b 二层平面草图

图 17-10　一级分区：布局调整草图（三稿）

a 一层布局示意

c 一层平面布局分析

b 二层布局示意

d 二层平面布局分析

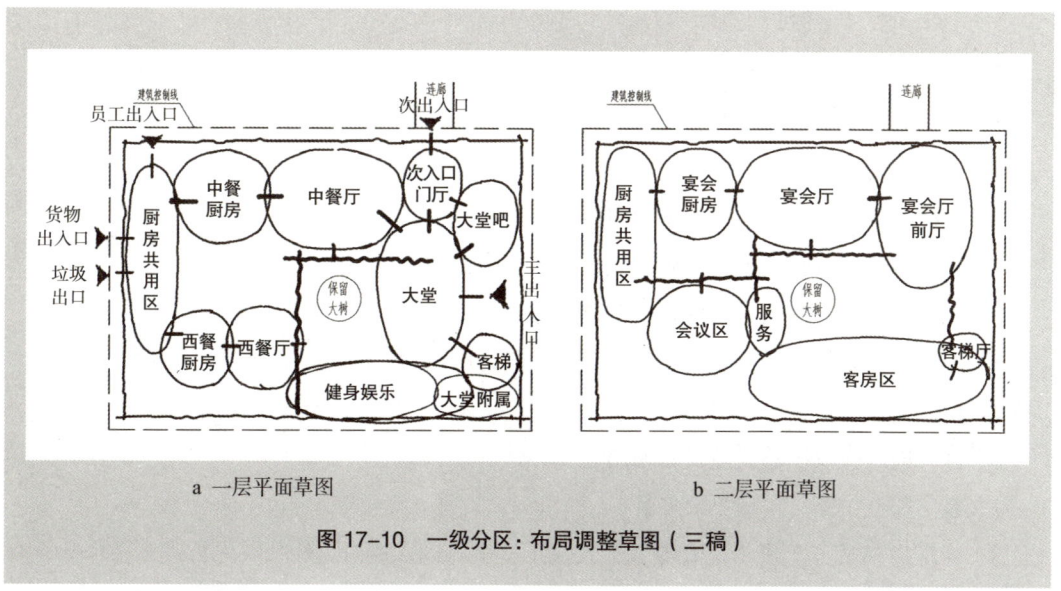

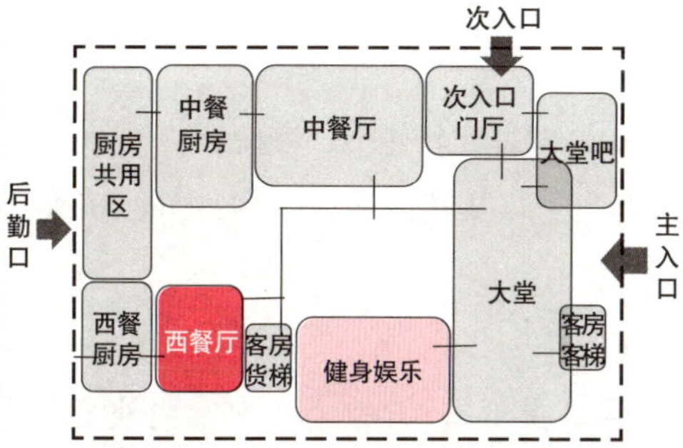

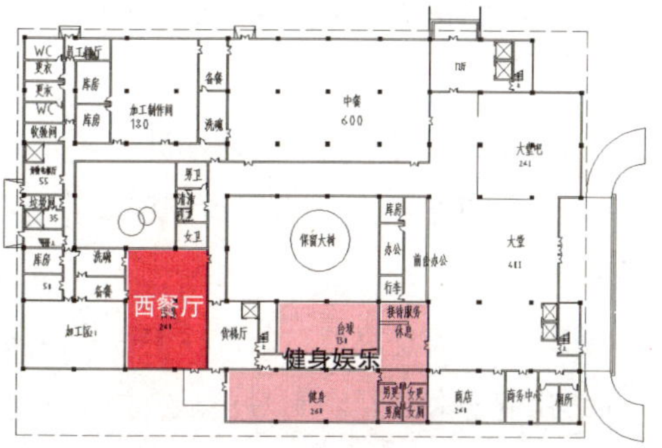

图 17-11　方案一：二层会议区在西侧

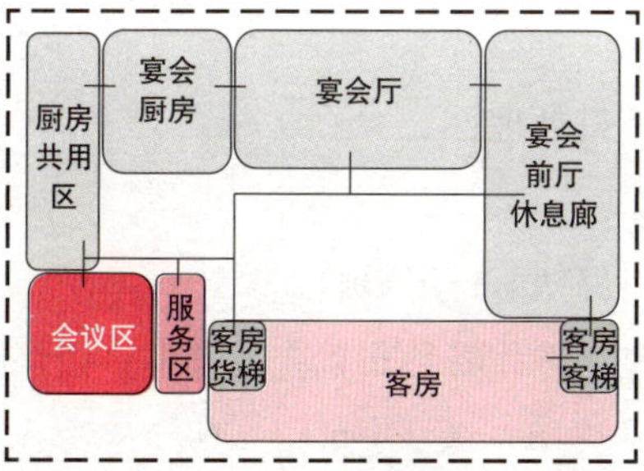

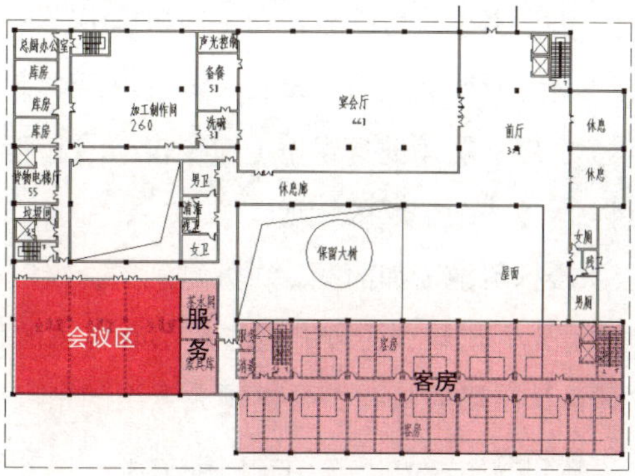

2）二层会议区比较安静、景观好；

3）自二层客房到达会议和宴会都比较方便；

4）二层客房靠东，其客梯在一层结合大堂，位置明显易找，乘坐方便。

5）一层西餐厅面向公园，景观朝向良好；

6）二层客房下层布置健身娱乐与大堂附属组合，功能合理；

7）客房区主楼对北面原有建筑主楼景观遮挡较少；

8）大堂能联系货梯（面积表中将客房货梯归为旅馆大堂部分，但非原则上必须）。

缺点：

1）客人进入会议区路线较长，使用不太方便；

2）客房邻近主路，环境不够安静；

3）客房货梯员工上班（更衣等）不方便（从室外进入室内需经公共区再进入工作区，有流线交叉的嫌疑）；

4）客房进货流线（室外）经过西餐厅窗前，不雅。

（2）方案二：会议区在东侧（图17-12）

优点：

1）二层公共区客人自宴会前厅进入宴会、会议的路线都比较短捷，方便；

2）二层外部公共区、内部后勤区以及客房区各自分区集中、明确，内外分区明确，动静分明；

3）二层以上客房靠西，邻近住宅区，内向、安静；

4）客房服务货梯接近后勤区域，内部工作区整合，员工出入、工作便利，内外流线不交叉混行。

缺点：

1）大堂不能直接联系货梯（面积表中将客房货梯归为旅馆大堂部分，但非原理上必须）；

2）对北面原有旅馆主楼有一定景观视线遮挡；

3）客房下层（健身娱乐）面积较小，上下关系不好处理；

4）服务区距会议区较远；

5）楼梯疏散需加前室，对大堂到健身娱乐的通行路线有一定影响。

综上分析比较，两种布置方式都有各自的优缺点，选用哪种布置方式都不算错，但从方案整体设计布局顺畅和符合出题人意图的角度来看，选择方案一更可行一些。尽管方案一中客房货梯和客房服务区未结合内部员工入口和内勤分区，视乎有点不够合理，但题目并没有对此服务区作流线要求，所以我们的担忧也是多虑了。

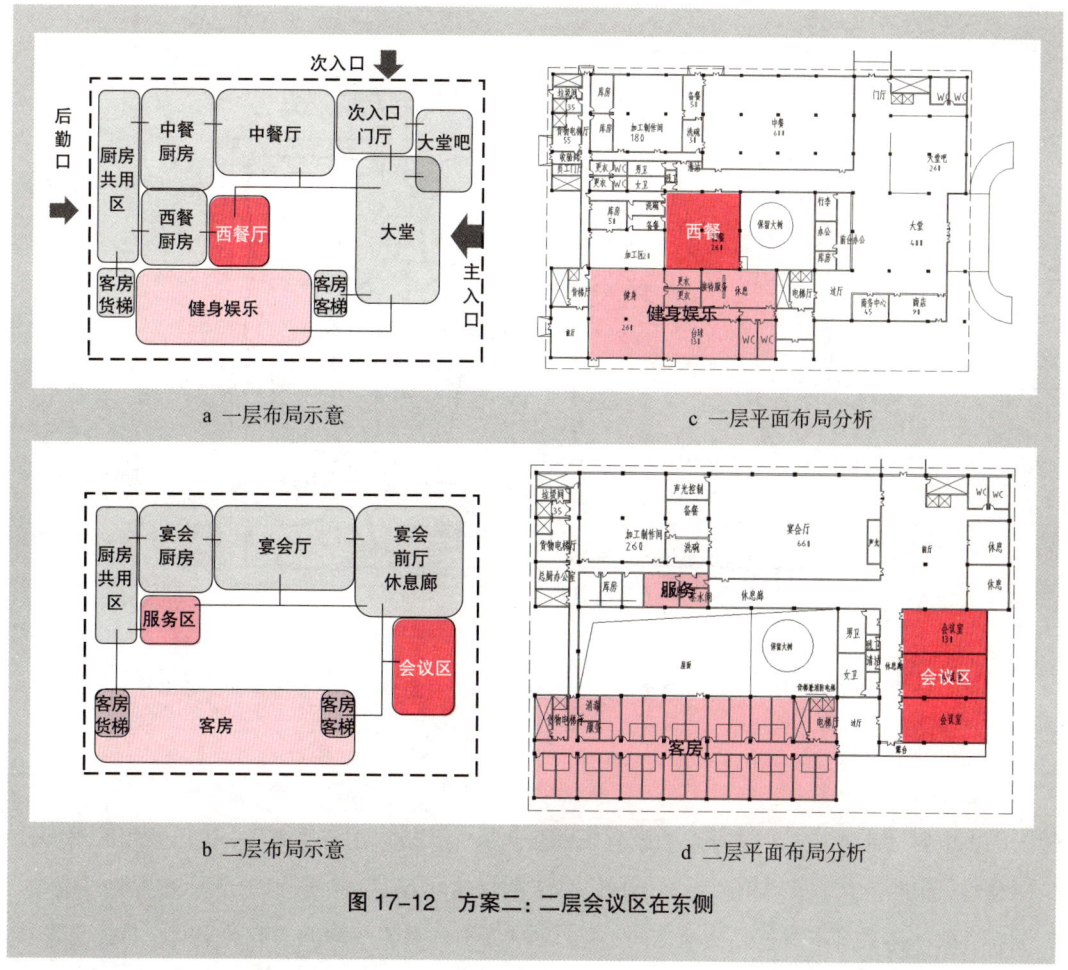

图 17-12　方案二：二层会议区在东侧

3. 关键条件校验

这个步骤中要校验一级分区的三个关键条件：检验泡单元、房间和场地条件有联系关联的是否都满足，包含泡图中要求的出入口布置；检验一级分区的各泡单元的联系是否全部满足；检验分区间的冲突关联是否符合要求。检验中，我们需补充厨房共用区的各个出口，员工出口在流线端点处，且接近场地出口，位于该区北侧；货物出口和垃圾出口因需有货车出入对接，均设在西侧，面向后勤路。此外还要补充客房货梯的下一层出口（图 17-13）。至此，一级分区草图基本完成。

三、二级分区

1. 空间组合与交通布置

（1）空间组合形式与水平交通（图 17-14）

本题目中，越级分区泡单元，即以房间为单位的泡单元较多，主要是一些重要的大房间，这样组织交通空间也相对比较容易些。一层大堂采用放射式交通组织；中餐厅附加一条走廊；

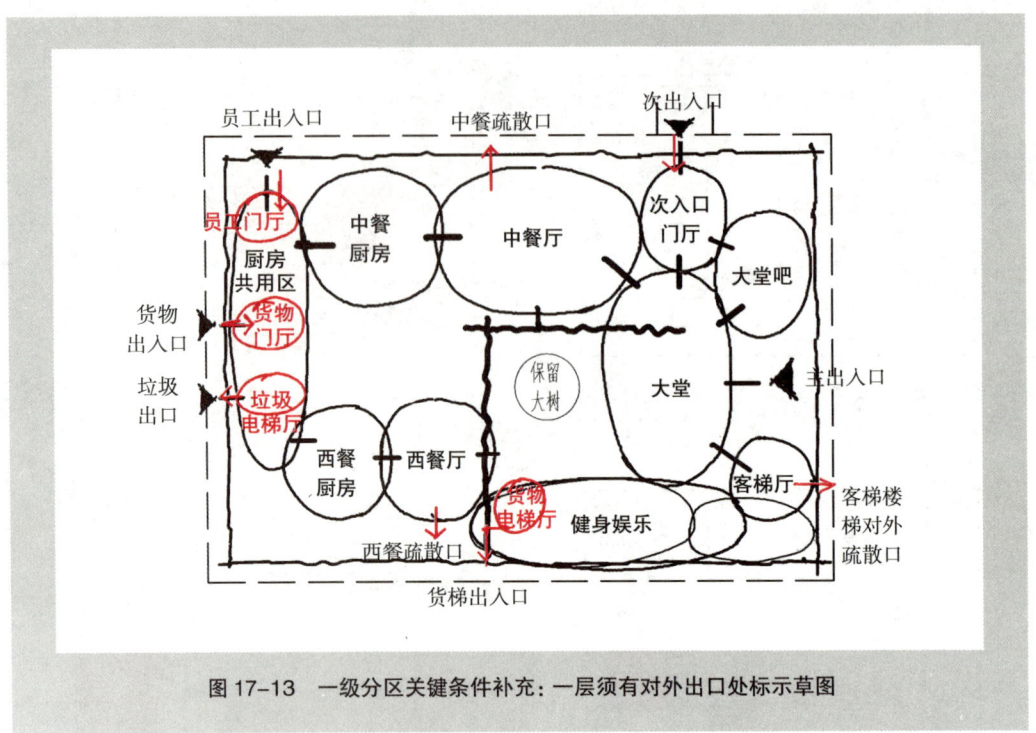

图17-13 一级分区关键条件补充：一层须有对外出口处标示草图

西餐厅由中餐厅走廊衔接；健身娱乐区有条件双侧采光，故采用双廊布置；厨房共用区用房较少而且紧邻中餐厨房，采用单廊布置；中餐、西餐厨房房间较多，流线特殊，具体布置时再确定。二层宴会前厅休息廊本身就是交通空间；宴会厅属于有大量人流瞬间集散的空间，将休息廊布置在宴会厅侧边兼作疏散走廊；会议室全部南向采光，单廊布置；客房南北向采光，内双廊布置；服务区房间较少，采用单廊布置。

（2）垂直交通（图17-14）

1）考虑门厅（大堂）的交通引导布置，一层大堂到二层公共区单独布置垂直楼梯或者借用次入口门厅的垂直交通，按题目要求，次入口门厅处布置楼梯1部、电梯2台。大堂到客房区，在大堂附近布置垂直交通核1处，应明显易找、方便乘坐，且能直通室外（或形成扩大的防烟前室），其具体位置还要结合二层空间平面，满足设计要求和疏散要求。故该垂直交通核布置在靠近东侧外墙边。

2）考虑各部分上下交通联系。厨房共用区员工入口附近布置楼梯1部，联系厨房共用区上下层。

3）考虑防火疏散是否满足要求。客房高层宽度不超过60m，设2处垂直交通核，东侧结合大堂布置，西侧结合货梯兼消防电梯设置。另外，会议区尽端应补充疏散楼梯1部，如果会议区没有布置余地，也可将此楼梯布置到邻近厨房共用区，来个"借区疏散"。各处楼梯间的设置也要符合相关规范规定，高层客房部分楼梯间应设置为防烟楼梯间，裙房部分楼梯间

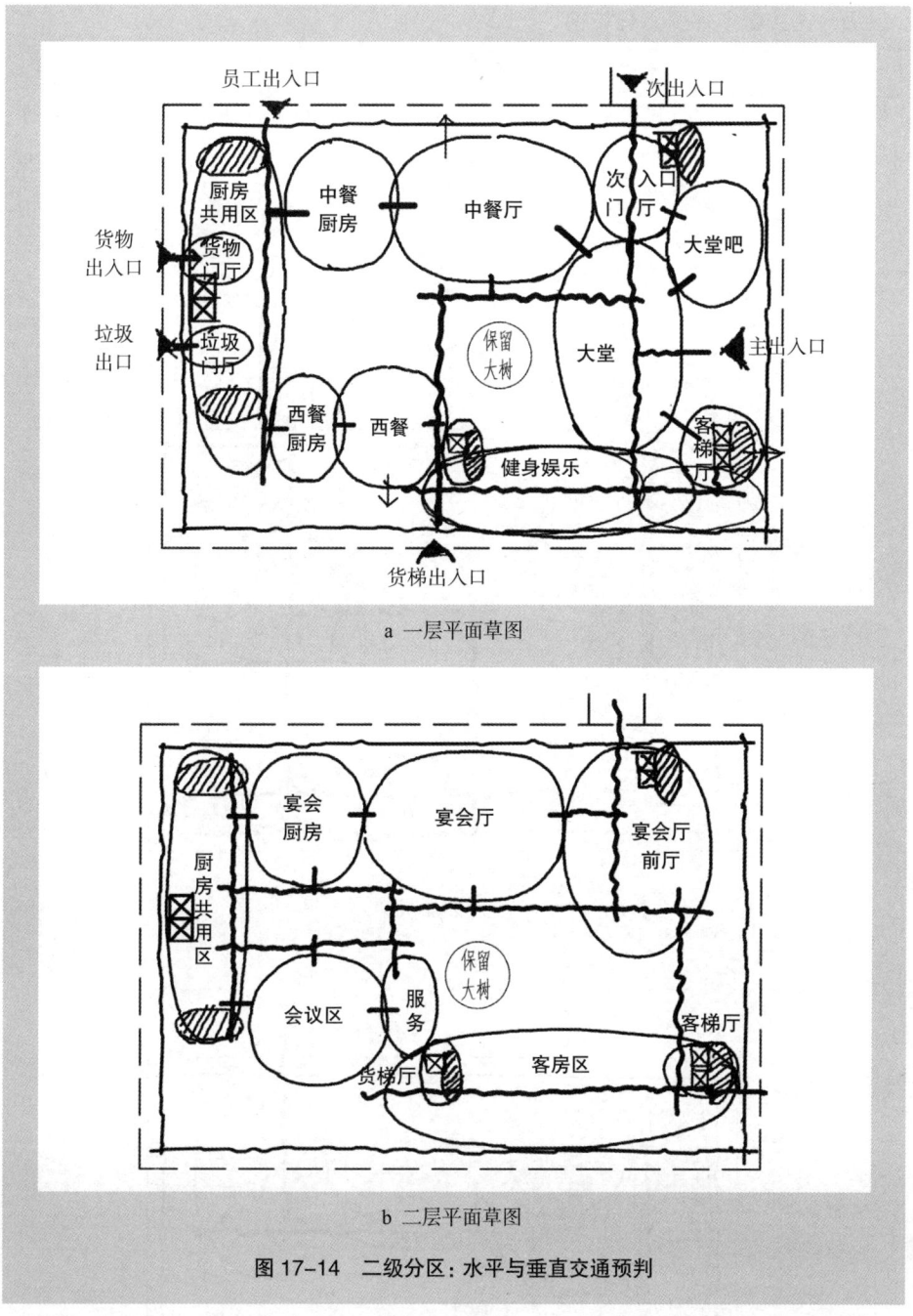

a 一层平面草图

b 二层平面草图

图 17-14 二级分区：水平与垂直交通预判

设置为封闭楼梯间。

4）考虑无障碍设计，主要面对外部客人，需考虑的有大堂、客房区和次入口门厅几处，检验客梯是否满足要求。

5）最后，考虑货运垂直交通，如货梯、食梯等。按题目要求在厨房共用区设置货运电梯和垃圾电梯各1台，并与各自的出入口相结合。

2. 二级分区关键条件落入与校验

（1）一层条件落入

公共区部分，落入大堂总服务台，要求位置明显、视野良好，可设于大堂入口对面；健身娱乐部分落入"经休息到健身、台球"串联流线，休息紧邻大堂，置于北侧，台球和健身分别置于该区的北侧和南侧；还有中、西餐共用卫生间，设置于二者中间地带为宜（图17-15a）。

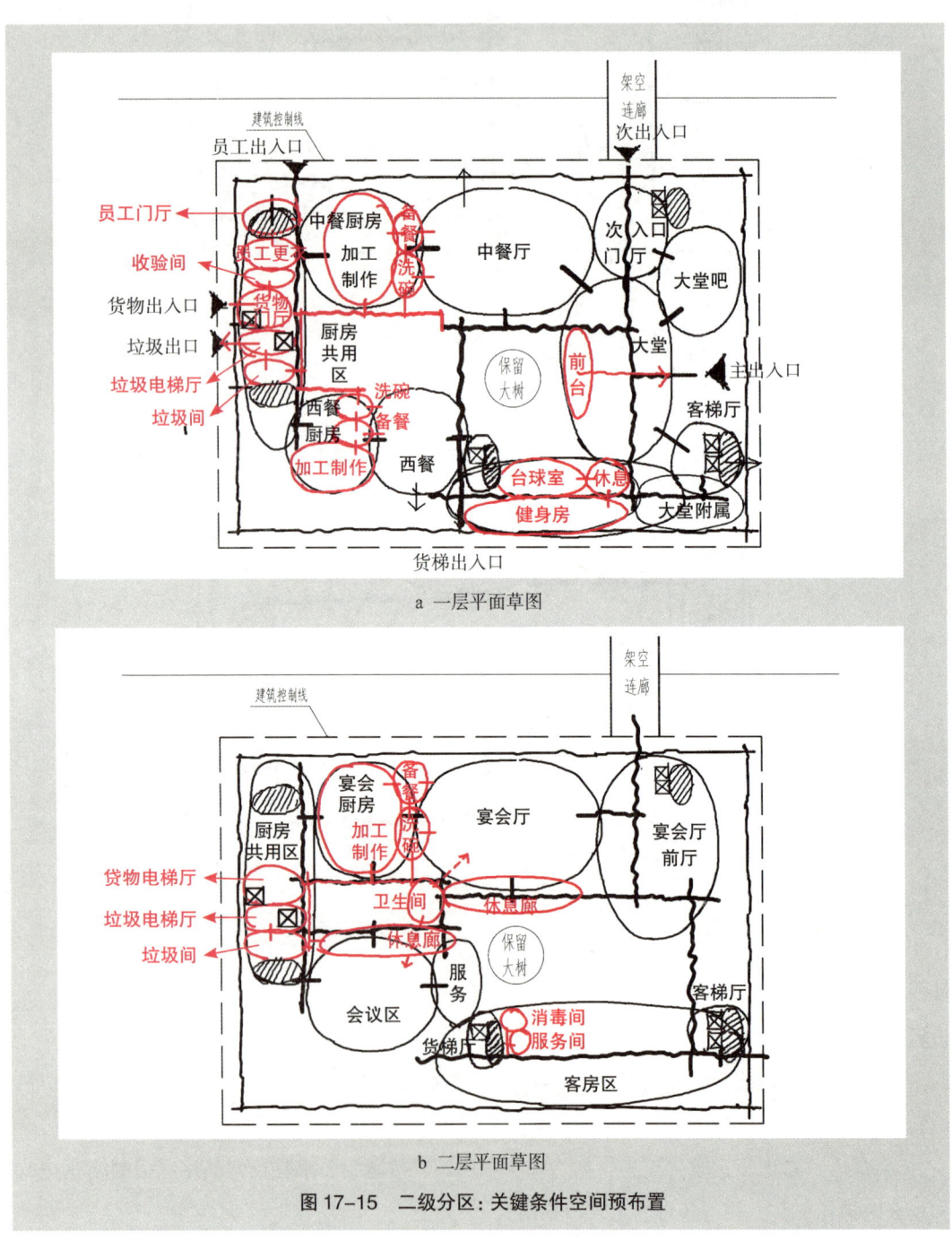

图 17-15 二级分区：关键条件空间预布置

辅助部分，首先落入"中、西餐送餐与洗碗回收"流线，因为洗碗要经过走廊通道送入垃圾间，故洗碗间一定要布置在厨房区的外边邻近通道一侧。注意中、西餐厨送餐与回收小流线中，备餐和洗碗各有三个方向的流线联系，落入时应各自检查核对（图17-16）。

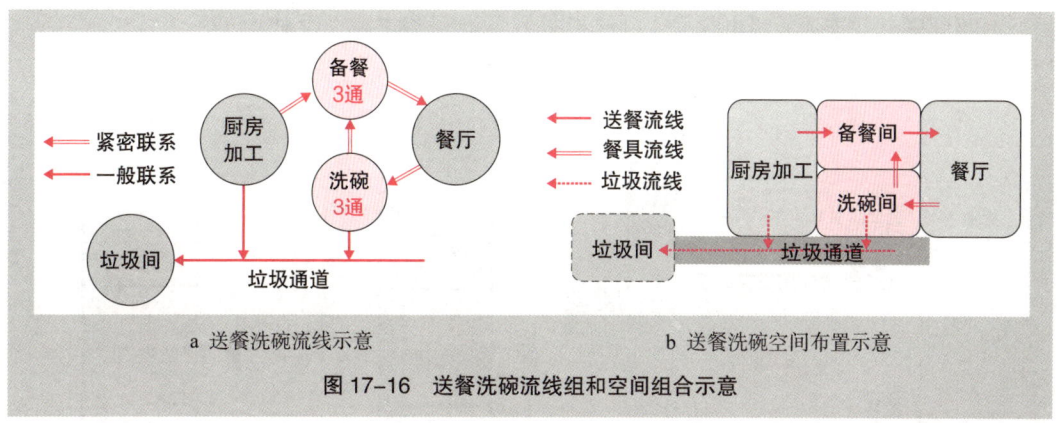

a 送餐洗碗流线示意　　　　　　　　b 送餐洗碗空间布置示意

图17-16　送餐洗碗流线组和空间组合示意

> **小锦囊**：单个房间和其他空间关联有3个或3个以上的都应多次核对检查流线联系数目与关系，以免丢落和错误。

其次，落入厨房共用区小流线、员工更衣流线、收货与垃圾流线。

对于员工更衣流线，题目要求"员工由员工门厅经更衣后进入各厨房区或服务区"。这里，"经更衣"是串联串套式的布置方式还是并联顺序式的呢？笔者分析，都不算错。一般强调"经"某处，有"关卡型"串联房间布置要求的意味（详见《指导》第四章）。本题中，如果更衣是必经的"关卡"，如方案一示意（图17-17a、c），那么只能在一层形成必经路线，员工进入二层则可直接由门厅经楼梯进入，而不经过更衣，所以是否做成串联穿套路线没有太大意义。或者如方案二示意，空间形式为并联，但有一定的关系顺序，也是合理的布局（图17-17b、d）。

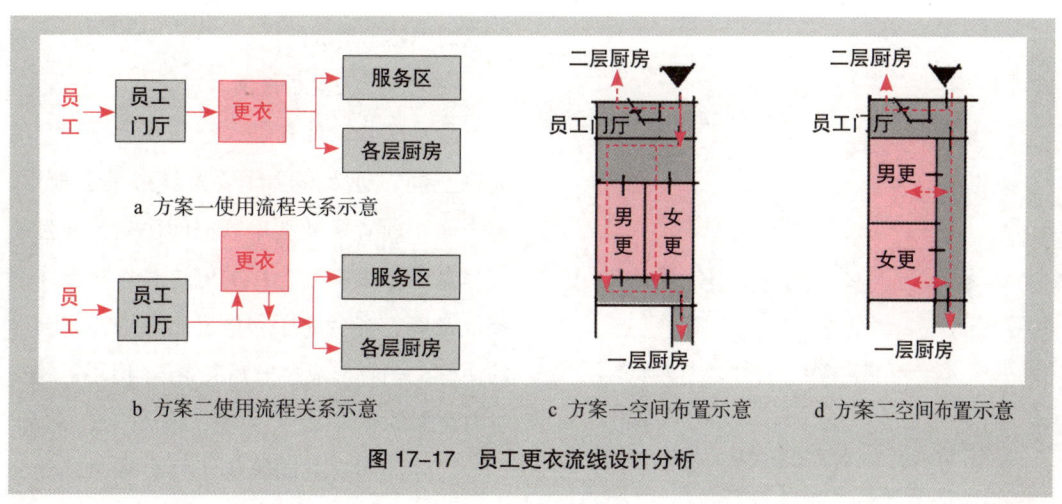

a 方案一使用流程关系示意　　　　c 方案一空间布置示意　　　　d 方案二空间布置示意

b 方案二使用流程关系示意

图17-17　员工更衣流线设计分析

辅助区货物验收流线也有类似的要求："货物由货物门厅经验收后进入各层库房。" 这个验收与货物的关系是一种监控关系，验收对货物也只是登记管理，不需要空间上的串联设置（图 17-18a、c），所以货物门厅的流线关系应是"监控流线"中的"经过式监控流线"形式（图 17-18b、d）（见《指导》第四章"串联流线专题"）。

垃圾间紧邻并连通垃圾电梯厅（二层相同），一层垃圾电梯厅设对外出口。

b 方案二：经过式使用流程关系示意　　c 方案一空间布置示意　　d 方案二空间布置示意

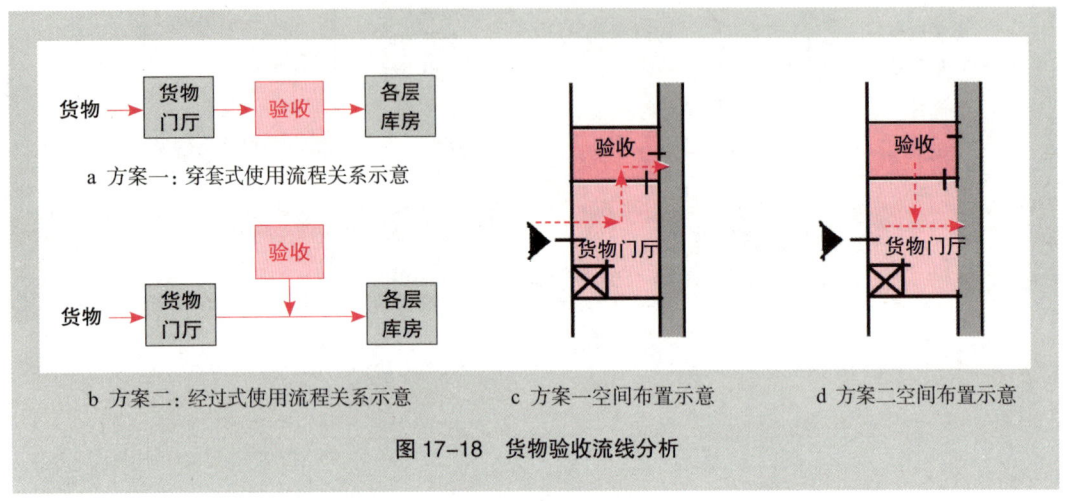

图 17-18　货物验收流线分析

另外，有很多考生在布置货物流线与垃圾流线的时候很纠结，认为这两处流线不能交叉，也就是不能见面，以至于布置空间平面时到处拉廊，搞得流线很绕，其实完全没有必要，我们只需画个小简图就能了解货物门厅、垃圾间以及它们的服务对象——中、西餐厨房这四者之间的关系了（图 17-19）。从示意图上我们不难看出这四条流线在二维平面上做到互不交叉几乎是不可能的，而实际上，货运流线与垃圾流线都是后勤内部流线，无需分流，可以混流。考生的纠结、苦恼也是因为对设计原理和考试规则不熟悉造成的。

图 17-19　货运流线与垃圾流线关系分析

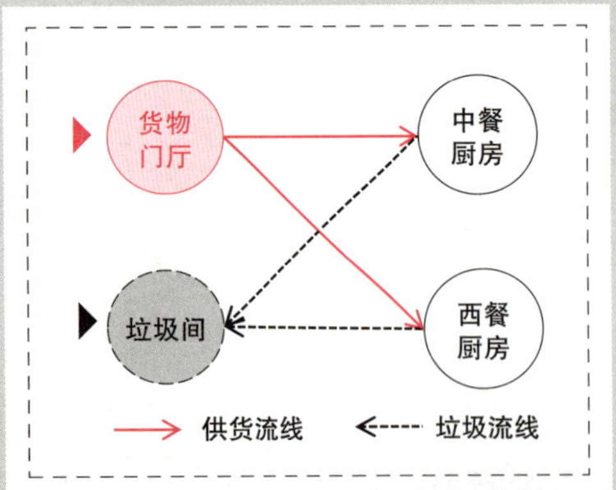

（2）二层关键条件落入

公共部分，首先是大空间宴会厅和它的关联空间，进入宴会厅要先经过宴会前厅，这个属于前置缓冲型串联空间序列，并且还有休息廊布置在宴会厅的侧边兼作宴会厅的疏散走廊。宴会前厅和休息廊分别在宴会厅的两侧，三者形成"三角关系"（历年考题中常有类似的空间）。

另外，还有共同服务于宴会和会议的公

共卫生间和服务区布置在何处?

卫生间宜上下对位,放在会议区和宴会厅之间,注意避免放在一层餐厅、厨房的上面。

服务区包括家具库和茶水间,主要为宴会和会议的辅助房间,选择在会议区的东侧布置,距离二者都不远,服务方便。注意这里的服务区并不意味着一定为内部工作区,其辅助作用决定了该区定位的关键为方便服务两个主要功能区,所以可以布置在公共区。还有很多人纠结该区有两个方向联系流线是不是该内外双向并联,因其只是辅助功能,对流线要求较低,所以不必劳神费力做成内外分流或者双向流线等形式。分流或者双向流线主要针对的是使用空间类型。当然,如果这样做也不算错。

厨房共用区关键条件同一层。

客房与公共部分的联系需通过电梯厅,并且客房部分还有一处冲突关联的要求,就是客房不能邻近电梯厅,检验之前交通核布置是否符合要求,并使客梯厅与公共区相联系。服务、消毒功能靠近货梯厅一侧布置(详见图 17-15b)。

四、网格排布

1. 柱网尺寸判定

本题目中柱网尺寸仍然依据柱网选择的六个方面进行综合判定,原有建筑没有显示柱网尺寸,但是通过测量得知连廊宽度为 8m,但还不足以作为判定柱网的依据。旅馆常用的柱网尺寸为 8m 左右,常有微差。这里,我们的主要确定依据还是重复量较多的强空间,即客房空间,柱网应首先满足客房标准后再验证其他空间的匹配适宜程度。

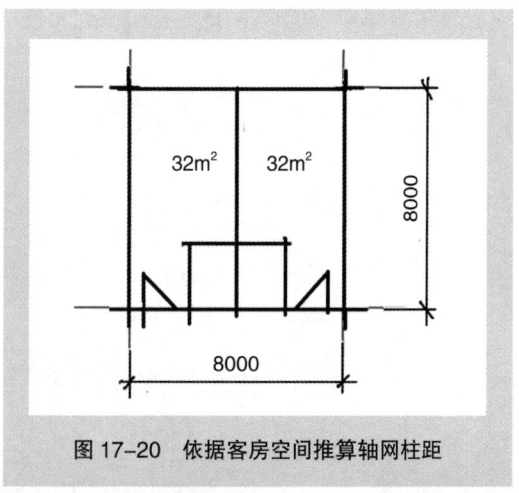

图 17-20 依据客房空间推算轴网柱距

客房标准间面积为 $32m^2$,两间占一个柱网,每个柱网格面积就是 $32m^2 \times 2 = 64m^2$,这样刚好得到柱网尺寸为 $\sqrt{64} = 8m$(图 17-20),与连廊尺寸暗合,这让我们欣喜无比,再验证其他空间是否合适。大空间宴会厅面积为 $640m^2$,为网格单元面积的倍数,中餐厅 $600m^2$,虽然不是整数倍,但也可通过墙的位置划分来合理调整;中等空间的面积为 $130m^2$、$260m^2$,分别为占 2 格和占 4 格;小房间 $50m^2$,可以由一整格去掉一条(较窄的)走廊得到。这样经过综合分析,确定 8m 柱网尺寸选取合理,满足设计要求(图 17-21)。

同时,也可以确定客房区及其下层,柱网形式为中间走廊,南北两侧各有一个 8m 整跨柱网(图 17-22)。

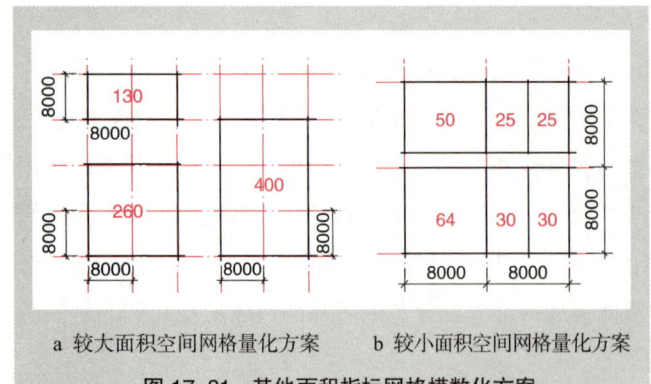
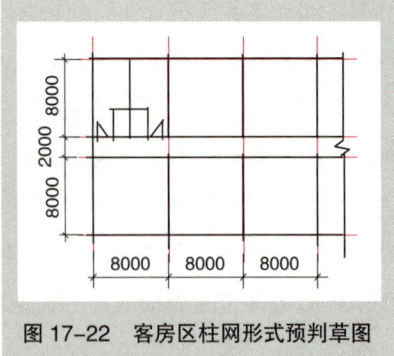

a 较大面积空间网格量化方案　　b 较小面积空间网格量化方案　　图 17-22　客房区柱网形式预判草图

图 17-21　其他面积指标网格模数化方案

2. 网格模数量化

（1）场地轴网纳入

计算场地可容纳最大网格限度。横向可容纳网格数为 90÷8=11.25，取 11 格；纵向可容纳网格数为 62÷8=7.75，取 7 格，但富余较多。此时不要忘记，客房部分还需要插入一条走廊，所以，在最南侧，柱网要再向南侧延伸一个走廊的距离（2~3m）。验证网格是否满足要求，或者直接画好 1∶500 的网格放在总平面图透明硫酸纸下面观察是否超出建筑红线（图 17-23）。

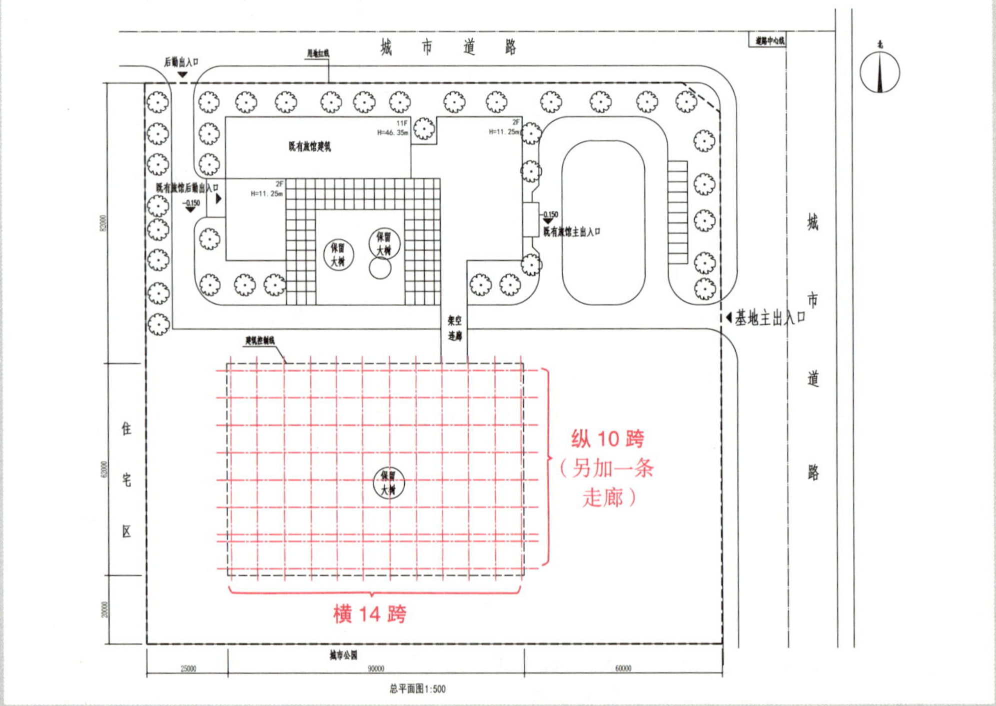

图 17-23　网格排布：场地轴网纳入

不要忘记网格位置应该与题目给定的连廊对应，使空间能顺畅转接。此时，我们发现，整体网格在建筑红线场地内展开充分，适应较好，保留大树至少占4个网格，为庭院留空。

（2）纵横向跨数判定

纵横向跨数判定的主要依据为强空间对网格的要求以及题目中有关轴网模数量化的信息。

首先，确定空间规定性强以及限制要求多的客房部分。在之前的柱网尺寸预判环节中，我们确定了每两间客房占一个柱网网格，纵向占两跨，那么该部分横向到底需要占多少个网格呢？客房标准间总共23间，所需总网格数为11.5个。题目要求"其中直接面向城市公园的客房不少于14间"，这样，南向的网格数就不少于7格。那么南向房间可以更多吗？题目还要求"按城市规划要求，客房楼东西长度不大于60m"，这样，单向可容纳的网格数最多只能有7.5格。客房部分为独立高层，为使区域整合、结构合理，选取整数柱跨为宜，这样我们就选择7跨作为客房部分横向柱跨数，也刚好满足面向公园不少于14间的要求。客房部分总网格数为7×2=14格。南向7格全部用作客房，北向还需11.5-7=4.5格，北向可用还剩余的7-4.5=2.5格作为其他辅助空间。客运、货运电梯厅各占一个网格，服务+消毒占半个网格，安排较为合理。所以我们对整体网格划分的预判为：客房部分横向占用7跨网格、纵向占用2跨网格（图17-24）。

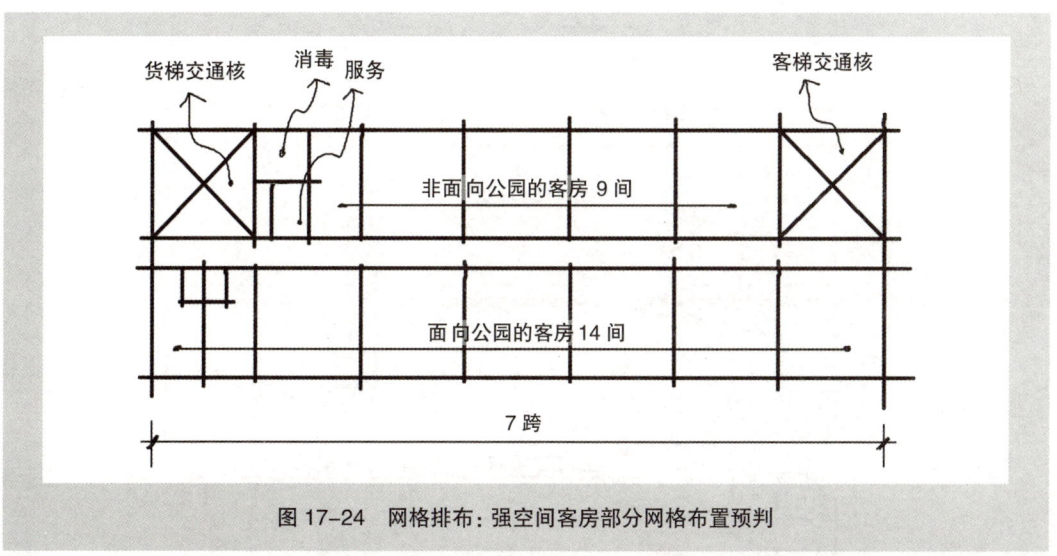

图17-24 网格排布：强空间客房部分网格布置预判

其次，判定其他相对比较确定的空间纵横向跨数。次入口门厅130m²，应该占两格，且位于连廊下部，并含楼电梯。为使次入口交通顺畅，将该门厅横向摆放，即横向占2跨，纵向占1跨。大堂吧260m²，预判占4格，纵横向各占2跨，放在次入口门厅东南侧。

再有，对于大空间所占网格数也应给予适当的预判，中餐部分面积为600m²，占网格约9.4个，给10个格子，这10个格子如果是2×5，则空间太过扁长。根据基地网格南北分布情况，保留大树北侧纵向可有3跨空间，这样我们让中餐加一条走廊刚好占纵向3跨。中餐采用2.5×4=10格的布局（横向4跨，纵向2.5跨），中餐空间比例合适，走廊4m的宽度也较为合适。

另外，厨房共用区采用单廊布置，横向占 1 跨，纵向要在具体排布的时候再计算确定占网格数量。

一层横向，大堂吧+次入口占 3 跨，中餐占 4 跨，厨房共用区占 1 跨，这样还剩 3 跨留给中餐厨房，这 3 跨中，1 跨用作备餐、洗碗这样的节点房间，另外 2 跨留给加工和库房（图 17-25a）。

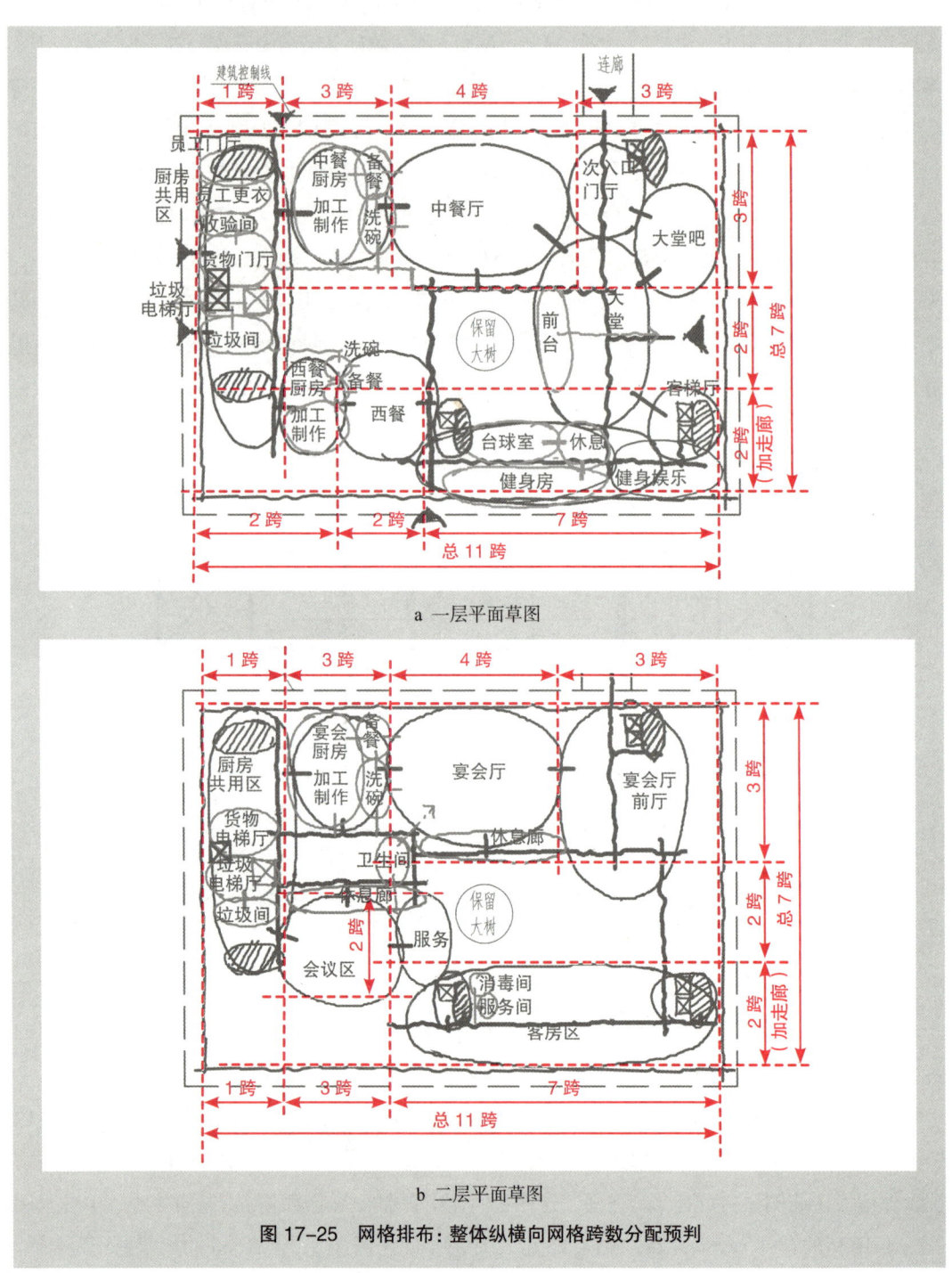

a 一层平面草图

b 二层平面草图

图 17-25 网格排布：整体纵横向网格跨数分配预判

一层纵向，以保留大树为分界，北侧3跨留给次入口+大堂吧和中餐+中餐厨房，中间2跨留给庭院和大堂区域，南侧2跨布置大堂附属功能和健身娱乐，并对应二层客房。至此，以保留大树内院为中宫的整体九宫格结构初见端倪（图17-26）。西餐+西餐厨房可在西和西南两"宫"中适当自由布局。

二层基本延续一层的关系。会议每间占2格，横向1跨，纵向2跨。服务区占1跨（图17-25b）。

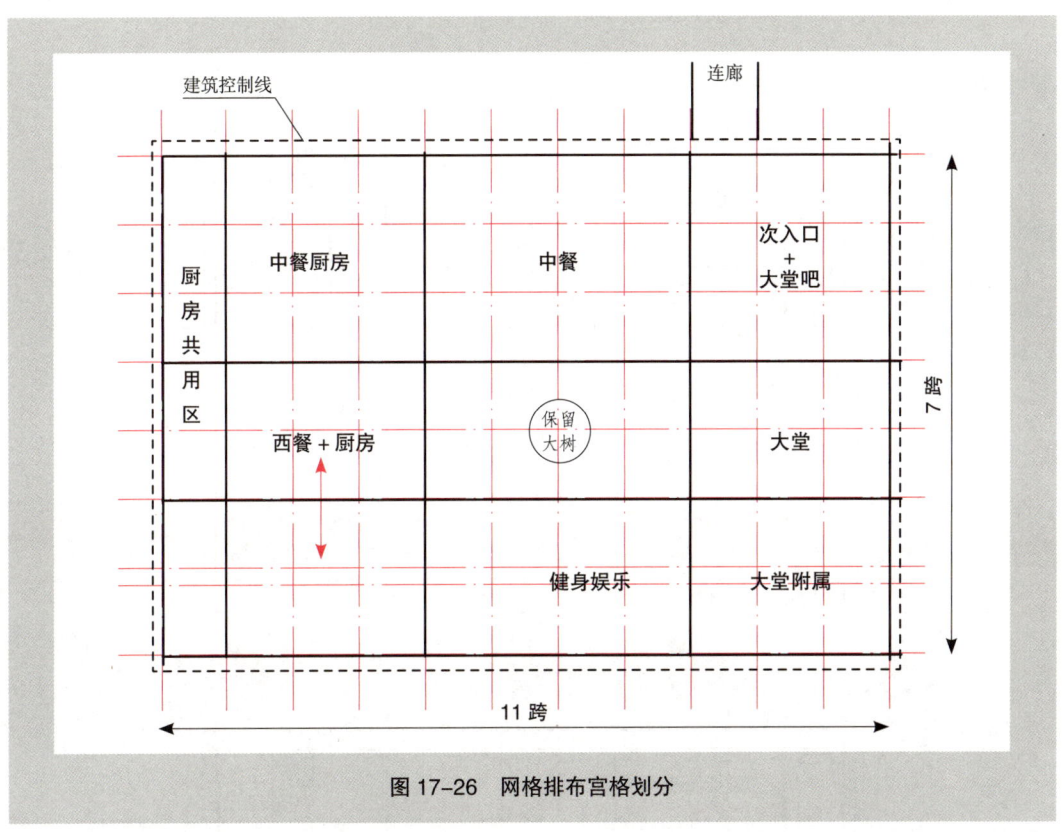

图17-26 网格排布宫格划分

（3）分区量化

我们在基本九宫格构中布置各个主要空间和分区，因功能泡图多为独立大空间，所以网格布置的时候适当同步必要的交通空间。

一层平面：大堂400m²，折合6.25格，约占6格。在之前的宫格划分中，东侧中宫刚好6格，但发现大堂附属（商务、商店共占2格）所占面积过大，于是考虑将大堂面向主入口横向展开，入口适当内缩，即形成入口引导形象，空间宽敞，面积划分也相对准确（图17-27a）。

健身娱乐用房，用定格法计算约占7格，占南侧中宫，和大堂及其附属用房一起作为客房下层。次入口门厅和大堂吧按之前的预判进行定位和排布。

厨房共用区用房+2部楼梯（共占1格），用定格法计算总计占4.5格，暂给5格。中餐厨房附属空间可含在加工间内，因空间紧凑，无额外交通空间，这样就不用乘以系数。总面积求和，折合网格数为 5.1 格，暂给 6 格，但空间较为富余，可留有其他空间插入、借用的余地。

二层平面：布局尽量与一层对位。宴会厅布置在中餐之上（宴会厅内不要设柱子），宴会前厅刚好占 6 格（含楼电梯），我们将这 6 格相对整合布置。宴会厨房与厨房共用区延续一层用房位置与大小。会议和服务设置在西餐与西餐厨房上部。客房按之前网格预判的关系布置。休息布置在宴会前厅东侧。共用卫生间与一层对位，宴会卫生间只能布置在连廊一侧了。由于向外延伸了半跨，我们将一层的大堂边界也向外延伸半跨，以使上下对位（图 17-27b）。

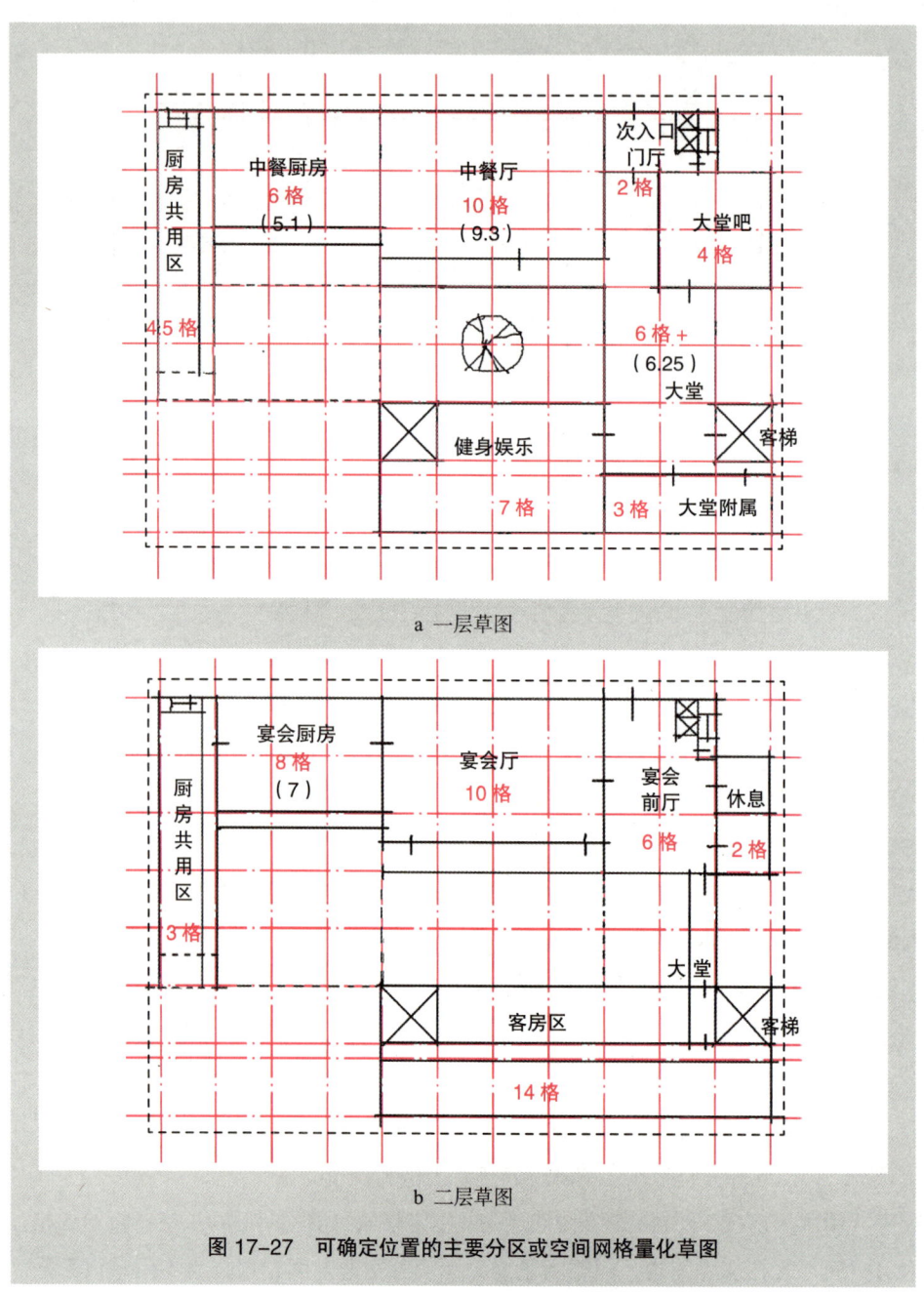

a 一层草图

b 二层草图

图 17-27 可确定位置的主要分区或空间网格量化草图

3. 网格排布组合逻辑辨析

以上部分空间网格定位排布相对容易，而西餐和西餐厨房部分的位置布局在网格排布中就会有多种选择。上述两个主要空间或分区经计算总共大约需要 8 个格子（西餐、西餐厨房各占 4 格）。这 8 个格子的位置选择，从空间整合的角度来看有方案一和方案二两种（图 17-28）。从大关系上看，方案一空间路线短捷，但厨房、卫生间等空间布置较为局促；方案二空间布置宽松、整体轮廓规整，但从大堂到西餐的路线较长。

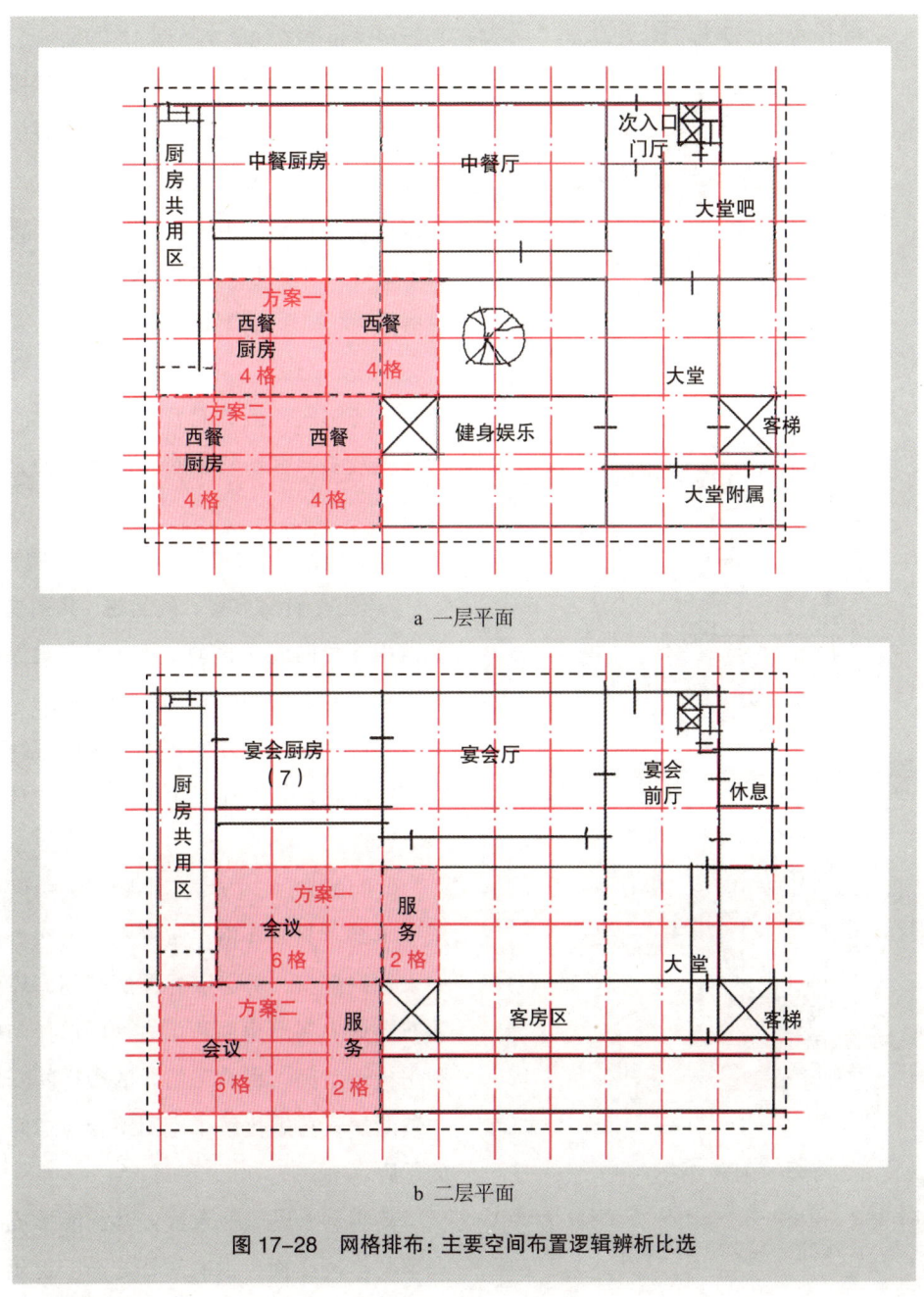

图 17-28 网格排布：主要空间布置逻辑辨析比选

> **小锦囊**：不同位置对空间布置、流线组织以及二层空间流线组织的影响在该阶段尚难以预判，只有在具体布置的过程中才能发现问题。为避免返工、浪费宝贵的考试时间，考生可以列出上述多种可能，优选一种方案，快速布置上下层关键条件房间以观察该方案的可行性，如可行，继续深入细化布置，如有问题或不够优化，可快速调整或选择其他方案。

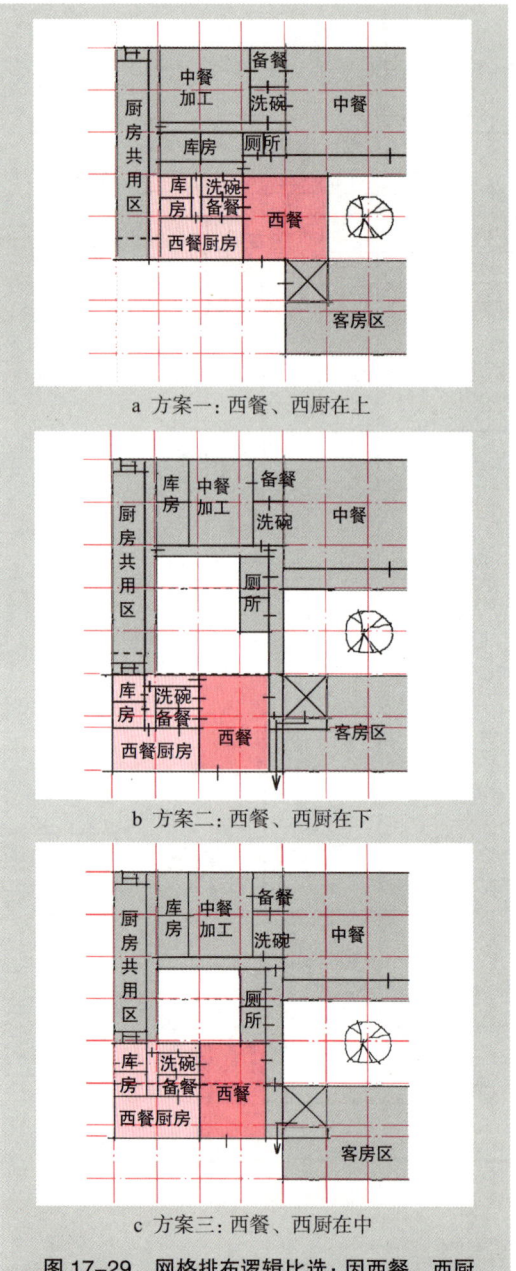

图17-29　网格排布逻辑比选：因西餐、西厨位置不同选择不同方案

a 方案一：西餐、西厨在上
b 方案二：西餐、西厨在下
c 方案三：西餐、西厨在中

我们再细化相关功能空间，分析西餐与其厨房排布位置的优劣（图17-29）。

方案一：西餐与西厨布置在保留树木西侧，整体空间布置紧凑，大堂到西餐的流线短捷，但中餐垃圾流线会干扰加工区库房取货流线，而且二层卫生间较大，其布置与一层不好对位（不能在厨房、餐厅之上）。再有，客房货梯厅缺乏与内部区域的联系。

方案二：建筑主体形态轮廓整合，用地宽松，中餐厨房功能相对合理。但大堂到西餐的路线较长，客房货梯对外出入不便，内院空间不完整。

是不是有适当的方案解决上述问题呢？

方案三：针对方案二的问题，将西餐与西餐厨房部分向北侧移动1跨。该方案保留了中餐和公共卫生间的合理布局，解决了方案二中客房货梯厅对外出入不便和内院空间不完整的问题，是上述三个方案中较为理想的一个思路。

但问题来了，方案三中厨房共用区被挤压了半跨，只剩4格，布置不下怎么办呢？如果往内院挤，势必破坏图底空间，想到之前布置的中餐厨房面积偏大，可选择向中餐厨房借用空间，将员工门厅的楼梯间安排到中餐厨房，巧妙化解了空间整合与房间数量的矛盾。

其实，上述三种布置方案都能形成较为完善的空间平面，没有对错之分。这里，我们比选预判后，认为方案三相对较为合理，所以后面还是以方案三的思路为例讲解设计过程。

4. 空间布置与调整

（1）交通空间完善

在原有交通的基础上落入、完善水平与垂直交通空间（图17-30），并核对疏散距离、梯间设置是否满足规范要求。根据《建筑设计防火规范》，旅馆高层部分为一类建筑，应设置防烟楼梯间，其裙房部分采用封闭楼梯间。

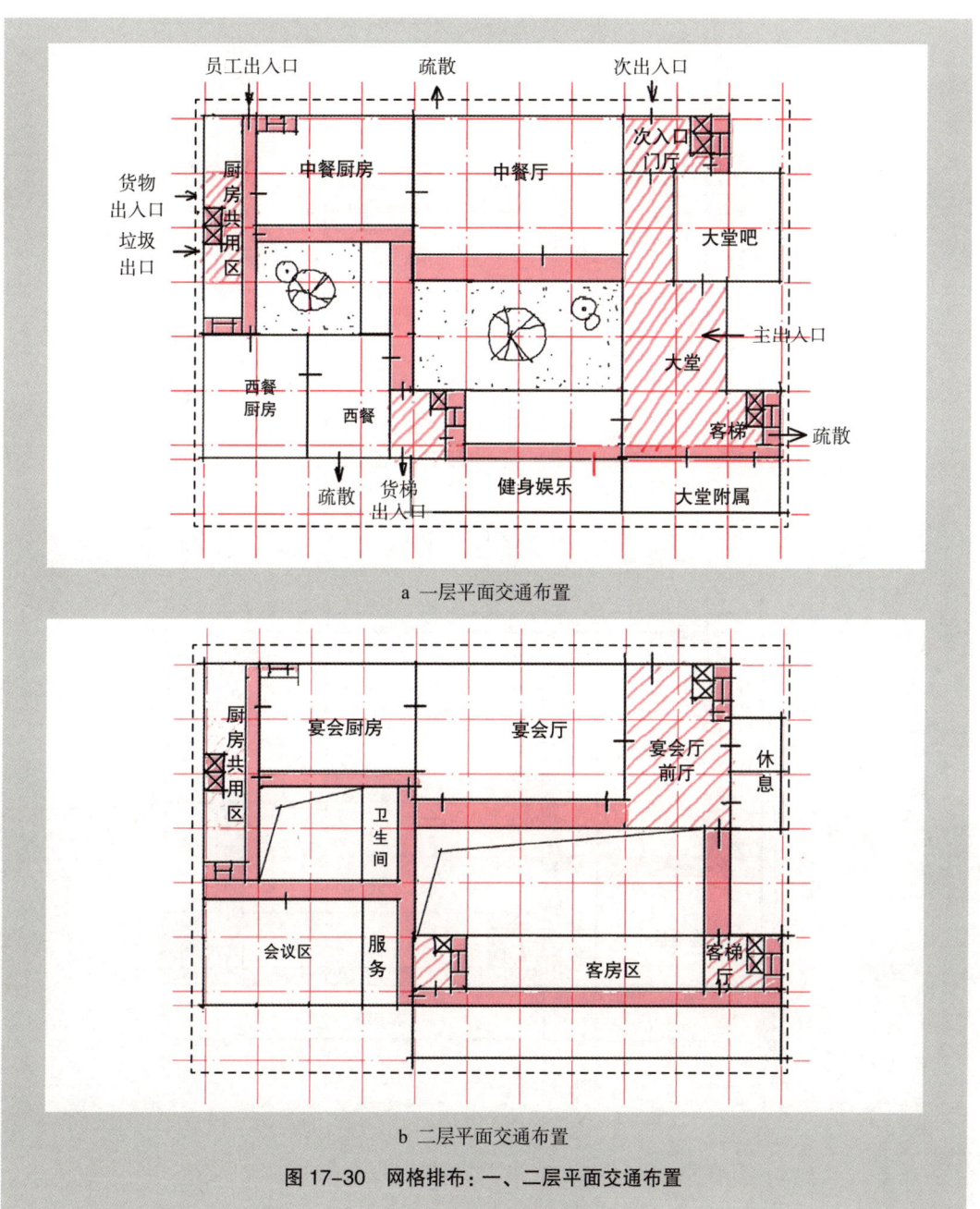

a 一层平面交通布置

b 二层平面交通布置

图17-30 网格排布：一、二层平面交通布置

（2）关键条件落入

将一、二级分区草图中落入的关键房间量化落入网格中（图17-31），先落入各个分区的"较大空间"，如各个厨房操作间，再落入一、二级草图中的其他关键条件房间，并标示实现流线的各空间开门以及分区门。

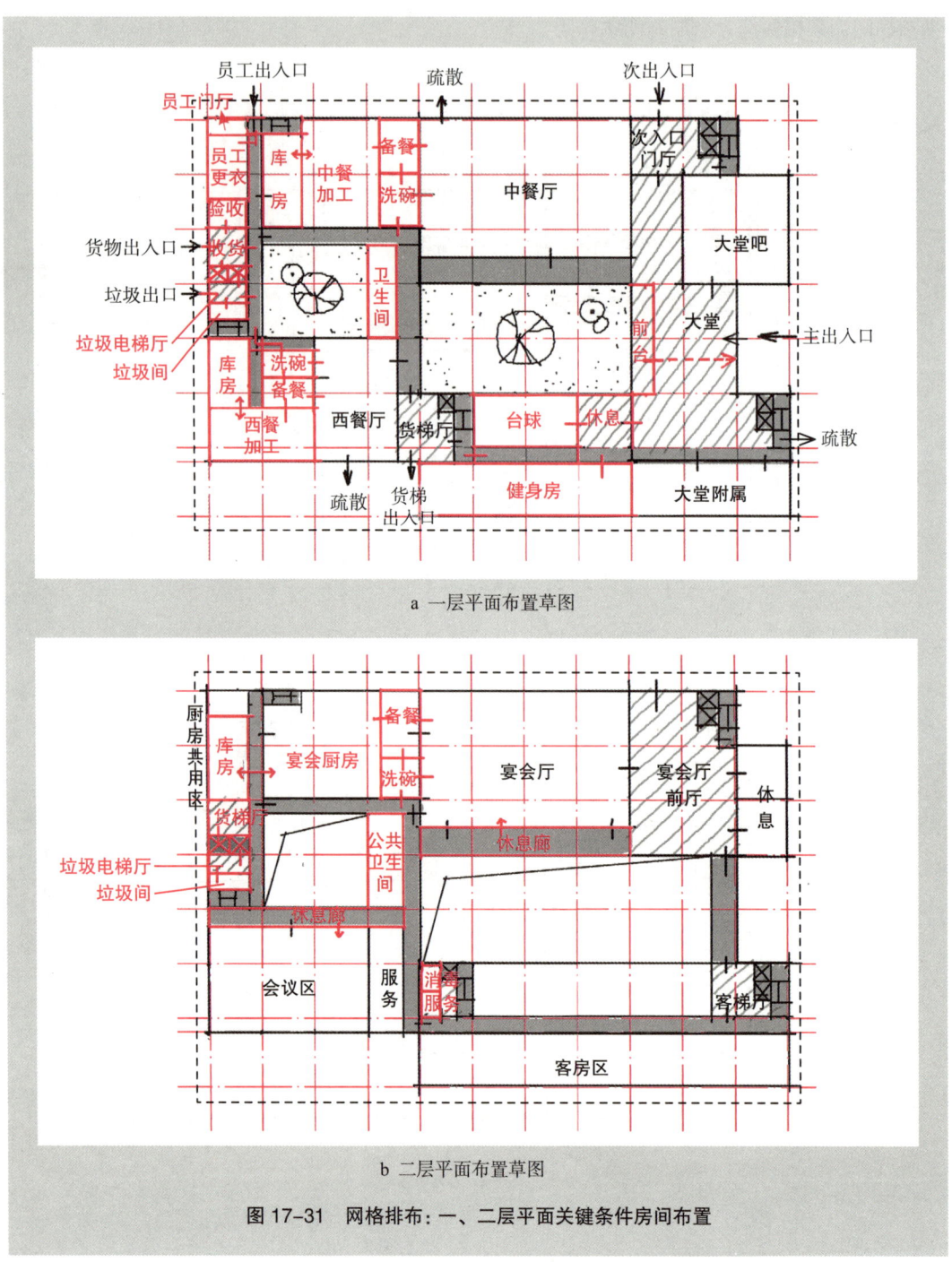

a 一层平面布置草图

b 二层平面布置草图

图17-31 网格排布：一、二层平面关键条件房间布置

（3）空间排布细节调整

因二层宴会厅前厅到客房区的联系廊道并未正对客梯厅所在网格，所以需将客梯厅适当增大半跨，而北侧客房又不能挤压缺损，只好挤压货梯厅和消毒服务辅助房间，因服务邻近货梯，故让消毒服务与货梯共占1格。这样消毒与服务只能纵向并列，且不能向梯前室开门，可以在西侧开门（三层以上减少消毒房间面积，设走廊开门）（图17-32）。

厨房共用区也可调整使货用电梯和垃圾电梯并置，利于设备安装，整合空间，减少阴阳角，方便使用。

宴会厅去掉柱子（或去掉房间中间的柱子）以避免大型宴会使用时的视线干扰。

综上过程，完成平面作答（图17-33、图17-34）。

五、总平面设计

1. 按实际平面布置绘制1:500总平面轮廓，注意不同层高部分绘制屋面轮廓分界线。

2. 标注各种总平面建筑信息——建筑层数、标高、庭院、出入口等。

3. 部署建筑配建道路，延续、对接已有建筑道路，并留出开向建筑出入口的通路。这里要注意高层客房部分，其南侧环路对应高层长边，按规范应适当扩宽（具体要求详见《建筑设计防火规范》）作为消防登高场地使用。

4. 布置各种场地，包括主入口附近的景观、客用停车场、自行车停车场、后勤附近的货用停车位等。

5. 布置场地周边的绿化（图17-35）。

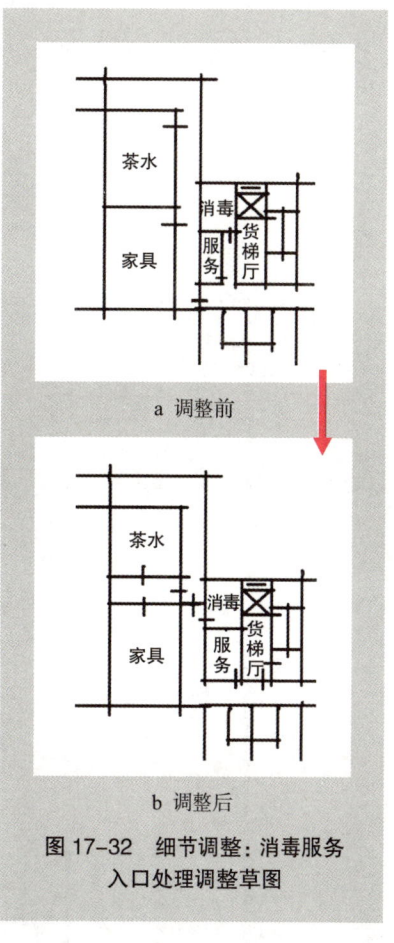

a 调整前

b 调整后

图17-32　细节调整：消毒服务入口处调整草图

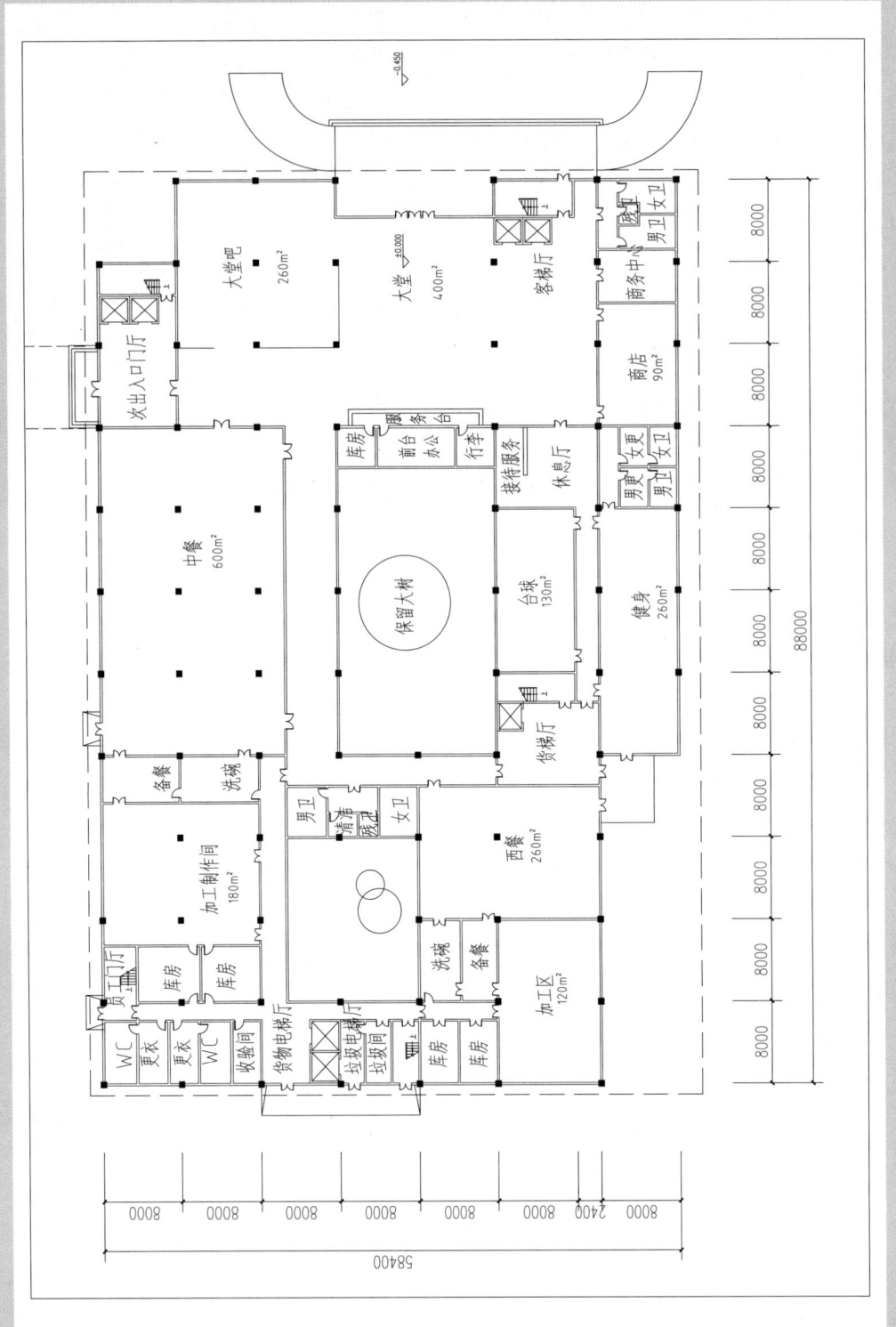

图 17-33 作答一层平面图

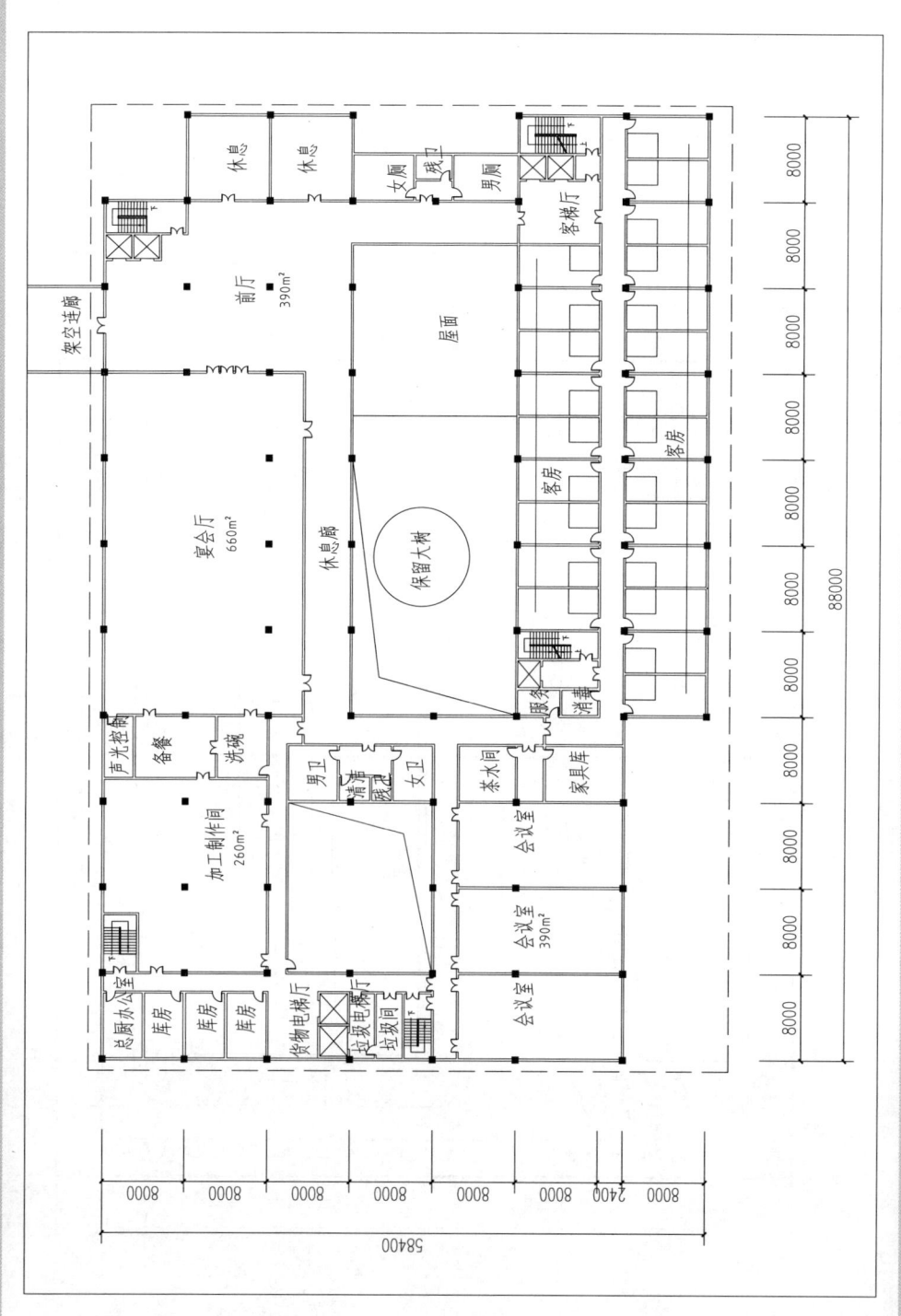

图 17-34 作答二层平面图

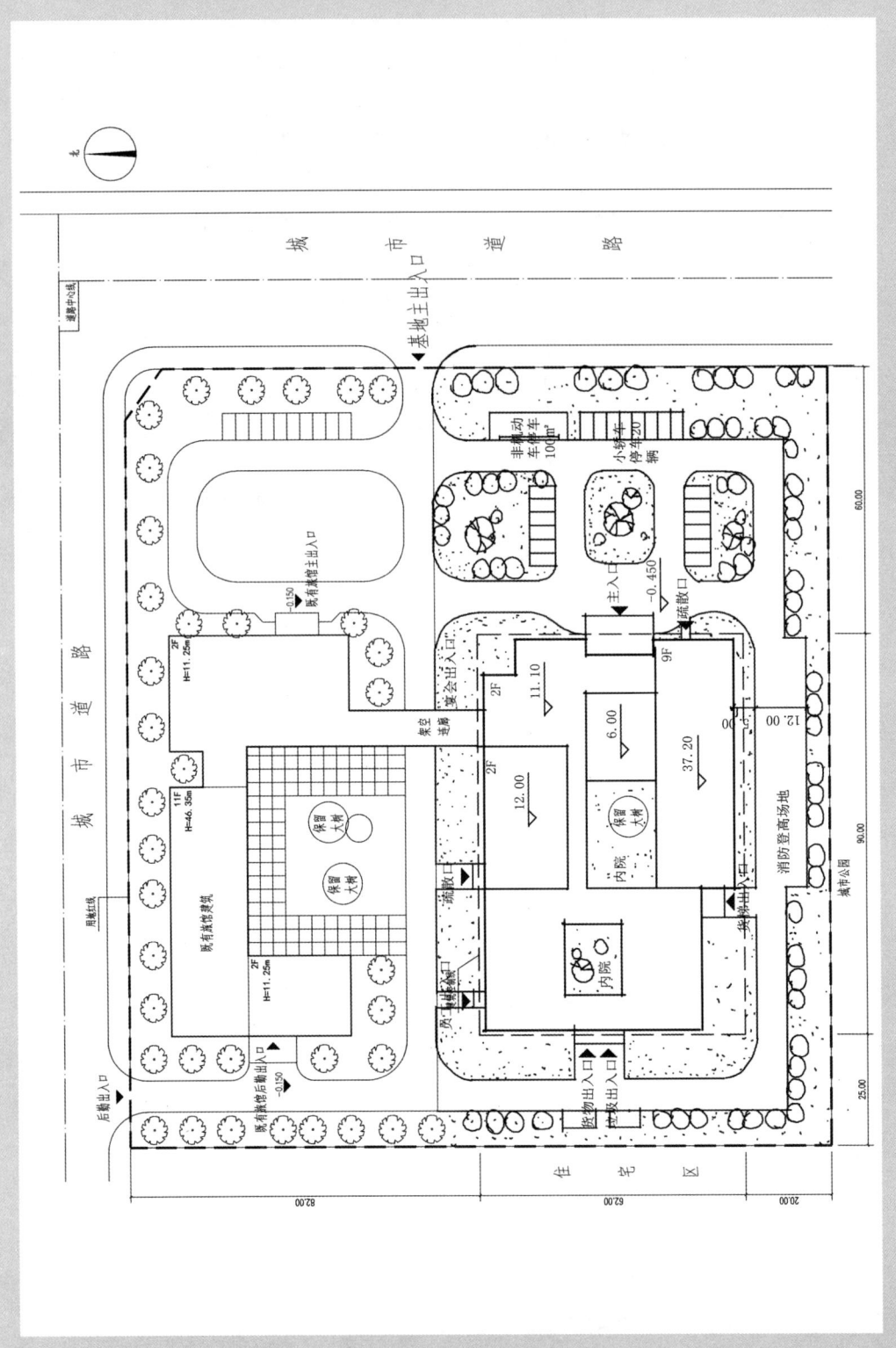

图17-35 作答总平面图

[2014年]
老年养护院真题解析

考题设计任务书

根据《老年养护院建设标准》和《养老设施建筑设计规范》的定义，老年养护院是为失能（介护）、半失能（介助）老年人提供生活照料、健康护理、康复娱乐、社会工作等服务的专业照料机构。

（一）任务描述

在我国南方某城市，拟新建二层、96张床位的小型老年养护院，总建筑面积约7000m²。

（二）用地条件

用地地势平坦，东侧为城市主干道，南侧为城市公园，西侧为住宅区，北侧为城市次干道。用地情况详见总平面图。

（三）总平面设计要求

（1）在建筑控制线内布置老年养护院建筑。

（2）在用地红线内组织交通流线，布置基地出入口及道路。在城市次干道上设主、次出入口各1个。

（3）在用地红线内布置40个小汽车停车位（内含残疾人停车位，可不表示）、1个救护车停车位、2个货车停车位。布置职工及访客自行车停车场各50m²。

（4）在用地红线内合理布置绿化及场地。设1个不小于400m²的衣物晾晒场（要求邻近洗衣房）和1个不小于800m²的老年人室外集中活动场地（要求邻近城市公园）。

（四）建筑设计要求

（1）老年养护院建筑由五个功能区组成，包括：入住服务区、卫生保健区、生活养护区、公共活动区、办公与附属用房区。各区域分区明确，相对独立。用房及要求详见表14-1、表14-2，主要功能关系见图14-2。

（2）入住服务区：结合建筑主出入口布置，与各区联系方便，与办公、卫生保健、公共活动区的交往厅（廊）联系紧密。

（3）卫生保健区：老年养护院的必要医疗用房，需方便老年人的就医和急救。其中临终关怀室应靠近抢救室，相对独立布置，且有独立对外出入口。

（4）生活养护区：老年人的生活起居场所，由失能养护单元和半失能养护单元组成。一层设置1个失能养护单元和1个半失能养护单元；二层设置2个半失能养护单元。养护单元内除亲情居室外，所有居室均需南向布置，居住环境安静，并直接面向城市公园景观。其中失能养护单元应设专用廊道直通临终关怀室。

（5）公共活动区：包括交往厅（廊）、多功能厅、娱乐、康复、社会工作用房五个部分。交往厅（廊）应与生活养护区、入住服务区联系紧密；社会工作用房应与办公用房联系紧密。

（6）办公与附属用房区：办公用房、厨房和洗衣房应相对独立，并分别设置专用出入口。

办公用房应与其他各区联系方便，便于管理。厨房、洗衣房应布置合理，流线清晰，并设一条送餐与洁衣的专用服务廊道直通生活养护区。

（7）本建筑内须设 2 台医用电梯、2 台送餐电梯和 1 条连接一、二层的无障碍坡道（坡道坡度≤1:12，坡道净宽≥1.8m，平台深度≥1.8m）。

（8）本建筑内除生活养护区的走道净宽不小于 2.4m 外，其他区域的走道净宽不小于 1.8m。

（9）根据主要功能关系图布置 6 个主要出入口及必要的疏散口。

（10）本建筑为钢筋混凝土框架结构（不考虑设置变形缝），建筑层高：一层为 4.2m；二层为 3.9m。

（11）本建筑内除药房、消毒室、库房、抢救室中的器械室和居室中的卫生间外，均应天然采光和自然通风。

（五）规范及要求

本设计应符合国家有关规范和标准的要求。

（六）制图要求

1. 总平面图

（1）绘制老年养护院建筑屋顶平面图并标注层数和相对标高，注明建筑各主要出入口。

（2）绘制并标注基地主、次出入口，道路和绿化，机动车停车位和自行车停车场，衣物晾晒场和老年人室外集中活动场地。

2. 平面图

（1）绘制一、二层平面图，标示出柱、墙（双线）、门（表示开启方向）。窗、卫生洁具可不标示。

（2）标注建筑轴线尺寸、总尺寸，标注室内楼、地面及室外地面相对标高。

（3）注明房间或空间名称，标注带 * 号房间（表 14-1、表 14-2）的面积。各房间面积允许误差在规定面积的 ±10% 以内。标注一、二层建筑面积，允许误差在规定面积的 ±5% 以内。

注：房间及各层建筑面积均以轴线计算。

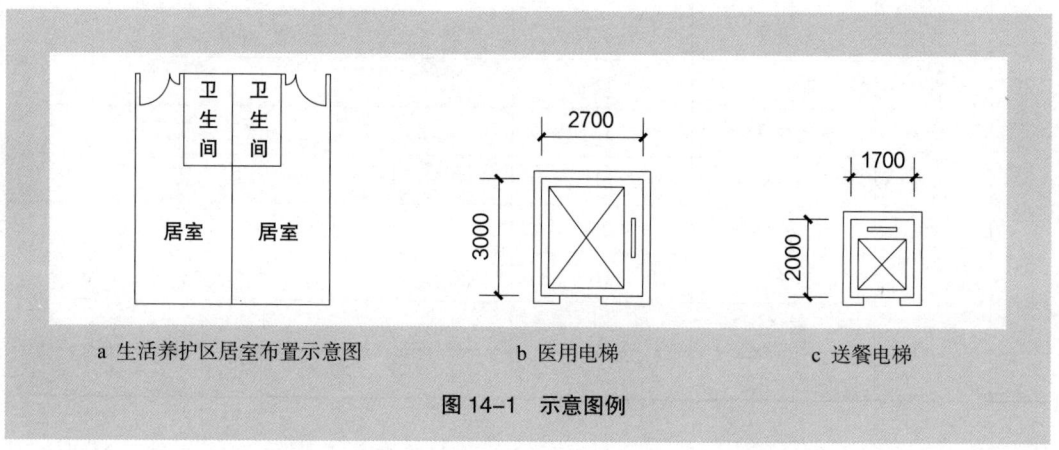

图 14-1　示意图例

一层用房、面积及要求 表14-1

房间及空间名称			建筑面积（m²）	间数	备注
入住服务区		门厅	170	1	含总服务台、轮椅停放处
		总值班兼监控室	18	1	靠近建筑主出入口
		入住登记室	18	1	
		接待室	36	2	每间18m²
		健康评估室	36	2	每间18m²
		商店	45	1	
		理发室	15	1	
		公共卫生间	36	1（套）	男、女各13m²，无障碍5m²，污洗5m²
卫生保健区		护士站	36	1	
		治疗室	108	6	每间18m²
		检查室	36	2	每间18m²
		药房	26	1	
		医护办公室	36	2	每间18m²
		*抢救室	45	1（套）	含10m²器械室1间
		隔离观察室	36	1	有相对独立的区域和出入口，含卫生间1间
		消毒室	15	1	
		库房	15	1	
		*临终关怀室	104	1（套）	含18m²病房2间、5m²卫生间2间、58m²家属休息
		公共卫生间	15	1（套）	含5m²独立卫生间3间
生活养护区	半失能养护单元（24床）	居室	324	12	每间2张床位，面积27m²，布置见示意图例
		*餐厅兼活动厅	54	1	
		备餐间	26	1	内含或靠近送餐电梯
		护理站	18	1	
		护理值班室	15	1	含卫生间1间
		助浴间	21	1	
		亲情居室	36	1	
		污洗间	10	1	设独立出口
		库房	5	1	
		公共卫生间	5	1	

续表

房间及空间名称			建筑面积（m²）	间数	备注
生活养护区	失能养护单元（24床）	居室	324	12	每间2张床位，面积27m²，布置见示意图例
		备餐间	26	1	内含或靠近送餐电梯
		检查室	18	1	
		治疗室	18	1	
		护理站	36	1	
		护理值班室	15	1	含卫生间1间
		助浴间	42	2	每间21m²
		污洗间	10	1	设独立出口
		库房	5	1	
		公共卫生间	5	1	
		专用廊道			直通临终关怀室
公共活动区		*交往厅（廊）	145	1	
办公与附属用房区	办公	办公门厅	26	1	
		值班室	18	1	
		公共卫生间	30	1（套）	男、女各15m²
	附属用房	*职工餐厅	52	1	
		*厨房	260	1（套）	含门厅12m²，收货10m²，男、女更衣各10m²，库房2间各10m²，加工区168m²，备餐间30m²
		*洗衣房	120	1（套）	合理分设接收与发放出入口，内含更衣10m²
		配餐与洁衣的专用服务廊道			直通生活养护区，靠近厨房与洗衣房配送车停放处
其他			交通面积（走道、无障碍坡道、楼梯、电梯等）约1240m²		
一层建筑面积 3750m²					

二层用房、面积及要求　　　　　　　　　　　　　　　　　表14-2

房间及空间名称		建筑面积（m²）	间数	备注
生活养护区		本区设2个半失能养护单元，每个单元的用房及要求与表3-1"半失能养护单元"相同		
公共活动区	*交往厅（廊）	160	1	
	*多功能厅	84	1	

续表

房间及空间名称		建筑面积（m²）	间数	备注
公共活动区	康复	*物理康复室	72	1	
		*作业康复室	36	1	
		语言康复室	26	1	
		库房	26	1	
	娱乐	*阅览室	52	1	
		书画室	36	1	
		亲情网络室	36	1	
		棋牌室	72	2	每间36m²
		库房	10	1	
	社会工作	心理咨询室	72	4	每间18m²
		社会工作室	36	2	每间18m²
	公共卫生间	36	1（套）	男、女各13m²，无障碍5m²，污洗5m²
办公与附属用房区	办公室	90	5	每间18m²
	档案室	26	1	
	会议室	36	1	
	培训室	52	1	
	公共卫生间	30	1（套）	男、女各15m²
其他	交通面积（走道、无障碍坡道、楼梯、电梯等）约1160m²			
	二层建筑面积　3176m²			

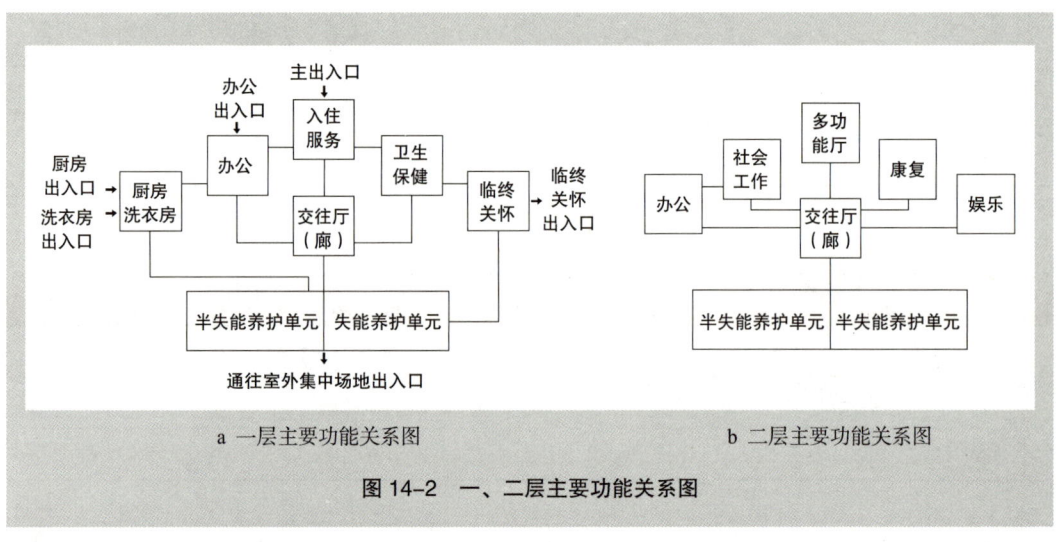

a　一层主要功能关系图　　　　b　二层主要功能关系图

图 14-2　一、二层主要功能关系图

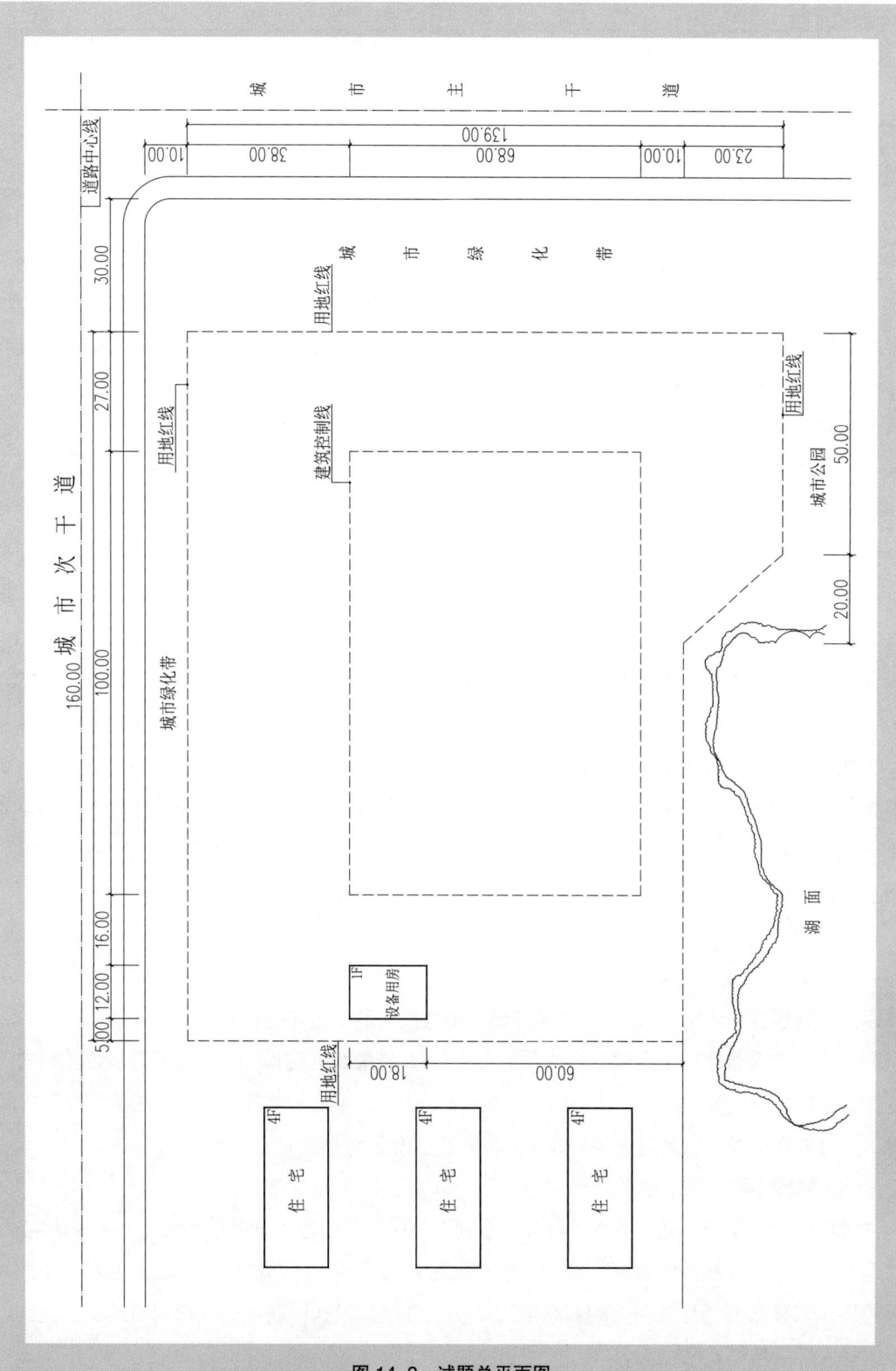

图 14-3 试题总平面图

解题过程

一、审题分析

1. 建筑类型与要求

建筑类型为老年养护院（后简称"养老院"），是专门为特殊人群（老年）提供服务的场所，并且带有一定的医疗功能，也属于医疗建筑范畴。根据这一类建筑的特征，主要是满足这类人群的生活、居住等日常需要，解决好各种功能的协调安排，处理好卫生保健、娱乐活动、管理后勤、临终关怀等功能区和养护居住区的关联关系。这也是本题目的难点之一，须处理好多种功能和居住区的普遍联系性和特殊联系性。

2. 泡图特征分析

（1）功能泡图内外关系

该建筑虽然为公共建筑，但也并非像其他那些面向公众的公建那样开放性强，这个老年养护院仅是对入住老年人等一部分特殊人群开放的场所。所以该题目中对于功能内外的划分是相对的。入住服务、交往厅、卫生保健属对外功能；办公、厨房、洗衣为内部服务功能。那么养护单元呢？因此区为已经登记入住人群长期居住使用，其他人员不便进入，也具有一定程度的内化性质，所以定义成半内空间（图14-4）。

（2）功能泡图类型与变形方式

观察功能泡图形式是否为"稳定型"，也就是说，泡单元是否容易发生相对位置变化，要根据功能关系图上下、左右关联的情况来看，功能关系图中的泡单元受制约比较大，基本属于网架式功能泡图，较为稳定，所以由功能泡图转变为分区区位图，基本属于拓扑变形。所以，接下来就可以按功能关系图和设计要求，通过进一步的分析，进行整体演变和分区定位。

（3）功能泡图结构形式分析

为便于观察和分析功能泡图各部分的相互关系，将功能泡图简化为直连泡图（图14-5a），并以此预判建筑整体结构形式，掌握整体结构形式则有利于整体把控建筑内部联系、流线关系，有利于快速、准确地确定建筑整体的"形"，包括其轮廓与庭院形式。经观察分析，其结构形式为"主次枝干"和"关联环接"组合的结构形式（图14-5b），整体"形"可能为"日"、"田"等，并可能在连线空白处形成多个庭院（依据首层覆盖率分析）。

（4）功能泡图紧松、强弱分析

对功能泡图紧松、强弱关系进行分析有利于泡图变形过程中草图形态快速、准确地生成。该题目中泡单元连线的表现形式相同，但根据题目的描述，各功能区相互联系的紧松关系并不等同，入住服务门厅和与之相联系的三个功能分区呈紧秩序联系，养护区与厨房、洗衣以及临终关怀属松模式联系。

养护区的居室单元空间规定性强，重复性高，为该建筑中的强空间。

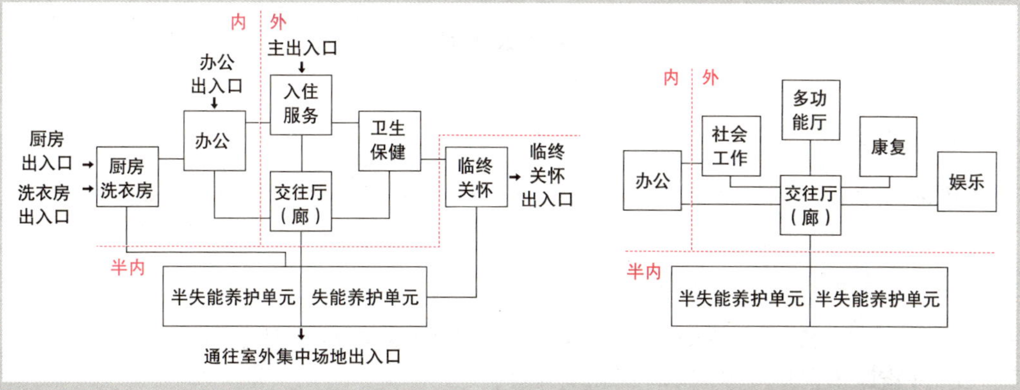

a 一层主要功能关系图　　　　　　　　　　　　b 二层主要功能关系图

图 14-4　一、二层主要功能关系图

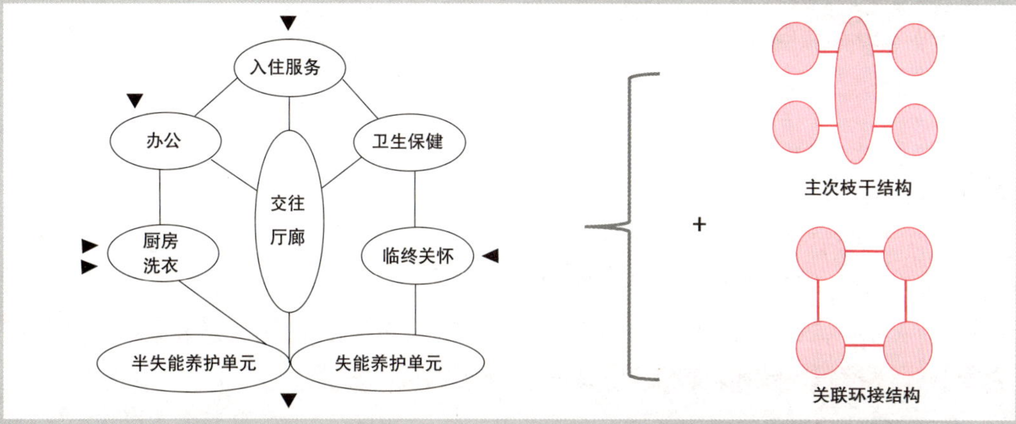

a 功能泡图转化为直连泡图　　　　　　　　　b 功能泡图相互关系可能形成的布局结构

图 14-5　功能泡图转化为直连泡图并分析整体布局结构

3. 图底关系分析

建筑在建筑红线（建筑控制线）内的覆盖程度可表明建筑图底关系，也是决定建筑"形"的因素之一。本题目中首层建筑面积为 3750m^2，建筑红线内首层覆盖率为 3750÷6800=55%，覆盖率相当低，近似于 2009 年大使馆题目的覆盖程度。可预判该建筑应为分散式或相对松散的布局形式。图底关系中底的比例大，留白多。

4. 关键流线与条件提取

按前面的综述介绍各级关键条件内容，分拣提取任务书中各部分关键条件，并做以标识。标识如下所示：

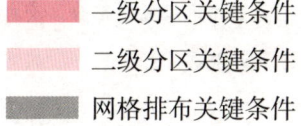

一级分区关键条件

二级分区关键条件

网格排布关键条件

老年养护院

设计任务书

根据《老年养护院建设标准》和《养老设施建筑设计规范》的定义,老年养护院是为失能(介护)、半失能(介助)老年人提供生活照料、健康护理、康复娱乐、社会工作等服务的专业照料机构。

(一)任务描述

在我国南方某城市,拟新建二层、96张床位的小型老年养护院,总建筑面积约7000m²。

(二)用地条件

用地地势平坦,东侧为城市主干道,南侧为城市公园,西侧为住宅区,北侧为城市次干道。用地情况详见总平面图。

(三)总平面设计要求

(1)在建筑控制线内布置老年养护院建筑。

(2)在用地红线内组织交通流线,布置基地出入口及道路。在城市次干道上设主、次出入口各1个。

(3)在用地红线内布置40个小汽车停车位(内含残疾人停车位,可不表示)、1个救护车停车位、2个货车停车位。布置职工及访客自行车停车场各50m²。

(4)在用地红线内合理布置绿化及场地。设1个不小于400m²的衣物晾晒场(要求邻近洗衣房)和1个不小于800m²的老年人室外集中活动场地(要求邻近城市公园)。

(四)建筑设计要求

(1)老年养护院建筑由五个功能区组成,包括:入住服务区、卫生保健区、生活养护区、公共活动区、办公与附属用房区。各区域分区明确,相对独立。用房及要求详见表14-1、表14-2,主要功能关系见图14-2。

(2)入住服务区:结合建筑主出入口布置,与各区联系方便,与办公、卫生保健、公共活动区的交往厅(廊)联系紧密。

(3)卫生保健区:老年养护院的必要医疗用房,需方便老年人的就医和急救。其中临终关怀室应靠近抢救室,相对独立布置,且有独立对外出入口。

(4)生活养护区:老年人的生活起居场所,由失能养护单元和半失能养护单元组成。一层设置1个失能养护单元和1个半失能养护单元;二层设置2个半失能养护单元。养护单元内除亲情居室外,所有居室均需南向布置,居住环境安静,并直接面向城市公园景观。其中失能养护单元应设专用廊道直通临终关怀室。

(5)公共活动区:包括交往厅(廊)、多功能厅、娱乐、康复、社会工作用房五个部分。交往厅(廊)应与生活养护区、入住服务区联系紧密;社会工作用房应与办公用房联系紧密。

（6）办公与附属用房区：办公用房、厨房和洗衣房应相对独立，并分别设置专用出入口。办公用房应与其他各区联系方便，便于管理。厨房、洗衣房应布置合理，流线清晰，并设一条送餐与洁衣的专用服务廊道直通生活养护区。

（7）本建筑内须设2台医用电梯、2台送餐电梯和1条连接一、二层的无障碍坡道（坡道坡度≤1:12，坡道净宽≥1.8m，平台深度≥1.8m）。

（8）本建筑内除生活养护区的走道净宽不小于2.4m外，其他区域的走道净宽不小于1.8m。

（9）根据主要功能关系图布置6个主要出入口及必要的疏散口。

（10）本建筑为钢筋混凝土框架结构（不考虑设置变形缝），建筑层高：一层为4.2m；二层为3.9m。

（11）本建筑内除药房、消毒室、库房、抢救室中的器械室和居室中的卫生间外，均应天然采光和自然通风。

（五）规范及要求

本设计应符合国家有关规范和标准的要求。

（六）制图要求

1. 总平面图

（1）绘制老年养护院建筑屋顶平面图并标注层数和相对标高，注明建筑各主要出入口。

（2）绘制并标注基地主、次出入口，道路和绿化，机动车停车位和自行车停车场，衣物晾晒场和老年人室外集中活动场地。

2. 平面图

（1）绘制一、二层平面图，标示出柱、墙（双线）、门（表示开启方向）。窗、卫生洁具可不标示。

（2）标注建筑轴线尺寸、总尺寸，标注室内楼、地面及室外地面相对标高。

（3）注明房间或空间名称，标注带 * 号房间（表14-1、表14-2）的面积。各房间面积允许误差在规定面积的 ±10% 以内。标注一、二层建筑面积，允许误差在规定面积的 ±5% 以内。

注：房间及各层建筑面积均以轴线计算。

一层用房、面积及要求　　　　　　表14-1

	房间及空间名称	建筑面积（m²）	间数	备注
入住服务区	*门厅	170	1	含总服务台、轮椅停放处
	总值班兼监控室	18	1	靠近建筑主出入口
	入住登记室	18	1	
	接待室	36	2	每间18m²
	健康评估室	36	2	每间18m²
	商店	45	1	
	理发室	15	1	
	公共卫生间	36	1（套）	男、女各13m²，无障碍5m²，污洗5m²

续表

	房间及空间名称	建筑面积（m²）	间数	备注
卫生保健区	护士站	36	1	
	治疗室	108	6	每间18m²
	检查室	36	2	每间18m²
	药房	26	1	
	医护办公室	36	2	每间18m²
	*抢救室	45	1（套）	含10m²器械室1间
	隔离观察室	36	1	有相对独立的区域和出入口，含卫生间1间
	消毒室	15	1	
	库房	15	1	
	*临终关怀室	104	1（套）	含18m²病房2间、5m²卫生间2间、58m²家属休息
	公共卫生间	15	1（套）	含5m²独立卫生间3间
生活养护区	半失能养护单元（24床） 居室	324	12	每间2张床位，面积27m²，布置见示意图例
	*餐厅兼活动厅	54	1	
	备餐间	26	1	内含或靠近送餐电梯
	护理站	18	1	
	护理值班室	15	1	含卫生间1间
	助浴间	21	1	
	亲情居室	36	1	
	污洗间	10	1	设独立出口
	库房	5	1	
	公共卫生间	5	1	
	失能养护单元（24床） 居室	324	12	每间2张床位，面积27m²，布置见示意图例
	备餐间	26	1	内含或靠近送餐电梯
	检查室	18	1	
	治疗室	18	1	
	护理站	36	1	
	护理值班室	15	1	含卫生间1间
	助浴间	42	2	每间21m²
	污洗间	10	1	设独立出口
	库房	5	1	
	公共卫生间	5	1	
	专用廊道			直通临终关怀室
公共活动区	*交往厅（廊）	145	1	

续表

		房间及空间名称	建筑面积（m²）	间数	备注
办公与附属用房区	办公	办公门厅	26	1	
		值班室	18	1	
		公共卫生间	30	1（套）	男、女各15m²
	附属用房	*职工餐厅	52	1	
		*厨房	260	1（套）	含门厅12m²，收货10m²，男、女更衣各10m²、库房2间各10m²，加工区168m²，备餐间30m²
		*洗衣房	120	1（套）	合理分设接收与发放出入口，内含更衣10m²
		配餐与洁衣的专用服务廊道			直通生活养护区，靠近厨房与洗衣房配送车停放处
其他			交通面积（走道、无障碍坡道、楼梯、电梯等）约1240m²		
		一层建筑面积 3750m²			

二层用房、面积及要求　　　　　　　　　　　　　　　　表14-2

		房间及空间名称	建筑面积（m²）	间数	备注
生活养护区			本区设2个半失能养护单元，每个单元的用房及要求与表3-1"半失能养护单元"相同		
公共活动区		*交往厅（廊）	160	1	
		*多功能厅	84	1	
	康复	*物理康复室	72	1	
		*作业康复室	36	1	
		语言康复室	26	1	
		库房	26	1	
	娱乐	*阅览室	52	1	
		书画室	36	1	
		亲情网络室	36	1	
		棋牌室	72	2	每间36m²
		库房	10	1	
	社会工作	心理咨询室	72	4	每间18m²
		社会工作室	36	2	每间18m²
		公共卫生间	36	1（套）	男、女各13m²，无障碍5m²，污洗5m²
办公与附属用房区		办公室	90	5	每间18m²
		档案室	26	1	
		会议室	36	1	
		培训室	52	1	
		公共卫生间	30	1（套）	男、女各15m²
其他			交通面积（走道、无障碍坡道、楼梯、电梯等）约1160m²		
		二层建筑面积 3176m²			

5. 环境分析

该建设用地在南方地区，有可能建筑形式更加分散、灵活。建筑用地平整，但场地并非矩形完形，而是向东南角凸出一块场地用地，应有特殊用途。指北针没有旋转，正向布置，场地上北下南。

（1）外层次环境分析（图14-6）

首先看城市道路，基地临两条城市道路：东侧城市主干道和北侧城市次干道，题目要求场地主、次入口要来自城市次干道。那么，此方向也应是建筑的主入口（主门厅）方向。建筑四边中，此边应为建筑功能外边。预判场地主入口（主要面对外部公众）正对建筑用地中心，场地次入口（后勤服务内部人员车辆等）设置在远离主干道的西侧。东侧虽为城市主干道，但无场地出入口，也非建筑功能"外边"，但有建筑视觉形象可见，不适宜布置建筑中有污染、有垃圾出入的功能，可视为视觉"外边"。

另外两侧（西侧、南侧）则是住宅区与公园景观区，此两边环境安静、无道路，是建筑的"内边"。住宅一侧安静内向，或可布置内向后勤功能。以上仅是常规的分析推断，还需要通过其他要求、条件进一步求证。

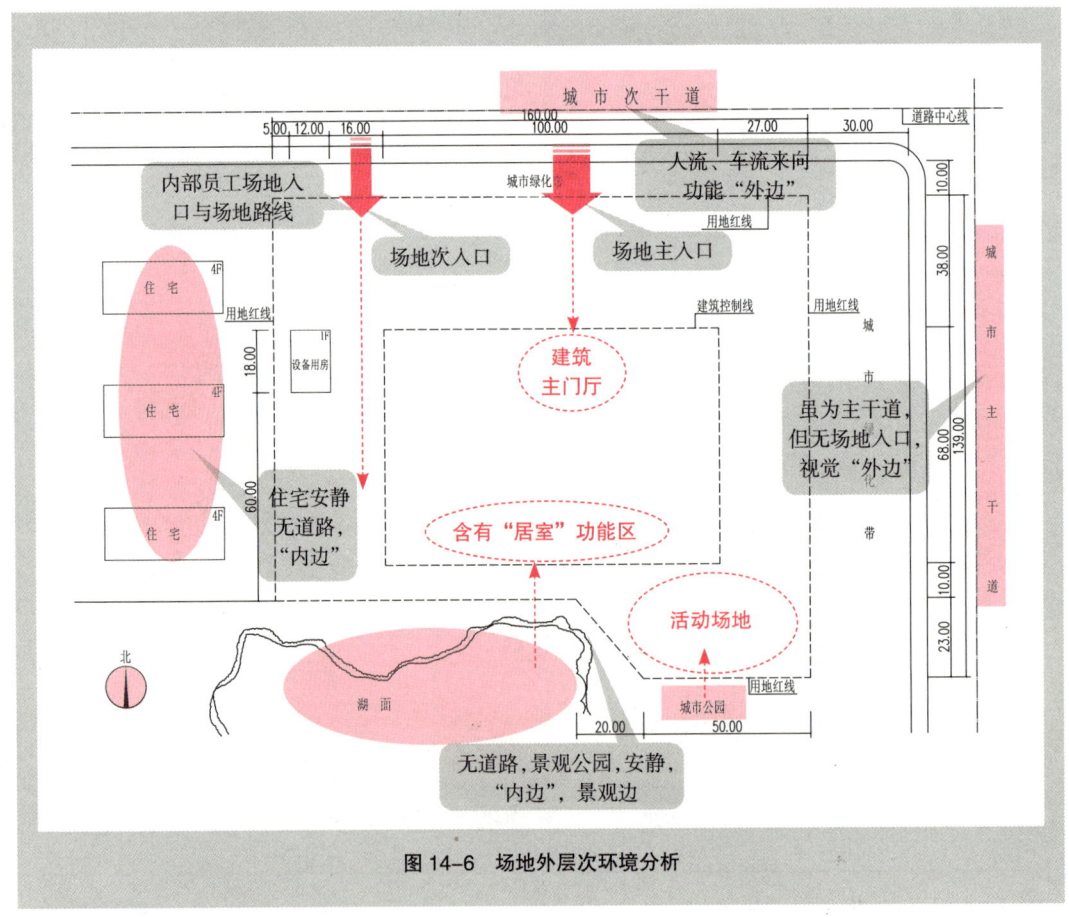

图14-6 场地外层次环境分析

景观公园湖面一侧或可布置观景要求高的功能用房（类同2012年博物馆考题中湖面考点）并且题目要求"所有居室均需南向布置，居住环境安静，并直接面向城市公园景观"，意味着基地南侧应布置含有"居室"的功能分区。题目还要求"设置不小于800m²的老年人室外集中活动场地（要求邻近公园）"，故南侧凸角处应布置这个活动场地。

（2）中、内层次环境分析（图14-7）

在用地红线之内建筑红线之外，已有建筑设备用房一层一座，虽很不起眼，但其提示的功能分区定位很重要，设备用房应为后勤用房，依据相似相邻原则，邻近此建筑的功能分区应为后勤功能分区，同时也验证了之前的预判。设备用房南侧也有大面积预留地，再对照任务要求，设置400m²的衣物晾晒场地，后勤场地对应后勤区域。

功能泡图中明确标注养护单元需设置"通往室外集散场地的出入口"，并且居室也是养护单元的重要组成部分。这样就可定位养护单元分区为靠近南侧公园与活动场地一边。

建筑控制线距北侧用地红线较远，预留大面积空地，后退场地可作为建筑主入口广场、停车场和视觉、人流缓冲空间。

建筑红线之内的内层次环境无环境要素。

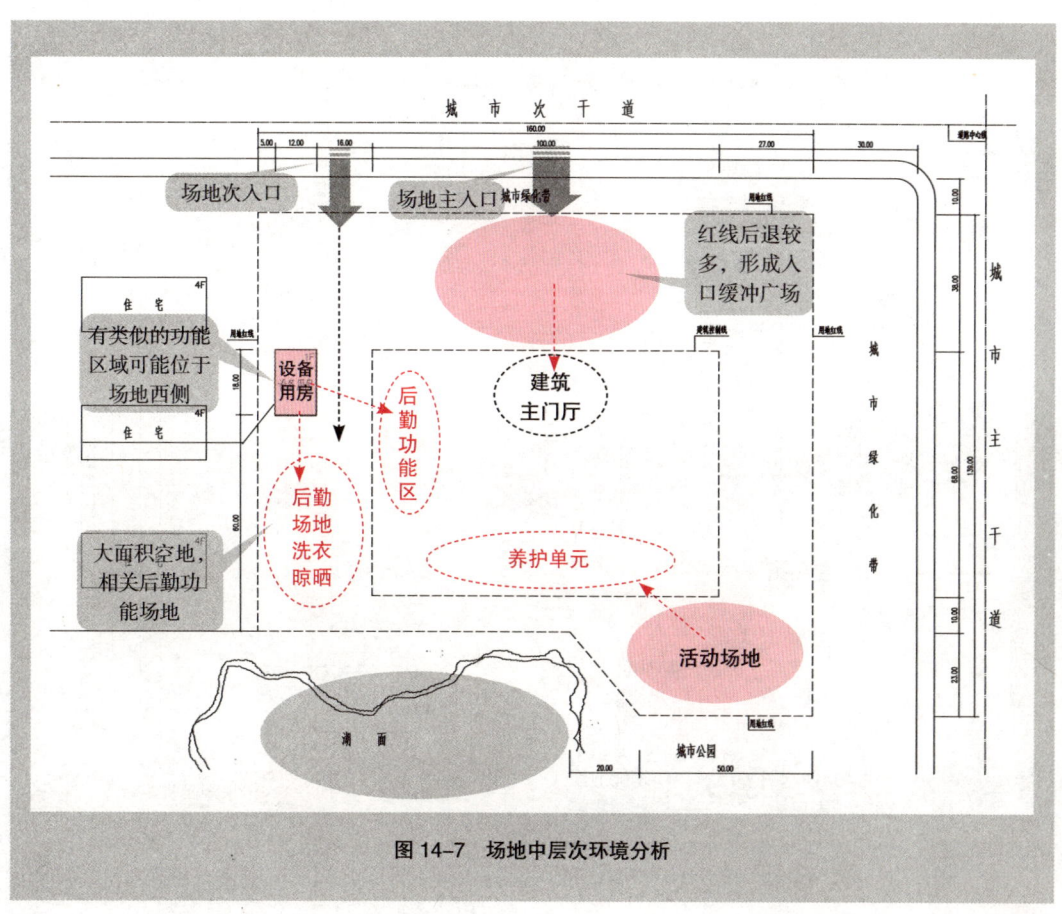

图14-7 场地中层次环境分析

二、一级分区

1. 泡图就位

我们把功能泡图放在用地环境中比较、分析（图14-8）。首先，根据题目要求："在城市次干道上设主、次出入口各一个"，建筑主入口应面向城市次干道，在场地北侧，功能泡图中该区定位与之相符。其次，任务书中对生活养护区的要求包括"所有居室均须南向布置，居住环境安静，并直接面向城市公园景观"，功能泡图中养护单元南向也标注有通往集中活动场地的出入口，从题目不断强调的信息中可以看出，养护单元、室外集中活动场地和城市公园三者相互邻近，关系密切。那么养护单元就应位于场地南向，紧邻城市公园。至此，功能关系图上、下两端得以固定，也就说明了功能图无"上下颠倒"。那么，会不会有左右镜像的"陷阱"呢？

之前分析了场地西侧邻近设备用房的应为后勤功能分区，而在功能泡图中，后勤部分的厨房、洗衣房也处于西侧，功能分区中同类相邻、相似相邻，方便管理，符合设计原理。所以，至此，判定功能关系图无"左右镜像"。

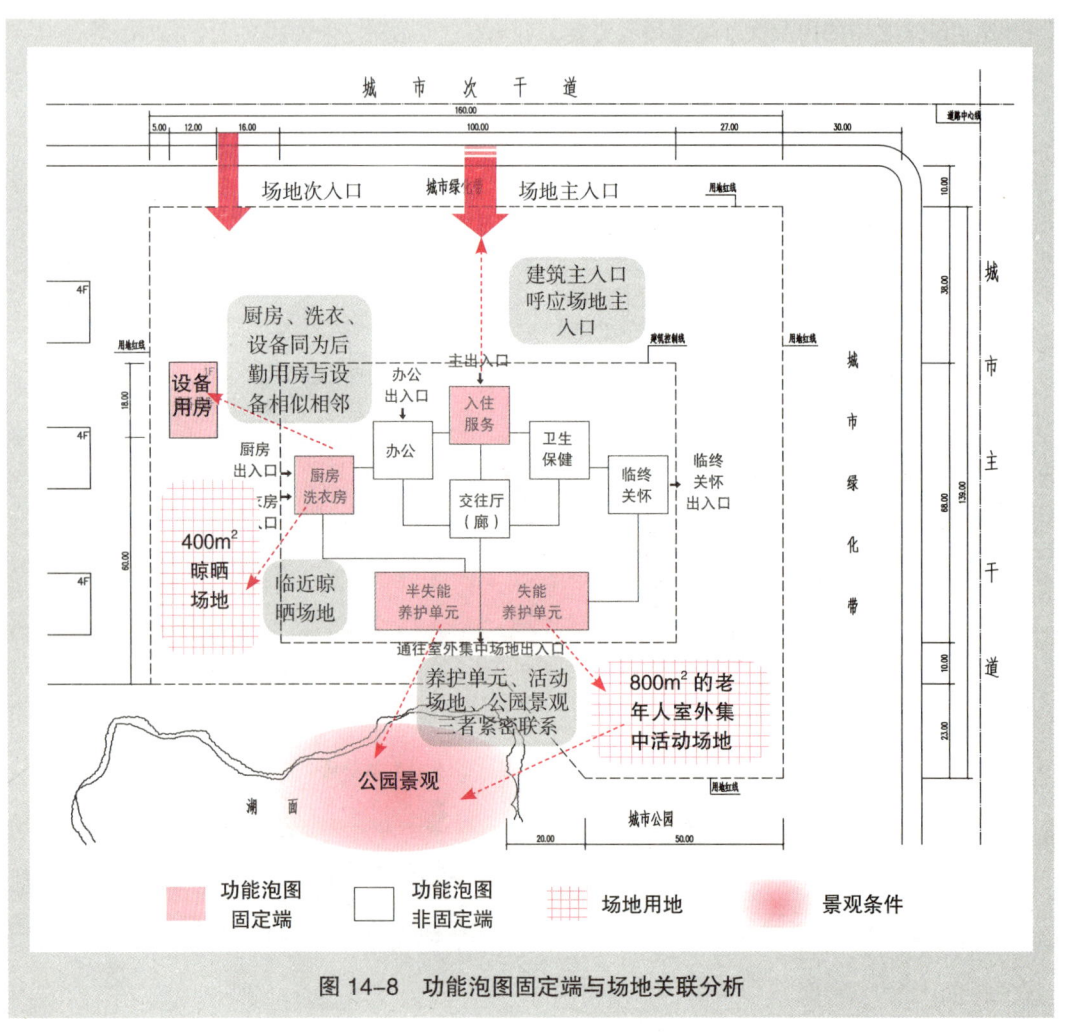

图14-8 功能泡图固定端与场地关联分析

也由此确定了功能泡图的三个固定端——入住服务、厨房洗衣和养护单元。

2. 组合逻辑分析

（1）前区组合逻辑分析

依据动静关系、使用功能等，该建筑可以分为前、后两个部分，前区为建筑的各种使用和辅助功能，比较吵闹，后区为养护区，提供修养住宿环境，需要安静，免于被打扰，所以两个区适宜相对分开，但又需要作为一个建筑整体，前后两部分用一些交通辅助空间相互衔接，如交往厅廊以及各种连廊。因此，我们设计的时候可以先将其分为两个大的分区组团来分别组织建筑功能空间。

前区或者说闹区包含的功能分区有入住服务、办公及附属、卫生保健几个部分。入住服务、卫生保健、办公、交往厅廊形成两个三角关系，因题目要求入住服务和办公附属、卫生保健、交往厅形成紧秩序联系，其他没有明确要求，所以上述分区相互组合又可有多种情况。以右侧三角为例，三个分区分别标注为 A、B、C（图 14-9a），并用三种不同颜色表示。因分区本身空间组合形式的特点不同，所以形态特征、连接方式就会不同：A 区（入住服务）为门厅功能，以放射性空间组合模式为佳，该区具有一定的变形性，但变化不大；B 区（卫生保健）为走廊式空间，属弱形式，可变性大；C 区（交往厅廊）为独立单一空间，可变性最小，属强形式（图 14-9b）。组合逻辑可为以下几种：

方案一：拉廊衔接。A、B 分区紧密联系，B、C 空间用连廊联系（图 14-10a、b）。

方案二：紧密衔接。A、B、C 区相互紧密联系，三者形成紧秩序联系，空间紧凑，无需连廊，从而减少庭院空间数量，形式简洁（图 14-10c、d）。

方案三：环绕衔接。B 区环绕衔接 A、C 两区，通过 B 区变形折回成庭院式空间，空间组织紧凑，并且前区办工区与后区养护区分开，减少干扰（图 14-10e、f）。

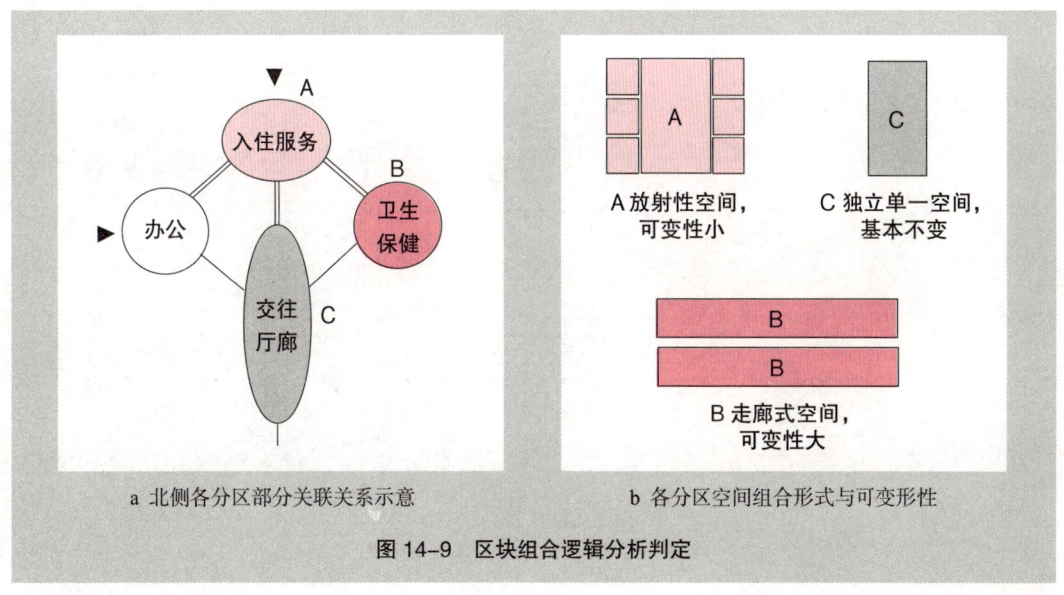

a 北侧各分区部分关联关系示意　　b 各分区空间组合形式与可变形性

图 14-9　区块组合逻辑分析判定

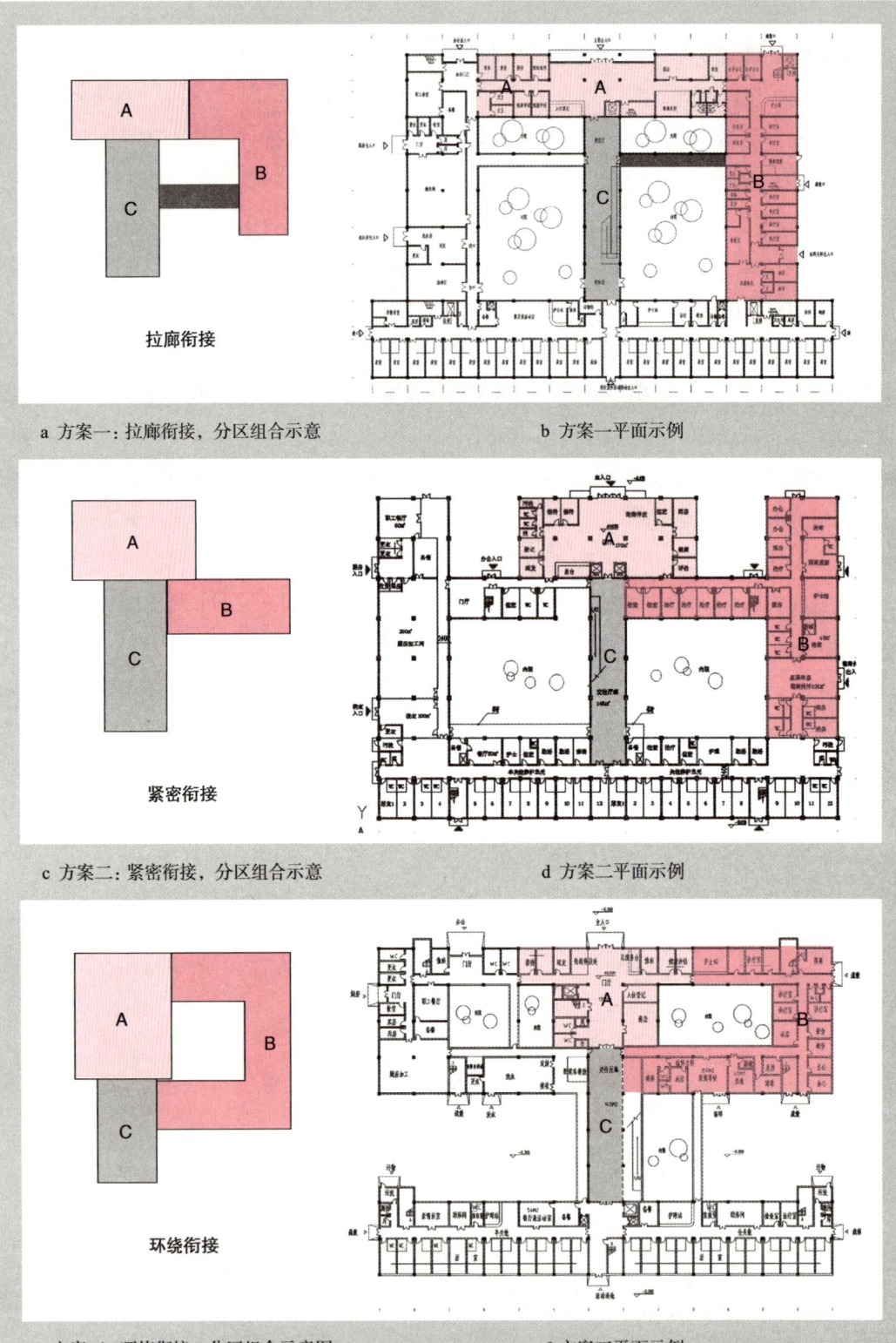

a 方案一：拉廊衔接，分区组合示意　　　　b 方案一平面示例

c 方案二：紧密衔接，分区组合示意　　　　d 方案二平面示例

e 方案三：环绕衔接，分区组合示意图　　　　f 方案三平面示例

图 14-10　前区布局方案分析比较

从以上分析来看，上述三种空间布局方式都可行，不如先放在那里，看看与其他部分组合情况再做决定。

（2）后区（供应流线）组合逻辑分析

后区养护区的居室单元需南向采光，整个分区于南向一字展开，其布局定位并不难，但是需要思考的是后勤（厨房洗衣）到养护单元的这条供应流线是如何布置。该流线对建筑整体的布局空间有一定的影响。该流线联系两个养护区，应该怎么实现呢？

首先，该条流线的表述与失能到临终关怀是不太一样的，前者是针对整个养护区（设一条送餐与洁衣的专用服务廊道直通生活养护区），而后者则是针对失能这一养护区的子分区（其中失能养护单元应设专用廊道直通临终关怀室）。所以后勤与养护区的联系要兼而考虑这两个养护单元，似乎送餐、洁衣廊道应该联系中部养护公共区（图14-11）。

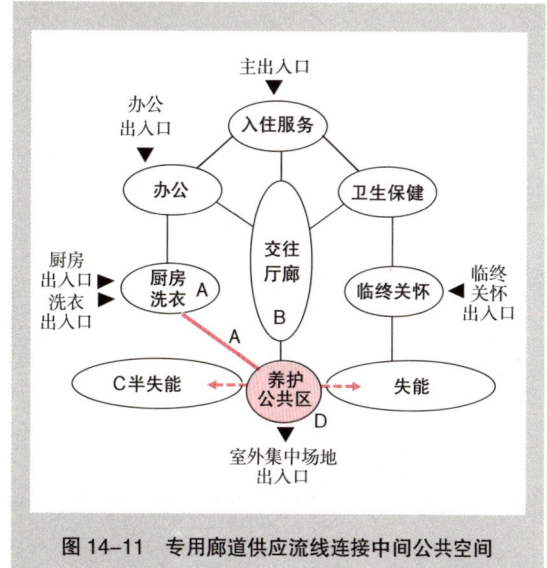

图14-11　专用廊道供应流线连接中间公共空间

其次，我们再依据老年养护建筑原理进行分析：护理单元其实和医院、养老院都是差不多的，每个护理单元有门封闭，便于管理和消毒。每个护理单元须有两个口，即一个供应口和一个污物口，如果是自中间交通核进入两边两个护理单元，应将供应口结合电梯设置在两个单元中间，污物口在两个单元尽端，且有独立出入口（二层可以用污物电梯或垃圾井道解决）。这样可以从养护区中部公共区向两侧分流给养，互不穿越，并减少洁、污流线干扰。所以，供应走廊应设在两个单元中间的公共区。功能泡图上隐去了一个小交通厅空间，设计时还原加入。

再有，功能泡图上的供应联系线向内折，似乎也在提示应连入养护的中部公共区；同时养护区的南向出口空间也暗示了此处应有一个对外公共区，进行两个区域的衔接。

根据前面的分析，后勤区与养护区呈对角线格局，为保持空间形式规整（暂不考虑斜线），后勤区至养护区的供应路线有两种方式：方案①左下路线和方案②右上路线。两种路线该如何取舍呢？

首先看①路线，后勤延伸到半失能区，贴着半失能区北侧空间设置一条供应廊道，或使廊子脱开建筑一段距离，作独廊送餐（考虑廊子的送餐、洁衣性质，宜用作封闭廊以防风雨）。但前者将影响半失能区北侧房间的采光通风，后者独廊太多，会造成院落空间破碎，且降低建筑的使用效率（图14-12a）。

再考虑②路线，可使后勤向交往厅延伸，再沿交往厅向南拉廊到养护公共区。这样，流线相对简捷，且对建筑采光通风影响较小（图14-12b）。所以优选方案②，作为空间布局方式。

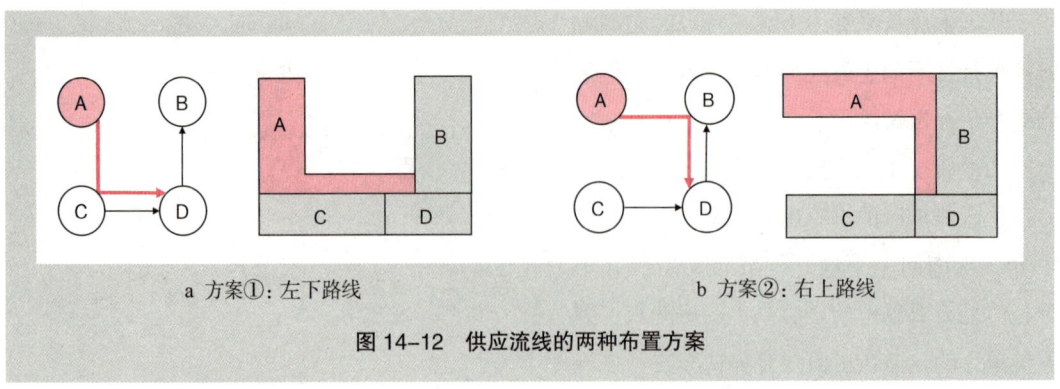

　　　　a 方案①：左下路线　　　　　　　　　　b 方案②：右上路线

图 14-12　供应流线的两种布置方案

为使方案形态均衡、美观，左右两侧形态匀称，以及争取更多的南北向用房，前区东侧布局选取图 14-10 中的方案三，环绕衔接方式与西侧布局方式保持一致。此时可形成上部围合、下部展开，近似"工"字形的总体布局形态。完善各分区的联系，由于办公区空间较少，面积小，则采用短廊联系交往厅。此时，一级分区一层的雏形基本形成，横向以中轴系列交通空间为轴形成主次枝干式布局，之后其"枝叶"再相联系。纵向功能区分为前后两部分，前闹后静，且前后联系。各部分空间围合出 4 个内院（图 14-13a）。

二层延续一层形态，对应布置各部分的位置与相互联系，各部分功能尽量上下对位（图 14-13b）。但依据功能泡图，办公二层并不和一层对位，有可能造成一、二层联系不上，这个问题怎么解决呢？解决办法：一是将办公与社会工作互换位置；二是让一层办公和二层办公都邻近二者中间的楼梯来相互联系。经过观察分析，因社会工作的对外性质较强，适合放在靠外的一侧，也就是北侧，而且社会工作用房不多，面积不大，可通过方案二实施。

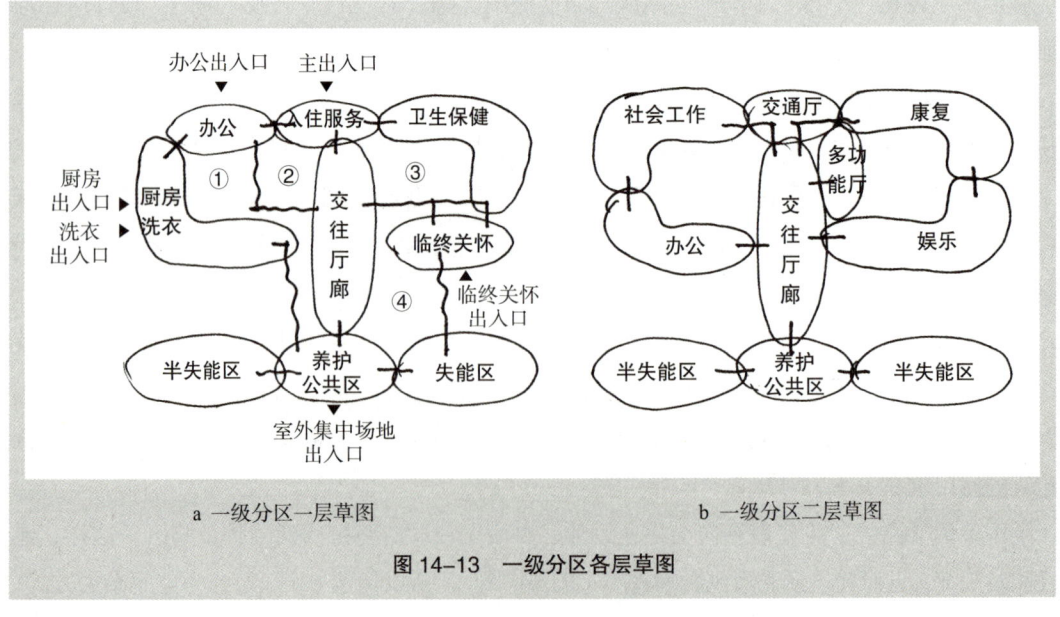

　　　　a 一级分区一层草图　　　　　　　　　　b 一级分区二层草图

图 14-13　一级分区各层草图

另外，多功能厅在功能泡图上与一层入住服务对位，在实际布局上，如完全对位，则有可能妨碍上下层联系的垂直布置。不如错开位置，在一层门厅上方留有一个小交通厅，多功能厅安排在右边一侧，左边可布置辅助用房。

3. 一级分区关键条件校验

在之前的设计分析中已经有意无意地将本阶段的关键条件落入了一级分区草图中，如环境牵引固定端、各分区衔接关系等。但是否已全面落入呢？我们还要校验和查缺补漏一番。

（1）落入其他一级分区关键条件

检验建筑各个分区与场地环境要素相关联的要求是否全面达到并给予合理安排。除此之外，在之前的审题环节中，我们已经事先提炼了一级分区的关键条件，在此时验证落入即可。功能泡图中其他有对外出入口要求的分区，如厨房、洗衣、临终关怀等，是不是能够直接对外？还有面积表中含有一些房间与分区关联的条件，如隔离室与两间污洗室要设独立对外出口，一并落入一级分区草图中，隔离室布置在卫生保健东侧，避免与主入口同侧，污洗布置在两个养护区端部，远离中间的供应入口，且该房间属于辅助房间，布置在北向，不占用好朝向（图14-14）。这样，

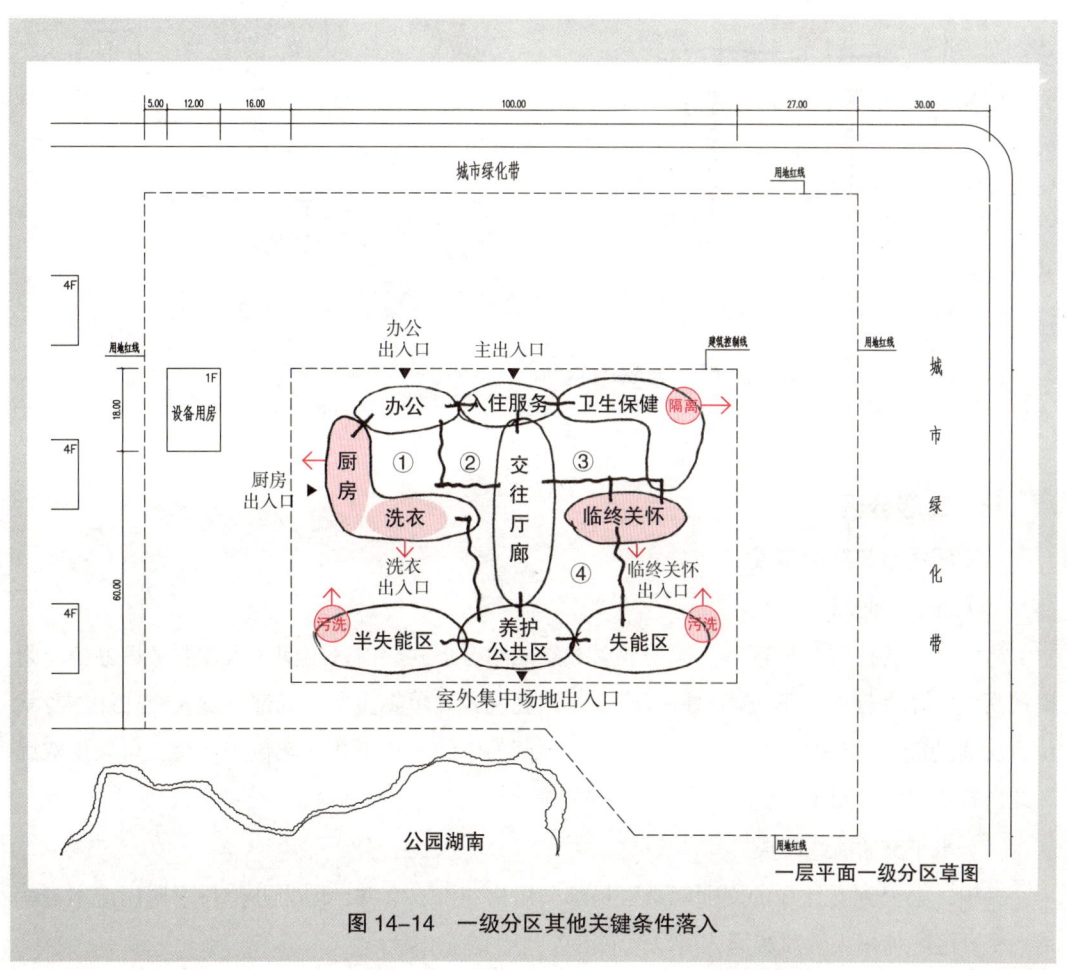

图14-14　一级分区其他关键条件落入

我们在后面具体排布房间时可心中有数，有的放矢。很多考生因在此阶段缺少此步骤，没有合理预先安排，导致最后空间排布时，如隔离房间排在庭院一侧，无法直接对外。

（2）校验分区之间关联要素

校验各个分区联系是否都已落实，各个分区联系按综述方法逐一核实检查，有错漏之处及时补充修改（详见图9）。

检验分区联系的紧松关系是否处理得当。入住服务区与各区联系方便，与办公、卫生保健、公共活动区的交往厅联系紧密，此处应体现直接的紧秩序联系，供应专用廊道和临终关怀廊道应设有走廊进行联系，此处应体现松秩序的连廊联系。同样，二层中社会工作用房与办公用房需紧秩序联系，后勤供应和失能到临终关怀需采用廊道联系（松秩序联系）（图14-15）。

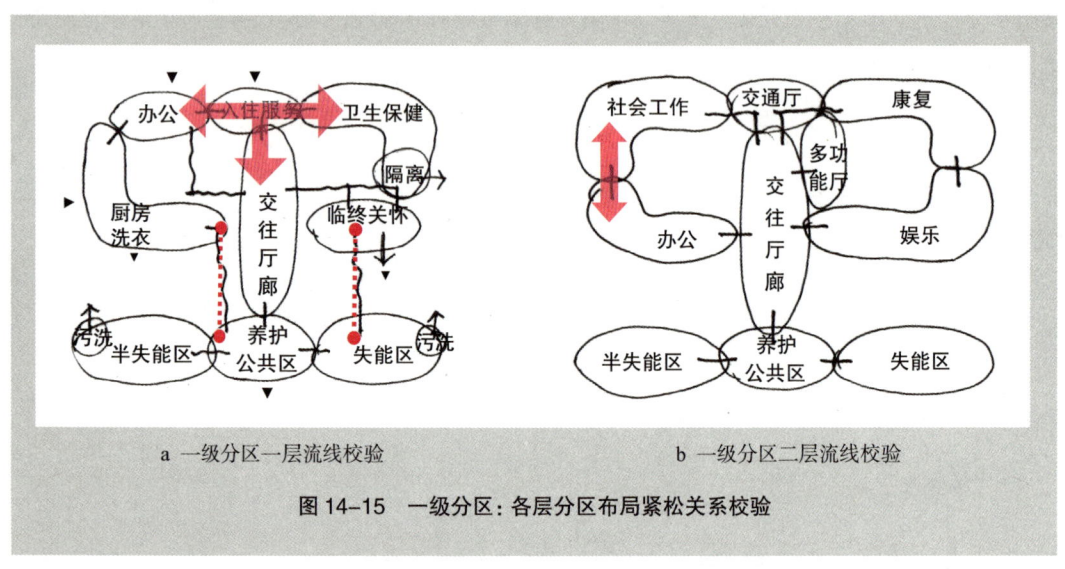

a 一级分区一层流线校验　　　　　　b 一级分区二层流线校验

图14-15　一级分区：各层分区布局紧松关系校验

三、二级分区

1. 空间组合与交通布置

（1）各区空间组合

入住服务为门厅功能区，宜采用放射式空间组合形式，前区组团（入住服务、办公与附属用房、卫生保健区）形成两组围合庭院，以庭院式内单廊为主，局部双廊。交往厅本身就包含交通功能，可以独立厅的形式存在。养护区的空间组织形式，类似于宿舍，可采用双廊南北向布置房间（图14-16）。

（2）水平交通流线生成

其中，办公到交往厅的交通联系可局部与厨房、洗衣合并，因为办公与附属用房本身就是一个分区，使用人性质相同，所以他们可以共用交通走廊。

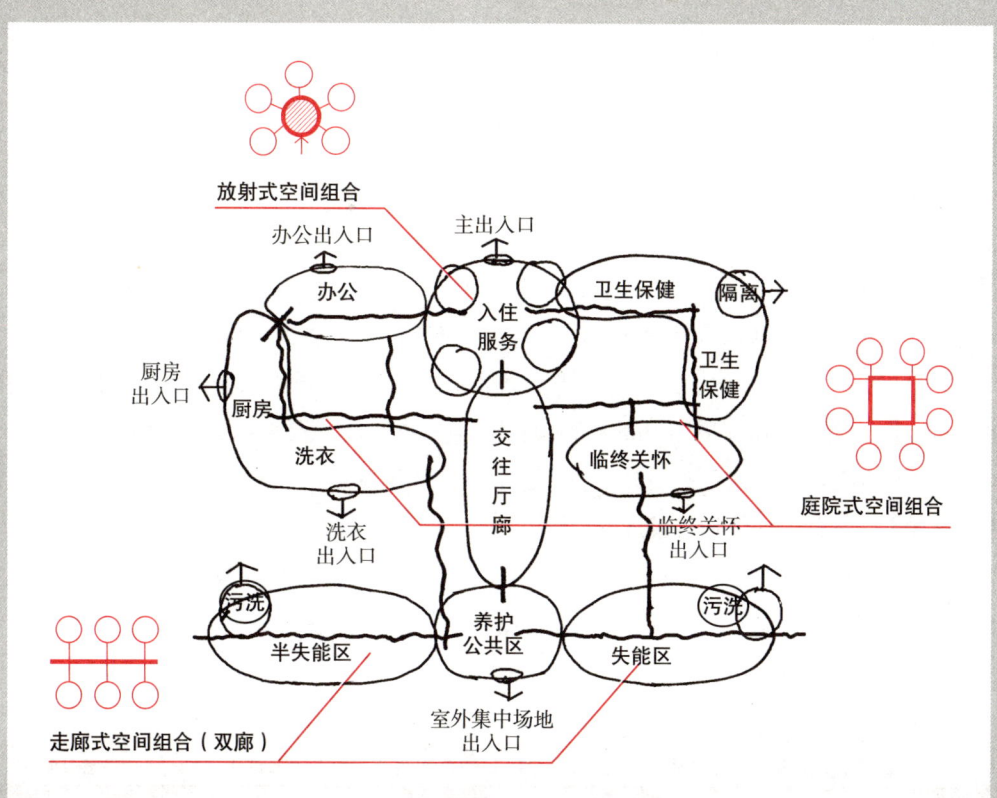

a 一层平面各区空间组合形式分析

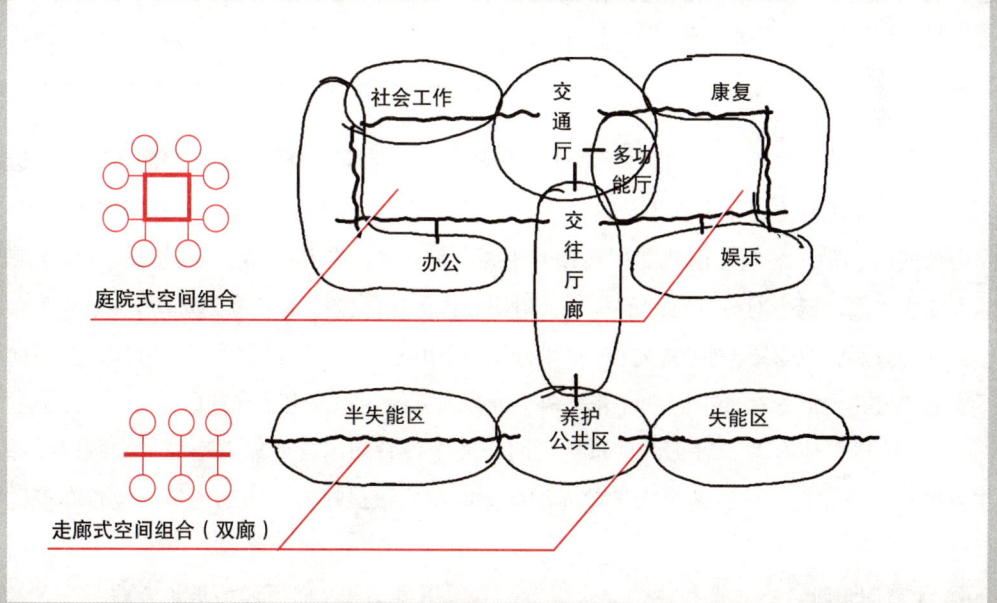

b 二层平面各区空间组合形式分析

图 14-16 二级分区：各层平面各区空间组合形式分析

另外，题目要求"临终关怀室相对独立布置，且有独立出入口"，那么卫生保健到交往厅的流线也不要穿越临终关怀区。

以同样的方式，完成二层平面交通组织，二层平面交通流线基本延续一层平面特征生成（详见图14-18）。

（3）垂直交通布置（图14-17）

1）交通枢纽空间。本题目中的交通枢纽空间，一处是门厅，另一处是南侧养护区小过厅。门厅处布置上下联系兼人流引导楼梯1部。南侧养护区小过厅联系前后功能区以及本区上下层，并且还设对外活动出口联系室外活动场地。所以在该过厅处设置楼梯1部。

2）分区的上下联系。办公区布置上下交通联系楼梯1部，设置在上下两功能分区平面位置的中间，同时考虑兼作疏散用，故远离门厅靠西边一侧，也就是前区西北转角附近。

3）二层功能须独立或便于对外。在养护区靠近污洗附近区域两端各设置垂直交通楼梯1部，这样方便二层污洗使用者就近下一层出去。

4）防火疏散。本题目为老年人建筑，应按规范满足老年人使用建筑的设计要求。一是规范要求老年人建筑必须设封闭楼梯间，二是疏散距离，应满足表14-3（节选，非喷淋）。两个楼梯间的距离最远不超过50m。

直通疏散走道的房间疏散门至最近安全出口的直线距离（m）（节选）　　　　表14-3

名称	位于两个安全出口之间的疏散门	位于袋形走道两侧或尽端的疏散门
	一、二级	一、二级
托儿所、幼儿园、老年人建筑	25	20

楼梯布置方案中，场地长边边长100m，布置3部楼梯即可满足要求，中间1部，两边各1部，前区布置在转角处，有利于疏散，也有利于不同分区共用。前区四角各布置1部楼梯，门厅楼梯向南移动，缩短与南侧2部楼梯的距离。前区西南角楼梯落入一层时，应处于厨房和洗衣区块中间，减少对分区空间的打断。南侧养护区3部楼梯基本满足疏散要求。

5）电梯设置。医用电梯：首先在门厅附近设医用电梯1台，兼作无障碍电梯，方便前区上下交通。另一台放置在养护区中厅兼顾两个分区，方便养护区上下交通联系。

餐梯：题目中还有关于餐梯的要求，在面积表中备餐间内含或靠近送餐梯，所以餐梯布置在备餐间内或靠近一侧，两个养护单元的备餐间都应该最接近送餐通道口，设置在该区中间小过厅。

6）无障碍设计。在本题目中，要求设置2台医用电梯和1条无障碍坡道，联系一、二层空间。无障碍坡道，按规范要求需1∶12的坡道，计算一下，4.2m层高，即使不算中间的缓冲台阶，长度也有4.2×12=50.4m，如果是两跑的话，需要50.4÷2=25.2m，如果是四跑，需要 50.4÷4=12.6m，加上两侧休息平台为 12.6+1.8×2=16.4m，是相当长的距离，适合放置在公共空间，门厅处空间相对狭小，故而选择把无障碍坡道放置在交往厅空间是相对合适的位置。由于交往厅西侧已设置了供给通道，从均衡使用的角度考虑，选择在交往厅东侧布置无障碍通道。

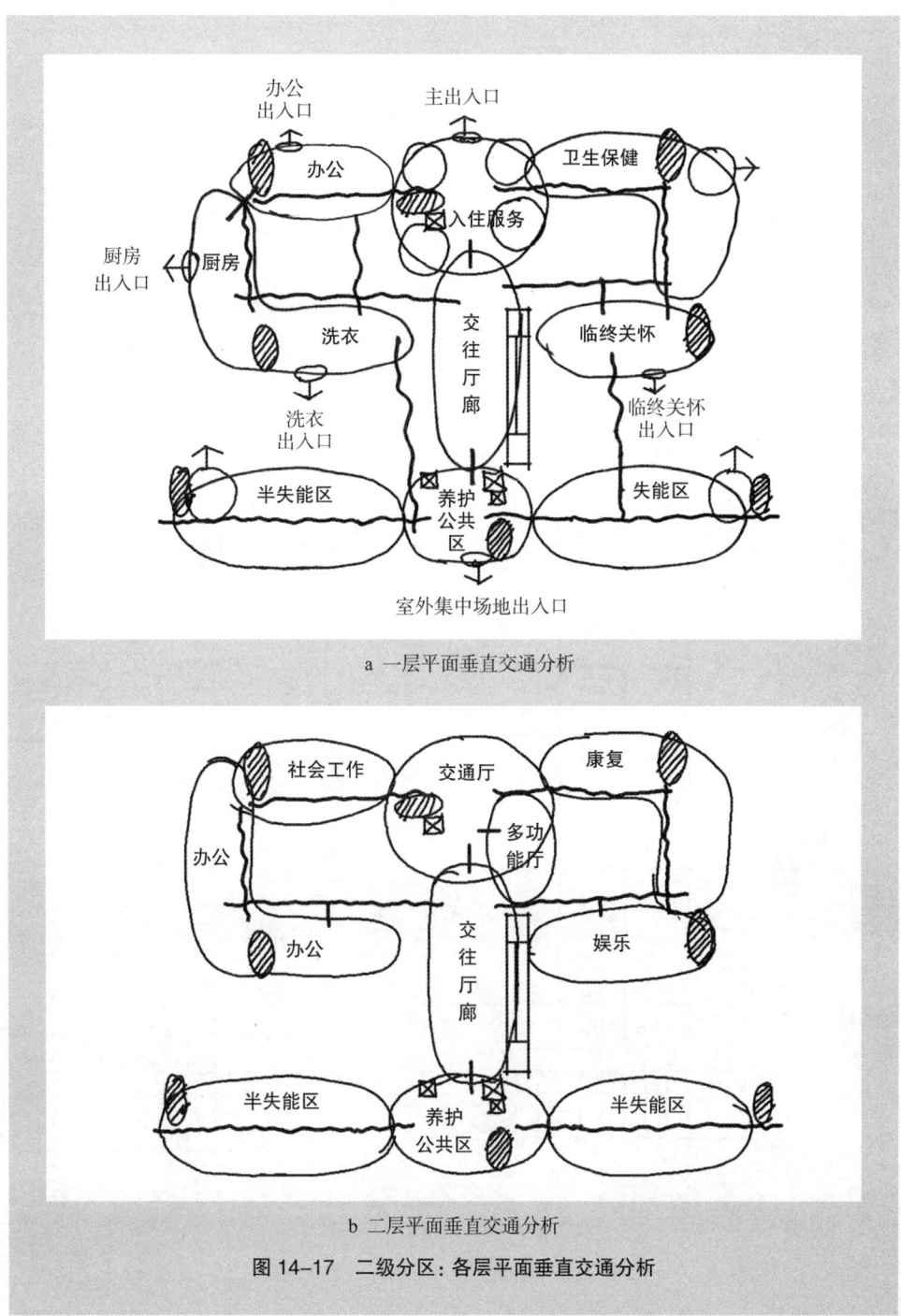

a 一层平面垂直交通分析

b 二层平面垂直交通分析

图 14-17 二级分区：各层平面垂直交通分析

2. 子分区组合逻辑判定

在本题目中，厨房洗衣泡单元分为厨房和洗衣两个子分区（图 14-18a），如果简单地按照泡图表面所呈现的关系进行串联连接，则不能很好地理解功能关系和使用要求（图 14-18c）。这两个子分区是并列的关系，它们分别与办公区、养护区联系时均应是并联关系，也就是说办公可分别管理厨房、洗衣区，两区也分别向养护区输送供给物品，因都是内部分区，所以可以混流并联（图 14-18d）。

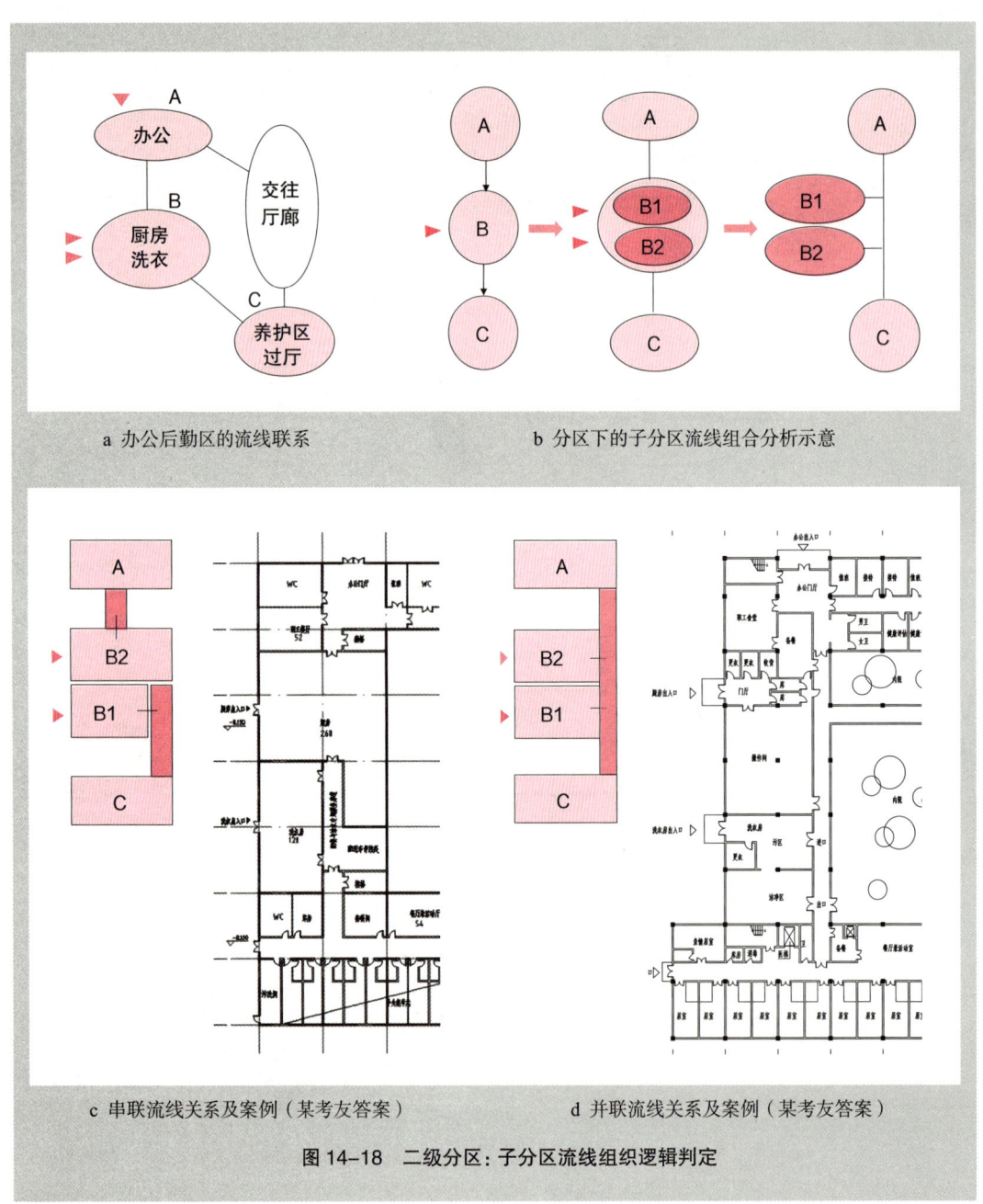

a 办公后勤区的流线联系　　　　　　　　b 分区下的子分区流线组合分析示意

c 串联流线关系及案例（某考友答案）　　　d 并联流线关系及案例（某考友答案）

图 14-18　二级分区：子分区流线组织逻辑判定

3. 二级分区关键房间落入与校验

将审题阶段分拣出来的二级分区关键条件落入草图中（图14-19）。

（1）本分区中和其他分区相关联的房间

任务书要求："卫生保健区：其中临终关怀室应靠近抢救室"。抢救设置在临终关怀附近且靠近卫生保健一侧。面积表中，"厨房"、"备餐"、"餐厅"空间，隐含着厨房向办公和养护区送餐的"餐饮小流线"，分别在两区加以布置。职工餐厅应邻近办公区块；养护区备餐应靠近送餐口，也就是中间公共区过厅。

（2）分区内相关联的房间

本题目中的多处餐饮小流线构成了本区内的关联空间。厨房区的备餐连通职工餐厅，连通备餐；半失能区的餐厅兼活动区要紧邻备餐。

（3）分区内较大空间

厨房区的加工用房，在本区中属超级大空间，应预先进行位置安排，考虑布置在本区的南端，空间完整。二层中只有养护区需落入送餐小流线，且与一层半失能区餐饮小流线的空间布置相同。注意：二层养护区两侧均为半失能区，与一层并非完全对位。

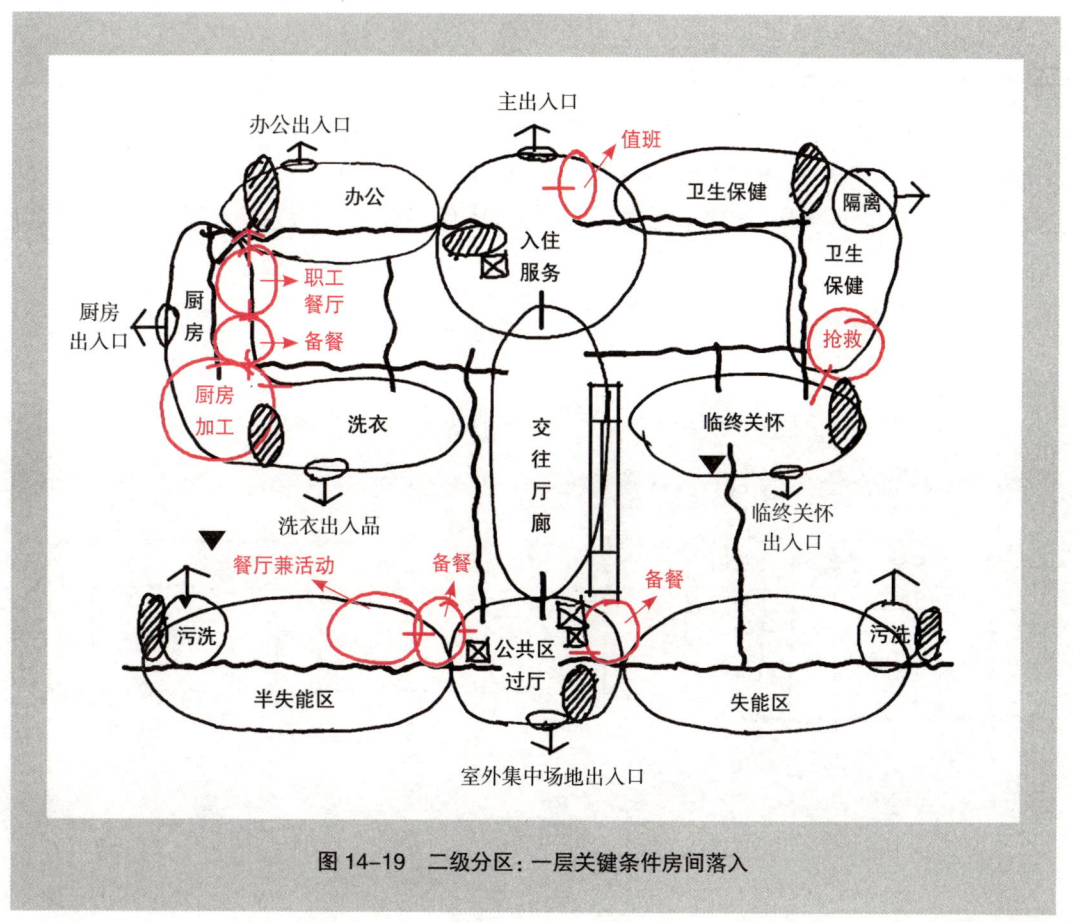

图14-19 二级分区：一层关键条件房间落入

四、网格空间排布

1. 柱网尺寸判定

本题目中,先从强空间即重复量最大的单元空间——养护区居室入手。养护区居室每间面积为 $27m^2$。这一间和柱网是什么关系呢?如果一间占一个柱网格,方形柱网尺寸太小,长方形柱距太小。根据题目所给图例,两间居室正好呈方形,两间占一个柱网格,尺寸合适,柱网格面积为: $27×2=54m^2$,方形柱网尺寸为: $\sqrt{54} ≈ 7.3m$。按轴网模数近似取 $7.2m$。验证: $7.2^2 = 51.84m^2$,约为 $52m^2$,误差在10%以内,可行。实际网格配给中,两间居室占一个网格(图14-20)。

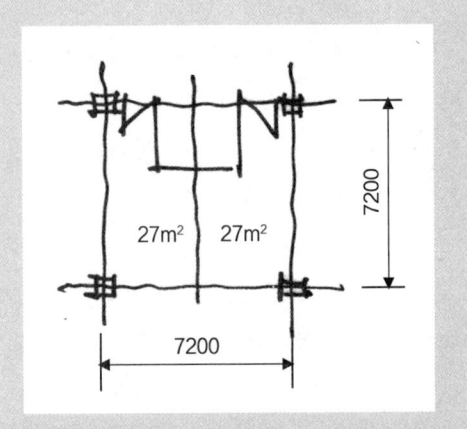

图14-20 单元空间选定适合柱网尺寸分析
(草图:2014年养老院考题居室部分)

很多考生设计成3间占一个柱网格,那么柱网格面积为: $27×3=81m^2$,如果是方形柱网,边长为: $\sqrt{81}=9m$,那么,单个居室空间就变成了 $3m×9m$ 的 1:3 长条形空间,空间使用非常不舒适,横向展开用地也没有满铺,空间浪费。非方形柱网则开间方向柱距更大,不经济,也不利于前区小房间布置。

$7.2m$ 开间也很适合办公与诊室等小房间的布置。前区房间面积以 $18m^2$、$36m^2$、$26m^2$ 居多。$7.2m$ 的柱网网格空间划去一条走廊后刚好为 $36m^2$($7.2×5=36m^2$),一分为二,每间为 $18m^2$;$26m^2$ 来自于 $52m^2$ 的网格面积直接二等分;或者两个去廊格子三等分也是可行的划分空间的手段(图14-21)。

2. 网格模数量化

(1)轴网场地纳入

计算场地中可纳入的最大网格限度。横向(东西方向)为: $100÷7.2=13.89$,取13跨,纵向

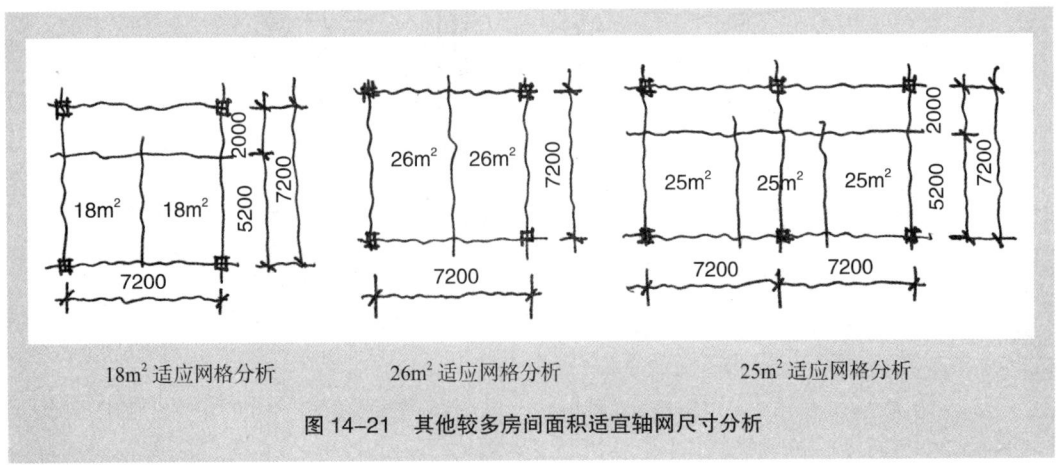

| $18m^2$ 适应网格分析 | $26m^2$ 适应网格分析 | $25m^2$ 适应网格分析 |

图14-21 其他较多房间面积适宜轴网尺寸分析

（南北方向）为：68÷7.2=9.44，取9跨，所以场地最大可用网格范围为13跨×9跨（图14-22）。

（2）横、纵向跨数判定

首先看本题的"强空间"是否能匹配横、纵跨数，也就是首先要满足"养护单元全部房间南向采光"的要求。

西侧半失能单元有12间，占6跨，东侧失能单元有12间，占6跨，横向共13跨，中间留1跨用作公共区过厅，组织垂直交通并留有南向出口。最大可用开间为13跨，刚刚好。养护区为双廊空间形式，纵向占2跨，居室占1跨，北侧相关辅助房间加走廊占1跨（图14-23）。

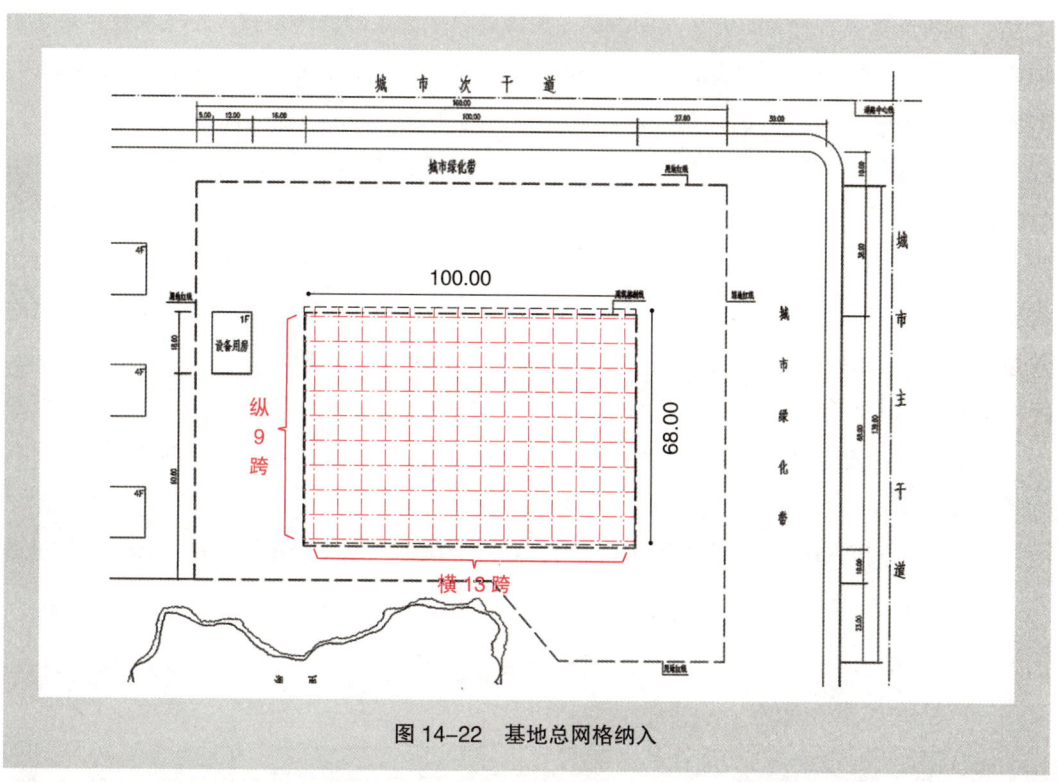

图14-22 基地总网格纳入

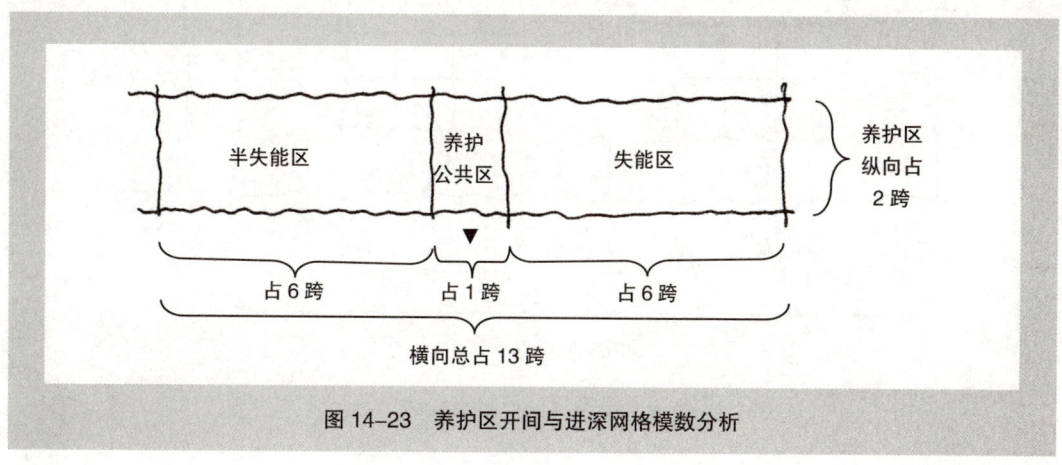

图14-23 养护区开间与进深网格模数分析

前区部分横向跨数暂时不能确定,但从图形协调美观的角度可考虑与养护区齐平,也就是占13跨,奇数跨适合对称布置;纵深方向因有内院围合,所以至少占3跨。因交往厅廊不能太短(需设置无障碍坡道≥25m),所以交往厅至少占4跨,从前面的分析草图来看,交往厅需伸入前区一部分,占1格。前区可用纵向柱跨为9−(4−1)−2=4跨,那么前区进深到底需要3跨还是4跨呢?可经面积计算后再行定夺。因为前后组团,功能区相对较为独立,各分组团平面形式应尽可能形成完整空间形式。不如将前区组团视为一个整体,"打包"计算。经计算,前区(包括入住服务、办公附属、卫生保健)总面积为:374+472+506=1352m²。

这些空间到底需要多少柱网格呢?因前区空间组合形式多样,适合采用系数法进行整体计算。那么系数选多少合适呢?我们不妨参照该题目中首层的整体系数。整体系数 = 总建筑面积 ÷ 使用空间面积 = 总建筑面积 ÷(总建筑面积 − 交通空间面积)。首层公共面积系数为:3750 ÷(3750 − 1240)≈ 1.5,这样大概计算前区总面积为:1352 × 1.5=2028m²

转化为网格数为2028 ÷ 52=39格,也就是说,前区不计内庭院需占用网格数为39格,加上1格交往与前区联系空间,总共为40格。之前分析得前区横向应该占满场地,也就是13跨。那么纵向该占几跨合适呢?为能够形成中间的庭院空间,纵向至少应占3跨。我们可以结合内庭院一起试算一下面积是否合适:内庭院格数 + 实体空间格数 = 前区总网格数 = 横向占网格跨数 × 纵向占网格跨数。所以,内庭院格数 = 横向网格跨数 × 纵向网格跨数 − 实体空间格数。

如果设计进深为3跨,则内院面积为:13 × 3 − 40 = −1格,面积不够。

如果设计进深为4跨,则内院面积为:13 × 4 − 40 = 12格,这样两边可有内院各占6格,对称布置,且6为非质数,适合3 × 2的组合。

这样,我们可初步判定前区纵向占4跨,在这个范围内,布局宽松且前区长宽比例也适当(图14-24)。

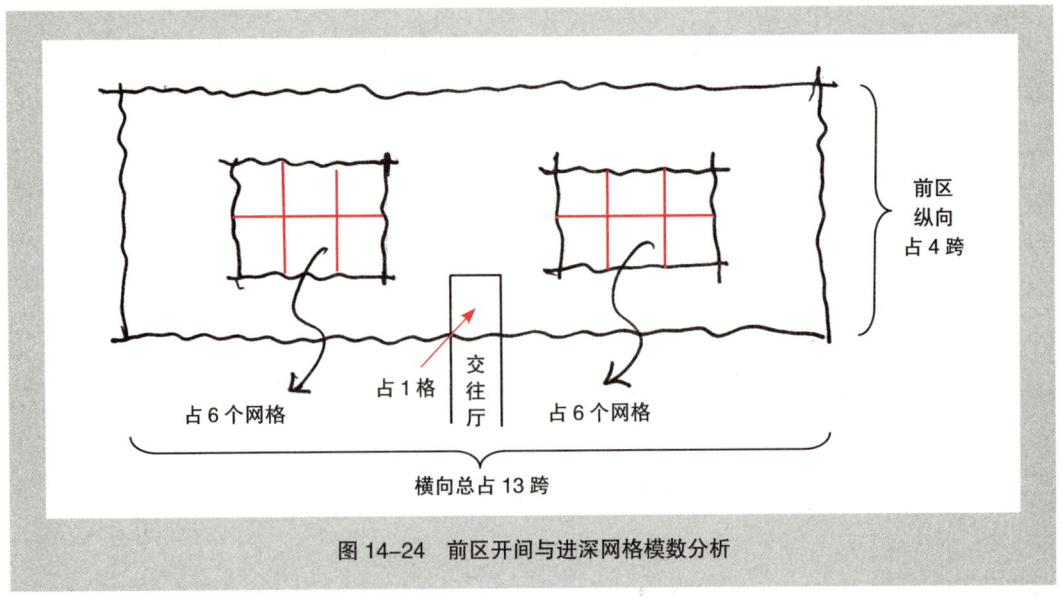

图14-24 前区开间与进深网格模数分析

功能区排布欲以门厅（入住服务）为核心，形成两侧对称布局。核对面积：西侧，办公＋厨房＋洗衣总面积为506m，东侧，保健面积为472m²，两侧基本平衡。为形成整体对称形式，门厅空间适合奇数跨，在3跨和5跨之间暂时选3跨，这样两翼端部还各有2跨可用。总体各部分横向、纵向跨数预判如图14-25所示，并将建筑轮廓纳入到网格之中（图14-26）。

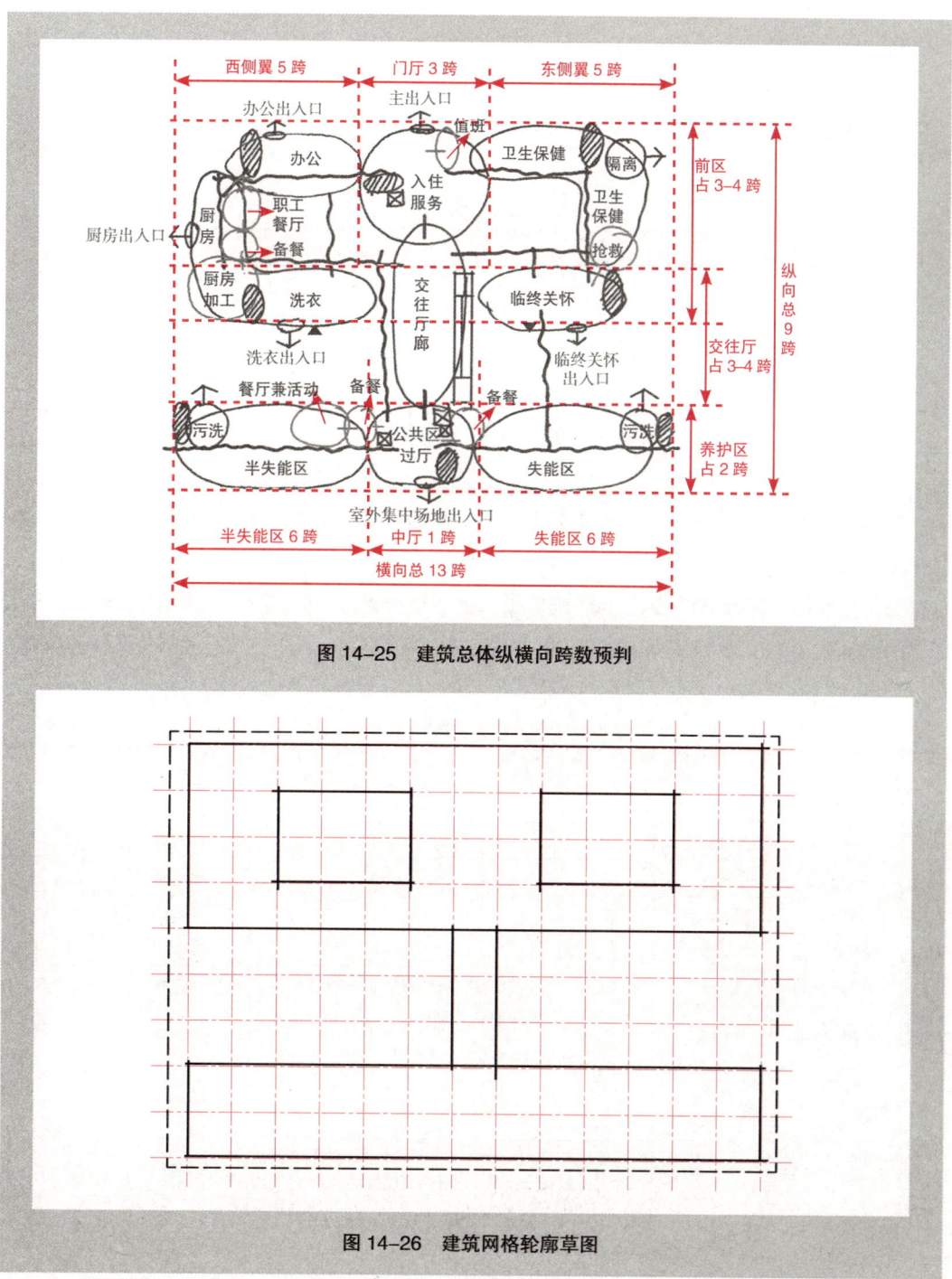

图14-25　建筑总体纵横向跨数预判

图14-26　建筑网格轮廓草图

（3）分区量化

按之前的开间、进深进行预判，将建筑各部分轮廓落入网格之中。快速统计各分区所占网格数，确定其整体区域范围，进行前区网格的预划分。

入住服务部分空间组合方式既有放射式，又有走廊式（单廊），这样一个混合空间，选用系数法计算相对简单。因门厅内需要布置楼电梯1部，交通空间所占比例较高，选用1.4。总网格数推算为 374×1.35÷52=9.7，约为10格。

再看其他分区占网格数，综合调整。

办公区走廊式空间采用定格法（表14-4）。

办公区占网格数统计　　　　表14-4

分区	使用房间	面积	间数	备注	房间形式	占网格数
办公	办公门厅	26	1		一跨去廊	1
	值班室	18	1		一跨去廊	0.5
	公共卫生间	30	1（套）	男、女各15m²	一跨去廊	1
	楼梯间				一跨去廊	0.5
	总网格数					3

厨房双廊布置，进深不等，用系数法统计：260×1.25÷52=6.25，取6格。加上职工餐厅7格，洗衣空间2.5格。

卫生保健区房间规律性强，36m²刚好是一个网格中去掉一条走廊。利用定格法统计该区需要的网格数，为12.5格（表14-5），取13格，其中临终关怀需2格。通过网格数量的统计，

卫生保健区占格数统计　　　　表14-5

分区	使用房间	面积（m²）	间数	备注	空间形式	占网格数
卫生保健区	护士站	36	1		一跨去廊	1
	治疗室	108	6	每间18m²	一跨去廊	3
	检查室	36	2	每间18m²	一跨去廊	1
	药房	26	1		一跨去廊	1
	医护办公室	36	2	每间18m²	一跨去廊	1
	*抢救室	45	1（套）	含10m²器械室1间	一跨去廊	1.5
	隔离观察室	36	1	有相对独立的区域和出入口，含卫生间1间	一跨去廊	1
	消毒室	15	1			0.5
	库房	15	1			0.5
	*临终关怀室	104	1（套）	含18m²病房2间、5m²卫生间2间、58m²家属休息	占整格	2
	公共卫生间	15	1（套）	含5m²独立卫生间3间	一跨去廊	0.5
	总占网格数					13

我们也有了空间布置的概念，预设计东侧双廊区域靠庭院一侧内缩进一个走廊，可形成等进深房间，有利于空间统一排布。

划分到网格中的定位过程中，尽量使分区占边占宫、区块完整，门厅在北侧中央，厨房区占西端，二者中间是办公区。但右侧布置似乎还有富余，这时可考虑多给门厅 1 格，让门厅空间对称，所以门厅暂取 11 格（图 14-27a）。

二层基本都是小房间，走廊式或者庭院式布局，也利用定格法推算空间网格数：康复占 4.5 格，娱乐占 6 格，社会工作占 3 格，办公与附属用房占 7 格。这样，西侧办公 + 心理咨询 +2 间楼梯间 =11 格，东侧康复 + 娱乐 +2 间楼梯间 =11.5 格，两侧基本均衡。多功能厅占 2 格。但二层空间明显比一层少很多。因题目要求办公与社会工作紧密联系，所以空间应该连续布置，根据网格数量，选择砍掉东、西两侧靠外的部分，形成庭院式布局（图 14-27b）。

3. 网格空间排布调整

（1）交通流线体系纳入

粗略划分区块面积的同时结合一、二级分区草图落入水平与垂直交通空间。其中楼梯间可占半跨，并且按最新规范要求，所有楼梯间必须是封闭楼梯间，为保证两跑且能够封闭，楼梯间需要较大进深，可适当外凸。前区南侧因临终关怀、洗衣空间相对独立，需考虑空间使用与空间比例，设置占整跨进深，交通走廊设置在柱跨之外，也就是设置在柱列的北面一侧。

办公区垂直交通布置在上下分区的交接处，也就是西北角。办公到交往厅的流线混流供应走廊，因为办公和附属用房本身属于同一个区域，都是内部人员，所以不存在流线交叉的问题。

交往厅无障碍坡道设置，从使用舒适与空间比例的角度考虑，适宜设置在交往厅柱列之外，使交往厅空间至少占 1 跨，贴邻交往厅外侧布置。

南侧养护区楼梯布置在北向，为保证封闭楼梯间，可向外凸出一部分。为保证中间小过厅空间完整，把医用电梯设置在靠东边一侧。餐梯可邻近医梯，紧邻中厅布置（图 14-28a）。

二层延续一层交通体系，前区南侧办公娱乐也设外挑走廊，因该两区用房排布适合一个柱跨的进深，因此，南侧外墙向后退一个走廊，留作露台，可用于遮阳、活动交流等，同时也保持了建筑形态的完整（图 14-28b）。

（2）关键条件纳入

有特殊要求的房间首先落入，在之前的一、二级分区中已经分析以及预判了关键条件房间的位置，在网格空间具体排布阶段，应首先落入和满足这类房间的需求（图 14-29），其次，再落入其他无特殊要求的房间，其他无特殊要求的房间可按面积表中的顺序依次排列。

（3）空间调整处理

门厅（入住服务）利用北侧单廊形式布置小房间，健康评估应邻近卫生保健区，接待应邻近办公区。面积排不满可适当"胀"起一些空间，让该区"饱满"。

一层南侧走廊向外移动，空间进深增大，不如刚好适合网格的短进深空间那么好布置，在卫生保健区南侧紧邻临终关怀部分安排抢救与库房消毒等空间，库房可不采光，抢救区内

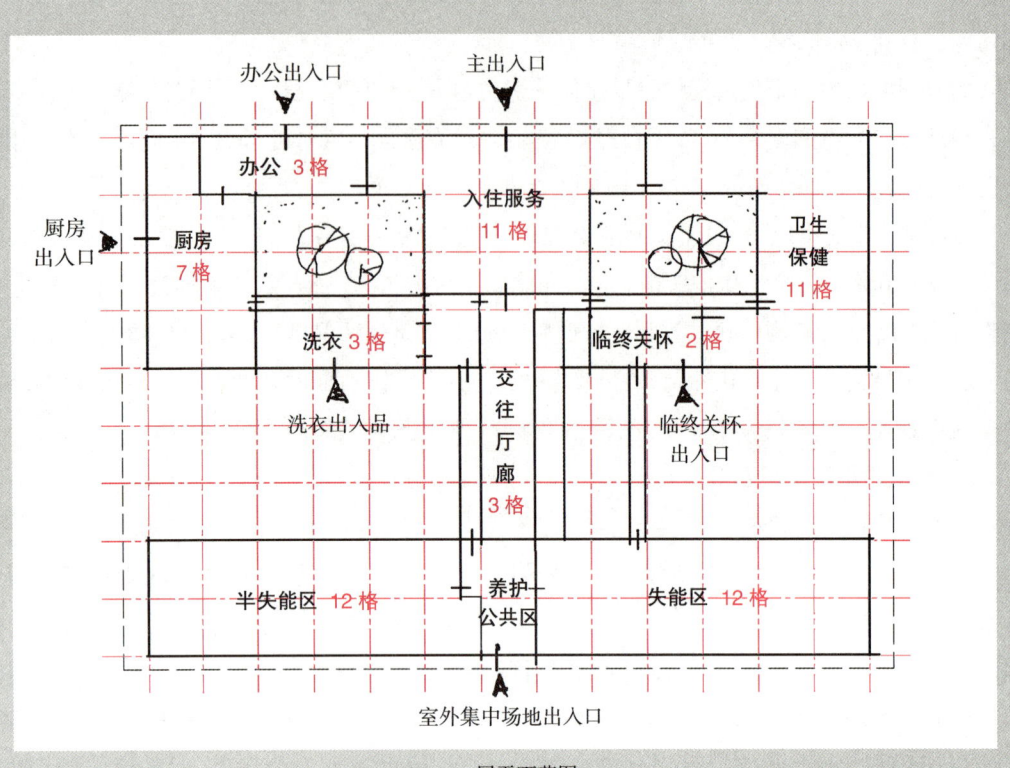

a 一层平面草图

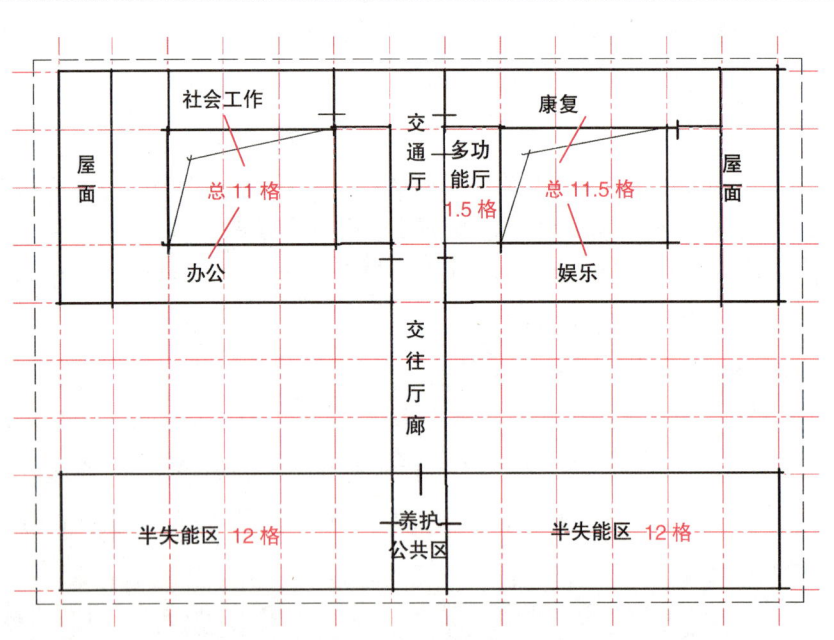

b 二层平面草图

图 14-27 网格排布：分区量化草图

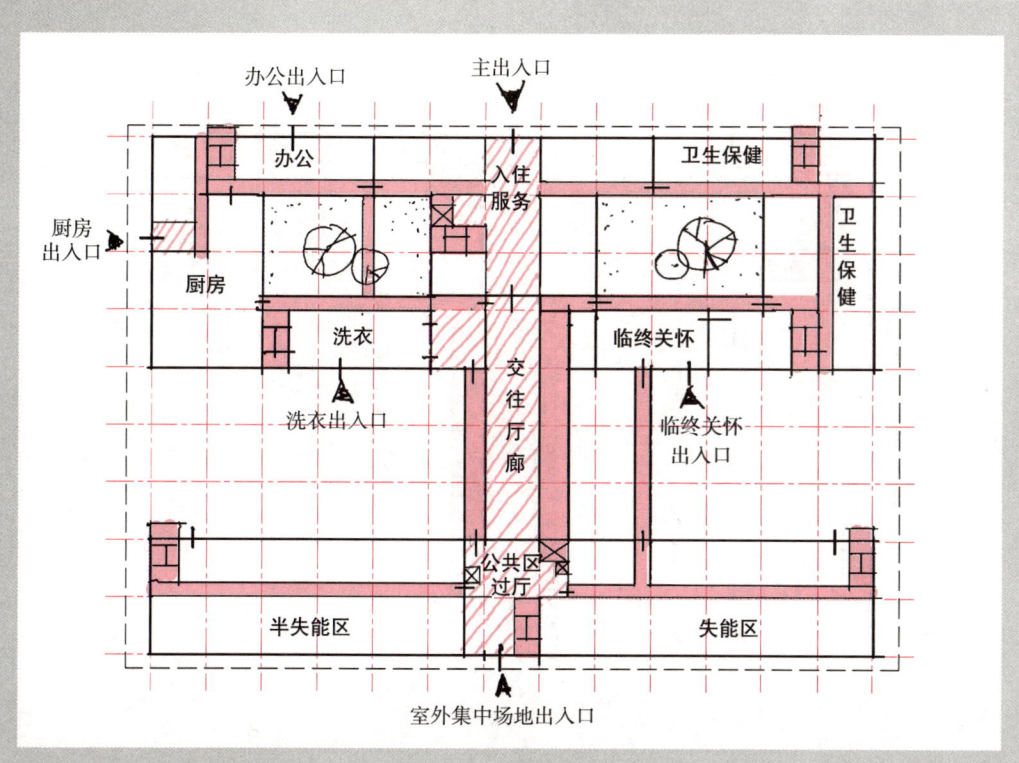

a 一层平面草图

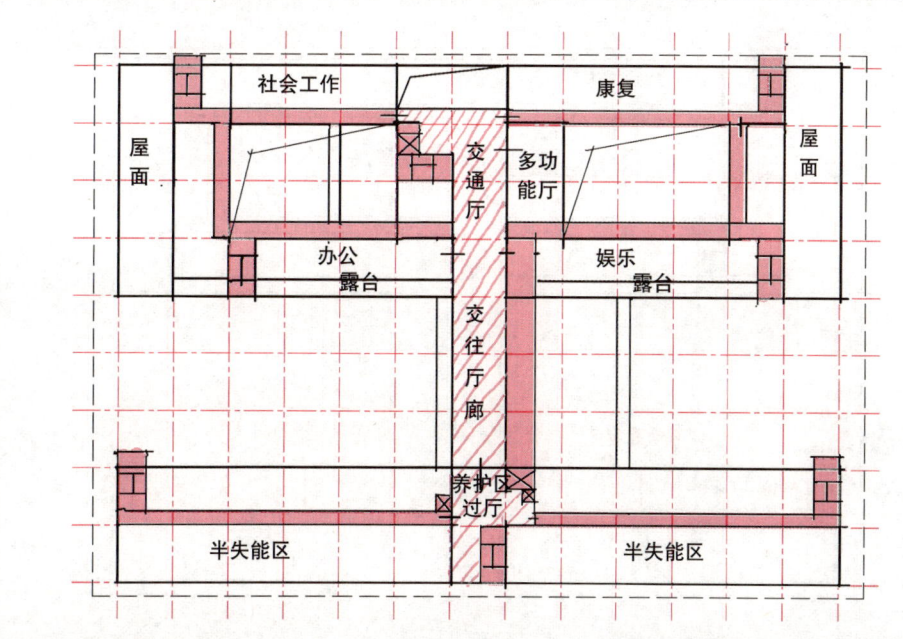

b 二层平面草图

图14-28 网格排布：交通纳入草图

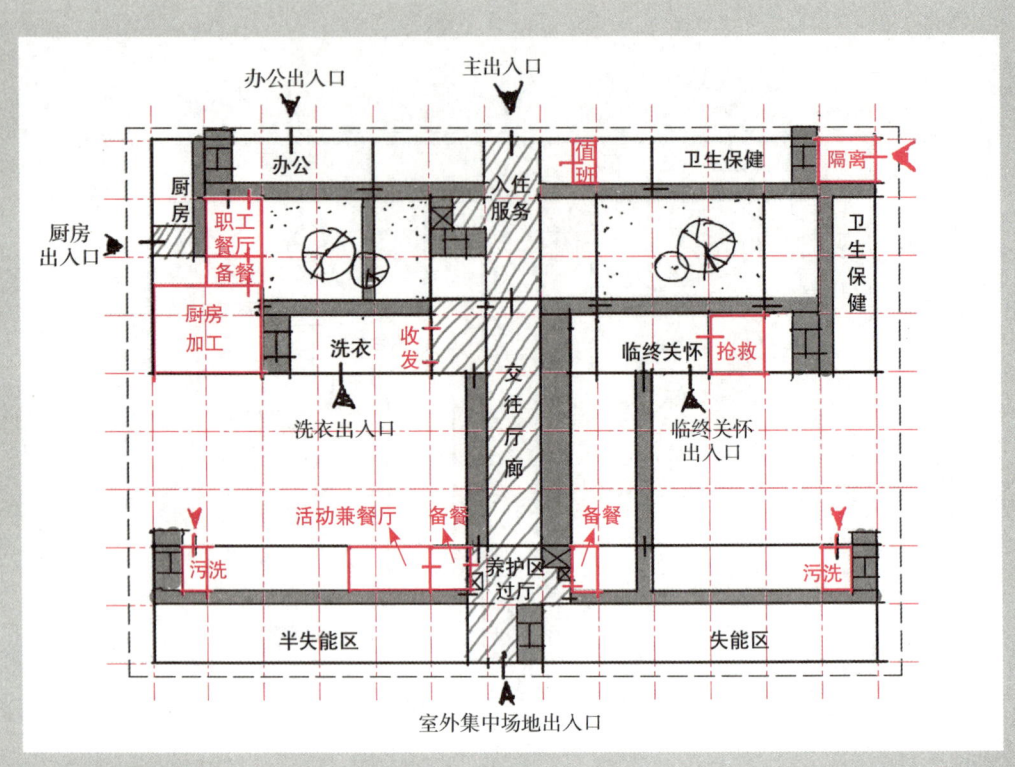

a 一层平面草图

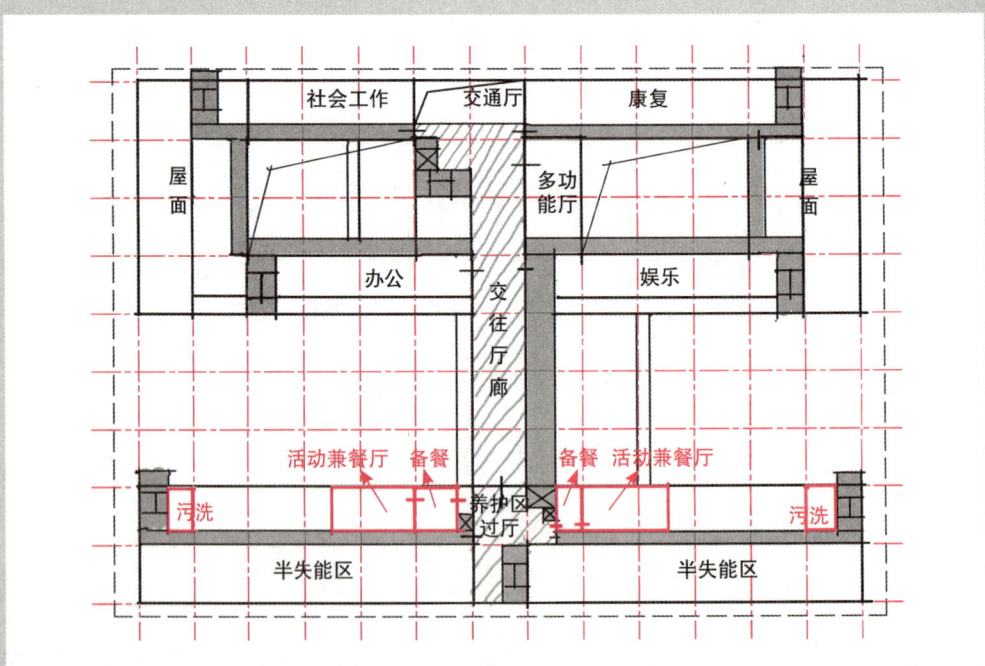

b 二层平面草图

图 14-29 网格排布：关键条件落入

含有器械，布置成嵌套式，减少房间进深感。

洗衣区留出一部分空间作为配送车停放处。

二层空间排不满的可留空或者作挑空处理。

（4）细节局部优化

养护区端部污洗与楼梯间位置互换，这样既能保证楼梯的疏散功能，也使污洗的小房间都能得到自然采光通风（图14-30）。

调整前区临终关怀分区，使端部一间病房占尽端空间，两个卫生间南北叠放，这样可减少走廊浪费的面积，还可使一间卫生间能够采光通风（图14-31）。

最后生成一、二层平面图（图14-32、图14-33）。

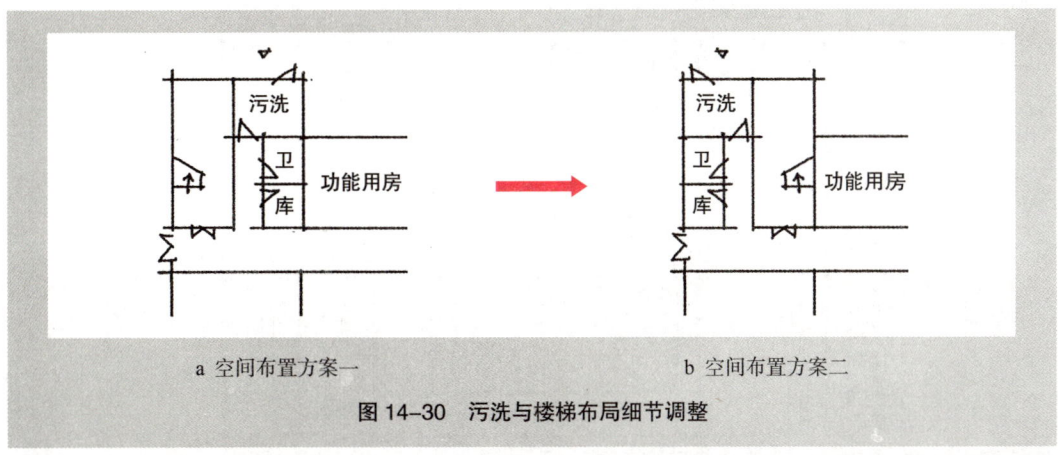

图14-30　污洗与楼梯布局细节调整

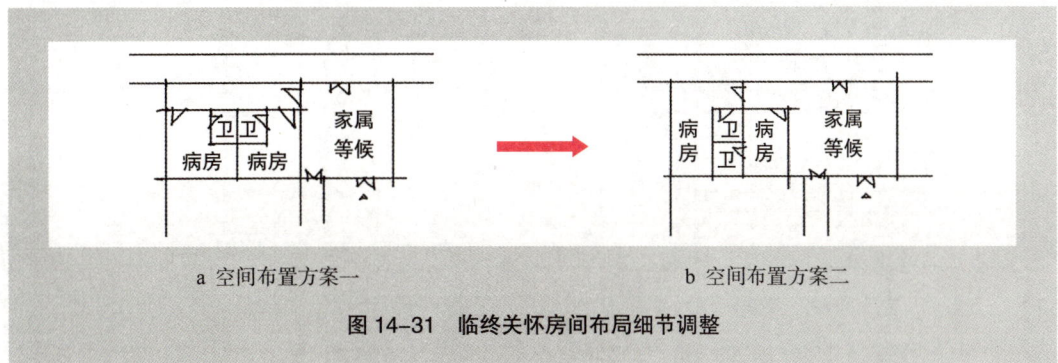

图14-31　临终关怀房间布局细节调整

五、总平面设计

按照前面讲授的总平面设计方法，依次绘出建筑轮廓、各处标注、绿化退线、场地道路、场地用地、停车场、场地出入口等。主次入口均来自场地北侧次干道。主入口非人行专用，断开路缘石，可有机动车通行，次入口位于场地西侧，邻近后勤区（办公与附属用房区）并在主、次入口附近布置40辆小汽车停车场。场地道路环绕建筑布置，货车停车场布置在厨房洗衣区附近，救护车布置在隔离和抢救之间兼顾二者使用。在主入口附近布置自行车停车场，在次入口附近布置职工自行车停车场。两处场地用地分别邻近相关的功能分区，洗衣晾晒场地邻近洗衣房，800m² 老年人活动场地布置在用地南侧凸角处（图14-34）。

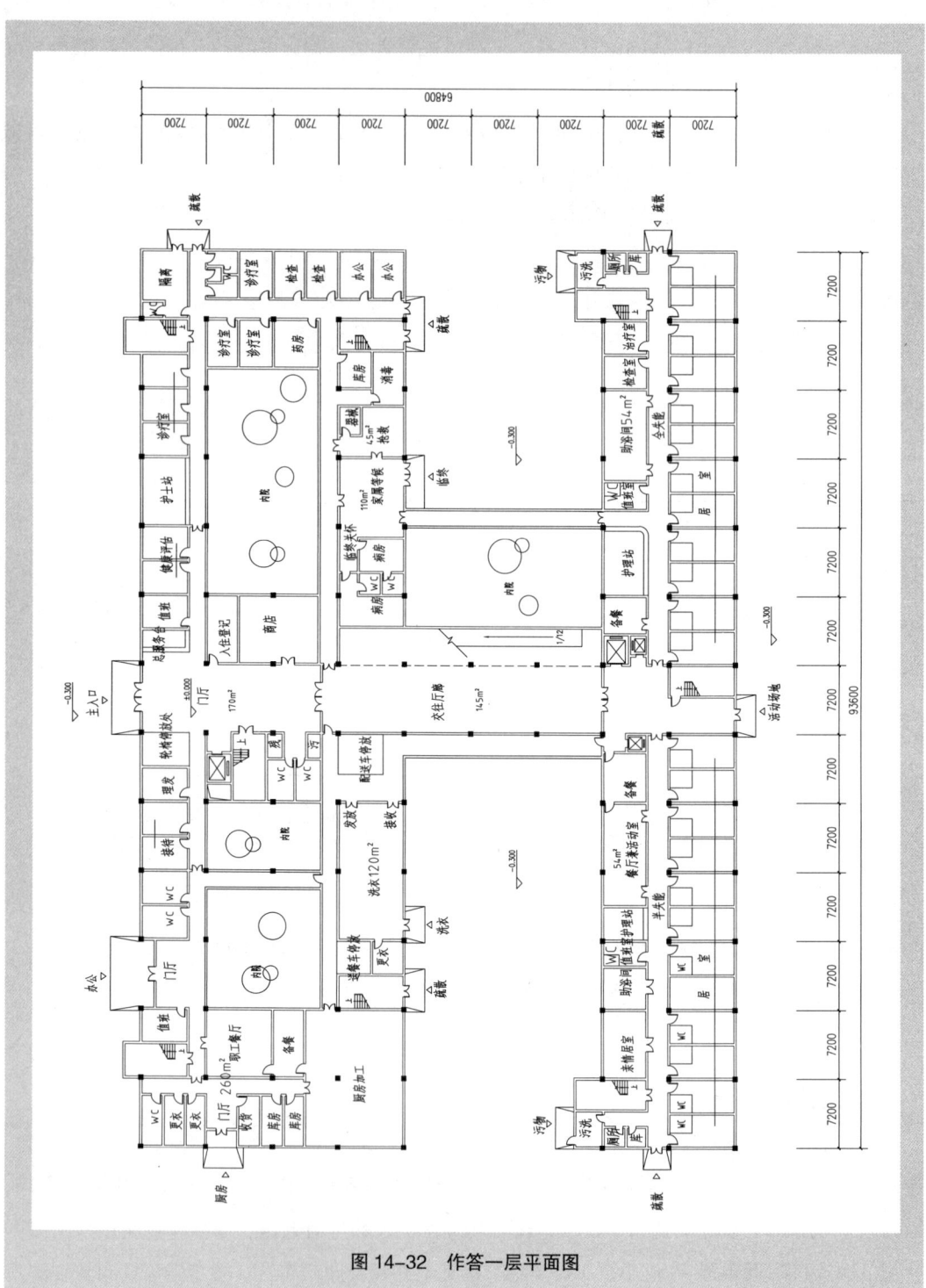

图14-32 作答一层平面图

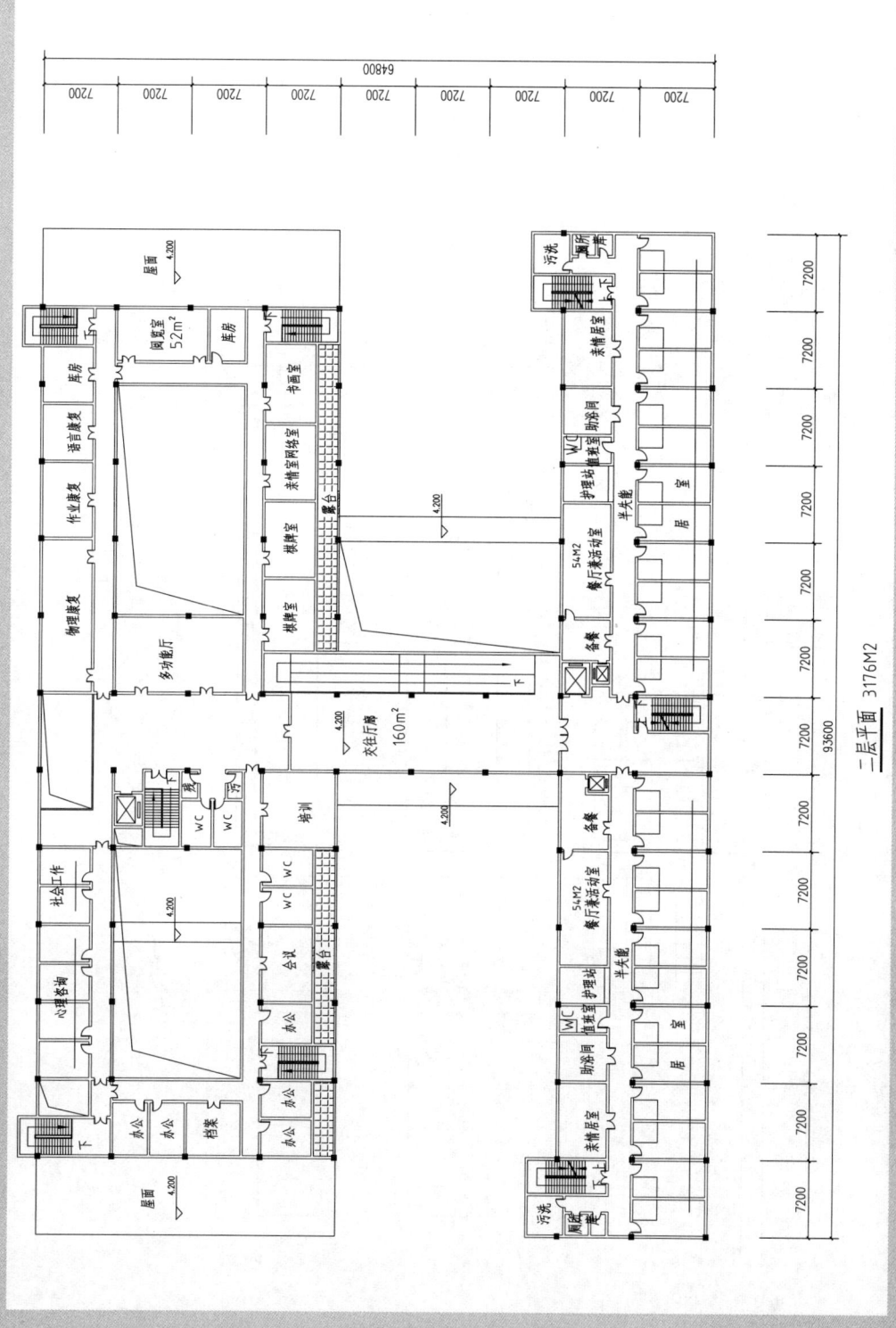

图 14-33　作答二层平面图

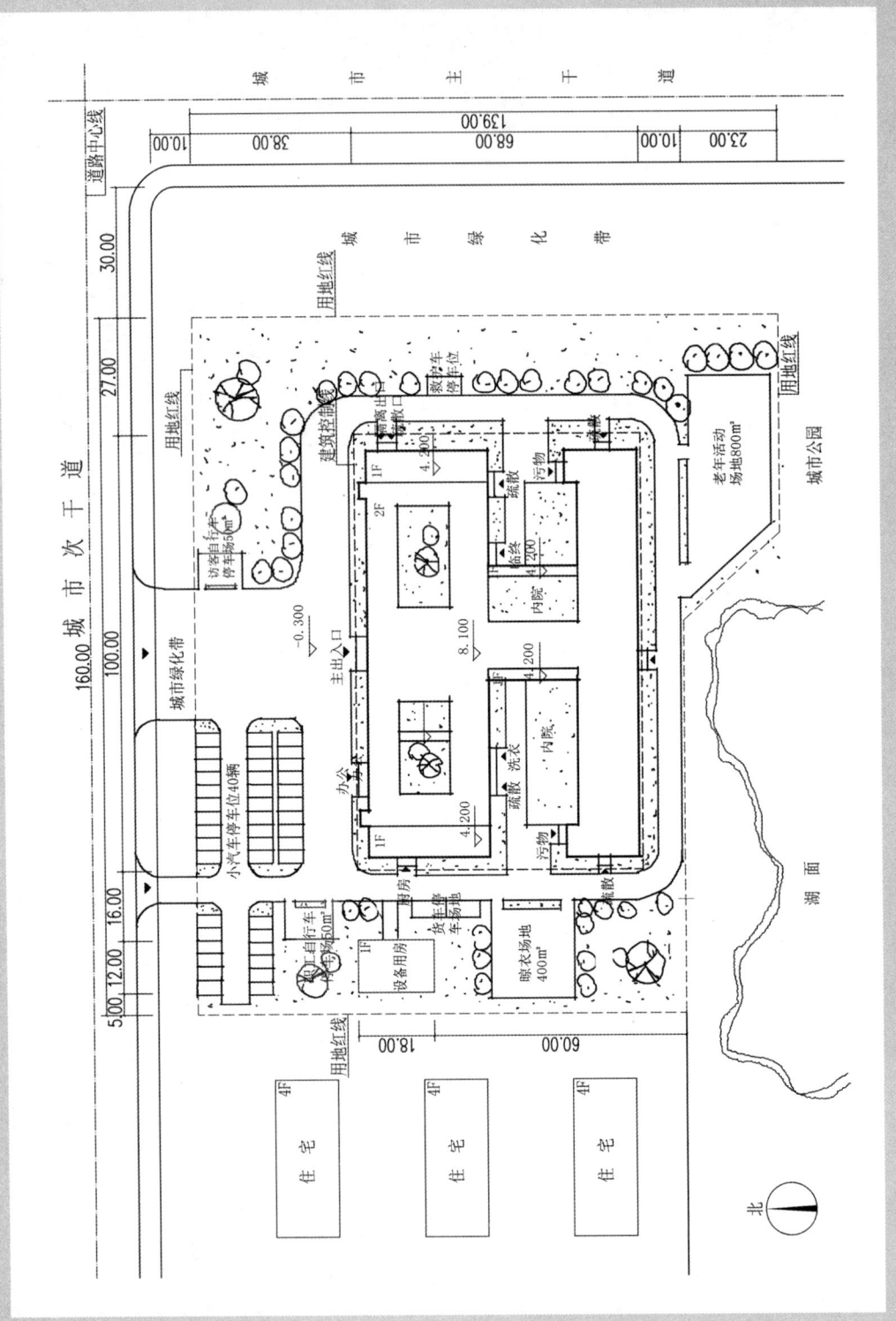

图 14-34 作答总平面图

[2013 年]
超级市场真题解析

考题设计任务书

（一）任务描述

在我国某中型城市拟建一座两层、总建筑面积约为12500m² 的超级市场（即自选商场），按下列各项要求完成超级市场方案设计。

（二）用地条件

用地地势平坦；用地西侧为城市主干道，南侧为城市次干道，北侧为居住区，东侧为商业区；用地红线、建筑控制线、出租车停靠站及用地情况详见总平面图。

（三）总平面设计要求

1. 在建筑控制线内布置超级市场建筑。
2. 在用地红线内组织人行、车行流线，布置道路及行人、车辆入口。在城市主干道上设一处客车出入口，次干道上设客、货车出入口各一处，出入口允许穿越绿化带。
3. 在用地红线内布置顾客小汽车停车位120个，每10个小汽车停车位附设1个超市手推车停放点，购物班车停车位3个，顾客自行车停车场200m²；布置货车停车位8个，职工小汽车停车场300m²，职工自行车停车场150m²。相关停车位见图示。
4. 在用地红线内布置绿化。

（四）建筑设计要求

超级市场由顾客服务、卖场、进货储货、内务办公和外租用房5个功能分区组成，用房、面积及要求见表13-1、表13-2，功能关系见示意图，选用的设施见图例，相关要求如下：

1. 顾客服务区

建筑主出、入口朝向城市主干道，在一层分别设置，宽度均不小于6m。设一条上行自动坡道供顾客直达二层卖场区，部分顾客亦可直接进入一层卖场区。

2. 卖场区

区内设上、下行自动坡道及无障碍电梯各一台。卖场由若干区块和销售间组成，区块间由通道分隔，通道宽度不小于3m且中间不得有柱，收银台等候区域兼作通道使用。等候长度自收银台边缘起不小于4m。

3. 进货储货区

分设普通进货处和生鲜进货处，普通进货处设两台货梯，走廊宽度不小于3m。每层设两个补货口为卖场补货，宽度均不小于2.1m。

4. 内务办公区

设独立出入口，用房均应自然采光。该区出入其他各功能区的门均设门禁；一层接待室、洽谈室连通门厅，与本区其他用房应以门禁分隔；二层办公区域相对独立，与内务区域以门禁分隔。本区内卫生间允许进货储货与卖场区职工使用。

5. 外租用房区

商铺、茶餐厅、快餐店、咖啡厅对外出入口均朝向城市次干道以方便对外使用,同时一层茶餐厅与二层快餐店、咖啡厅还应尽量便捷地联系一层顾客大厅。设一台客货梯通往二层快餐店以方便厨房使用。

6. 安全疏散

二层卖场区的安全疏散总宽度最小为9.6m,卖场区内任意一点到最近安全出口的直线距离最大为37.5m。

7. 其他

建筑为钢筋混凝土框架结构,一、二层层高均为5.4m,建筑面积以轴线计算,各房间面积、各层建筑面积及总建筑面积允许误差控制在给定建筑面积的±10%以内。

(五) 规范要求

本设计应符合现行国家有关规范和标准要求。

(六) 制图要求

1. 总平面图

(1) 绘制超级市场建筑屋顶平面图并标注层数和相对标高。

(2) 布置并标注行人及车辆出入口、建筑各出入口、机动车停车位(场)、自行车停车场,布置道路及绿化。

2. 平面图

(1) 绘制一、二层平面图,画出承重柱、墙体(双线)、门的开启方向及应有的门禁,窗及卫生洁具可不标示;标注建筑各出入口、各区块及各用房名称,标注带*号房间或区块(表13-1、表13-2)的面积。

(2) 标注建筑轴线尺寸、总尺寸及地面、楼面的标高,标注一、二层建筑面积和总建筑面积。

一层用房、面积及要求　　　　　　　　　表13-1

功能区	房间及空间名称	建筑面积(m²)	间数	备注
顾客服务区	*顾客大厅	640		分设建筑主出、入口,宽度均≮6m
	手推车停放	80		设独立外入口,供室外手推车回放
	存包处	60		面向顾客大厅开口
	客服中心	80		含总服务台,20m²售卡处,广播、货物退换各一间
	休息室	30	1	紧邻顾客大厅
	卫生间	80	4	男、女各25m²,残卫、清洁间单独设置

续表

功能区	房间及空间名称		建筑面积（m²）	间数	备注	
卖场区	收银处		320		布置收银台不少于10组，设一处宽度2.4m的无购物出口	
	*包装食品区块		360		紧邻收银处，均分为两块且相邻布置	
	*散装食品区块		180			
	*蔬菜水果区块		180			
	*杂粮干货区块		180			
	*冷冻食品区块		180		通过补货口联系食品冷冻库	
	*冷藏食品区块		150		通过补货口联系食品冷藏库	
	*豆制品禽蛋区块		150			
	*酒水区块		80			
	生鲜加工销售间		54	2	销售18m²，36m²加工间连接进货储货区	
	熟食加工销售间		54	2	销售18m²，36m²加工间连接进货储货区	
	面包加工销售间		54	2	销售18m²，36m²加工间连接进货储货区	
	交通		1000		含自动坡道、无障碍电梯、通道等	
进货储货区	普通	*普通进货处	210		含收货间12m²，有独立外出口的垃圾间18m²，货梯2部	
		普通卸货停车间	54	1	含4m×6m的车位2个，内接普通进货处，设卷帘门	
		食品常温库	80	1		
	生鲜	*生鲜进货处	144		含收货间12m²，有独立外出口的垃圾间18m²	
		生鲜卸货停车间	54	1	含4m×6m的车位2个，内接生鲜进货处，设卷帘门	
		食品冷藏库	80	1		
		食品冷冻库	80	1		
		辅助用房	72	2	每间36m²	
内务办公区	门厅		30	1		
	接待室		30	1	连通门厅	
	洽谈室		60	1	连通门厅	
	更衣室		60	2	男、女各30m²	
	职工餐厅		90	1	不考虑厨房布置	
	卫生间		30	3	男、女卫生间及清洁间各1间	
外租用房区	商铺		480	12	每间40m²，均独立对外经营，设独立对外出入口	
	茶餐厅		140	1	连通顾客大厅，	设独立对外出入口
	快餐、咖啡厅门厅		30	1	联系顾客大厅	
	卫生间		24	3	男、女卫生间及清洁间各1间，供茶餐厅、二层快餐店与咖啡厅共用，亦可设在二层	
交通	走廊、过厅、楼梯、电梯等		540		不含顾客大厅和卖场内交通	
	一层建筑面积6200m²（允许±10%：5580～6820m²）					

二层用房、面积及要求　　　　　　　　表 13-2

功能区	房间及空间名称		建筑面积（m²）	间数	备注
卖场区	*特卖区块		300		靠墙设置
	*办公体育用品区块		300		靠墙设置
	*日用百货区块		460		均分为两块且相邻布置
	*服装区块		460		均分为两块且相邻布置
	*家电用品区块		460		均分为两块且相邻布置
	*家用清洁区块		50		
	*数码用品区块		120		含20m²体验间2间
	*图书音像区块		120		含20m²音像、试听各1间
	交通		1210		含自动坡道、无障碍电梯、通道等
进货储货区	库房		640	4	每间160m²
内务办公区	内务	业务室	90	1	
		会议室	90	1	
		职工活动室	90	1	
		职工休息室	90	1	
		卫生间	30	3	男、女卫生间及清洁间各1间
	办公	安全监控室	30	1	
		办公室	90	3	每间30m²
		收银室	60	2	30m²收银、金库各1间，金库为套间
		财务室	30	1	
		店长室	90	3	每间30m²
		卫生间	30	3	男、女卫生间及清洁间各1间
外租用房区	快餐店		400	2	餐厅330m²，内含服务台30m²、厨房70m²，客货梯1部
	咖啡厅		140	1	内含服务台15m²
交通	走廊、过厅、楼梯、电梯等		860		不含卖场内交通

二层建筑面积6240m²（允许±5%：5616～6864m²）

一、二层建筑面积为12440m²（允许±10%：11196～13684m²）

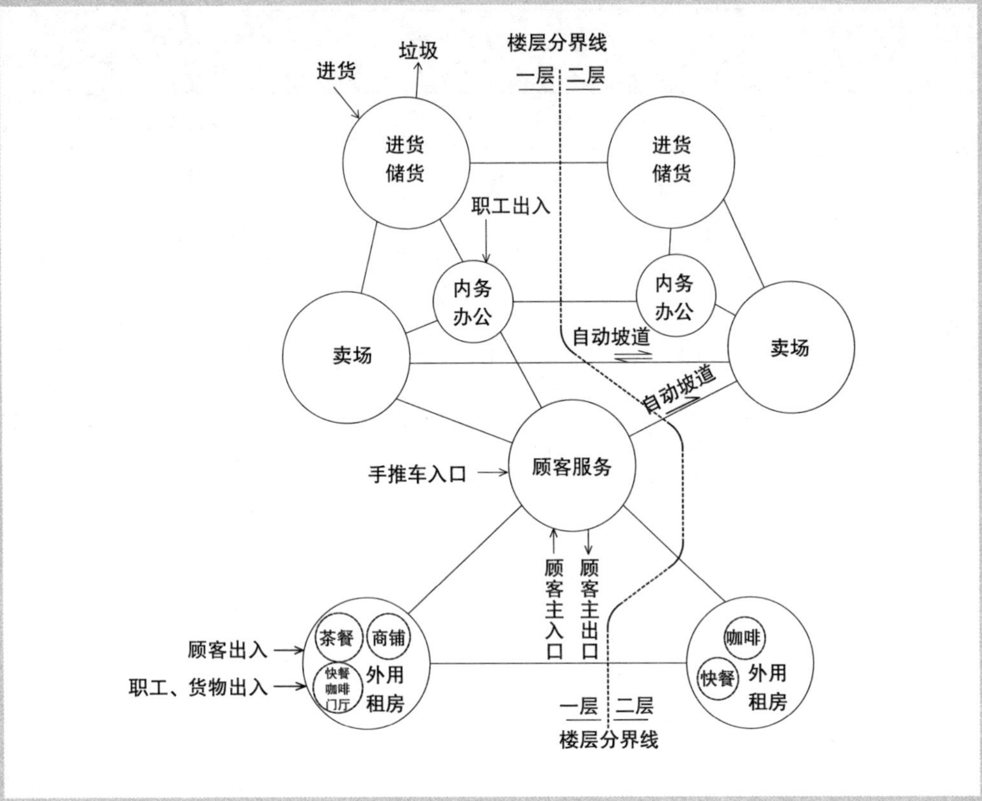

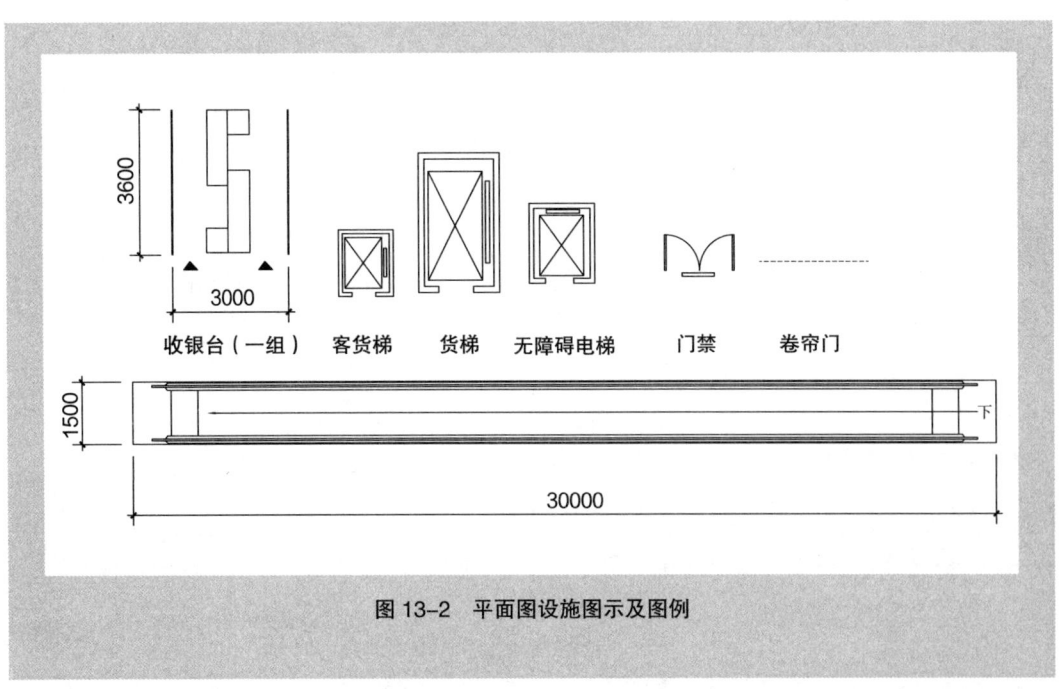

图 13-1　一、二层主要功能关系示意图

图 13-2　平面图设施图示及图例

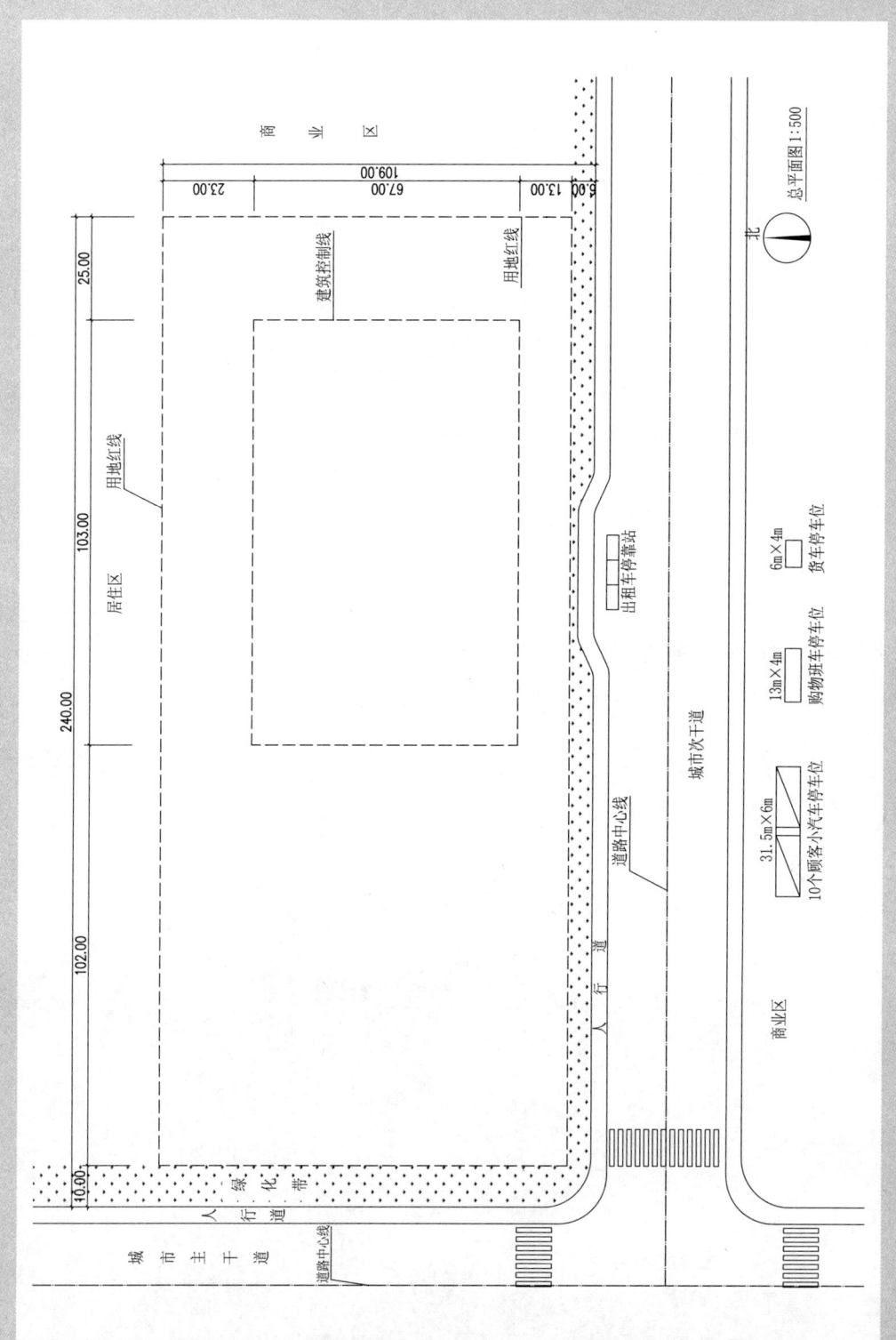

图 13-3 试题总平面图

解题过程

一、审题分析

1. 建筑类型与要求

题目为超级市场,也就是平时很常见的超市。超市由哪些功能组成?有什么设计要求?在我们审题的时候,会在大脑中瞬间搜索很多信息。超市属于商业类建筑,该类建筑设计原理的重点是组织好顾客购物和货运流线,外部客流与货流、内部人员流线不交叉。处理好商场大空间的疏散设计。超市有别于其他商业类型,要考虑对顾客流线的引导和控制,保证客流最后都能从收银或者无购物出口出来,保证不跑单、丢单(闭合路径)。本题目在任务书中对流线的要求相对不是特别复杂,可结合功能泡图进行理解、分析。但面积表中空间的数量、种类都比较庞大,卖场区块也都参与到了空间布局中去,而且备注中也隐藏了大量(二级)小流线要求,给设计增加了难度。

2. 泡图特征分析

观察分析功能泡图的内外关系:顾客服务、外租、卖场功能为对外功能,内务办公、进货储货为对内功能。内外功能分区明确(图 13-4)。

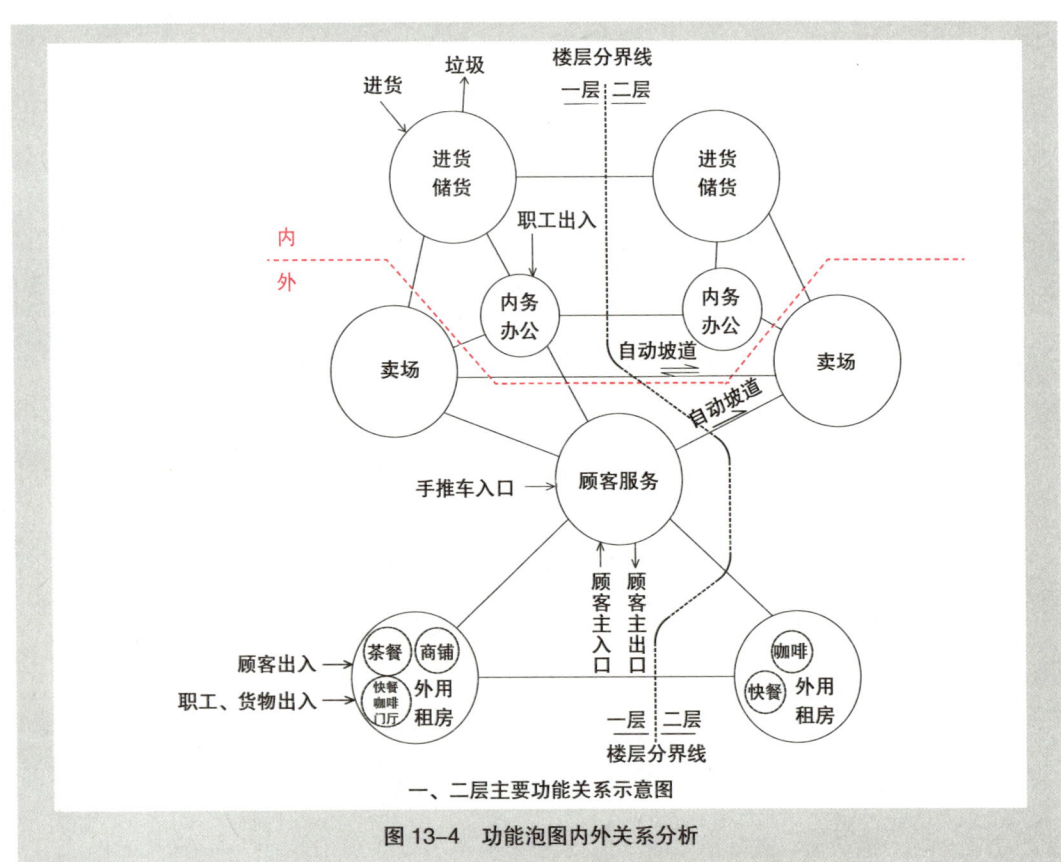

图 13-4 功能泡图内外关系分析

观察分析功能泡图的类型特征：

首先，该题目的功能泡图是上下层合并在一起的，同类功能区泡图有多处上下联系（4处），各层既独立又联系。整体泡图的上下层是对称镜像布置的，这意味着其中必有一层功能泡图与实际方案中的布置方向也是镜像的。至于具体哪层是正向、哪层是镜像，还需要通过环境条件及其功能泡图的对应情况分析确定。

其次，因为功能泡图是上下层联系在一起的，加上各层的变形，很难分辨出每层泡图的形式特征，泡图的层间联系也会干扰考生读懂泡图，造成判断失误。仅从表面看，似乎卖场置于外侧，而内务被围在中间，实则刚好相反。其实考生可以草图绘制出去掉层间联系线的功能泡图，并将其"拉直"、"摆正"（将有对外出入口的泡单元置于外侧），即可显现泡图"原形"（图13-5b）。可以看出，首层平面中，卖场是被进货、办公、顾客服务三个区包围在中间的，外租没有直接联系卖场，但对于整体的布局组织来讲也应该是包围卖场的"一边"。所以，整体方案平面预判为关联包围结构布局（图13-5c）。

最后，功能泡图基本是以分区为泡单元来表达的，单层分区泡数量不多，分区关系简洁明确，主要处理好分区之间的交通联系。

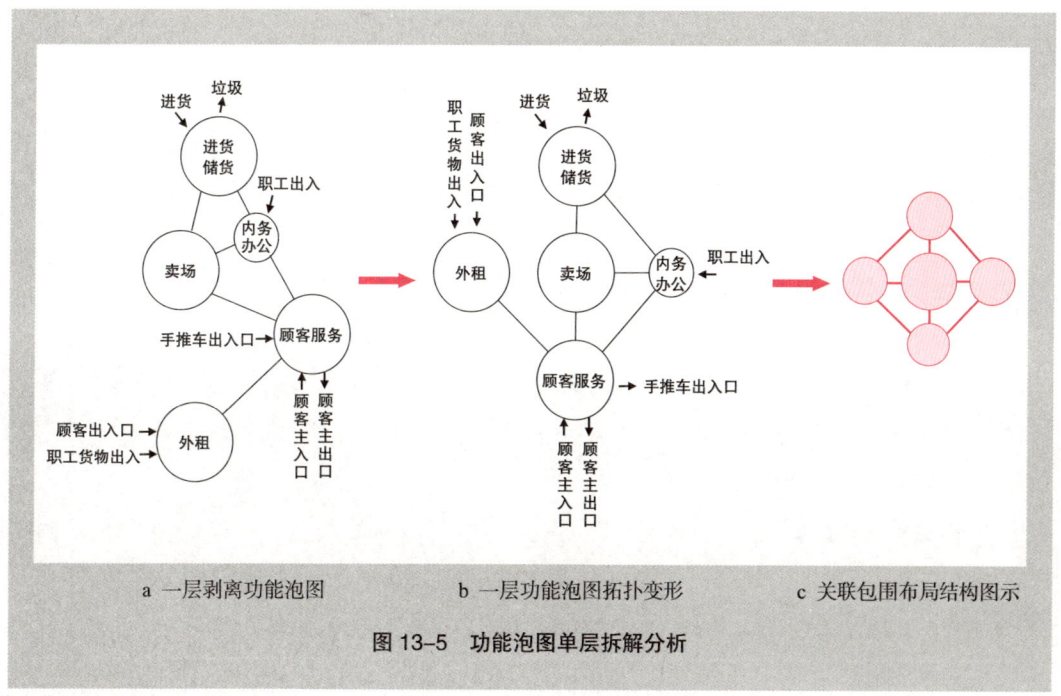

a 一层剥离功能泡图　　　b 一层功能泡图拓扑变形　　　c 关联包围布局结构图示

图13-5　功能泡图单层拆解分析

3. 图底关系分析

通过计算该题目建筑红线首层覆盖率，来大致推算建筑的图底空间形态：6200（一层总建筑面积）÷6901（建筑红线面积）= 89.8%。图底比例极高，应为集中满铺的形态。

4. 关键流线与条件提取

按前面综述介绍的各级关键条件分拣方法，分拣提取任务书中的各部分关键条件，并做以标识。标识如下所示：

▮ 一级分区关键条件
▮ 二级分区关键条件
▮ 网格排布关键条件

超级市场

设计任务书

（一）任务描述

在我国某中型城市拟建一座两层、总建筑面积约为 12500m² 的超级市场（即自选商场），按下列各项要求完成超级市场方案设计。

（二）用地条件

用地地势平坦；用地西侧为城市主干道，南侧为城市次干道，北侧为居住区，东侧为商业区；用地红线、建筑控制线、出租车停靠站及用地情况详见总平面图。

（三）总平面设计要求

1. 在建筑控制线内布置超级市场建筑。

2. 在用地红线内组织人行、车行流线，布置道路及行人、车辆入口。在城市主干道上设一处客车出入口，次干道上设客、货车出入口各一处，出入口允许穿越绿化带。

3. 在用地红线内布置顾客小汽车停车位 120 个，每 10 个小汽车停车位附设 1 个超市手推车停放点，购物班车停车位 3 个，顾客自行车停车场 200m²；布置货车停车位 8 个，职工小汽车停车场 300m²，职工自行车停车场 150m²。相关停车位见图示。

4. 在用地红线内布置绿化。

（四）建筑设计要求

超级市场由顾客服务、卖场、进货储货、内务办公和外租用房 5 个功能分区组成，用房、面积及要求见表 13-1、表 13-2，功能关系见示意图，选用的设施见图例，相关要求如下：

1. 顾客服务区

建筑主出、入口朝向城市主干道，在一层分别设置，宽度均不小于 6m。设一条上行自动坡道供顾客直达二层卖场区，部分顾客亦可直接进入一层卖场区。

2. 卖场区

区内设上、下行自动坡道及无障碍电梯各一台。卖场由若干区块和销售间组成，区块间由通道分隔，通道宽度不小于3m且中间不得有柱。收银台等候区域兼作通道使用。等候长度自收银台边缘起不小于4m。

3. 进货储货区

分设普通进货处和生鲜进货处，普通进货处设两台货梯，走廊宽度不小于3m。每层设两个补货口为卖场补货，宽度均不小于2.1m。

4. 内务办公区

设独立出入口，用房均应自然采光。该区出入其他各功能区的门均设门禁；一层接待室、洽谈室连通门厅，与本区其他用房应以门禁分隔；二层办公区域相对独立，与内务区以门禁分隔。本区内卫生间允许进货储货与卖场区职工使用。

5. 外租用房区

商铺、茶餐厅、快餐店、咖啡厅对外出入口均朝向城市次干道以方便对外使用，同时一层茶餐厅与二层快餐店、咖啡厅还应尽量便捷地联系一层顾客大厅。设一台客货梯通往二层快餐店以方便厨房使用。

6. 安全疏散

二层卖场区的安全疏散总宽度最小为9.6m，卖场区内任意一点到最近安全出口的直线距离最大为37.5m。

7. 其他

建筑为钢筋混凝土框架结构，一、二层层高均为5.4m，建筑面积以轴线计算，各房间面积、各层建筑面积及总建筑面积允许误差控制在给定建筑面积的±10%以内。

（五）规范要求

本设计应符合现行国家有关规范和标准要求。

（六）制图要求

1. 总平面图

（1）绘制超级市场建筑屋顶平面图并标注层数和相对标高。

（2）布置并标注行人及车辆出入口、建筑各出入口、机动车停车位（场）、自行车停车场，布置道路及绿化。

2. 平面图

（1）绘制一、二层平面图，画出承重柱、墙体（双线）、门的开启方向及应有的门禁，窗及卫生洁具可不标示；标注建筑各出入口、各区块及各用房名称，标注带*号房间或区块（表13-1、表13-2）的面积。

（2）标注建筑轴线尺寸、总尺寸及地面、楼面的标高，标注一、二层建筑面积和总建筑面积。

一层用房、面积及要求　　　　　　　表13-1

功能区	房间及空间名称	建筑面积（m²）	间数	备注
顾客服务区	*顾客大厅	640		分设建筑主出、入口，宽度均≮6m
	手推车停放	80		设独立外入口，供室外手推车回放
	存包处	60		面向顾客大厅开口
	客服中心	80		含总服务台，20m²售卡处、广播、货物退换各一间
	休息室	30	1	紧邻顾客大厅
	卫生间	80	4	男、女各25m²，残卫、清洁间单独设置
卖场区	收银处	320		布置收银台不少于10组，设一处宽度2.4m的无购物出口
	*包装食品区块	360		紧邻收银处，均分为两块且相邻布置
	*散装食品区块	180		
	*蔬菜水果区块	180		
	*杂粮干货区块	180		
	*冷冻食品区块	180		通过补货口联系食品冷冻库
	*冷藏食品区块	150		通过补货口联系食品冷藏库
	*豆制品禽蛋区块	150		
	*酒水区块	80		
	生鲜加工销售间	54	2	销售18m²，36m²加工间连接进货储货区
	熟食加工销售间	54	2	销售18m²，36m²加工间连接进货储货区
	面包加工销售间	54	2	销售18m²，36m²加工间连接进货储货区
	交通	1000		含自动坡道、无障碍电梯、通道等
进货储货区	普通 *普通进货处	210		含收货间12m²，有独立外出口的垃圾间18m²，货梯2部
	普通卸货停车间	54	1	含4m×6m的车位2个，内接普通进货处，设卷帘门
	食品常温库	80	1	
	生鲜 *生鲜进货处	144		含收货间12m²，有独立外出口的垃圾间18m²
	生鲜卸货停车间	54	1	含4m×6m的车位2个，内接生鲜进货处，设卷帘门
	食品冷藏库	80	1	
	食品冷冻库	80	1	
	辅助用房	72	2	每间36m²
内务办公区	门厅	30	1	
	接待室	30	1	连通门厅
	洽谈室	60	1	连通门厅
	更衣室	60	2	男、女各30m²
	职工餐厅	90	1	不考虑厨房布置
	卫生间	30	3	男、女卫生间及清洁间各1间
外租用房区	商铺	480	12	每间40m²，均独立对外经营，设独立对外出入口
	茶餐厅	140	1	连通顾客大厅，设独立对外出入口
	快餐、咖啡厅门厅	30	1	联系顾客大厅
	卫生间	24	3	男、女卫生间及清洁间各1间，供茶餐厅、二层快餐店与咖啡厅共用，亦可设在二层

续表

功能区	房间及空间名称	建筑面积（m²）	间数	备注
交通	走廊、过厅，楼梯、电梯等	540		不含顾客大厅和卖场内交通

一层建筑面积6200m²（允许±10%：5580～6820m²）

二层用房、面积及要求　　　　表13-2

功能区	房间及空间名称	建筑面积（m²）	间数	备注
卖场区	*特卖区块	300		靠墙设置
	*办公体育用品区块	300		靠墙设置
	*日用百货区块	460		均分为两块且相邻布置
	*服装区块	460		均分为两块且相邻布置
	*家电用品区块	460		均分为两块且相邻布置
	*家用清洁区块	50		
	*数码用品区块	120		含20m²体验间2间
	*图书音像区块	120		含20m²音像、试听各1间
	交通	1210		含自动坡道、无障碍电梯、通道等
进货储货区	库房	640	4	每间160m²
内务办公区	内务	业务室	90	1	
		会议室	90	1	
		职工活动室	90	1	
		职工休息室	90	1	
		卫生间	30	3	男、女卫生间及清洁间各1间
		安全监控室	30	1	
	办公	办公室	90	3	每间30m²
		收银室	60	2	30m²收银、金库各1间，金库为套间
		财务室	30	1	
		店长室	90	3	每间30m²
		卫生间	30	3	男、女卫生间及清洁间各1间
外租用房区	快餐店	400	2	餐厅330m²，内含服务台30m²、厨房70m²，客货梯1部
	咖啡厅	140	1	内含服务台15m²
交通	走廊、过厅，楼梯、电梯等	860		不含卖场内交通

二层建筑面积6240m²（允许±5%：5616～6864m²）

一、二层建筑面积为12440m²（允许±10%：11196～13684m²）

5. 环境分析

（1）用地外部环境分析

该用地地形方整，地势平坦。指北针正向，即上北下南。用地外部临两条道路，西侧为城市主干道、南侧为城市次干道。两条道路应为顾客主要人流来向。题目要求："城市主干道设一处客车出入口，城市次干道上分设客、货出口各一处。"对货车有需求的功能区只有进货储货区，所以这个货车出入口应该和该分区有一定的联系或对应关系。对于这个条件，在审题时有个预判，到后面的作答中就会更加容易分析出正确思路。

再看用地的另外两侧，北侧为居住区，东侧为商业区。整体上看，道路两侧为整体用地的"外边"，也是"闹边"，另外两侧为用地的"内边"，也是"静边"。相对来看，建筑的西侧和南侧应布置对外的功能，北侧和东侧适宜布置对内的功能。但对于两个内边来说，北边比东边要更"静"和更"内"一些。所以，次干路上的客、货车行出口，应为客车口布置于外侧（西侧）、货车口布置于内侧（即东侧）（图13-6）。注意：基地车行出入口距离道路交叉口须大于70m。

（2）用地内部环境分析

用地内部较为简单，西侧有大面积广场，可用作建筑出入口大量人流集散的缓冲广场和停车场地。在用地红线和建筑红线内都没有其他景观、建筑等要素。

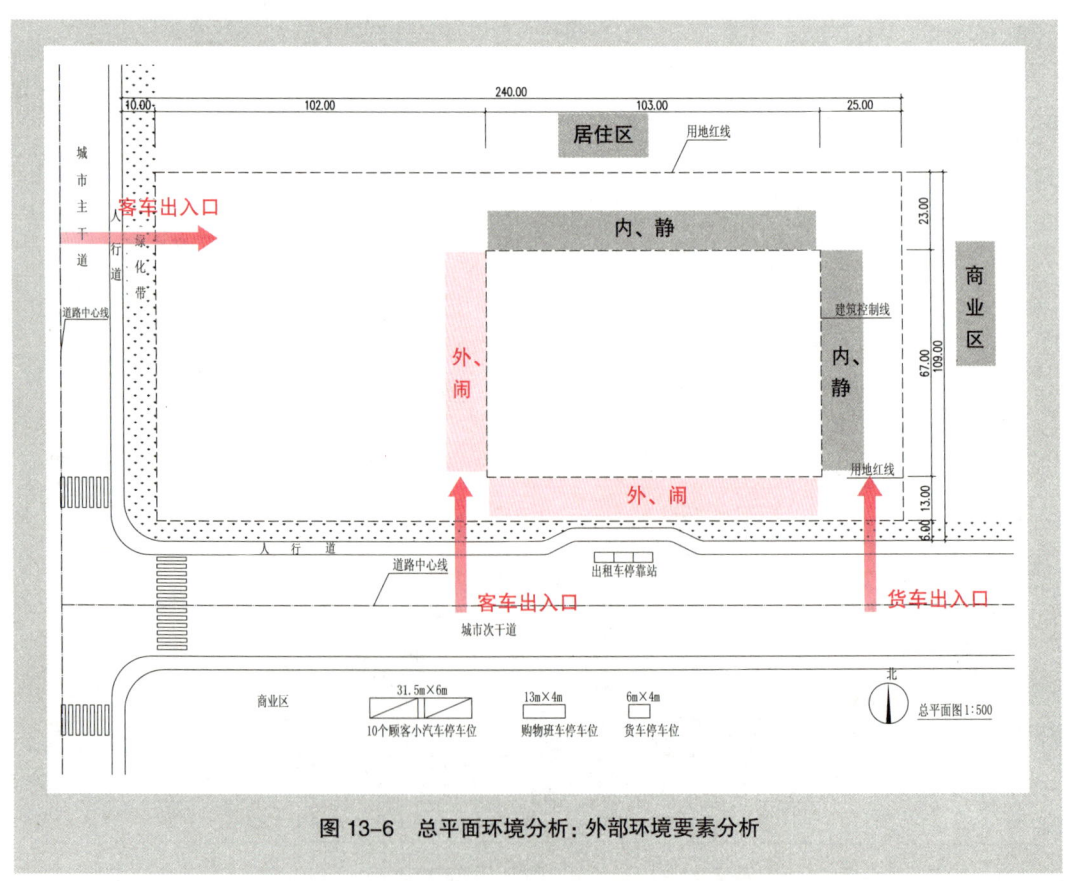

图13-6 总平面环境分析：外部环境要素分析

二、一级分区

1. 泡图就位

（1）"固定端"占位

一层平面：根据题目要求，顾客服务区面向西侧主干道一侧，该区块布置占用地"西边"；外租区部分要求朝向城市次干道，那么外租区块布置就占用地"南边"。卖场与这二者联系，位于用地的核心位置。

这里，顾客服务区要分设主出口和主入口。那么这两个"口"如何布置呢？哪个在南，哪个在北呢？因为主要人流来向为西侧主干路，且场地主入口设置于场地北侧，所以建筑主入口靠近主要人流来向，设置于北侧一端，便于更好地引导顾客进入建筑内部（图13-7）。

将一层功能泡图放在场地环境中和已知条件进行比对（图13-8a），发现其"摆放"位置和之前分析所得平面功能分区定位并不完全相符。商铺位于南向，与要求一致，可顾客服务区位置却在本层泡图的东侧，与之前的定位要求不一致，这也印证了之前的泡图镜像的猜测。于是，判定本层功能泡图为镜像布置。为了使功能泡图更加准确和方便地向平面转化，我们需要将功能泡图进行镜像变形（图13-8b），让功能泡图的两个固定端与平面定位功能分区方位相符。

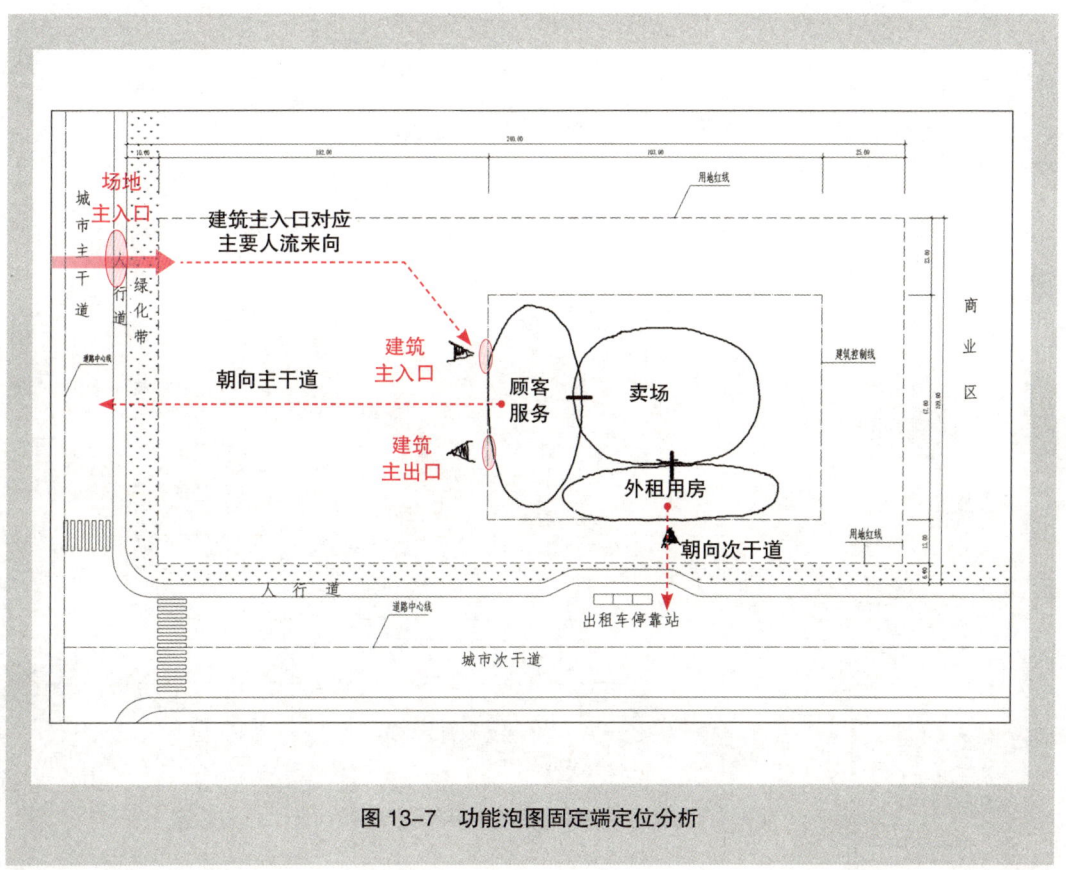

图13-7 功能泡图固定端定位分析

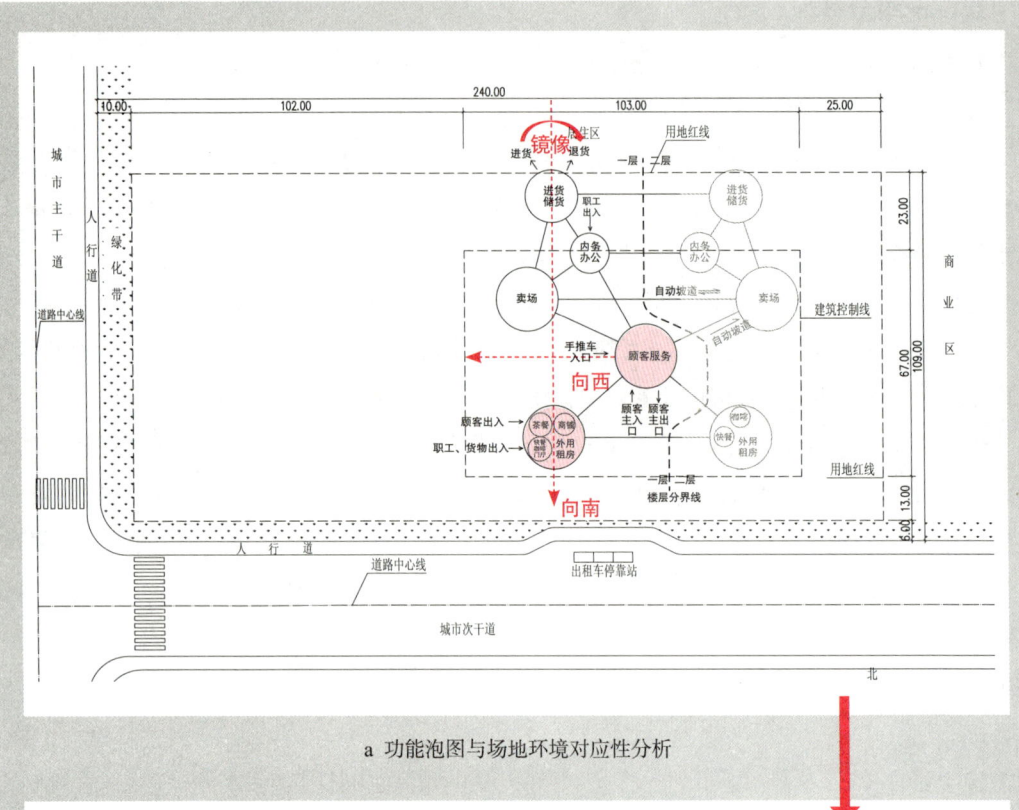

a 功能泡图与场地环境对应性分析

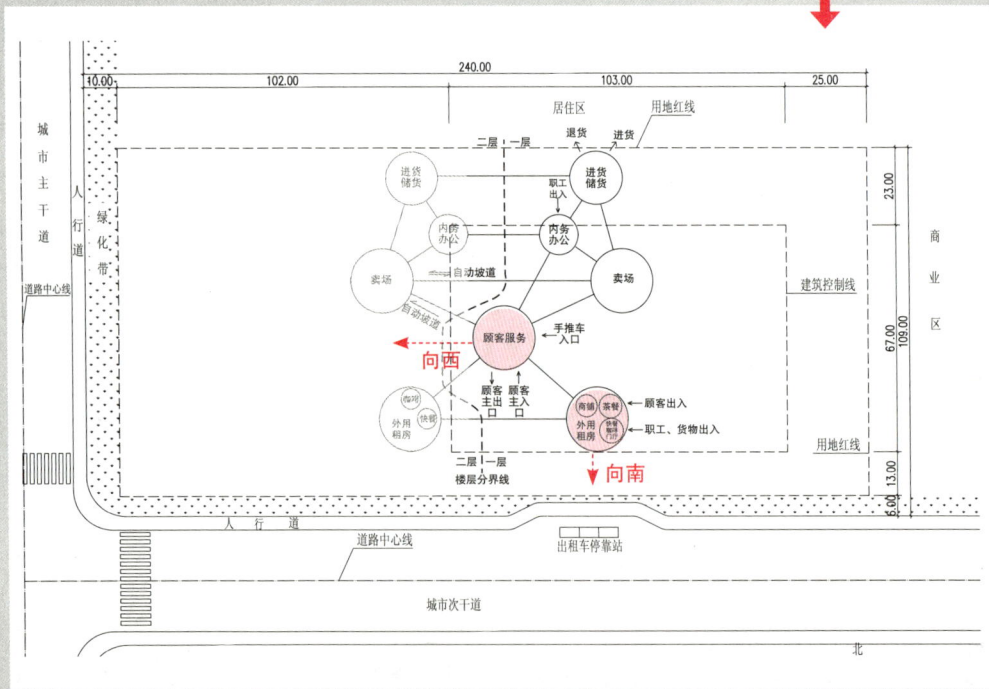

b 功能泡图牵引变形

图 13-8 一级分区：功能泡图镜像变形分析

（2）非固定端定位

结合功能泡图与固定端的定位来综合分析非固定端的布局定位。内务办公区和进货储货区是本题目的非固定端，这两个分区的定位要根据多种条件综合分析确定（图13-9）。

首先，根据三分九宫原理，卖场占据"中核"，顾客服务和外租用房分别占据"西边"和"南边"，其"北边"和"东边"还没有定位分区，这两个分区有可能并且最好是各占其中一边。这样，空间整合、分区明确。

其次，看周边环境和区块的对应关系，用地北侧为住宅建筑，环境安静、内向，东侧为商业，环境较吵闹、外向，从动静、内外的关系上看，内务办公更适合布置在北侧，进货储货更适合布置在东侧。另外，根据之前的分析，南侧城市次干道东侧设置货车出入口，进货储货区布置在东侧，货运路线短捷，方便货品运送。这样这两个分区各自的定位就较为明确了。

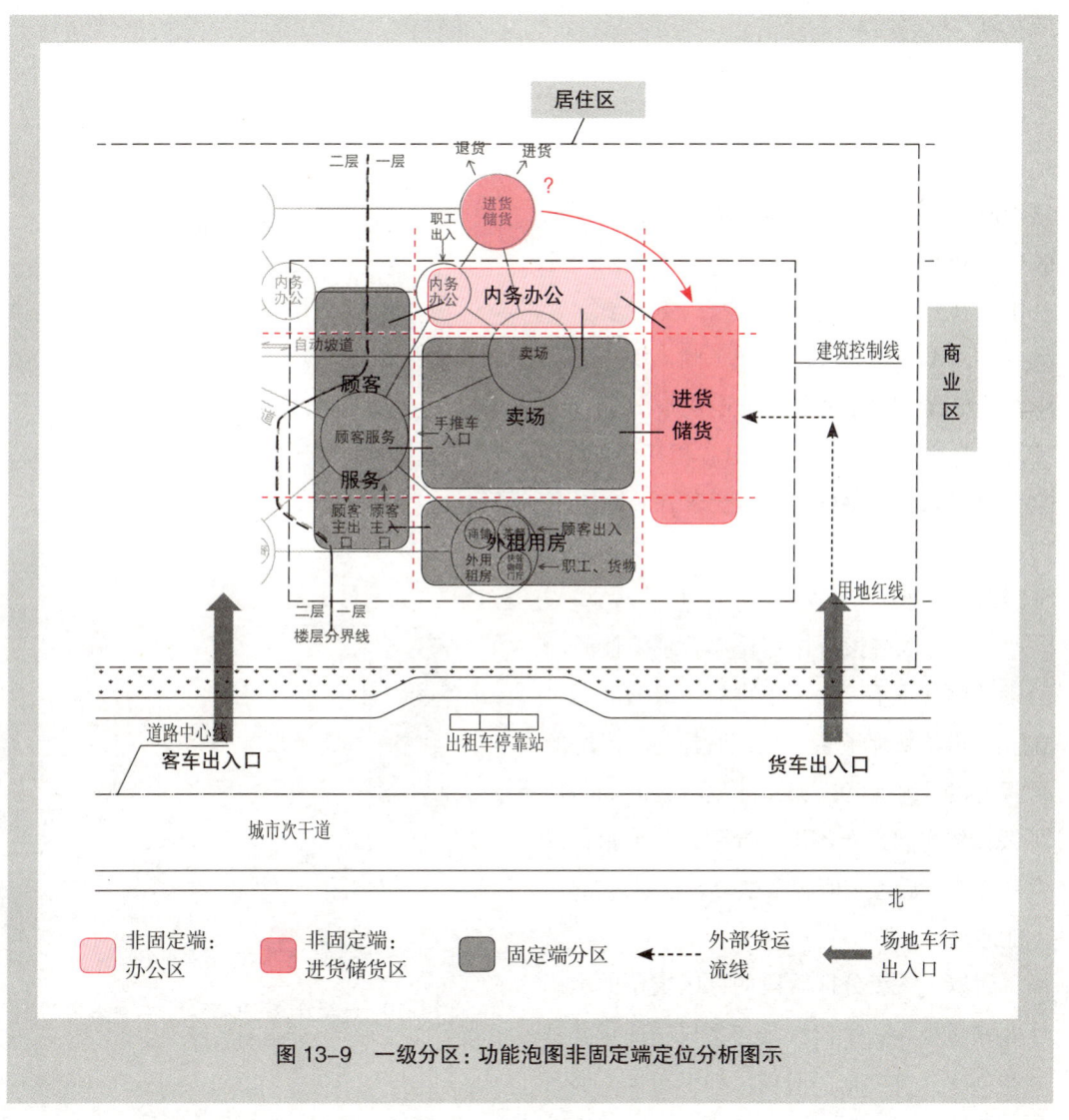

图13-9　一级分区：功能泡图非固定端定位分析图示

最后，这两个分区是不是能完整各站一边，是否采用借用、咬合等布置方式，可在网格排布中进行具体布置设计。

2. 组合逻辑辨析

很多考生在设计时由于缺乏对题目的充分分析，或者对考试不熟悉以及错误的判断思路等原因，导致功能区排布不合理。很多考生不作功能泡图的定位分析和转化变形就直接按泡图示意的位置布置平面分区了，如方案一（图13-10a），这样布局，库区与办公区位置放反，办公区无法联系顾客大厅，进货区货运不方便。按功能泡图表面"直译"作答，就如同刻舟求剑，未能综合分析，实事求是，最后当然无功而返。

还有些考生因不熟悉规范要求，特意给卖场留"临外边"，作疏散用，导致没有形成分区占边的合理布局，如方案二、方案三（图13-10b、图13-10c）。方案二中，办公区与库区全挤到北边，空间拥挤，排不下，且进货会干扰办公区，进货路线较长，不方便。方案三中，库区与办公区都在东侧，用地开间小必然导致分区进深大，办公房间采光困难。库区布置不下，且动、静不分，相互干扰。

但实际上，卖场按规范要求在一定限度内是可以"借区疏散"的。这个也是题目的考察点之一吧。

一级分区阶段分区定位不合理将使后面的设计困难重重。一个不良的一级分区等于在设计伊始就埋下了一颗定时炸弹，问题的暴露是迟早的事情，要么二级流线难以布置，要么具体房间排布不下，导致设计崩盘，或者勉强排下后也是问题多多，导致到处扣分，不能通过。

所以，一级分区阶段的分区定位的准确性非常重要，这个阶段是方案成功的重要基础和前提条件。很多时候，如果布局不够有

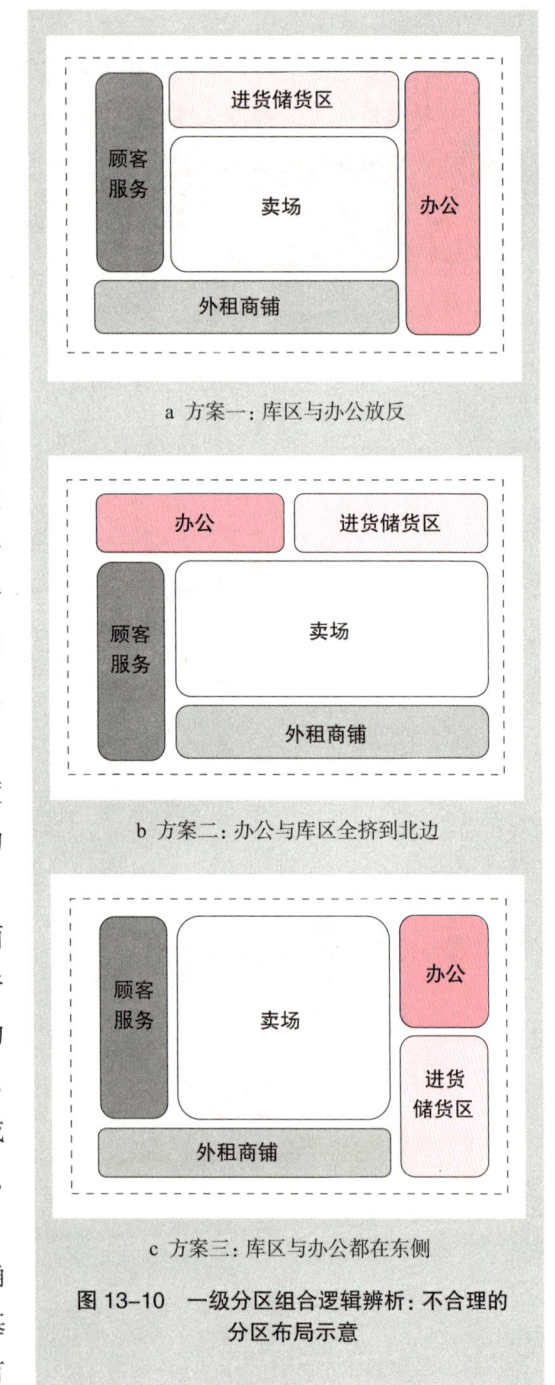

a 方案一：库区与办公放反

b 方案二：办公与库区全挤到北边

c 方案三：库区与办公都在东侧

图13-10 一级分区组合逻辑辨析：不合理的分区布局示意

把握的话,可以多画几种小图示分析其可能性,比对已知条件,往往正确布局便可水落石出。

一层主要分区布局按之前的分析排布完成(图13-11a)。

二层分区布置和一层分区草图尽量对应,但二层少了一个顾客服务,总面积却没有太大变化,那么少的这个部分用什么功能区填补呢?卖场?外租?还是业务办公?主要根据功能联系和面积的网格分配。因为一层顾客服务要和二层卖场有直达扶梯联系,故暂且将二层卖场区置于顾客服务大厅之上(图13-11b)。

值得注意的是,题目要求"一层在顾客服务区设一部自动扶梯直达二层卖场",二层不再设置任何公共厅,如果有考生在二层设置交通厅和一层顾客服务相对应,那就是"画蛇添足"了,会导致购物流线不严密、不闭合,造成"逃单"现象。所以,这里应注意。

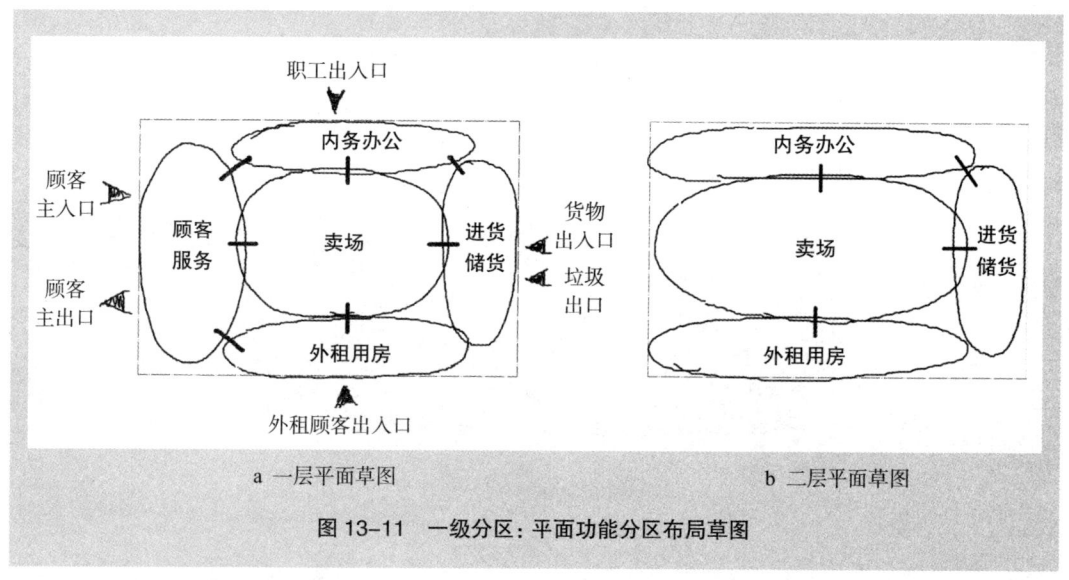

图13-11 一级分区:平面功能分区布局草图

3. 一级分区关键条件落入与校核

落入题目中其他有关一级分区的关键条件。

本题目中有很多需要对外设置出入口的房间,包括:顾客服务区的手推车;外租用房的茶餐厅,二层咖啡、快餐需通过一层出口(设垂直交通)对外联系;办公区的门厅、进货储货区的收货停车间(两间)、垃圾间等(图13-12)。

三、二级分区

1. 空间组合与交通布置

(1)空间组合与水平交通

本题目中各区空间组织方式相对比较简单,一层顾客服务区应为放射式空间组织,办公区用房要求皆有良好采光,应为单廊空间形式,进货储货区无采光要求,单双廊均可,因与

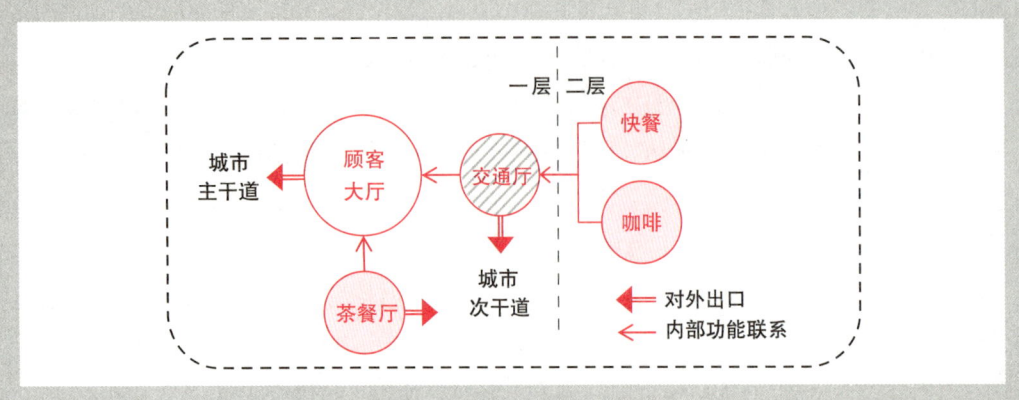

a 一级关键条件分析示意图

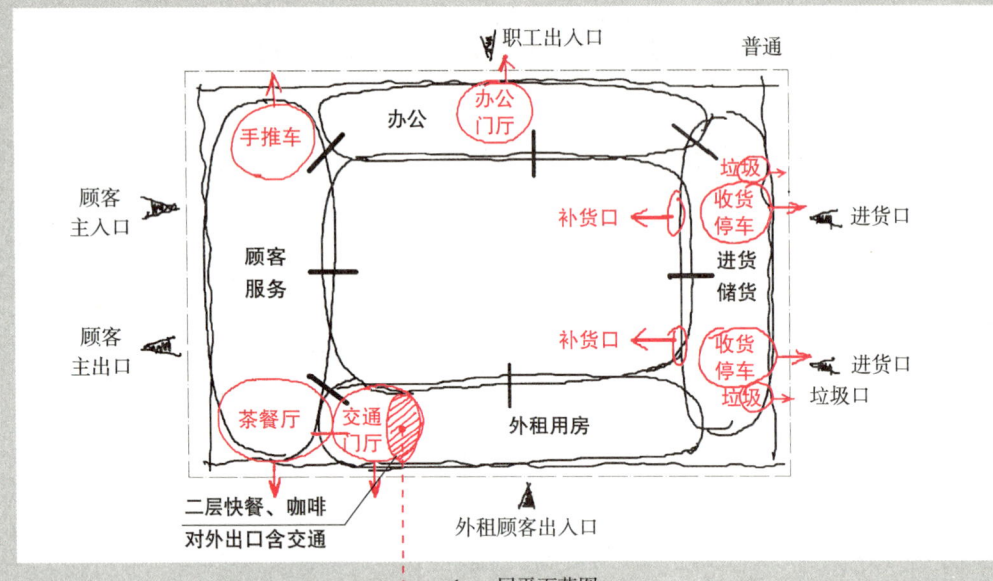

b 一层平面草图

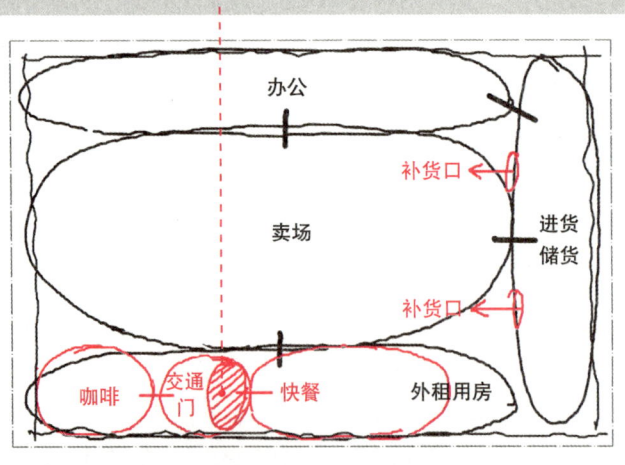

c 二层平面草图

图13-12 一级分区：关键条件补充与校验平面草图

卖场有多个补货口联系，暂设为单廊（图 13-13a）。

外租区是什么形式呢？表面上，外租泡单元与顾客服务大厅联系。但实际上，该泡单元中另有三个小泡表明了和顾客服务大厅联系的只有这三个功能用房，并且题目中也强调"一层茶餐厅与二层快餐店、咖啡厅还应尽量便捷地联系一层顾客大厅"，并没有说明外租商铺也要联系。那么，联系了算不算错呢？出题人在面积表中再次注释："外租商铺每间 40m^2，均独立对外经营，设独立对外出入口"，强调了其独立对外、不和其他任何分区有关联的空间特性。这样，如果再设置内走廊恐怕就不符合题意了。

二层水平交通基本延续一层的形式（图 13-13b）。但二层外租用房大都需要开设双向疏散口，暂且设置内走廊，以方便疏散。

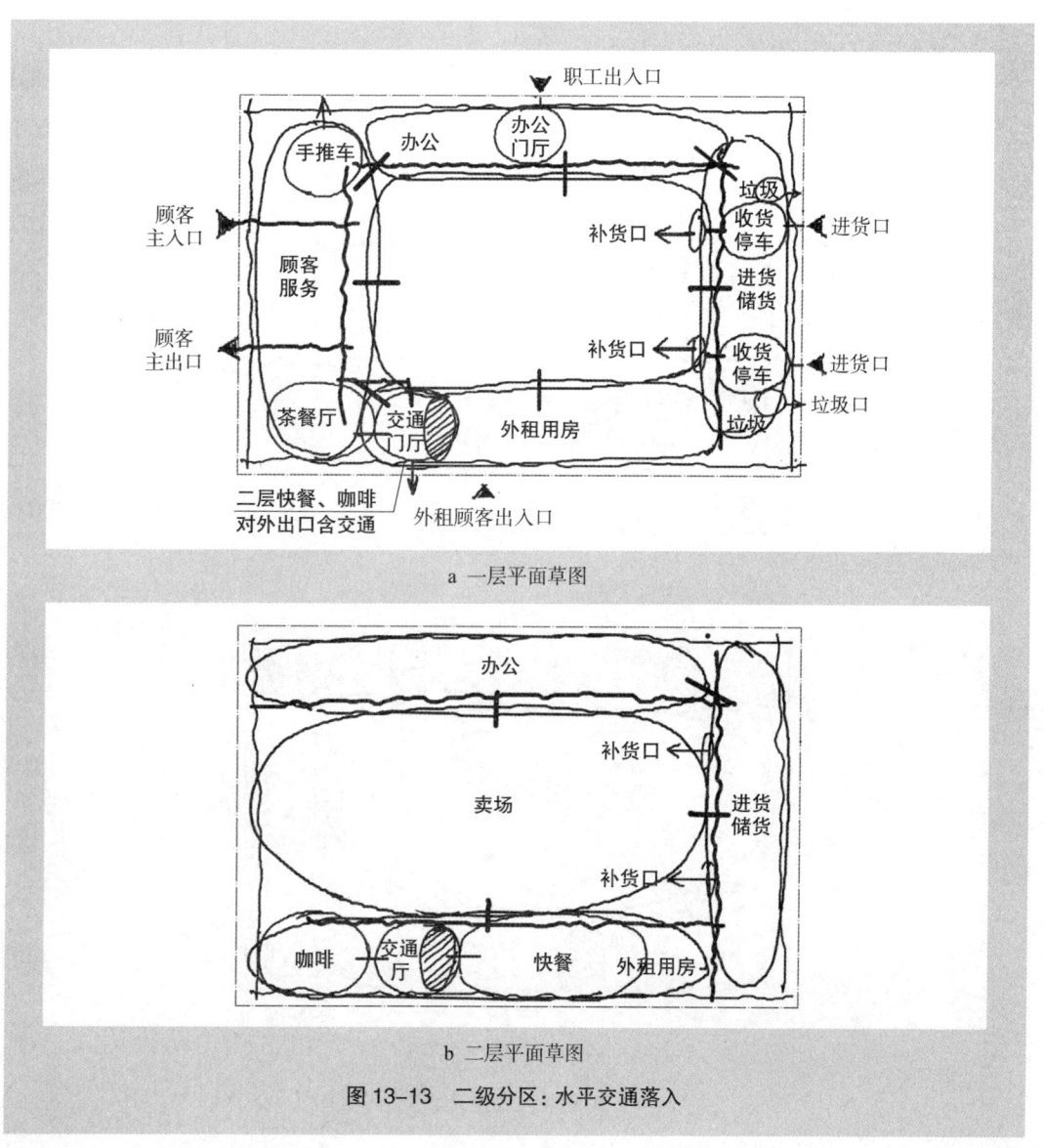

a 一层平面草图

b 二层平面草图

图 13-13 二级分区：水平交通落入

（2）垂直交通

1）首先，考虑枢纽交通，门厅上方无公共交通空间，故门厅区域不设公共垂直交通楼梯。

2）其次，考虑上下层分区功能联系。内务办公和进货出货区需设置上下联系的交通楼梯。

3）再次，考虑疏散设计。大空间卖场的疏散布置也是本题目设计上的难点之一。题目要求："卖场区内任意一点到最近安全出口的直线距离最大为37.5m。"那么，就要保证以各个安全出口为圆心，37.5m为半径的圆能够覆盖整个卖场。最高效、最简洁的布置办法是：只要该空间最不利点满足该要求，整体空间就都可满足要求了。因为出口需布置在建筑四边上，故卖场的最不利点是卖场的（几何）中心。卖场的安全出口布置可以以卖场的几何中心为圆心绘制一个半径为37.5m的圆，将该卖场的安全出口设置于该圆圈与卖场边缘交界处（圆圈内），布置南北四处，并检验其他边缘空间是否超出规定（图13-14）。

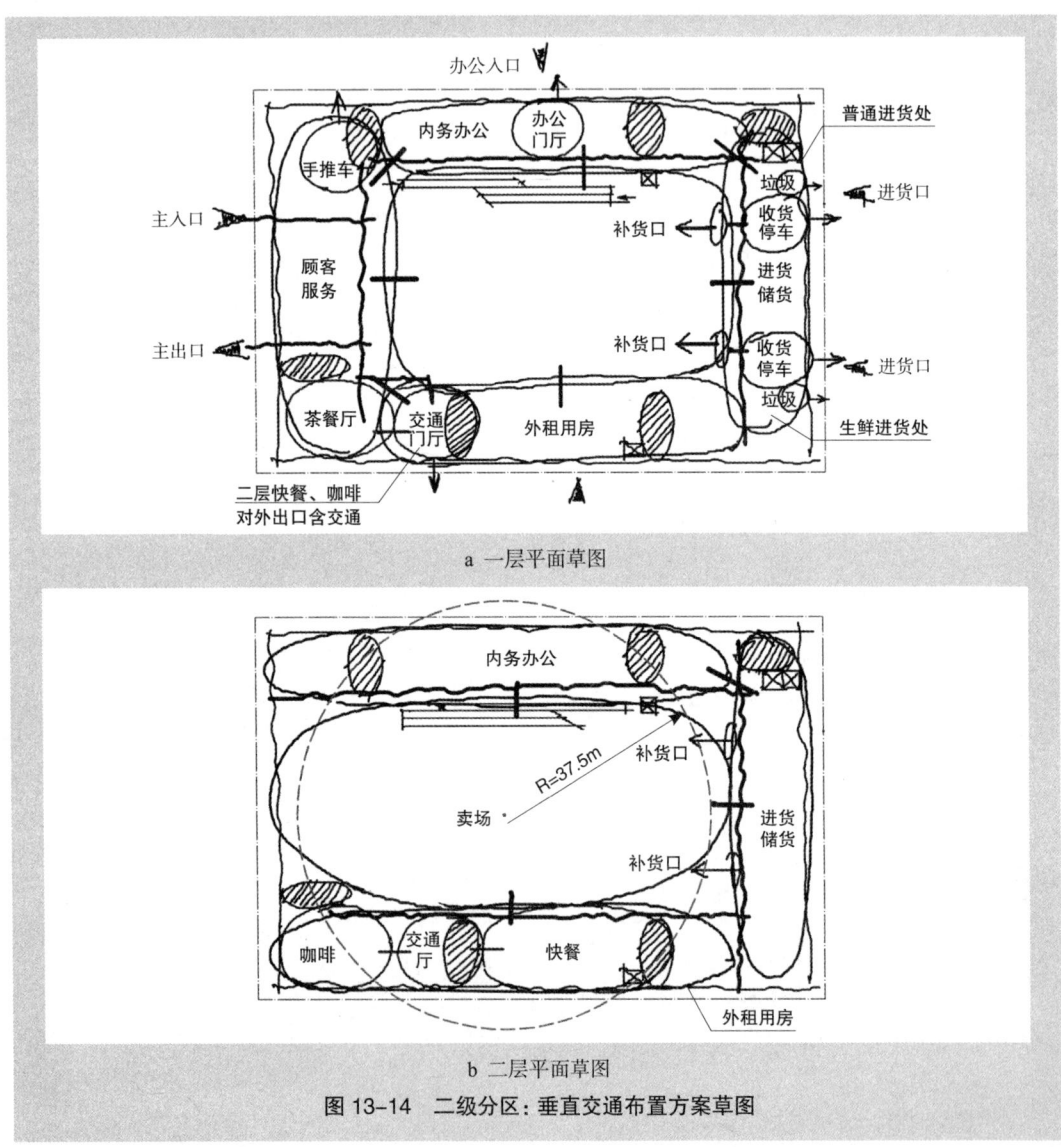

a 一层平面草图

b 二层平面草图

图13-14 二级分区：垂直交通布置方案草图

如若疏散楼梯开口直通卖场，则楼梯间开口即为安全出口；如若借区疏散，疏散楼梯开口不能直接开向卖场，如办公区，需通过一段走廊进行疏散衔接，那么，根据规范："当疏散门不能直通室外地面或疏散楼梯间时，应采用长度≤10m（12.5m）的疏散走道通至最近的安全出口"（图13-15），故而疏散楼梯间的开口距卖场安全出口的距离应不大于12.5m。为满足规范要求和空间对位，我们尽量将疏散楼梯开口布置在这个半径为37.5m的圆圈内。二层要结合楼梯进行疏散，所以疏散的布置结合二层平面来找。内务办公边布置两部疏散楼梯（结合办公内部交通联系）；外租边布置两部疏散楼梯（结合咖啡、快餐交通联系）。

在满足卖场疏散要求的基础上，校验其他分区疏散是否满足。办公区两部疏散楼梯尽量拉开距离（≤100m），要顾及尽端房间疏散要求（≤27.5m）。为满足咖啡厅双向疏散，在西侧门厅边布置疏散楼梯一部。

具体的楼梯数量、宽度的确定，还要在网格排布中计算、设置。

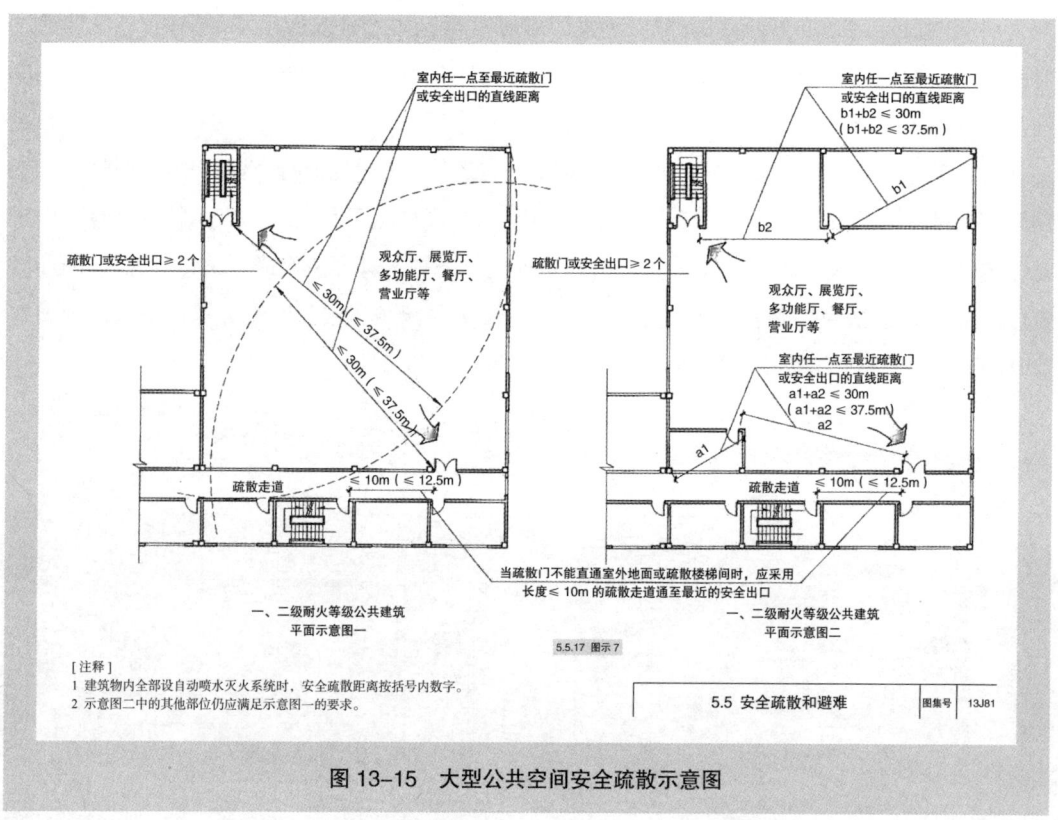

图13-15　大型公共空间安全疏散示意图

4）最后考虑电梯设计。无障碍电梯布置在卖场内，结合扶梯设计。

a 扶梯设置。由顾客服务区进入二层卖场的扶梯设置位置的不同，将影响二层的布局方案。由顾客服务区到二层卖场的扶梯可以有几种布置方式呢？很多考生凭印象或者经验想到一种，就想当然地布置了，不考虑其他方式或可能。当然，直接布置有可能是优选，但也可能不是最优或者是错误的。如果能稍微扩展一下思路，会对布局定位更有把握。常见的布置思路有以下几种：

方案一：直通二层卖场的扶梯布置在顾客服务大厅西侧（在顾客服务大厅东侧会遮挡卖场出口，在中间会破坏大厅空间的完整）（图 13-16a）。该方案中，扶梯在二层占用较多的墙面，会影响某些需要靠墙布置的区块，并且这样设计使得顾客服务上面只能布置卖场，不适宜有其他的区块空间借用、咬合等，也不利于和其他上下行扶梯组合集中布置。

这里扩展说明一下，在后面进行具体分区网格模数量化时，会发现二层办公用房比一层多很多，在一层办公区上方位置布置不下，因西侧布置了公众扶梯，内务办公区就只能向东侧"挤压"或者"抢占"进货储货区空间（详见图 13-22a、b）。这样，该两区空间布局都会让人感到非常"被动、难受"。当然，在此步骤时相信绝大多数考生还未能预见此处不同方案会给后面排布设计带来的影响。如果索性这样设计了，到后面遇到"困难"，也可返回来通过调整扶梯位置，解决办公布局的矛盾（二层办公向西边延伸），以达到整体方案的最佳状态。因为前面的设计都是为后面"铺路"，后面"艰难"了，一定是前面出了"问题"。虽然考试时间短暂，但也希望更多考生能通过"全身综合调理"的方式解决根本问题，而不是"头疼医头、脚疼医脚"，局部做文章，治标不治本。

方案二：直通二层卖场的扶梯直接插入卖场区，该直达扶梯的上行位置应接近建筑主入口，所以该扶梯起点应靠近卖场北侧布置（图 13-16b）。卖场内上下行扶梯与直达扶梯尽量集中布置，这样可减少对墙面的占用，使卖场空间布局更加充裕，且不占用或者破坏顾客大厅空间，方便顾客发现该扶梯，并有利于引导客流上行。一层西侧顾客服务区上方也可更灵活地布置卖场或外租、办公等空间。

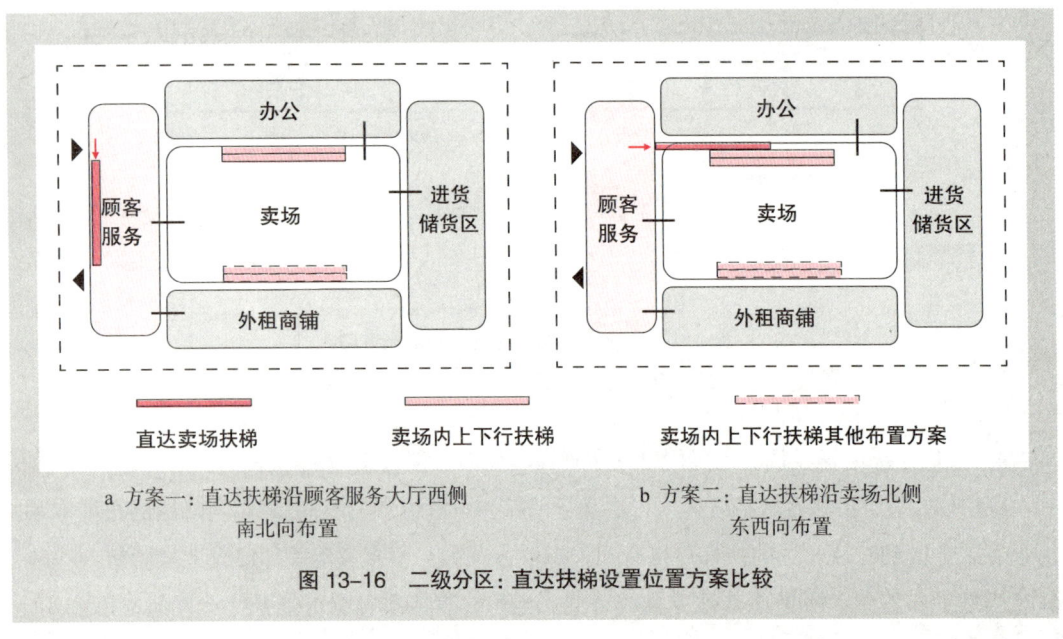

a 方案一：直达扶梯沿顾客服务大厅西侧南北向布置

b 方案二：直达扶梯沿卖场北侧东西向布置

图 13-16 二级分区：直达扶梯设置位置方案比较

综上分析，方案二相对优选，本题目作答采用方案二的思路继续深入。无障碍客运电梯布置在扶梯附近。

b 货梯设置。进货储货区常温库需要和二层库房有货梯联系，根据子分区组合逻辑辨析，常温区在北侧（详见下文"2.子分区逻辑辨析"），于是靠北部结合交通楼梯布置货梯两部。另外，外租区要求："设一部客货梯通往二层快餐店以方便厨房使用"，这个客货梯为方便厨房货运，应是内部工作人员使用，布置在二层快餐、厨房处且临外边。

2. 子分区组合逻辑辨析

进货储货有两个子分区，分别是常温和生鲜，且常温要通过垂直交通联系二层常温库。那么常温和生鲜在该区如何分配部署呢？从原理常识上讲，普通货品一次进货可以储存较长时间，相对不需要频繁进货，而生鲜不同，要及时更新、频繁进货，所以从这个角度讲，使用频率高的区块应布置在外侧以方便运输，使用频率低的区块适宜布置在内侧。故该区的子分区划分中，常温布置在北侧，生鲜布置在南侧。

3. 关键条件落入

落入任务书描述的相关流线，除此之外，还要落入隐含在面积表中的二级条件。面积表中的空间关联，有的是以备注写明某空间连通某空间，有的则需要应用一定的原理常识、专业知识去判断。

（1）一层平面（图 13-17a）

1）顾客服务区。题目要求："一层茶餐厅与二层快餐厅、咖啡厅还应尽量便捷地联系一层顾客大厅"，之前已经分析了顾客服务大厅与外租商铺无需交通走道联系，但顾客服务区需要联系茶餐厅和二层的咖啡、快餐。平面上校验顾客服务大厅与茶餐厅的关联，以及顾客服务大厅与通往二层咖啡、快餐的交通核的联系关系。因为交通厅不正对顾客大厅，故预判此处可能需要留有从顾客服务到该交通核空间的通道。顾客服务大厅直连休息室与手推车。

2）卖场区。收银台是超市卖场区顾客流线的终点，形成"关卡"式节点空间，该部分设置邻近顾客服务区。包装食品区块邻近收银台布置；3个加工售卖间属柜台式空间，须联系卖场和货区内部，布置在卖场的东侧，邻近进货储货区。冷藏、冷冻食品区块通过补货口联系冷藏、冷冻库，冷藏、冷冻库设置于生鲜区，尽量布置在卖场东南角生鲜补货口附近。

3）办公区。办公门厅连通接待、洽谈区且该区与办公其他部分需加门禁。

4）库区。两个进货处分别内接各自的卸货间，根据使用原理和要求"内接"，进货处适宜设在停车处进深方向上，方便卸货清点。之前进货储货区按单廊设计，那么这个进货区可以考虑借用卖场一部分空间，与加工销售区整合对位。进货处实际也属于扩大的交通（使用兼交通）空间，所以把补货口开在进货处一侧，使空间更加紧凑、整合。

（2）二层平面（图 13-17b）

1）卖场区。特卖与办公用品区块需靠墙布置。另外，数码、图书音像需设置体验间与试听间等，这样就会形成两处高起、封闭的"小屋子"，该区块适宜靠墙、靠边放置，如果随

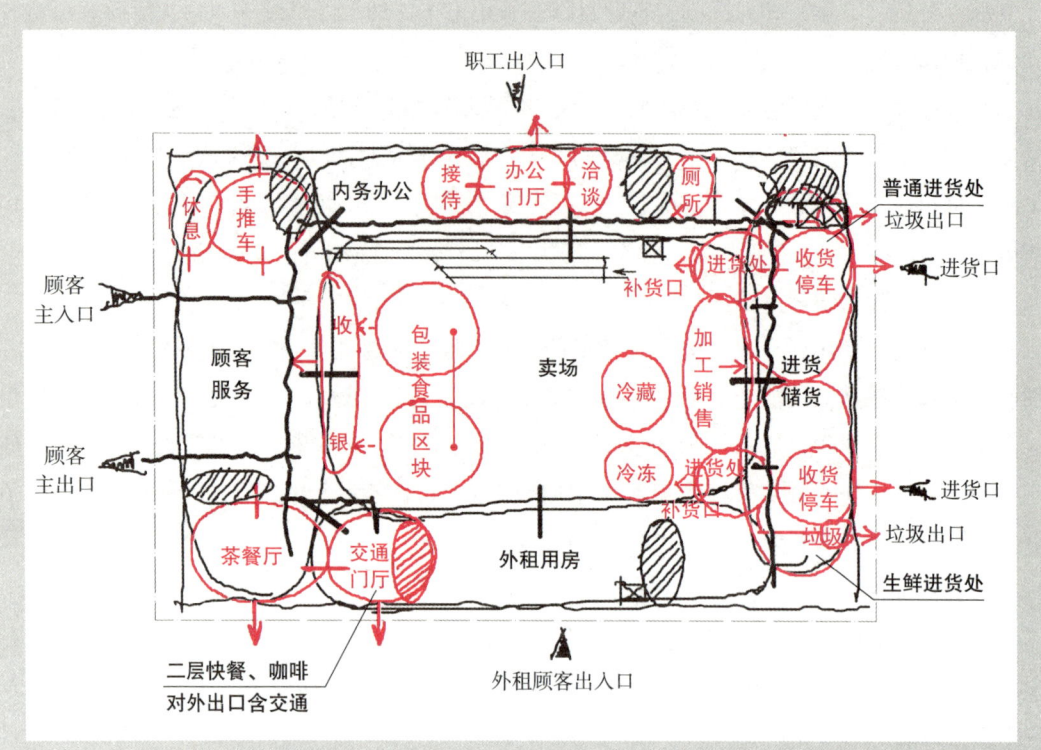

a 一层平面草图

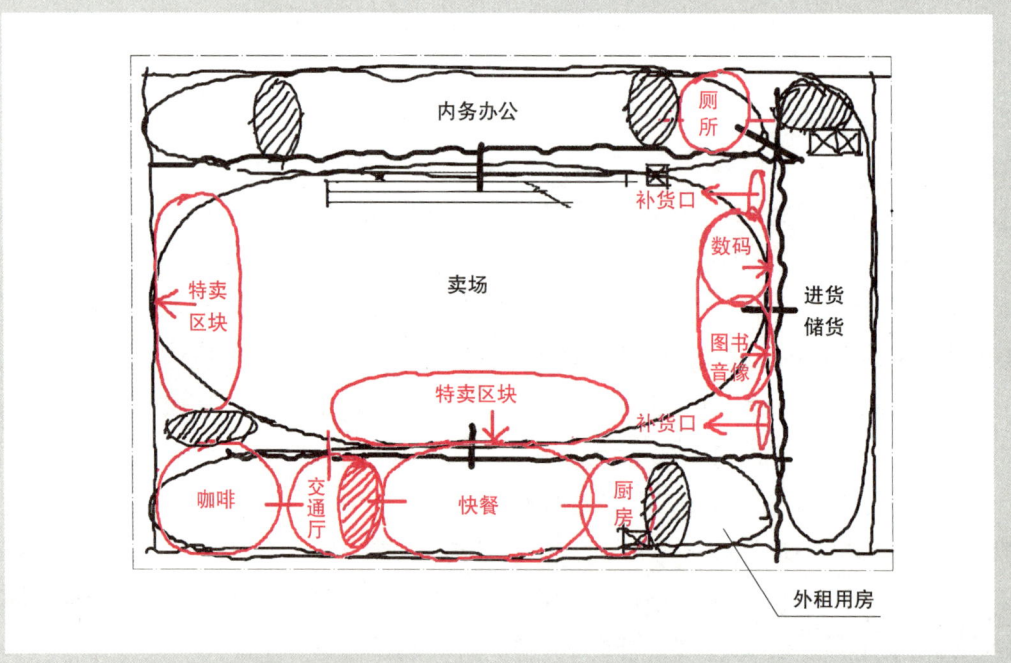

b 二层平面草图

图 13-17 二级分区：关键条件落入方案草图

意放在卖场中间，则会遮挡顾客视线和流线，而且其他区块也不好设置。综合考虑，卖场内的四面墙，除了一面（北面）设置扶梯外，其他三面墙需分别布置前述图书音像区块和两个特卖区块，使三者分别各靠一面墙，安排两个特卖区块靠近西侧和南侧墙面，附设试听、体验间的靠东侧墙面。

2）外租用房。咖啡和快餐通过交通厅联系顾客大厅，并且厨房和快餐厅流线也是常见的餐厨小流线。

3）办公区。划分办公区与业务区，两区之间加设门禁（门禁的表示，可以自己设计一种明显、好识别的符号）。卫生间兼供货区使用，故适宜布置在两区交界处。

很多时候，有些条件看似没有关联，但整合到一起综合考虑就会更加宏观，我们作的决定也会更加理性、合理。很多考生在做题的时候布置不佳，或者反复修改，浪费时间，往往就是因为没有通盘、全局思考，总是局部作战，顾东不顾西，就像士兵打仗没有指挥部，一盘散沙、失误、溃败在所难免。

四、网格排布

1. 柱网尺寸判定

该题目对柱网尺寸的暗示是比较明显的，在多个方面都有提示。

首先，完全新建，没有原有建筑或构筑物等柱网可延续。

其次，找到题目中是否有强空间出现。面积表中商铺空间重复最多（12间），为单元性强空间，虽然对商铺本身的空间形式并没有太多要求，但也需要考虑适合的长宽比和柱网的适应性。这样，我们初步尝试满足该单元空间柱网要求，因为商铺独立对外，不需要额外的走廊，这样使该空间可占满跨，每间 $40m^2$。如果一间一个柱网，柱距才 6m 多一点，柱网格太小，而且方形商铺占开间太大，不经济，所以我们设计一个柱网格放置两个商铺。那么网格单元面积应为 $80m^2$，也就意味着柱距为 9m。9m 柱距是否符合其他房间要求呢？

再看大空间是否满足。面积表中的大空间为卖场区块，$120m^2$、$180m^2$、$300m^2$、$460m^2$ 居多，近似 $80m^2$ 的网格单元似乎并不太满足，但别忘记，区块周边还要有通道相隔，所以实际划分的面积还要加上通道面积。但是通道面积是多少呢？有的区块四边有通道，有的一边、两边、三边临通道，也不好确定，那么这一项就先放在一边，先复核其他项，看是否对应，待确定好柱网尺寸后，再回过头来具体处理区块与网格的关系。

接下来复核众多小空间是否满足。观察面积表发现，以办公区为代表的小空间面积以 $30m^2$、$60m^2$、$90m^2$ 的居多，似乎有一定的规律性。根据"综述"中的柱网面积表（详见图 1-10），我们应该能快速地确定 9m 柱距网格单元去掉一条走廊后面积约为 $60m^2$。这样，原定的 9m 柱网适合上述所有面积（图 13-18）。

至此，已经比较确定 9m 柱距了，最后还要检验设备设施尺寸是否合适。本题目中的设备设施有 3m 宽的收银台，9m 柱网刚好布置 3 组收银台，且紧凑、连续，不影响交通。再有，一个柱网单元空间（可去掉一条走廊），刚好也能作为卸货停车车间，摆放两个货车停车位（每个 4m×6m，两个 8m×6m）。超市人流量大，商品也需要更多展示空间，大柱距柱网符合建筑使用要求。所以本题目确定为 9m 柱距。

此时，再回来检验一下 9m 柱网和各种区块及通道的关系。通过调试比对，我们也找到了各种面积区块+通道和柱网匹配适应的方式，在实际分区布置中进一步调整排布即可（图 13-19）。

2. 场地空间网格模数量化

（1）场地轴网纳入

计算场地中可纳入的最大网格限度。建筑红线范围：103m×67m；横向（东西方向）：103÷9=11.1，取 11 跨；纵向（南北方向）：67÷9=7.4，取 7 跨。故可容纳总网格数为 11×7=77 格。

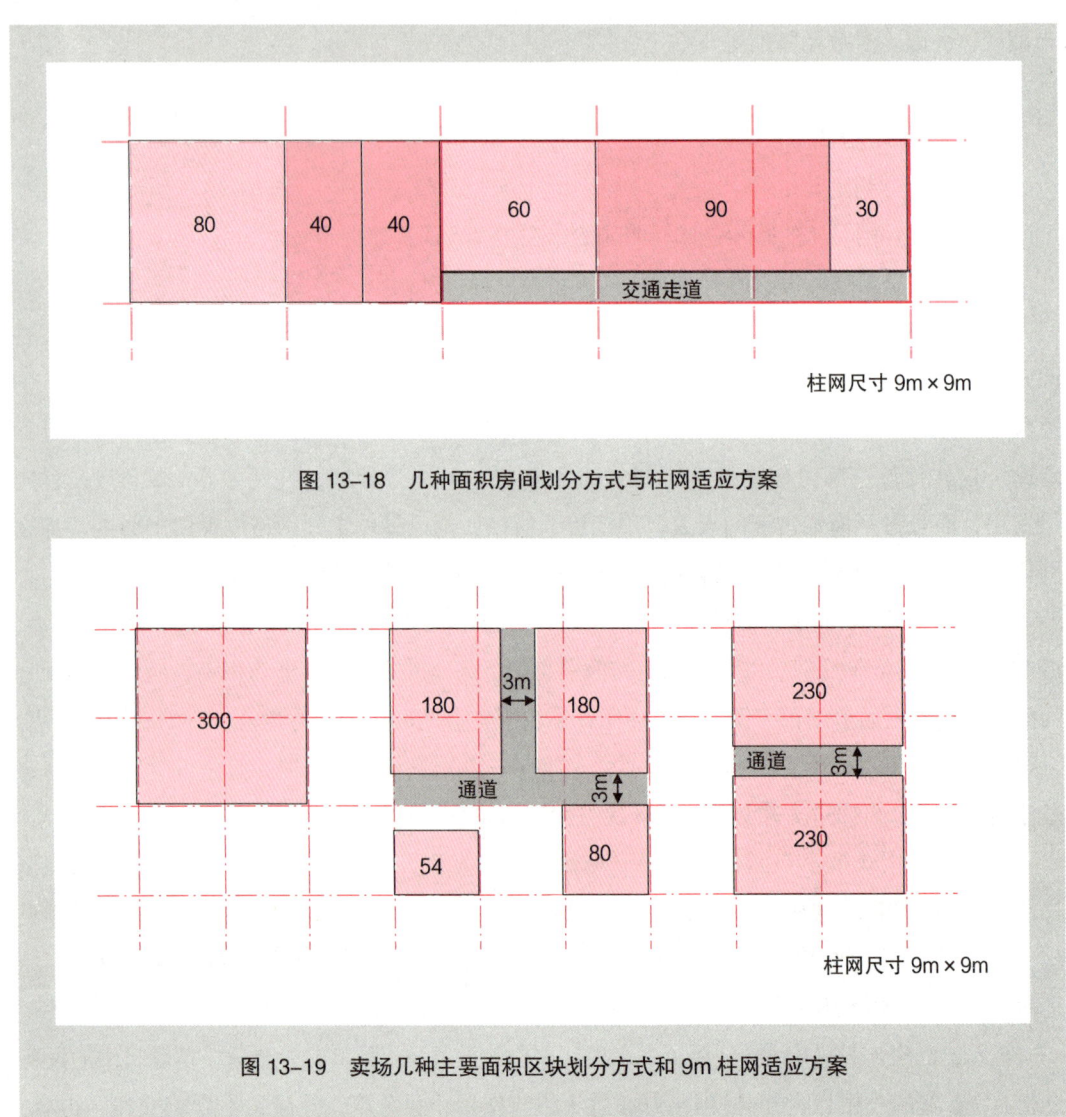

图 13-18　几种面积房间划分方式与柱网适应方案

图 13-19　卖场几种主要面积区块划分方式和 9m 柱网适应方案

计算首层所需网格数：首层总建筑面积：6200m²，每个网格面积：9×9=81m²。首层占格数：6200÷81=76.5格，约为77格，所以首层在最大网格数内满铺，中间无庭院、天井（图13-20）。

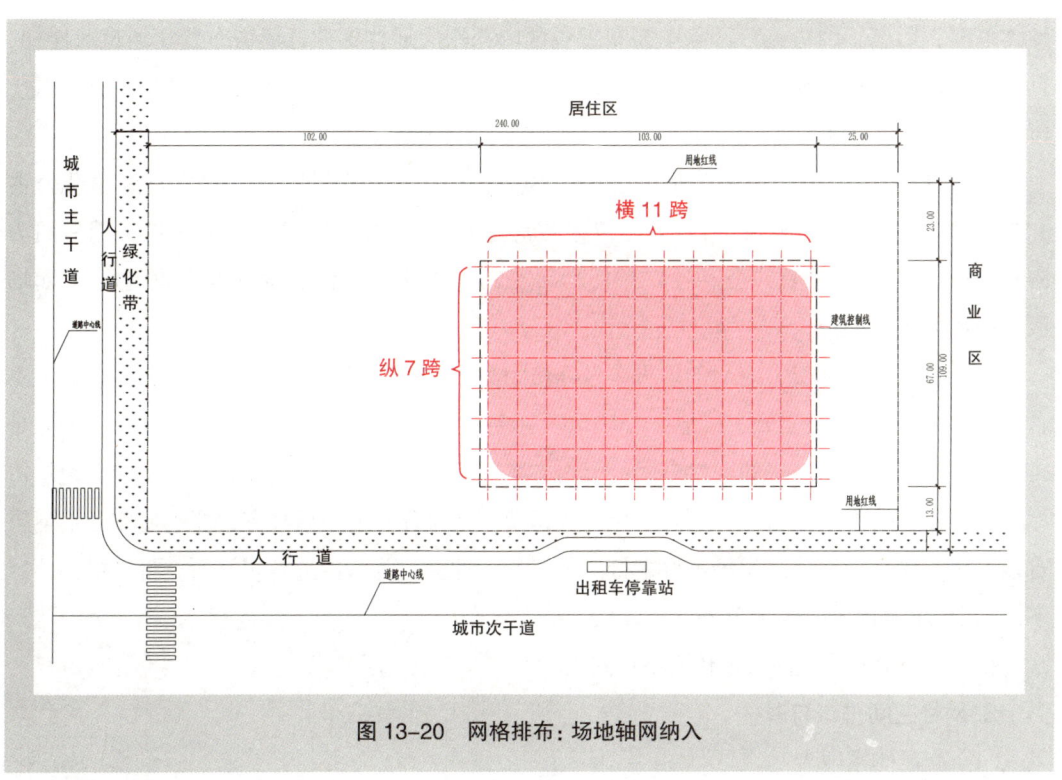

图13-20　网格排布：场地轴网纳入

（2）纵横向跨数预判

1）一层平面。办公区房间都需天然采光，位于建筑北侧，占一边，单向采光，进深（纵向）方向占一跨；外租用房区域占南侧一边，强空间"商铺"在判定网格尺寸的时候已预判其进深（纵向）方向也占1跨。

顾客服务区应占西侧一边，其空间组合形式为放射式，进深（横向）方向应占2~3跨。那么，到底是2跨还是3跨呢？这时可以计算下该区域的网格总量，并结合其空间功能、位置、空间形态综合考虑。因该区大厅空间兼作交通空间，且不需要与二层联系，即无楼电梯，几乎没有额外的交通增量，所以该区系数直接取1，用总面积除以单元网格面积，得11.9格，取12格。这12格是采用3×4布置还是2×6布置呢？顾客大厅相当于门厅，沿街面应尽可能大，布局上也适宜占一边，所以尽可能拉长形态，这样也便于同时联系外租和办公这南、北两个分区，故选2×6布置为佳。

最后，进货储货区占东侧一边，预判进货储货区可结合加工销售区块整体横向占2跨。至于是否和其他分区有相互咬合、借用，应在具体的网格排布中灵活调整（图13-21a）。

2）二层平面。根据各区空间使用要求、面积等与网格的对应情况，预判办公区、外租区和库区各占一边，进深各为 1 跨（图 13-21b）。

（3）分区量化

前面作了分区占边的整体布局规划，还要再核准各分区具体占网格数量，来确定分区的具体范围、形态。因边侧分区除了需布置各区内部用交通楼梯外，还需布置卖场疏散楼梯，且对数量、宽度有严格要求，须经计算确定。这样我们先计算各分区的净用房占网格数量，再结合楼梯整合分区轮廓。

1）一层平面。办公区域房间用定格法量化，占 5 格；外租用房采用定格法量化，占 8.5 格；进货储货区与销售部分合并，以系数法计算，进货储货区为 771m²，加工销售间为 $54 \times 3=162m^2$，该部分总共需要：（771+162）× 1.25 ÷ 81=14.4，约 14 格（含垂直交通）。卖场区占剩余网格空间。

2）二层平面。以定格法计算，办公区净房间需 12 格，外租区需要 7 格，库区需 8 格（不含楼电梯），外加一条走廊。二层办公区比一层多 7 格，这 12 格在原一层办公区平面上方是排不下的，需要占用更多的网格空间，可选方案一是向西边挤占卖场，方案二是向东边挤占库区。内务办公如果挤占库区空间将会造成这两个区块强烈的矛盾冲突，要么使库区上下层难以对位，要么使库区与卖场不好衔接。为了避免冲突，各区占边各得其所，将二层办公区多出部分向西侧延伸为更优选择（图 13-22）。

根据以上分析形成网格量化宫格见图 13-23。

3. 网格空间排布与调整

（1）交通体系纳入

1）落入各分区水平交通。为保证各分区的内部交通联系和整体的交通疏散顺畅，我们让二层的交通走道兼疏散走廊形成封闭内环，只在分区交界处设置门或门禁。这样可避免形成带形走道，每个房间都有两个方向的疏散口。

2）具体排布垂直交通空间。本题目对交通疏散有着较高的要求：一是交通疏散，也就是楼梯间的空间布置距离有限定；二是疏散宽度有下限要求，也就意味着楼梯间的面积较大；三是卖场空间需要向其他分区借区疏散，这就意味着划分其他分区的时候，不光要考虑本区交通，还要纳入卖场疏散交通。综上考虑，本题目的分区划分一定要结合整体建筑的交通疏散来考虑，否则，可能会不够准确。所以，我们要先弄清楚对于题目要求的交通疏散到底要做到什么程度，才可在后面的设计中有的放矢。

计算疏散楼梯的网格（面积）总量。任务书中要求二层卖场区的安全疏散总宽度最小为 9.6m（这仅是卖场区疏散最低需要），转化为楼梯宽度为：9.6×2=19.2m。如果每个楼梯间占半跨网格，梯间宽度为 4.5m，那么，总共需要：19.2 ÷ 4.5=4.3，取 5 部。再加上其他分区的疏散楼梯，办公区 1～2 部，外租区 1～2 部，库区 1 部，或可借用办公区与外租区楼梯疏散，这样总共需要 7～10 部楼梯，共需要网格 4～5 格。

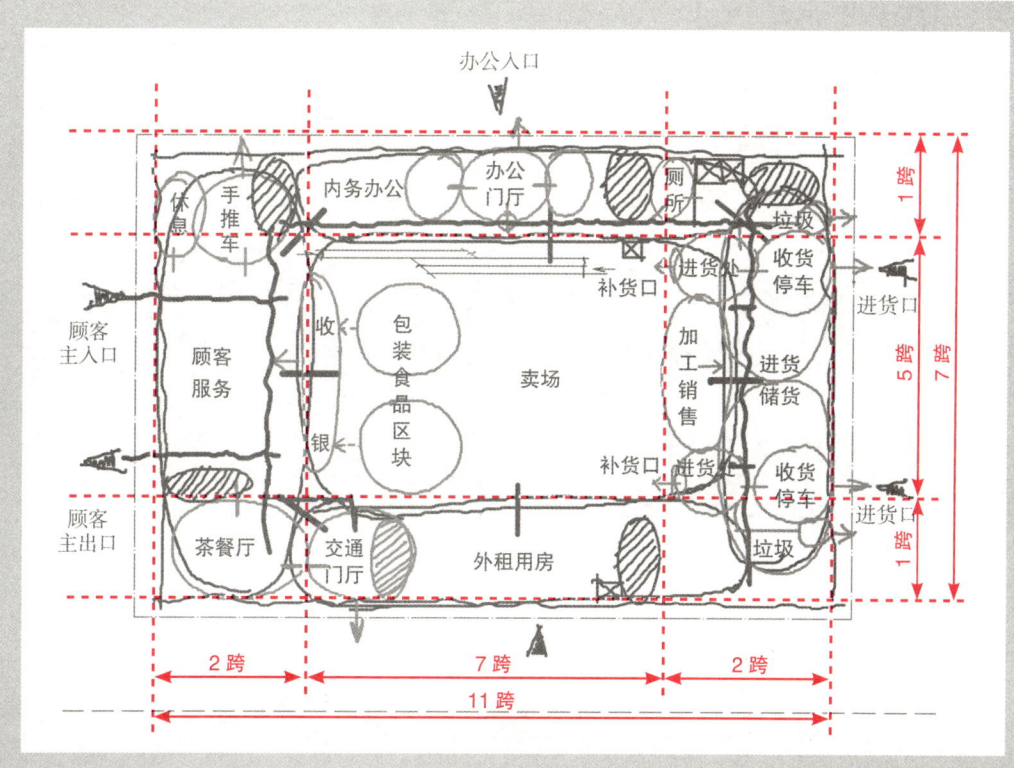

a 一层平面纵横向跨数预判

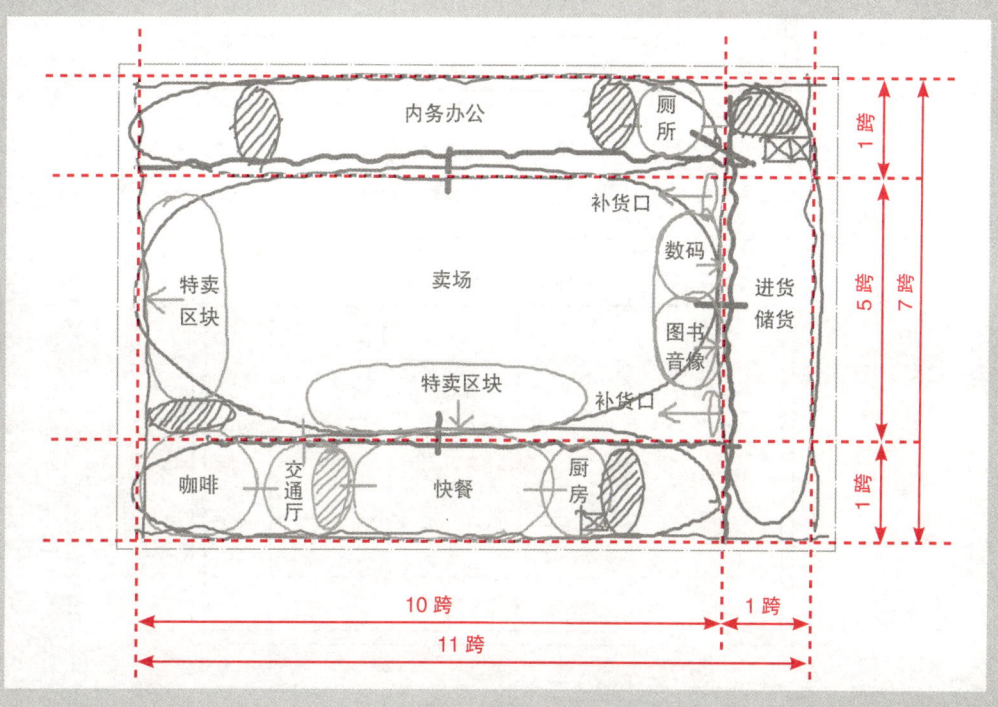

b 二层平面纵横向跨数预判

图 13-21 网格排布：一、二层平面纵横向跨数预判

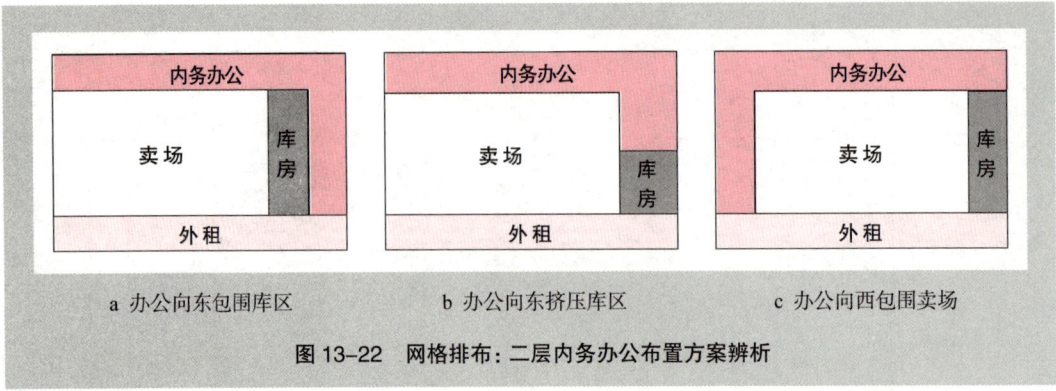

a 办公向东包围库区　　　b 办公向东挤压库区　　　c 办公向西包围卖场

图 13-22　网格排布：二层内务办公布置方案辨析

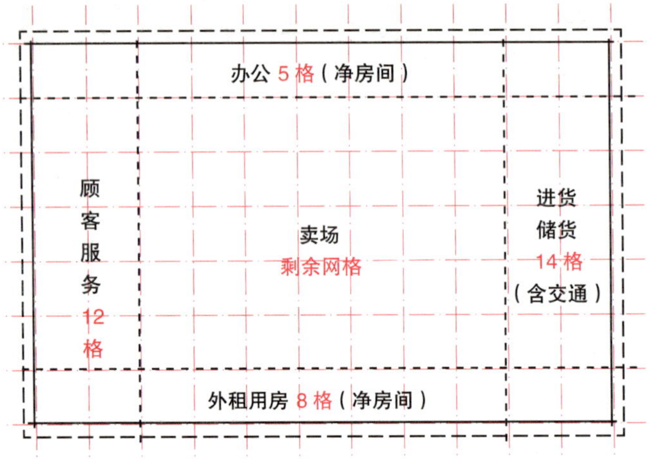

a 一层划分草图

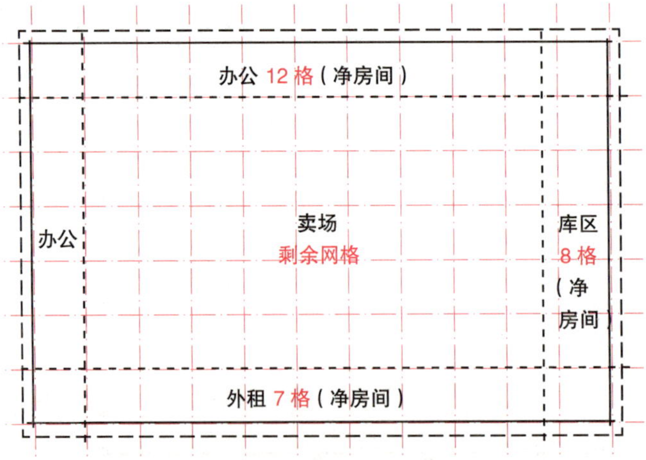

b 二层划分草图

图 13-23　网格排布：宫格划分与分区网格模数量化

合理分配布局垂直交通空间。首先要确定卖场疏散楼梯的可布置范围，校核卖场的疏散距离。题目要求："卖场区内任意一点到最近安全出口的直线最大距离为37.5m。"根据前述分析，在二层平面区块网格划分中，以卖场空间几何中心为圆点，绘制一个半径为37.5m的圆，将卖场安全出口布置在该圆圈内，因东、西两侧卖场外墙距离卖场几何中心超出37.5m，故该两侧墙面不设安全出口，仅在卖场南、北两侧墙面设置安全出口。每侧设置2个，位置在圆圈内圆圈与卖场交界处附近，并保证室内其他各处至安全出口的距离均不大于37.5m。疏散楼梯开口尽量布置在该圆圈和卖场交界处，且保证楼梯的入口距离安全出口不大于12.5m，楼梯间设置按规范要求应为封闭楼梯间。

按常规方式，我们大多数考生会在圆形区域内布置一定数量的楼梯（至少5部），其他区域按需要再增加多部楼梯（图13-24）。如按图13-24方式布置，即"竖放"楼梯，办公区还要留出走廊，且还要做成封闭楼梯间，进深小、开间大，楼梯设计不经济。层高5.4m的建筑可做成四跑楼梯，但空间也相对比较紧张，而且分散各处既显得散乱也不好布置其他空间。

所以，经过综合考虑，把现有各处楼梯间整合布置，原楼梯间处设置一套剪刀楼梯间，利用5.4m层高使两部楼梯交错在一起，"横放"在网格中，这样相当于在一个网格内布置两部楼梯。这样布置，既能满足卖场内的疏散需要，也能兼顾其他功能分区的交通和疏散要求，楼梯设置整合简洁，空间高效利用。库区和办公区交界处的楼梯间也兼为二者使用，所以库区可省去专用楼梯间（图13-25）。

检验校核其他分区房间是否符合疏散要求。

（2）关键条件落入

在此基础上，我们在网格中落入之前草图定性的相关关键条件并予以量化和准确定位（图13-26）。二层快餐厅位于南侧两个楼梯间之间，且这两个楼梯间之间只有快餐和厨房，所以可以增加快餐的纵向宽度，把走廊含进来，这样，使用空间更加合理，符合面积要求，也不影响这两个空间的疏散（快餐需开两个方向的疏散门，厨房可开一个方向的疏散门）。

（3）其他房间区块的排布与调整

在网格中落入其他房间区块。周边的房间比较容易排布，卖场内的区块因面积、位置各不相同，还要考虑中间的3m宽的通道，排布是不太容易的。所以，在排布之前就要做足"功课"，预画出几种区块和网格的适应方式，这样在落入网格时就会心中有数了。排布的时候也要考虑几纵几横，使区块布置有一定的规律性，增强图面的秩序美感。

在排布其他区块房间的时候，也可根据需要随时调整之前落入的"关键条件房间"的形态、位置等。如一层卖场中落入其他区块时，"竖放"6个180m²区块和2个150m²区块并在区块之间留有3m通道，就会"摆不下"，这时候如果到处挤占空间，既会影响其他分区的下一步排布，也会破坏整体的空间形式（图13-27a）。先试试能不能在原有分区空间中解决。经观察发现，排不下是因为卖场南侧区块和墙面之间留有通道，浪费了空间，所以我们应该争取把这个空间利用上。可以调整各个区块的占位形式，先布置一些区块靠墙，再让其他区块由原来的"竖

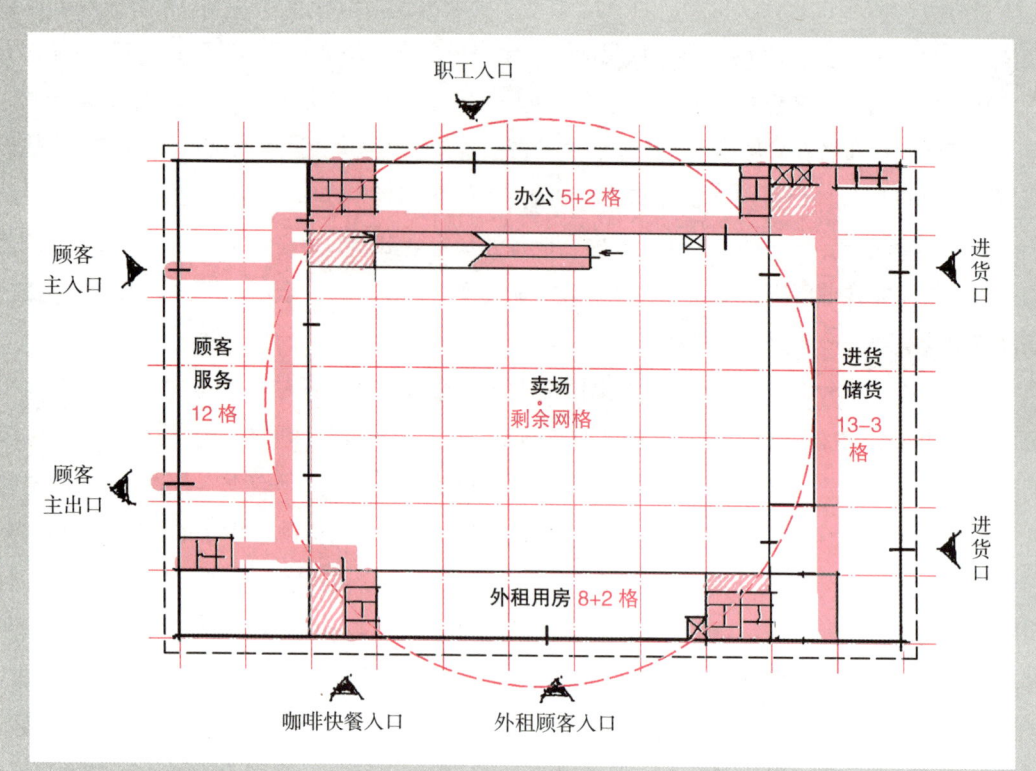

a 一层平面草图

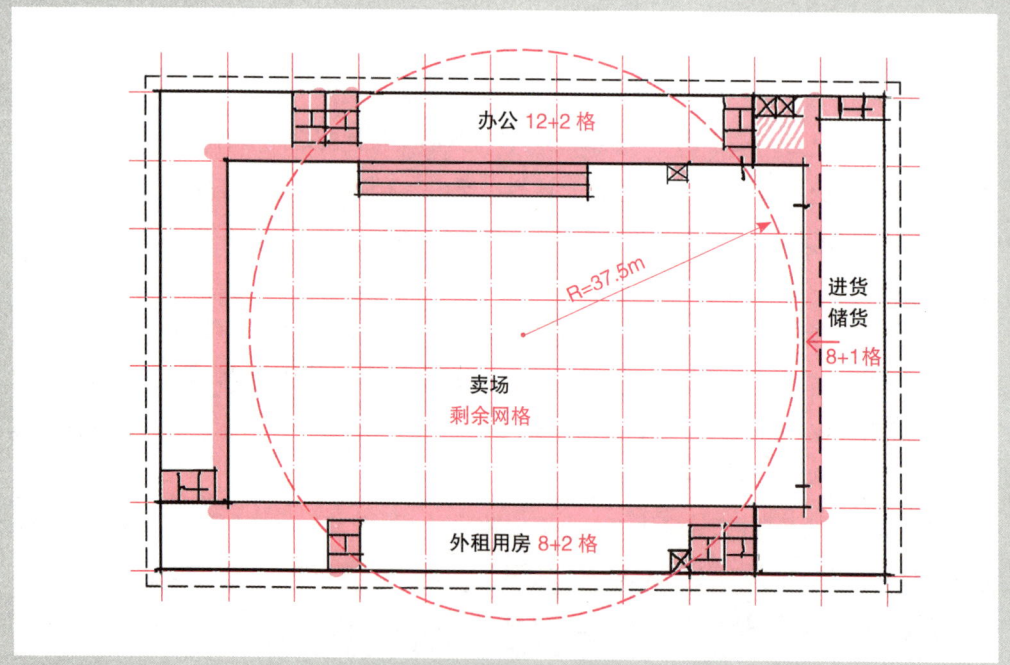

b 二层平面草图

图 13-24 网格排布：交通疏散预布置平面草图

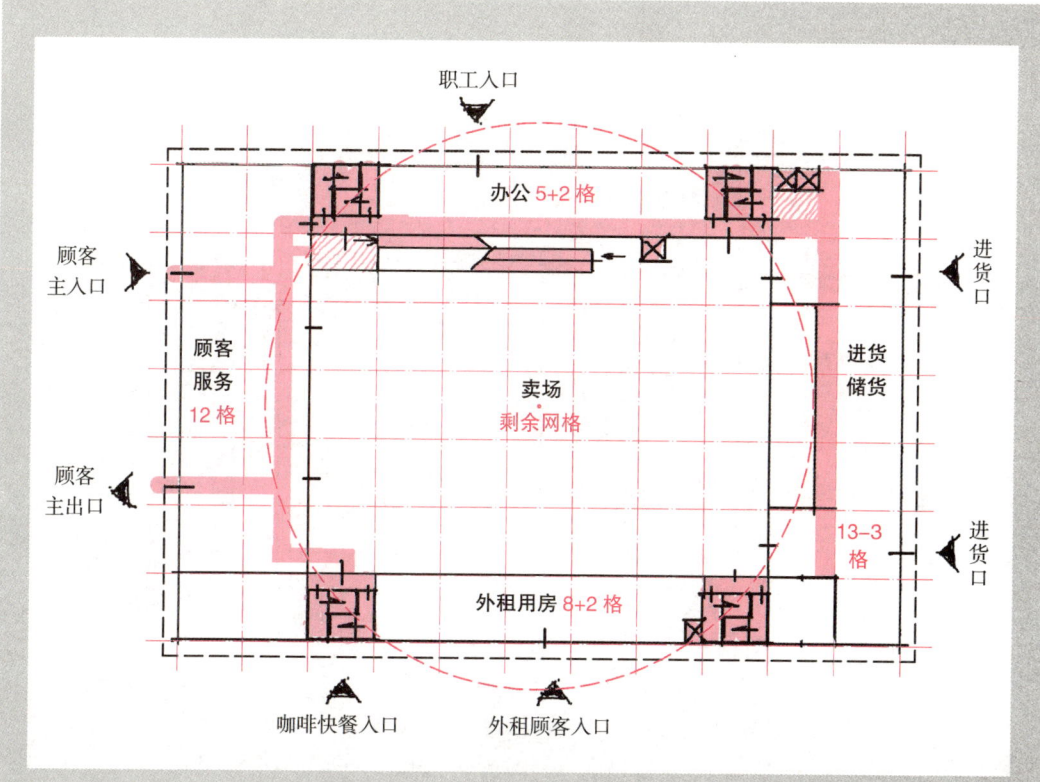

a 一层平面草图

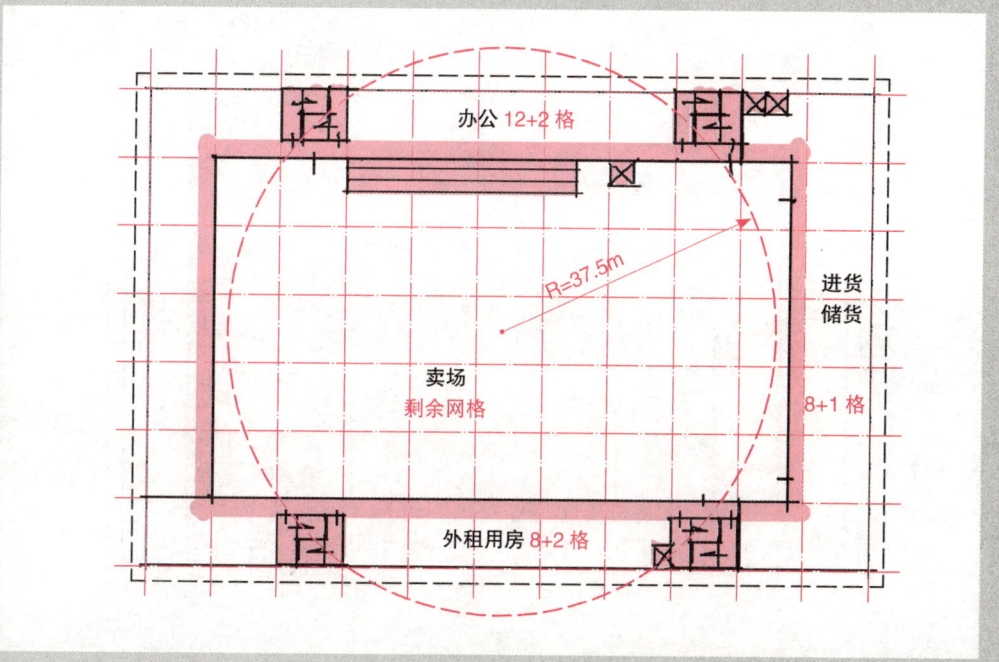

b 二层平面草图

图13-25 网格排布：交通疏散整合设计

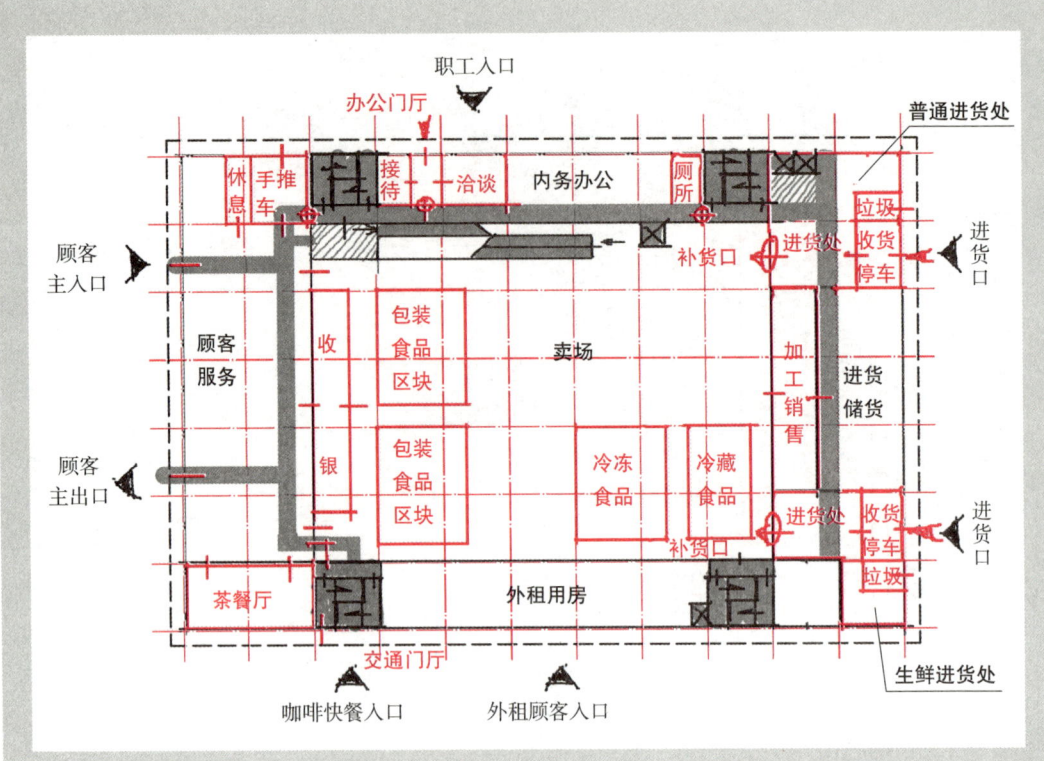

a 一层平面草图

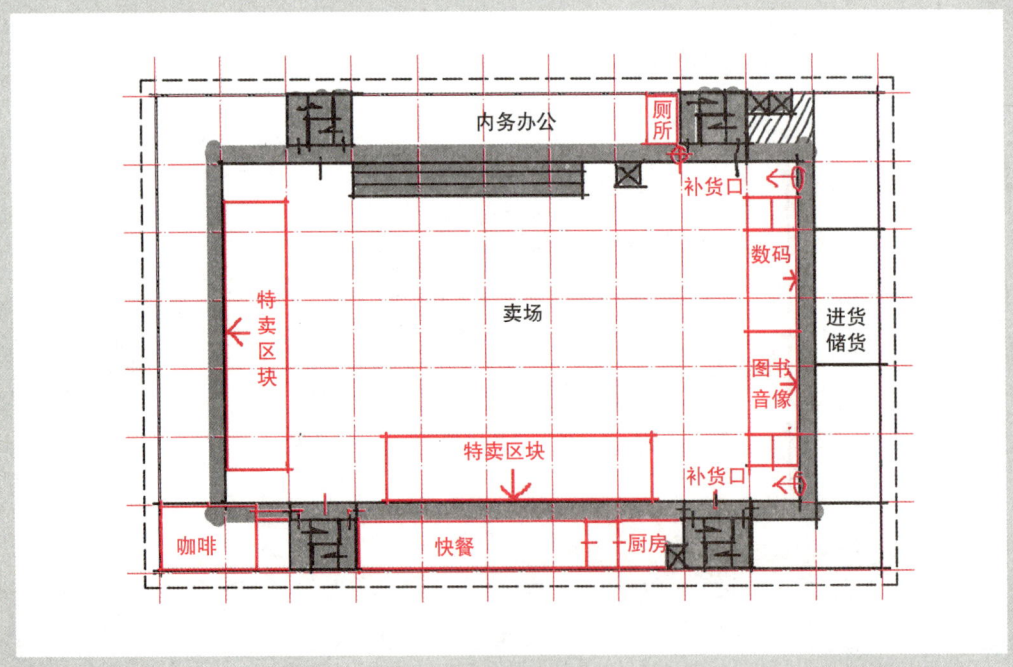

b 二层平面草图　　⊕ 门禁示意

图 13-26　网格排布：关键条件落入平面草图

放"变为调整后的"横放"（图 13-27b）。6 个 180m² 的区块全部"横放"，两个 150m² 的区块采用靠墙布置。

又如二层特卖区块占靠墙整跨网格，再布置 6 个 230m² 的区块的话，就有点和占整格的特卖区块"打架"了，不够布置通道空间了（图 13-28a），但显然特卖区块周边还有很大的空间没有被很好地利用，这时候可调整特卖区块使之"拉长、压扁"，以便留出通道。库区补货口与图书、数码区块边界取齐，也给补货出口留有缓冲空间（图 13-28b）。

另外，快餐空间 400m² 刚好占 5 格，按整格放置，大房间两个方向疏散，不影响其他房间的疏散。

综上步骤，完成一、二层平面图（图 13-29、图 13-30）。

五、总平面图布置

总图建筑轮廓完整，标注清楚（图 13-31）。设置场地内部环形道路连通建筑各个出入口，内部道路连通城市主、次干路，按之前的分析留出场地主入口一处、次入口两处。布置各处停车场和入口广场。

建筑主入口前面的大面积空地需布置一处 120 个车位的顾客小汽车停车场。应先在建筑主入口前留出缓冲广场，便于人流集散，场地剩余部分留作停车场，按题目中给出的图例摆放在停车场处。图例为一组 10 辆，120 辆需要 12 组，按 2×6 组合布置，纵向 2 列，横向 6 排，每两排面对面布置形成一组，每组之间设置绿化分割。停车场至少设两个出入口，也可每组开口都朝向入口广场，以便使用。停车场周边设置环路，方便进出。

其他车辆，为顾客服务的布置在外侧，内部使用的布置在内侧，购物班车布置在主入口附近。内部人员车辆布置在办公区附近，货车停车位布置在进货区附近。自行车停车布置在场地北侧，顾客在外，内部使用在内。

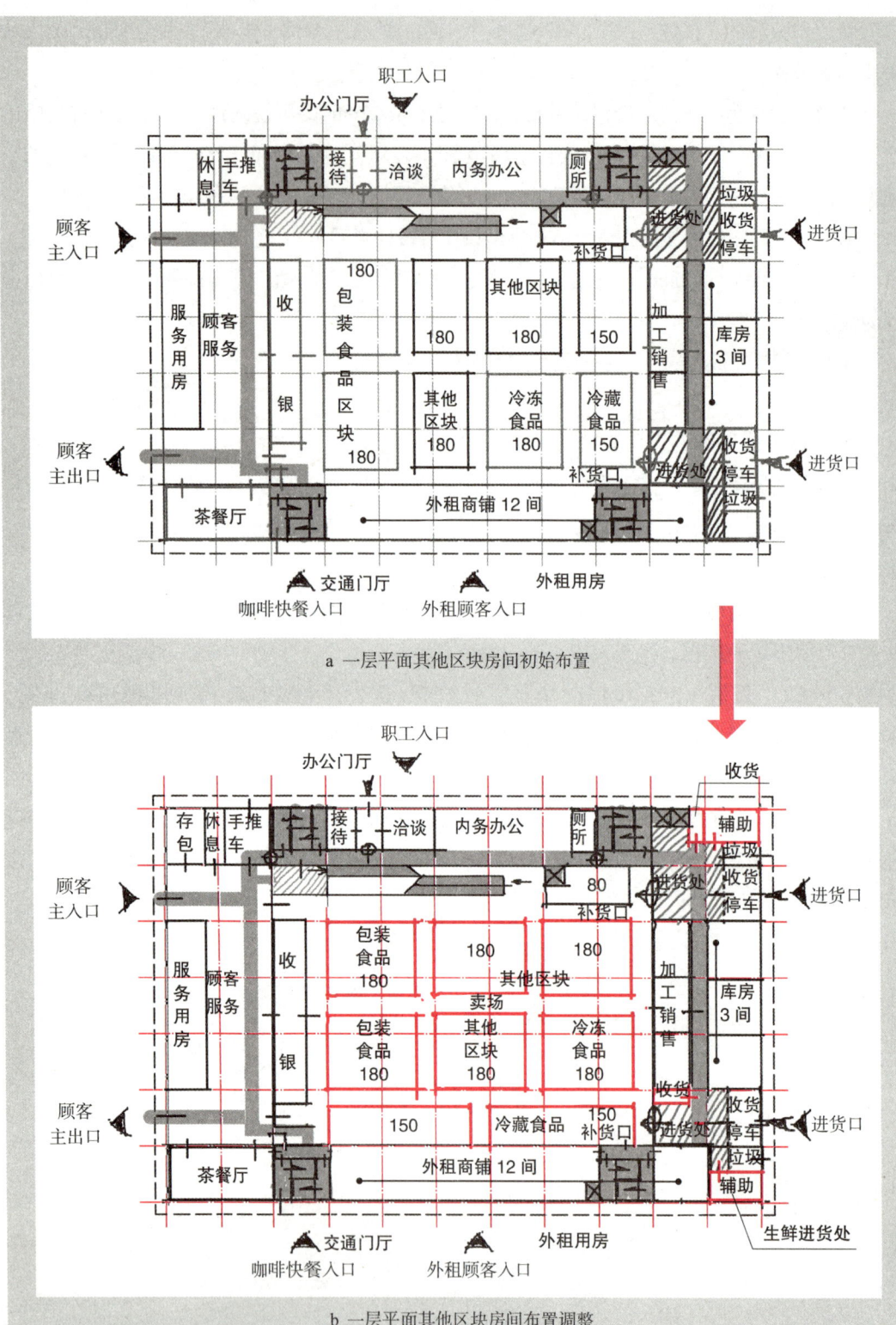

a 一层平面其他区块房间初始布置

b 一层平面其他区块房间布置调整

图13-27 网格排布：一层平面其他区块房间布置及调整

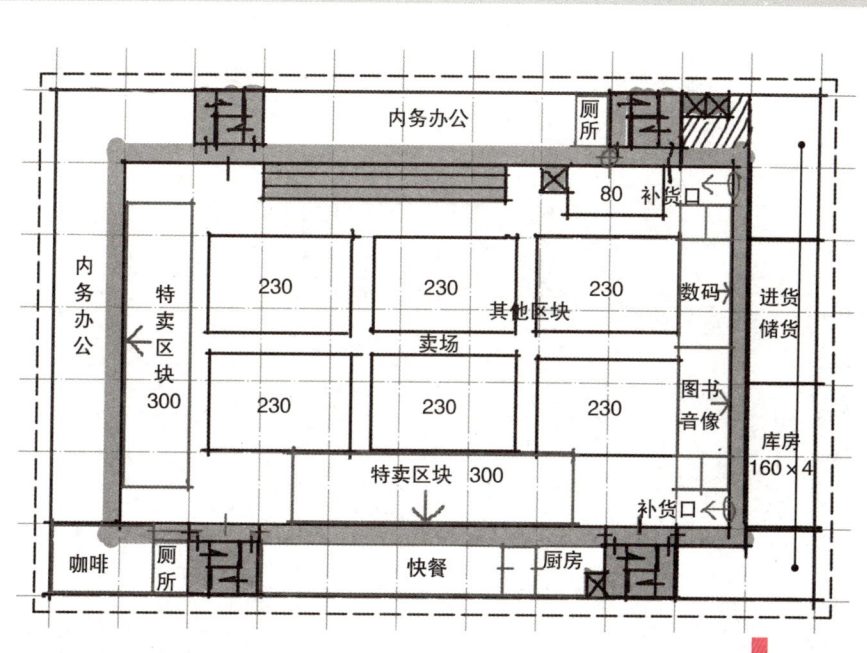

a 二层平面其他区块房间初始布置

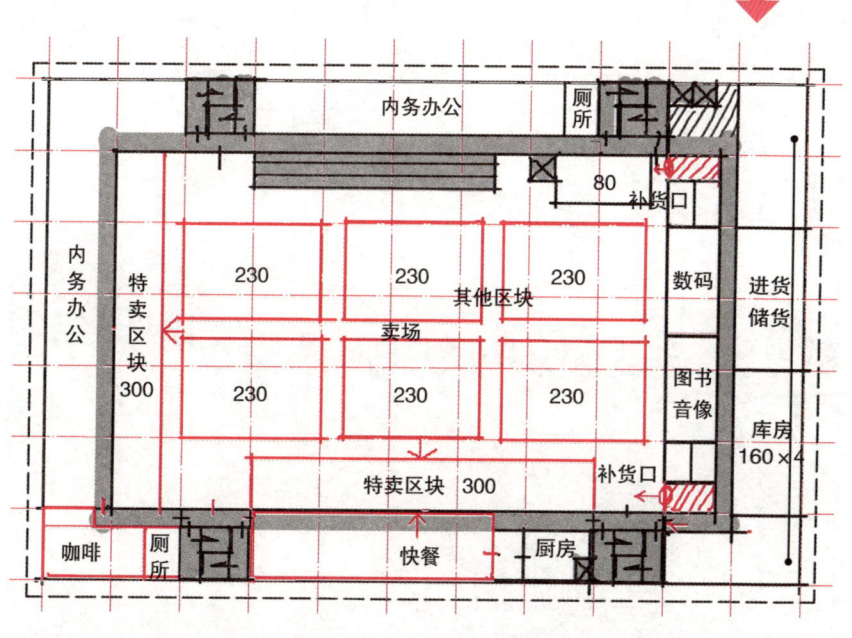

b 二层平面其他区块房间布置调整

图 13-28 网格排布：二层平面其他区块房间布置及调整

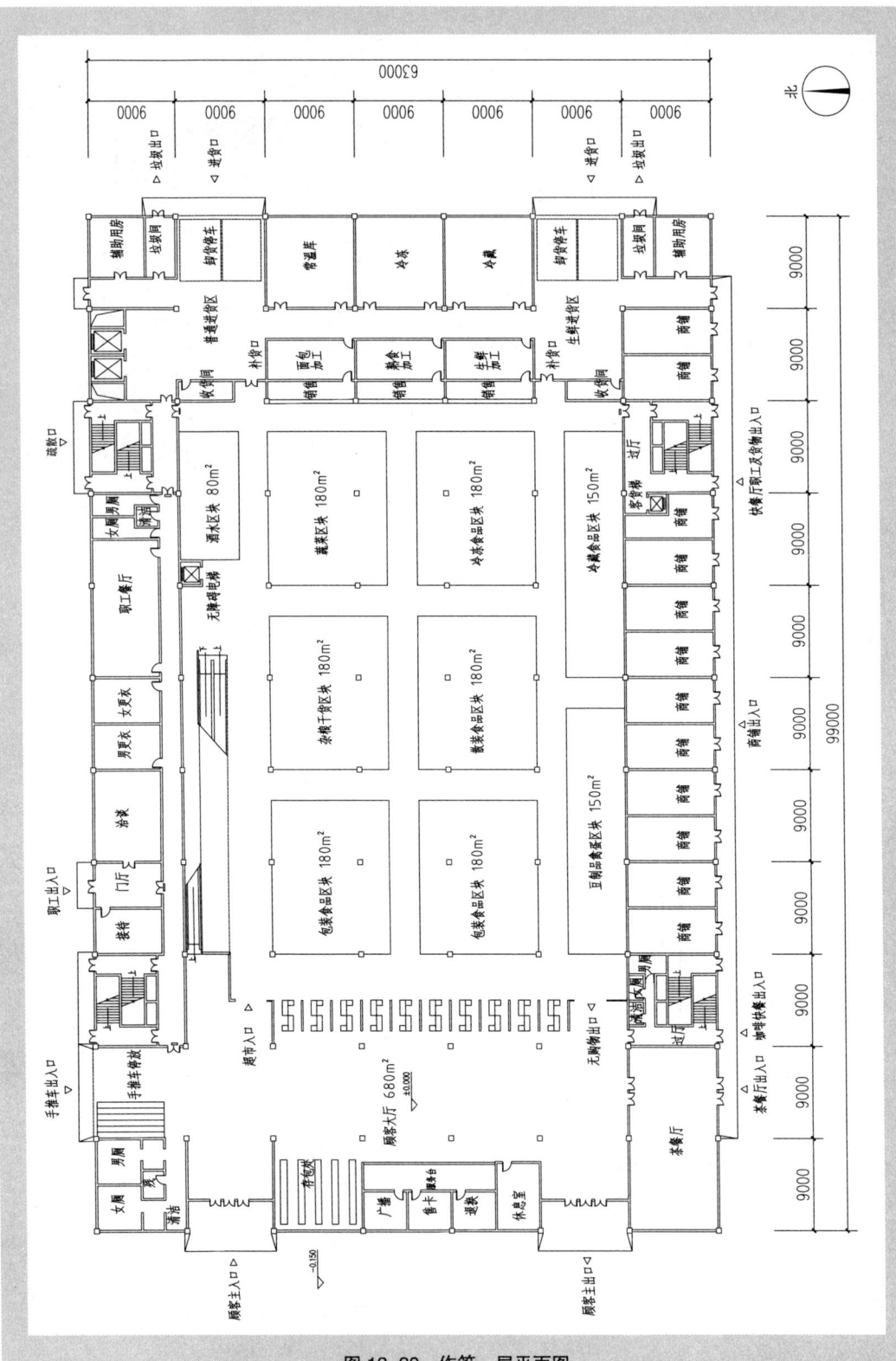

图 13-29 作答一层平面图

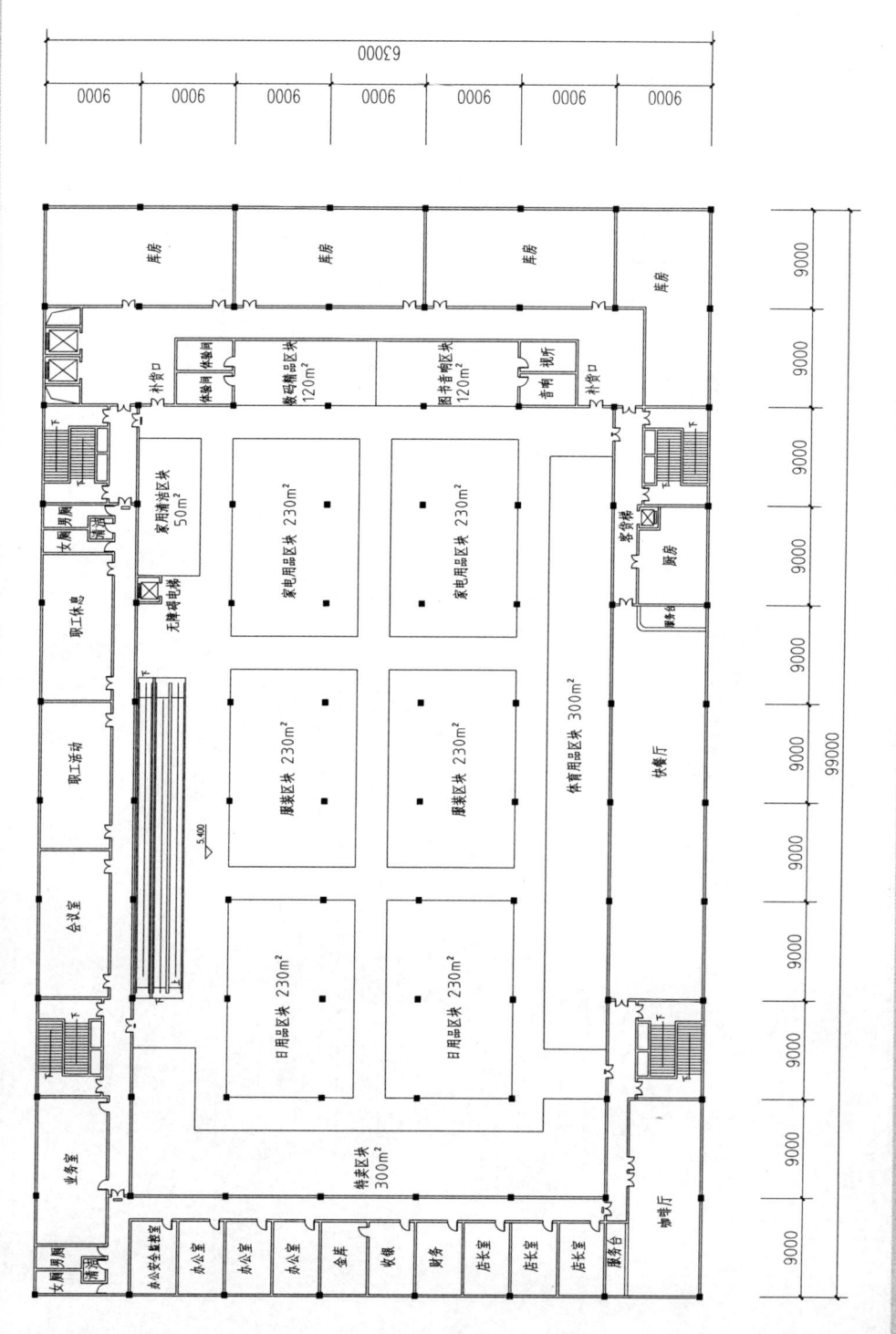

图 13-30 作答二层平面图

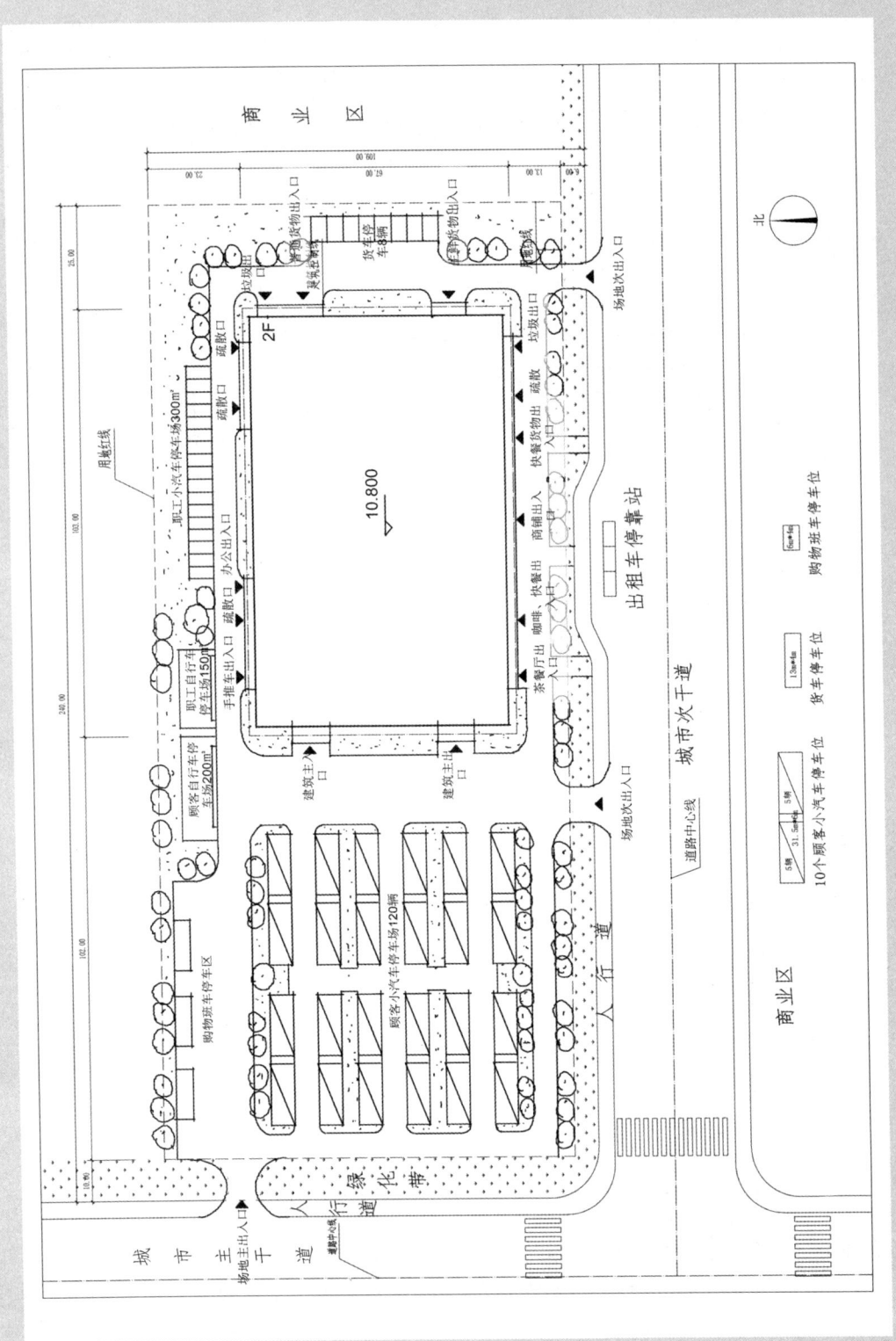

图 13-31 作答总平面图

[2012 年]
博物馆真题解析

考题设计任务书

（一）任务描述

我国中南地段某地级市拟建一座两层、总建筑面积约为 10000m² 的博物馆。

（二）用地条件

用地范围见总平面图，该用地地势平坦，用地西侧为城市主干道，南侧为城市次干道，东侧、北侧为城市公园，用地内有湖面以及预留扩建用地，建筑控制线范围为 105m×72m。

（三）总平面设计要求

（1）在建筑控制线内布置博物馆建筑。

（2）在城市次干道上设车辆出入口，主干道上设人行出入口，在用地内布置社会小汽车停车位 20 辆，大客车停车位 4 个，自行车停车场 200m²，布置内部与贵宾小汽车停车位 12 个，内部自行车停车场 50m²，在用地内合理组织交通流线。

（3）布置绿化与景观，沿城市主、次干道布置 15m 的绿化隔离带。

（四）建筑设计要求

（1）博物馆布置应分区明确，交通组织合理，避免观众流线与内部业务流线交叉，其主要功能关系见图 12-1、图 12-2。

（2）博物馆由陈列区、报告厅、观众服务区、藏品库区、技术与办公区五部分组成，各房间设计要求见表 12-1、表 12-2。

（3）陈列区每层设 3 间陈列室，其中至少 2 间能天然采光，陈列室应每间能独立使用，互不干扰，陈列室跨度不小于 12m。陈列区贵宾与报告厅贵宾共用门厅，贵宾参观珍品可经接待室。贵宾可经厅廊参观陈列室。

（4）报告厅应能独立使用。

（5）观众服务区门厅应朝向主干道，馆内观众应能欣赏到湖面景观。

（6）藏品库区接收技术用房的藏品应先经缓冲间（含值班、专用货梯）再进入藏品库，藏品库四周应设巡视走廊，藏品出库至陈列室、珍品鉴赏室应经缓冲间通过专用的藏品通道送达（详见功能关系图），藏品库区出入口需设门禁，缓冲间、藏品通道、藏品库不需要天然采光。

（7）技术与办公用房应相应独立布置且有独立的门厅及出入口，并与公共区域相通，技术用房包括藏品前处理和技术修复两部分，进出其他区域须经门禁，库房不需天然采光。

（8）适当布置电梯与自动扶梯。

（9）根据主要功能关系图布置五个主要出入口及必要的疏散出口。

（10）预留扩建用地主要考虑今后陈列区及藏品库区扩建使用。

（11）博物馆采用钢筋混凝土框架结构，报告厅层高不小于 6m，其他用房层高为 4.8m。

（12）设备机房布置在地下室，本设计不必考虑。

（五）规范要求

本设计应符合现行国家有关规范和标准要求。

（六）制图要求

（1）在总平面图上绘制博物馆建筑屋顶平面图并标注层数、相对标高和建筑物主要出入口。

（2）布置用地内绿化、景观，布置用地内道路与各出入口并完成与城市道路的连接，布置停车场并标注各类机动停车位数量、自行车停车场面积。

（3）按要求绘制一层平面图与二层平面图，标注各用房名称及表12-1、表12-2中带*号房间的面积。

（4）画出承重柱、墙（双线表示），标示门的开启方向，窗、卫生洁具可不标示。

（5）标注建筑轴线尺寸、总尺寸，地面、楼面的相对标高。

（6）在指定位置填写一、二层建筑面积（面积以轴线记，各房间、各层建筑面积允许误差控制在规定建筑面积的10%以内）。

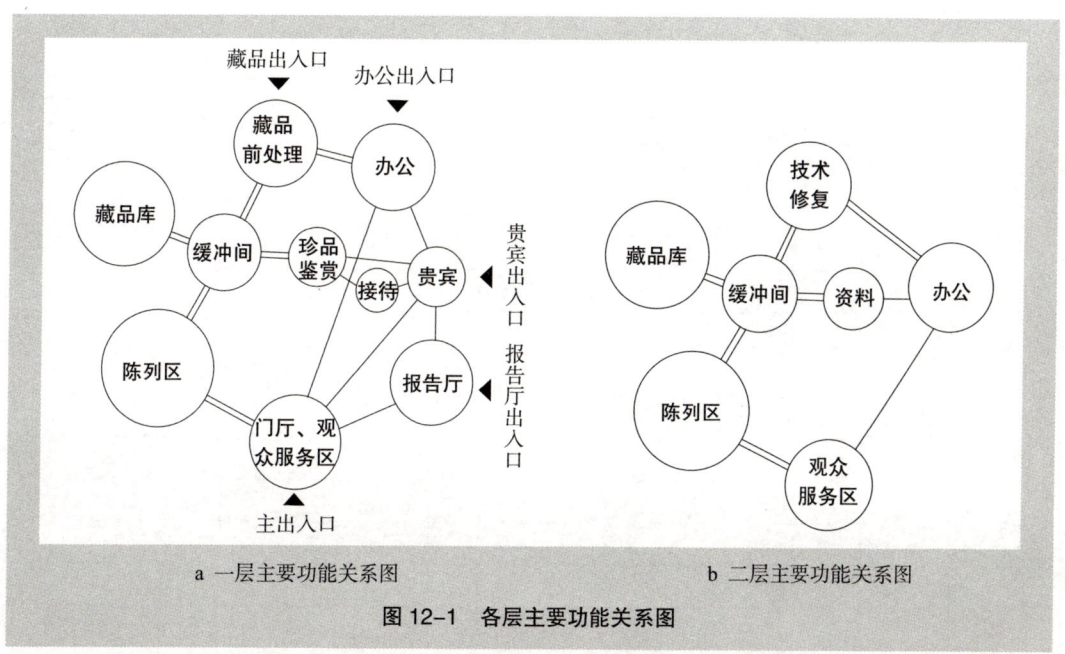

a 一层主要功能关系图　　　　　　b 二层主要功能关系图

图12-1　各层主要功能关系图

一层用房、面积及要求　　　　　　表12-1

功能区		房间名称	建筑面积（m²）	间数	备注
陈列区	陈列	*陈列室	1245	3	每间415m²
		*通廊	600	1	兼休息，布置自动扶梯
		男、女厕所	50	3	男、女各22m²，无障碍6m²
	贵宾	贵宾接待室	100		含服务间、卫生间
		门厅	36		与报告厅贵宾合用
		值班室	25		与报告厅贵宾合用

续表

功能区	房间名称	建筑面积（m²）	间数	备注
报告厅	门厅	80	1	
	*报告厅	310	1	
	休息厅	150	1	
	男、女厕所	50	3	男、女各22m²，无障碍6m²
	音响控制室	36	1	
	贵宾休息室	75	1	含服务间、卫生间，与陈列区贵宾共用门厅、值班室
观众服务区	门厅	400	1	
	问询服务	36	1	
	售品部	100	1	
	接待室	36	1	
	寄存	50	1	
藏品库区	*藏品库	375	2	2间藏品库，每间100m²，四周设巡视走廊
	缓冲间	110	1	含值班、专用货梯
	藏品通道	100	1	
	珍品鉴赏室	130	2	贵宾使用，每间65m²
	管理室	18	1	
技术与办公区	藏品前处理 门厅	36	1	
	卸货清点	36	1	
	值班室	18	1	
	登录	18	1	
	蒸熏消毒	36	1	清点后需经此处理
	鉴定	18	1	
	修复	36	1	
	摄影	36	1	
	标本	36	1	
	档案	54	1	
	办公 门厅	72	1	
	值班室	18	1	
	会客室	36	1	
	管理室	72	2	每间36m²
	监控室	18	1	
	消防控制室	36	1	每间36m²
	男女厕所	25	2	与藏品前处理共用
其他交通面积		583m²		含全部走道、过厅、楼梯、电梯等
一层建筑面积		5300m²		
一层允许建筑面积		4770～5830m²		允许±10%

二层用房、面积及要求　　　　　　　　表 12-2

功能区	房间名称		建筑面积（m²）	间数	备注
陈列区	*陈列室		1245	3	每间 415m²
	*通廊		600	1	兼休息，布置自动扶梯
	男、女厕所		50	3	男、女各 22m²，无障碍 6m²
观众服务区	咖啡茶座		156	1	含操作间 22m²，库房 26m²
	书画商店		136	1	
	售品部		100	4	
	男、女厕所		50	3	男、女各 22m²，无障碍 6m²
藏品库区	*藏品库		375	2	2 间藏品库，每间 110m²，四周设巡视走廊
	缓冲间		110	1	含值班、专用货梯
	藏品通道		100	1	
	阅览室		36	1	供工作人员用
	资料室		92	1	
	管理室		18	1	
技术与办公区	技术修复	书画修复	54	2	修复 36m²，含库房 18m²，内部相通
		织物修复	54	2	修复 36m²，含库房 18m²，内部相通
		金石修复	54	2	修复 36m²，含库房 18m²，内部相通
		瓷器修复	54	2	修复 36m²，含库房 18m²，内部相通
		档案	18	1	
		实验室	54	1	
		复制品	36	1	
	办公	研究室	180	5	每间 36m²
		会议室	48	1	
		馆长室	36	1	
		办公室	72	4	每间 18m²
		文印室	25	1	
		管理室	108	3	每间 36m²
		库房	36	1	
		男、女厕所	25	2	
其他交通面积			828m²		含全部走道、过厅、楼梯、电梯等
二层建筑面积			4750m²		
二层允许建筑面积			4275～5225m²		允许 ±10%

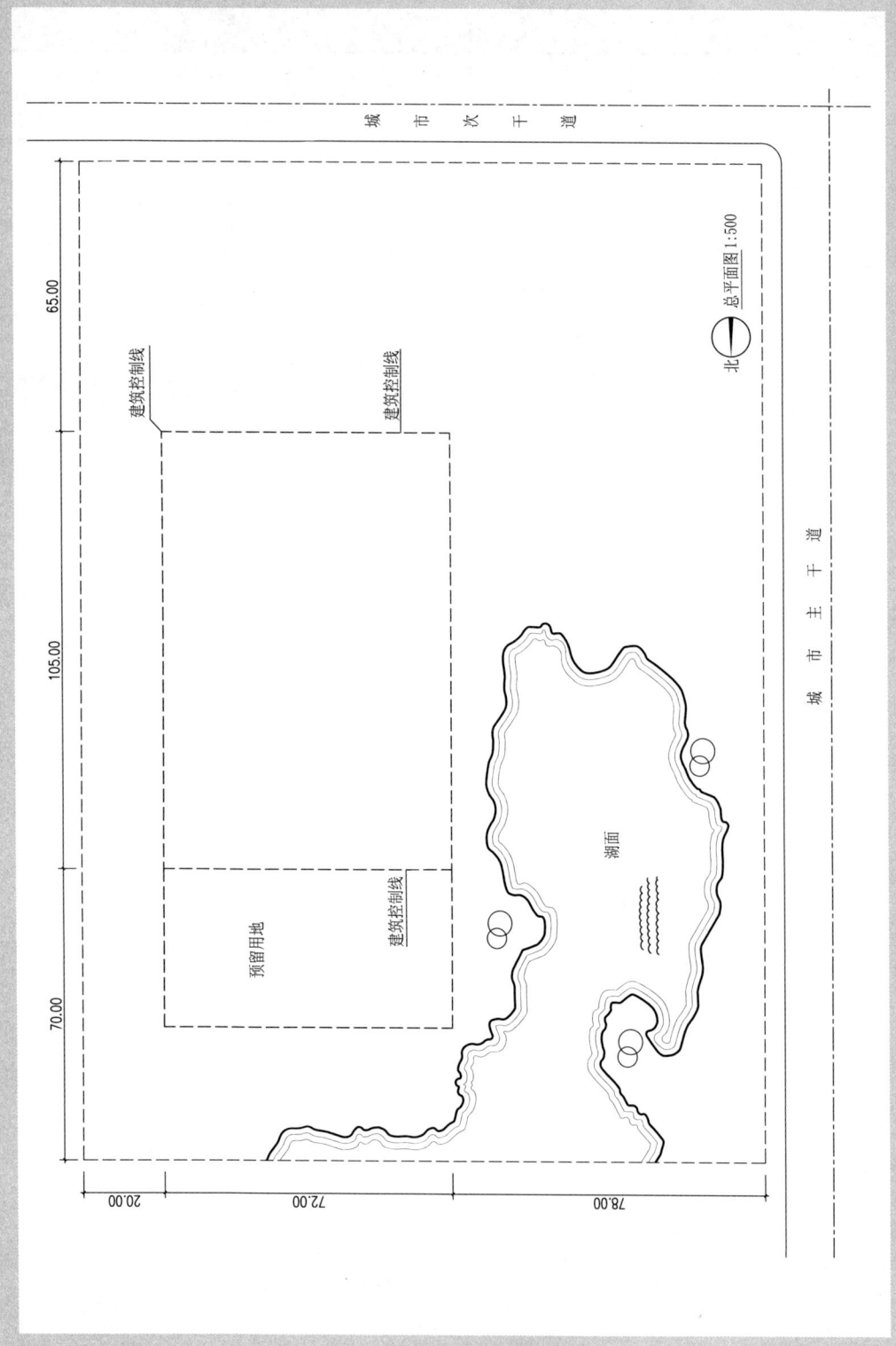

图 12-2 试题总平面图

解题过程

一、审题分析

1. 建筑类型与要求

该题目也是较为常见的公共建筑类型,相关原理重点主要是藏品前处理、入库、出库流线、观众参观流线和工作人员流线以及各方面的相互协调。本题目的重点也是处理好观众的参观流线和藏品布展流线的关系,使之不交叉,严格把关藏品的出入藏品库区,处理好贵宾参观珍品的流线等。本题目中,对重点流线要求的叙述相对比较繁复,应给予足够的重视,认真、仔细阅读,并结合功能泡图理清各方面的流线关系。

2. 泡图特征分析

本题目中的功能泡图纵横交错,乍一看比较复杂,但实际上其所表达的分区关联以及流线思路还是比较清晰的。首先,上下层功能泡图分开设置,一、二层很多主体功能相对一致。

观察功能泡图的内外关系,门厅服务区、陈列区为对外功能区,技术、办公、资料、藏品库、缓冲间为内部功能区,那么剩余的贵宾区、珍品区等是外部区还是内部区呢?贵宾虽然是外来人员,但该部分并不是对所有公众开放,而是只对特殊人群开放,并且这部分特殊人群参观还得有内部专员接待、陪同。其活动受内部管理制约性大,其使用性质以内部为主,是半内部区域。同时,接待区、珍品区也具有相同的特殊性,属于内部空间。由此划分功能泡图的内外分区。理清内外关系,简化泡图信息(图 12-3)。

观察功能泡图的类型特征,将为进一步将功能泡图转化为分区平面打下良好的基础。

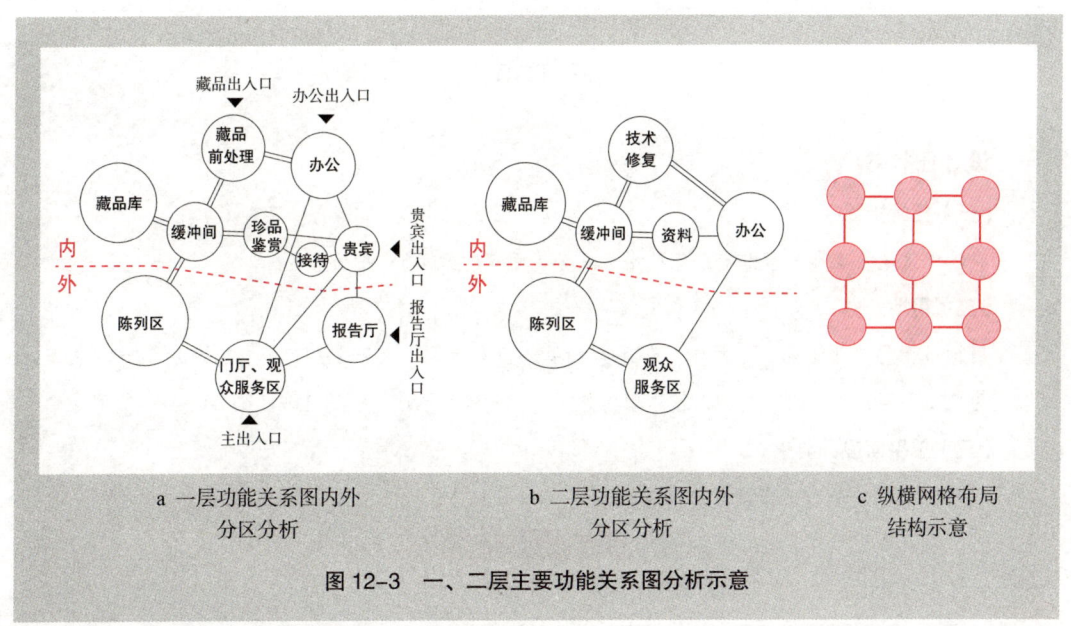

a 一层功能关系图内外　　b 二层功能关系图内外　　c 纵横网格布局
　分区分析　　　　　　　　分区分析　　　　　　　　结构示意

图 12-3　一、二层主要功能关系图分析示意

首先，泡图一、二层分开，每层功能泡图主要功能区的布局关系基本一致，所以该设计的难点应该在于各层平面的水平空间组织和流线关系，上下层的主要分区的对位相对较为容易。

其次，首层平面功能泡图为网架形式，其平面布局可能为纵横网格形式。平面形态可能为"田"字、"日"字等形式。

再有，泡图上表达的不同的单双线联系，并且提示"双线表示紧密联系"，这种紧密联系应该是一种空间上的"紧秩序"，除必要的交通空间外再无多余联系。那么，在设计布局中也应该是先考虑紧密联系，再考虑一般联系。多通（指同时与多个其他泡单元有联系）双线联系的核心空间考虑利用四边紧密结合各个分区。

最后，功能泡图是以分区为泡单元的表达形式，但也有部分"越级泡图"是以房间为泡单元的，如接待区等，这些空间流线的处理也应受到重视，并且应遵从泡图表达形式。

3. 图底关系分析

计算该题目中建筑红线首层覆盖率，大致推算建筑的图底空间形态。5300（一层总建筑面积）÷7560（建筑红线面积）=70.1%。这个图底比例形态常为带内院的集中式建筑形态。

4. 关键条件分拣

按前面综述介绍的各级关键条件分拣方法，分拣提取任务书中的各部分关键条件，并做以标识。标识如下所示：

■ 一级分区关键条件
■ 二级分区关键条件
■ 网格排布关键条件

博物馆

设计任务书

（一）任务描述

我国中南地段某地级市拟建一座两层、总建筑面积约为 10000m² 的博物馆。

（二）用地条件

用地范围见总平面图，该用地地势平坦，用地西侧为城市主干道，南侧为城市次干道，东侧、北侧为城市公园，用地内有湖面以及预留扩建用地，建筑控制线范围为 105m×72m。

（三）总平面设计要求

（1）在建筑控制线内布置博物馆建筑。

（2）在城市次干道上设车辆出入口，主干道上设人行出入口，在用地内布置社会小汽车停车位 20 辆，大客车停车位 4 个，自行车停车场 200m²，布置内部与贵宾小汽车停车位 12 个，内部自行车停车场 50m², 在用地内合理组织交通流线。

（3）布置绿化与景观，沿城市主、次干道布置 15m 的绿化隔离带。

（四）建筑设计要求

（1）博物馆布置应分区明确，交通组织合理，避免观众流线与内部业务流线交叉，其主要功能关系见图 12-1、图 12-2。

（2）博物馆由陈列区、报告厅、观众服务区、藏品库区、技术与办公区五部分组成，各房间设计要求见表 12-1、表 12-2。

（3）陈列区每层设 3 间陈列室，其中至少 2 间能天然采光，陈列室应每间能独立使用，互不干扰，陈列室跨度不小于 12m。陈列区贵宾与报告厅贵宾共用门厅，贵宾参观珍品可经接待室。贵宾可经厅廊参观陈列室。

（4）报告厅应能独立使用。

（5）观众服务区门厅应朝向主干道，馆内观众应能欣赏到湖面景观。

（6）藏品库区接收技术用房的藏品应先经缓冲间（含值班、专用货梯）再进入藏品库，藏品库四周应设巡视走廊，藏品出库至陈列室、珍品鉴赏室应经缓冲间通过专用的藏品通道送达（详见功能关系图），藏品库区出入口需设门禁，缓冲间、藏品通道、藏品库不需要天然采光。

（7）技术与办公用房应相应独立布置且有独立的门厅及出入口，并与公共区域相通，技术用房包括藏品前处理和技术修复两部分，进出其他区域须经门禁，库房不需天然采光。

（8）适当布置电梯与自动扶梯。

（9）根据主要功能关系图布置五个主要出入口及必要的疏散出口。

（10）预留扩建用地主要考虑今后陈列区及藏品库区扩建使用。

（11）博物馆采用钢筋混凝土框架结构，报告厅层高不小于 6m，其他用房层高为 4.8m。

（12）设备机房布置在地下室，本设计不必考虑。

（五）规范要求

本设计应符合现行国家有关规范和标准要求。

（六）制图要求

（1）在总平面图上绘制博物馆建筑屋顶平面图并标注层数、相对标高和建筑物主要出入口。

（2）布置用地内绿化、景观，布置用地内道路与各出入口并完成与城市道路的连接，布置停车场并标注各类机动停车位数量、自行车停车场面积。

（3）按要求绘制一层平面图与二层平面图，标注各用房名称及表 12-1、表 12-2 中带 * 号房间的面积。

（4）画出承重柱、墙（双线表示），标示门的开启方向，窗、卫生洁具可不标示。

（5）标注建筑轴线尺寸、总尺寸，地面、楼面的相对标高。

（6）在指定位置填写一、二层建筑面积（面积以轴线记，各房间、各层建筑面积允许误差控制在规定建筑面积的 10% 以内）。

一层用房、面积及要求 表12-1

功能区	房间名称		建筑面积（m²）	间数	备注
陈列区	陈列	*陈列室	1245	3	每间415m²
		*通廊	600	1	兼休息，布置自动扶梯
		男、女厕所	50	3	男、女各22m²，无障碍6m²
	贵宾	贵宾接待室	100		含服务间、卫生间
		门厅	36		与报告厅贵宾合用
		值班室	25		与报告厅贵宾合用
报告厅		门厅	80	1	
		*报告厅	310	1	
		休息厅	150	1	
		男、女厕所	50	3	男、女各22m²，无障碍6m²
		音响控制室	36	1	
		贵宾休息室	75	1	含服务间、卫生间，与陈列区贵宾共用门厅、值班室
观众服务区		门厅	400	1	
		问询服务	36	1	
		售品部	100	1	
		接待室	36	1	
		寄存	50	1	
藏品库区		*藏品库	375	2	2间藏品库，每间100m²，四周设巡视走廊
		缓冲间	110	1	含值班、专用货梯
		藏品通道	100	1	
		珍品鉴赏室	130	2	贵宾使用，每间65m²
		管理室	18	1	
技术与办公区	藏品前处理	门厅	36	1	
		卸货清点	36	1	
		值班室	18	1	
		登录	18	1	
		蒸熏消毒	36	1	清点后需经此处理
		鉴定	18	1	
		修复	36	1	
		摄影	36	1	
		标本	36	1	
		档案	54	1	
	办公	门厅	72	1	
		值班室	18	1	
		会客室	36	1	
		管理室	72	2	每间36m²
		监控室	18	1	
技术与办公区	办公	消防控制室	36	1	每间36m²
		男女厕所	25	2	与藏品前处理共用

续表

功能区	房间名称	建筑面积（m²）	间数	备注
	其他交通面积	583m²		含全部走道、过厅、楼梯、电梯等
	一层建筑面积	5300m²		
	一层允许建筑面积	4770～5830m²		允许±10%

二层用房、面积及要求　　　　　　表12-2

功能区	房间名称	建筑面积（m²）	间数	备注
陈列区	*陈列室	1245	3	每间415m²
	*通廊	600	1	兼休息，布置自动扶梯
	男、女厕所	50	3	男、女各22m²，无障碍6m²
观众服务区	咖啡茶座	156	1	含操作间22m²，库房26m²
	书画商店	136	1	
	售品部	100	4	
	男、女厕所	50	3	男、女各22m²，无障碍6m²
藏品库区	*藏品库	375	2	2间藏品库，每间110m²，四周设巡视走廊
	缓冲间	110	1	含值班、专用货梯
	藏品通道	100	1	
	阅览室	36	1	供工作人员用
	资料室	92	1	
	管理室	18	1	
技术与办公区	技术修复 书画修复	54	2	修复36m²，含库房18m²，内部相通
	织物修复	54	2	修复36m²，含库房18m²，内部相通
	金石修复	54	2	修复36m²，含库房18m²，内部相通
	瓷器修复	54	2	修复36m²，含库房18m²，内部相通
	档案	18	1	
	实验室	54	1	
	复制品	36	1	
	研究室	180	5	每间36m²
	会议室	48	1	
	馆长室	36	1	
	办公 办公室	72	4	每间18m²
	文印室	25	1	
	管理室	108	3	每间36m²
	库房	36	1	
	男、女厕所	25	2	
	其他交通面积	828m²		含全部走道、过厅、楼梯、电梯等
	二层建筑面积	4750m²		
	二层允许建筑面积	4275～5225m²		允许±10%

5. 环境分析

场地用地平整，地形方整，地域为中南地区，形式可能为集中结合庭院。本题目中指北针是"躺"着放的，指北方向在左侧，整个建筑的方向感就要逆时针转 90°了。

（1）外层次环境分析

用地外部临两条城市道路，西侧临城市主干路，南侧为城市次干路，主干路为主要人流来向，也是题目要求开设人行出入口的道路。那么，也就意味着建筑主入口朝向西侧城市主干路，从而将建筑主门厅定位于基地西侧（图 12-4）。

最后，用地南侧为城市次干道，为次要人流及车流来向，很可能对应建筑次入口或者其他出入口。

（2）中层次环境

我们看用地红线之内、建筑红线之外的区域有哪些环境要素。

用地内西北侧有湖面一处，是明显的景观要素，暗示某些功能空间或者区块要看湖景并邻近该景观。题目要求"馆内观众休息活动应能欣赏到湖面景观"，也就意味着邻近湖面处要布置休息活动相关空间（图 12-5）。湖的出现使得建筑主入口门厅位置向南推移，这样入口门

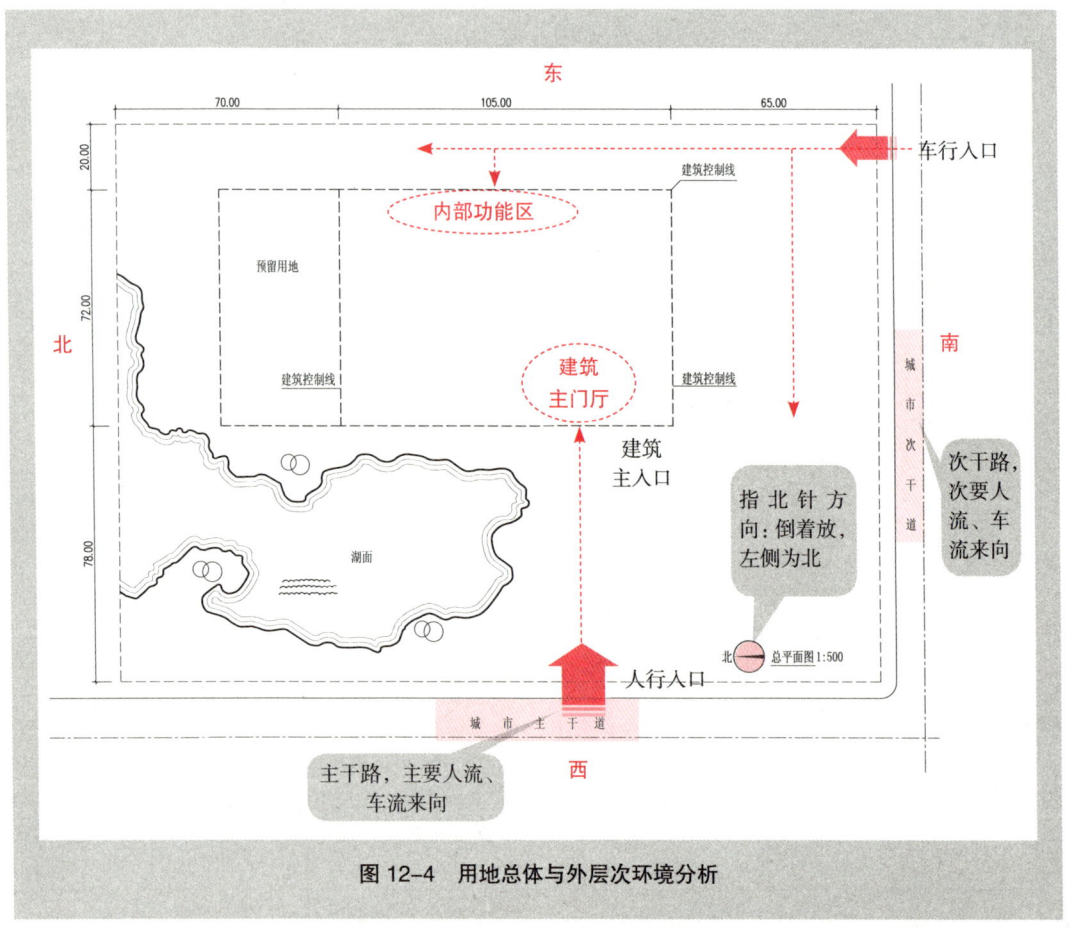

图 12-4　用地总体与外层次环境分析

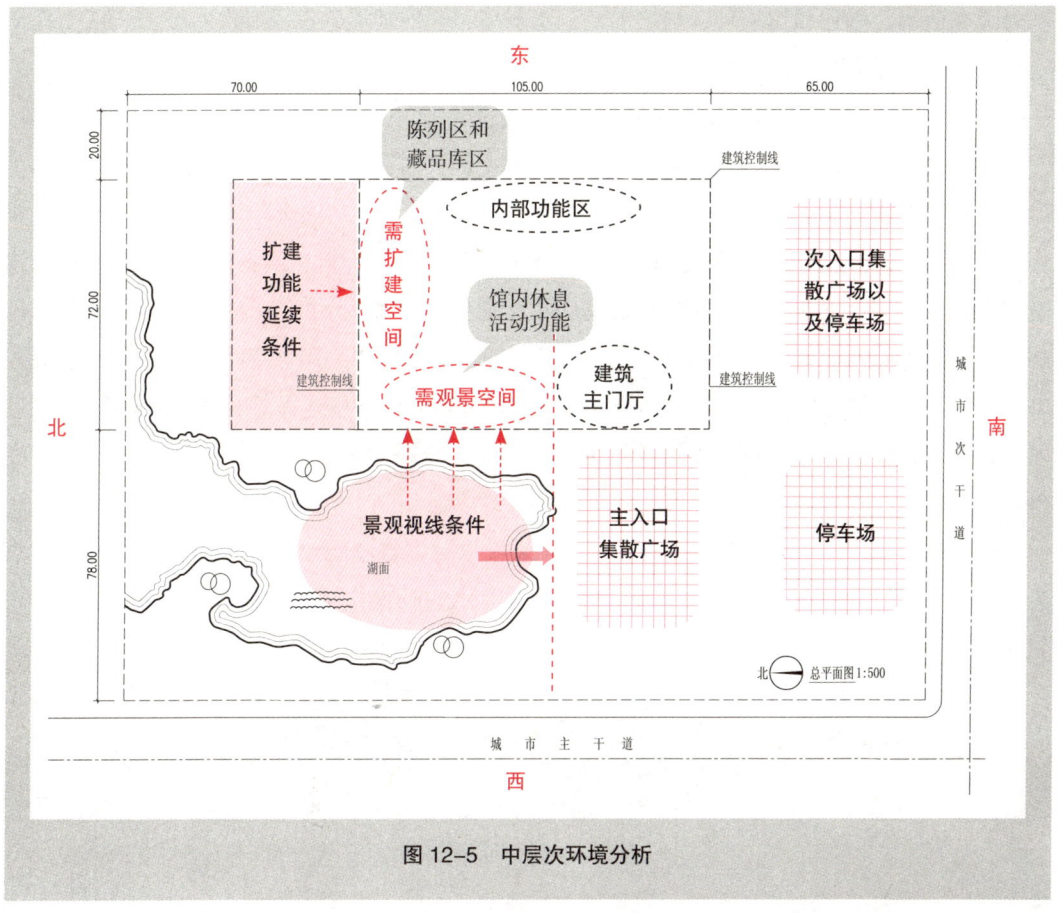

图 12-5 中层次环境分析

厅之前有较开阔的入口广场。这也是中层次环境要素对功能布局的间接影响的体现。

用地北侧设有预留用地一处，且题目要求"预留扩建用地主要考虑今后陈列区及藏品库区扩建使用"，也就意味着博物馆功能区中的陈列区和藏品库区要邻近北侧预留扩建用地布置。

用地西南侧有大面积空地，对这些大块用地的布置使用应有一定的预判。主干道与主入口之间可布置入口集散广场；用地南侧布置次入口集散广场以及停车场；西南侧布置对外停车场。

（3）内层次环境

内层次即为建筑红线之内，用地方整平坦，且无任何要素内容。

二、一级分区

1. 泡图就位

（1）固定端占位

将功能泡图放在场地环境中，观察分析其与场地条件的对应程度（图 12-6）。门厅服务区位于场地南侧，对应城市主干道，与之前的分析吻合，说明功能泡图没有上下颠倒；藏品库与陈列区在西侧，邻近预留用地，与之前的分析对应，说明功能泡图没有左右镜像。以上几个泡单元都有较为明确的定位信息，是功能泡图的固定端，可直接在场地中定位布局。

除此之外，还有一些较隐晦的定位信息，我们也要把它们找出来，辅助一级分区草图形成。

一个是之前分析的某些具有休息活动功能的空间要看湖，但在泡图中并未显示，我们可以在面积表中查找这个有关的功能空间，经观察发现面积表中的"通廊"空间的备注中注明"兼休息"，极有可能这个空间就是题目中要求看湖的空间，但仅凭这些线索信息还不足以确定该空间的定位布局。经进一步分析，通廊是一个交通空间，将该空间布置在入口门厅和陈列用房之间，一则可以作为陈列参观的进厅以及缓冲空间，二则可以利用该空间组织多个陈列用房，并且作为一个交通兼休息的公共活动空间，具有较好的景观视线也是符合设计原理和要求的。基于以上多方面的综合分析形成的"证据链"，我们才能确定将"通廊"空间布置在西北临湖的一侧。

另外一个准固定端则是报告厅泡单元，题目要求"报告厅能独立使用"，独立使用应有对外的界面，和建筑主入口既有联系又要避免干扰，入口面向次干道为佳，所以该功能空间布置于东南角。

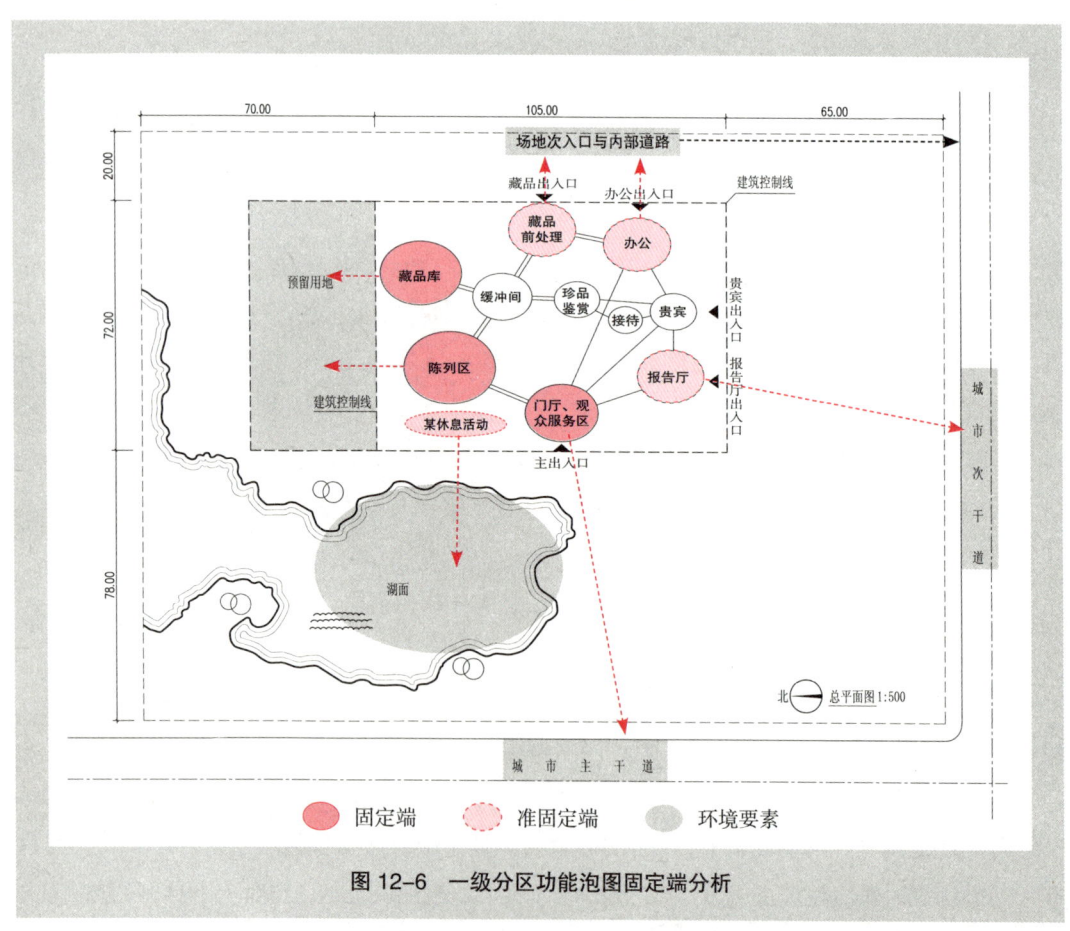

图 12-6　一级分区功能泡图固定端分析

还有藏品前处理和办公都有各自的独立出入口，其所在东侧边刚好对应次入口和供内部人员使用的场地道路。其位置内向合理。

（2）非固定端就位

非固定端布局定位也是泡图转化为分区草图的重要环节。之前我们分析了功能泡图形式为网架式组织形式，整体性好、不易变形。所以非固定端的布局定位可依据整体泡图的变形进行转化。找出该泡图功能联系的几条经纬主线（图12-7a），基本形成三横三纵"流线框架"，在功能泡图向平面图转化的过程中将"流线框架"摆正拉直，并适当兼顾各区空间形态，即可得到一级分区草图（图12-7b）（"流线框架法泡图变形"详见《指导》第五章）。注意：在功能泡图转化为平面分区图的同时，还原功能泡图隐去的部分交通空间，如通廊、藏品通道、各种交通联系走廊等（图12-8）。

2. 组合逻辑辨析

不同的流线框架合并方案形成不同的庭院采光处理。

网架式的泡图对应纵横网格形的组织结构，其在流线框架拉伸演绎分区平面草图的过程中，会有多种方案选择，三纵三横流线框架演变过程中，中间框架独立或者与边侧框架合并将给方案带来不同的影响。

方案一：各条流线框架独立，建筑形成"田"字形，留有4个庭院（图12-9a）；

方案二：中间横向框架独立，纵向框架与右边（南侧）框架合并，建筑形成"日"字形，留有2个庭院（图12-9b）；

方案三：与方案二刚好相反，中间纵向框架独立，横向框架与上边（东侧）框架合并，建筑形成"日"字形，留有2个庭院（图12-9c）；

方案四：中间纵横流线框架都与边侧合并，建筑形成"口"字形，只留1个庭院（图12-9d）。

不同的流线框架是合并还是分开要根据具体情况进行设计选择。

如"框架"分离，留出庭院，各个分区空间采光良好，大部分分区都可双面或多面采光，流线清晰，不易混流，如方案一。但这样处理也有可能造成空间琐碎。

如不同流线框架进行合并，一则合并面将无法采光，只能通过另一面采光（也就是单面采光），如果该功能区需要双面采光或者具有多重流线空间，那么合并处理将不利于空间布置；二则不同性质、类型的流线不能随意合并，以免被判"混流"或流线缺失。如果集中布置也要分设走廊，有可能造成"双内廊"的不良空间设计感，或者影响其他空间采光。

如方案三、方案四中，横向流线框架上、中合并，这时候技术和办公就只能选择单侧走廊，因两区房间众多，且还有相互联系，这样就无形中加长了两区空间的流线长度，造成一定的浪费。虽然流线上也说得通，考试也不扣分，但是排布房间时冗长的流线会在考试中费时费力，空间的实用性也不佳。

方案二和方案四中，纵向中、右两条流线框架合并布置，这样，办公到主门厅和贵宾到

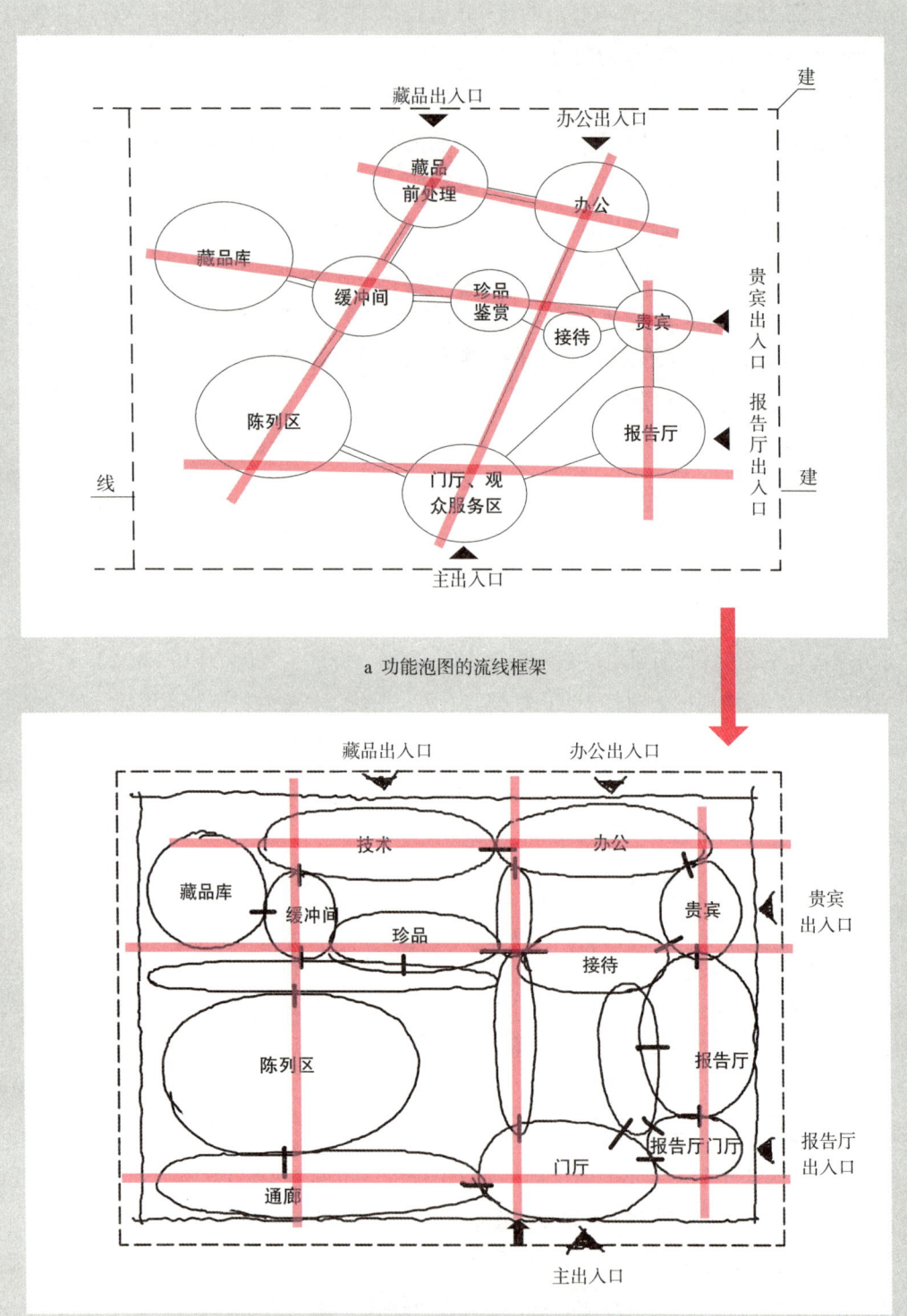

a 功能泡图的流线框架

b 由功能泡图流线框架生成的一级分区草图

图 12-7 以功能泡图流线框架法转化一级分区草图

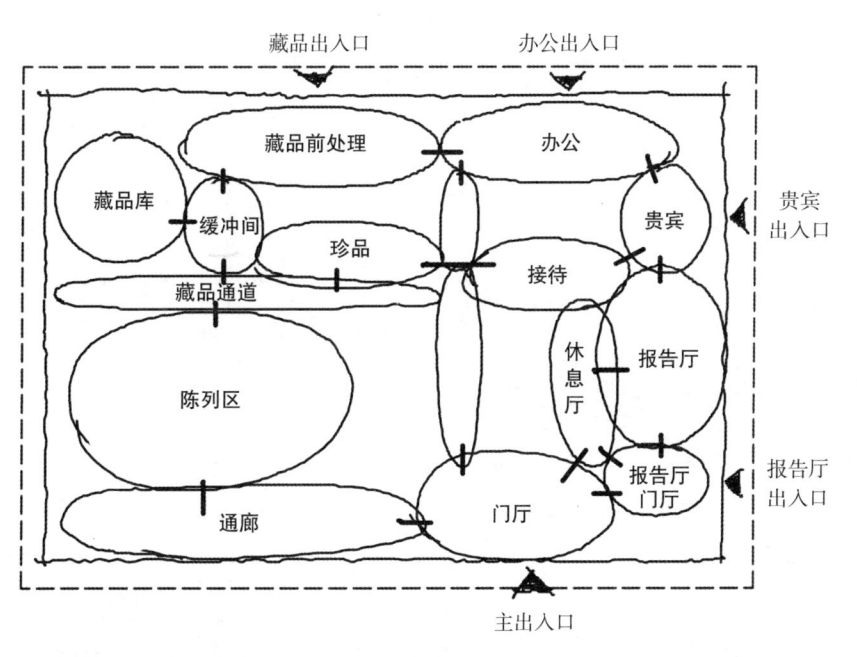

a 一层平面分区草图

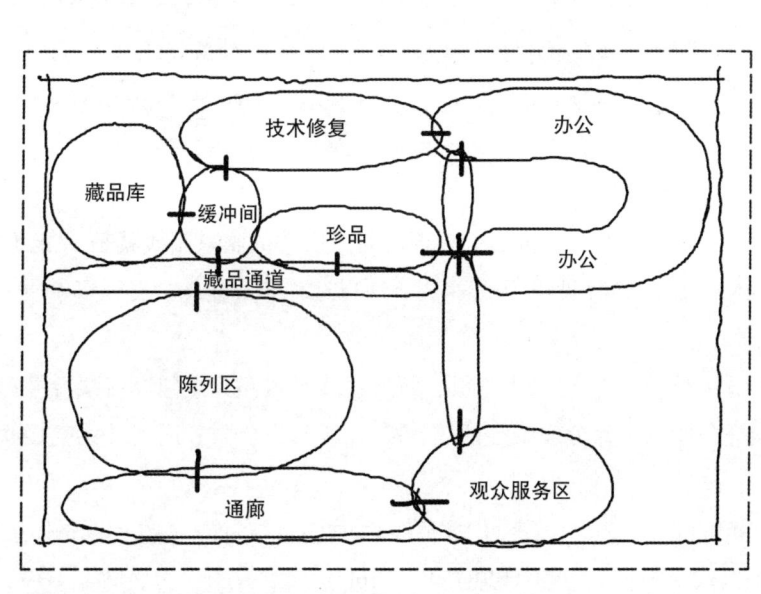

b 二层平面分区草图

图 12-8 一级分区：平面分区布局草图

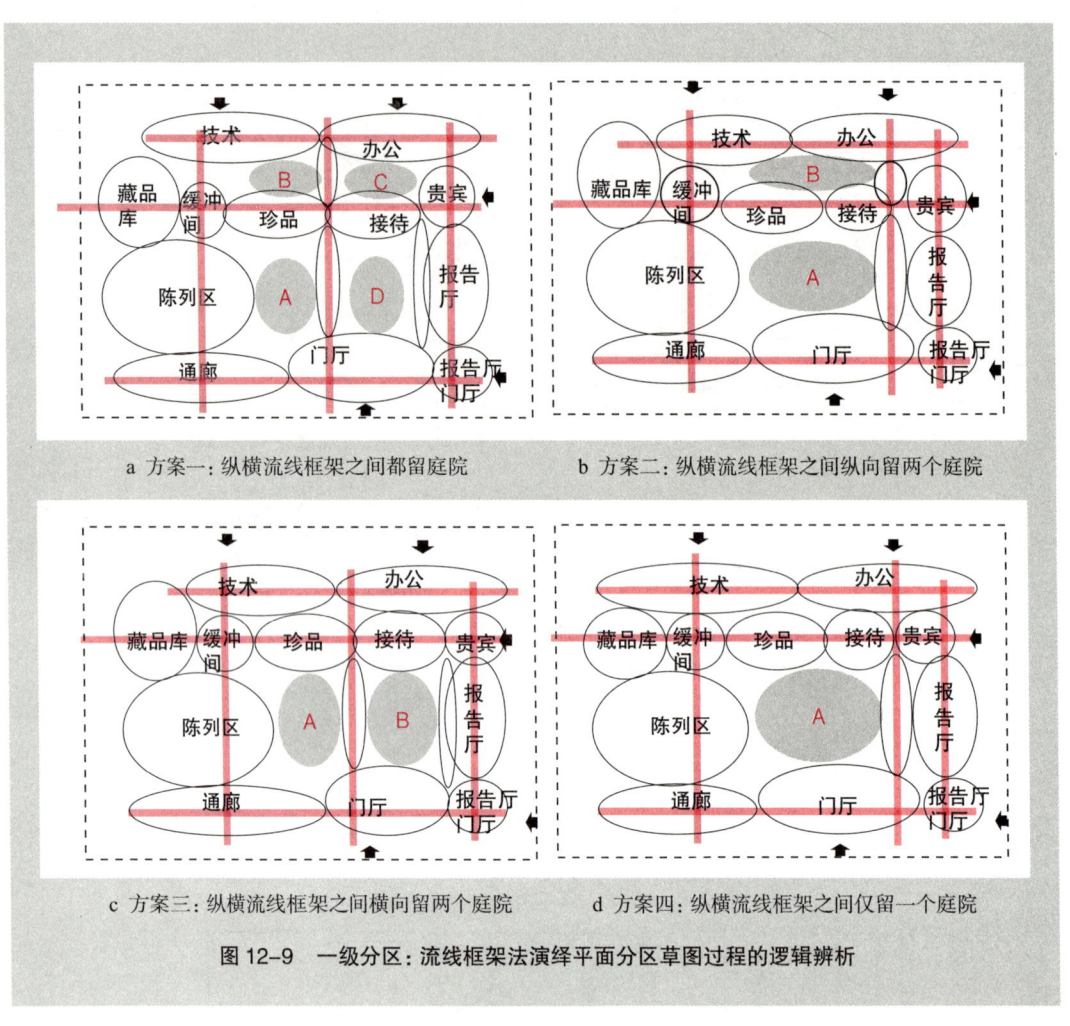

图 12-9 一级分区：流线框架法演绎平面分区草图过程的逻辑辨析

主门厅的流线就需要集中布置，再加上报告厅与主门厅的联系流线就是三条流线集中设置，并且报告厅、休息厅等空间都需要天然采光，所以这样布置起来会有很多矛盾。其常见处理方式有以下几种：

方案 1：省去办公到主门厅专用流线，将该流线与贵宾到主门厅流线合并。存在问题是流线缺失、不符合题意（评分表中已注明："办公区与观众服务区门厅无直接联系扣 2 分"）（图 12-10a）。

方案 2：三条流线并置，办公到主门厅流线紧贴休息厅布置。存在问题是休息厅无法采光，多处交通空间并置，空间冗余，不理想（图 12-10b）。

方案 3：休息厅与报告厅门厅横向并列布置。存在问题是休息厅未直接采光，且空间范围不明确，主门厅与报告厅门厅未能直接联系（图 12-10c）。

方案 4：休息厅与报告厅门厅纵向并列布置。存在问题是休息厅与报告厅未直接联系，报告厅门厅与主门厅联系不便，空间范围不明确（图 12-10d）。

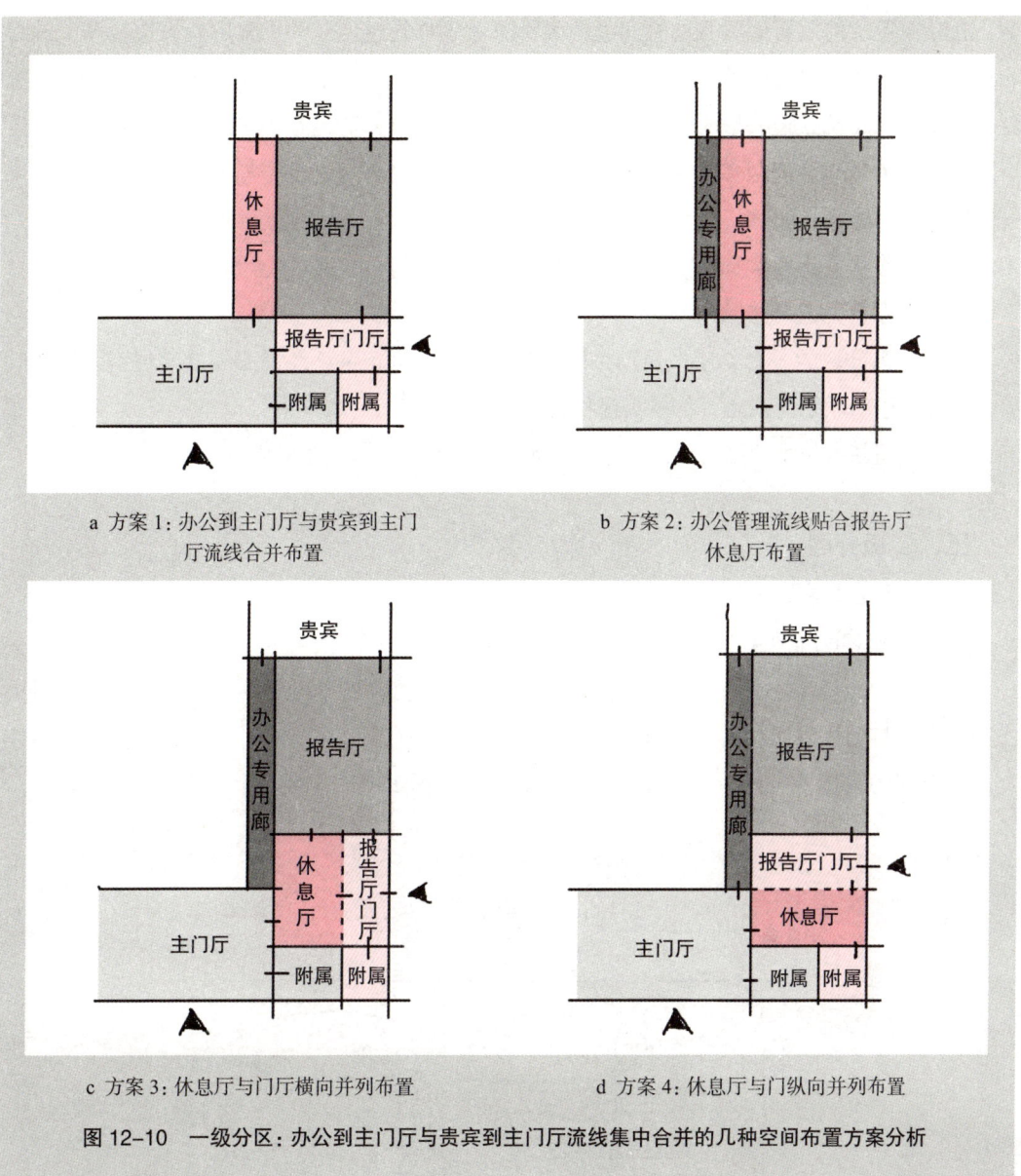

图 12-10　一级分区：办公到主门厅与贵宾到主门厅流线集中合并的几种空间布置方案分析

　　以上几种处理方案都或多或少存在一些问题，说明纵向中、右两条流线框架合并并不理想。当然，这种解析是建立在充分的理性思考的基础上的，很多时候考生在考场中来不及详尽地分析，但可以利用对流线特征的认知，来作快速的判断。如报告厅侧边休息厅是常见的空间组合，二者两个方向采光，已不适合再有多余的流线空间贴邻布置了。况且，办公到主门厅和贵宾到主门厅并不是同一类流线主体，虽然贵宾可经"身份转化"而具有内部属性，但如果合并则会影响报告厅的独立使用（报告厅闭馆不影响博物馆的使用、运行），增加办公管理难度，导致管理流线过长等问题。

　　所以综上情况分析，将流线框架转为一级分区草图的方案一（详见图 12-9a）较为合适。

也许在考试的短暂而紧张的时间里绝大部分考生都是想到一种方案后就愉快地往下进行了，缺少多方案、多可能的辨析与比选。当然，能力强、经验丰富，或者运气好的考生很可能一次就选择正确，但一般考生常常达不到此境界。所以，这也是很多时候自己走偏了路还不知晓的原因。也会有很多考生认为画很多方案草图太过麻烦，在考场上浪费时间，但如果直接想到什么思路，就不管三七二十一地往下做，到最后出现问题后再想补救，已是"回天无力"了。这样作答几乎就是拿一年一次的考试作赌注。这也是很多考生屡考不过的原因。

3. 关键条件落入与校验

完成一级分区的一、二层平面图，校核一级分区关键条件，还原必要的交通空间，尤其要校核泡图中的联系流线是否都被实现和满足。

这里还需落入技术、办公区门厅、办公区消防控制室（须直接对外开门）。二层暂无。

三、二级分区

1. 空间组合与交通布置

（1）基本空间组合方式与水平交通

该建筑功能复合，空间形式多样，流线纵横交错，功能空间的交通组织形式也各不相同。主门厅空间与门厅附属功能呈放射性空间组合形式，门厅兼交通；报告厅为大厅式空间；技术与办公空间为走廊式空间形式，即单廊或双廊形式（图12-11）。根据上一步一级分区的组合

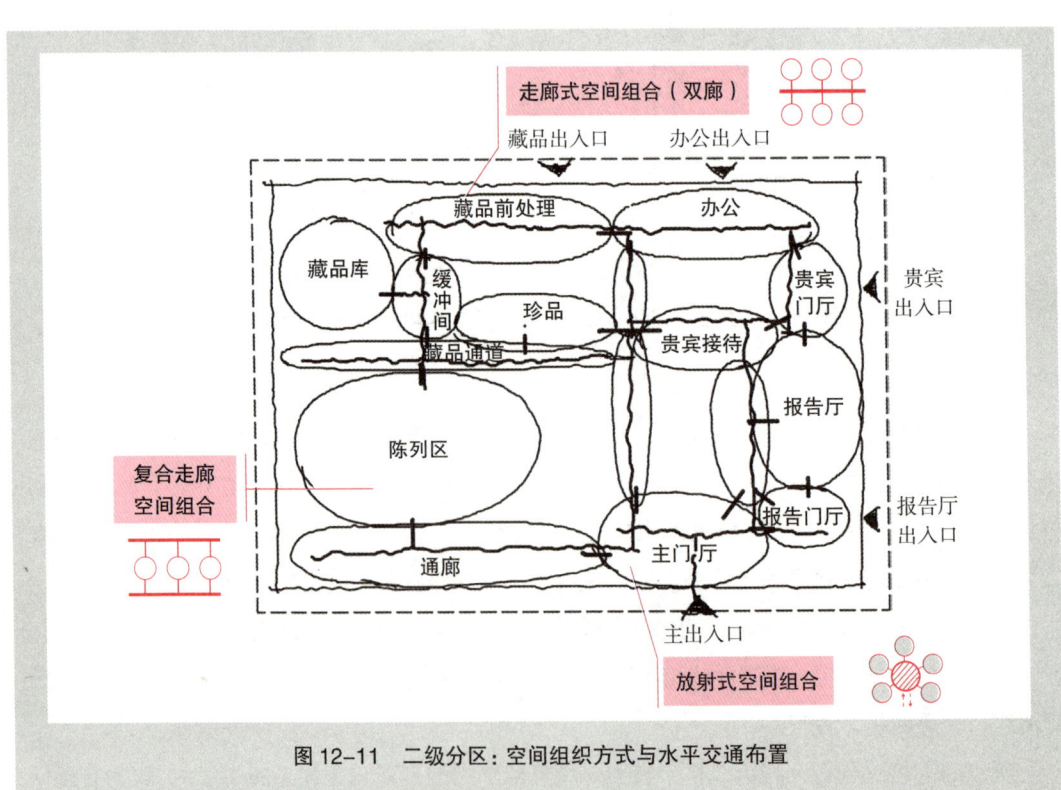

图12-11 二级分区：空间组织方式与水平交通布置

逻辑辨析，这两部分采用双侧采光走廊形式（双廊）为佳。那么，陈列区适用什么空间组合形式呢？陈列室有三间，而且功能泡图显示有两个方向的流线联系，一是对外和主门厅方向，一是对内和藏品库方向，所以要弄清该区的空间组织方式；先要弄清该区的流线联系方式是分流还是混流。一种是陈列室串联或串、并联，两种流线混流（交叉）（图 12-12a）；另一种是陈列室并联，两种流线分流（图 12-12b）。

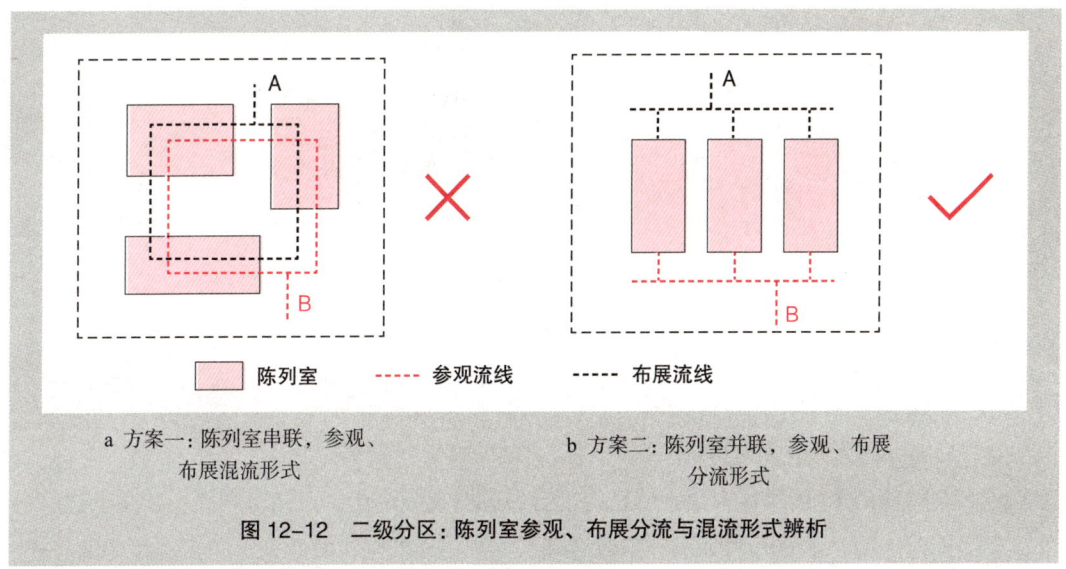

图 12-12　二级分区：陈列室参观、布展分流与混流形式辨析

首先，题目要求"各个展厅独立使用，避免观众与内部业务交叉"，方案一的陈列室串联（或放射串联）空间形态，内外流线混流，必然形成流线交叉。其次，陈列室要考虑未来扩建，方案二能够更好地形成扩建"生长序列"，而方案一则不适合。最后，方案一的布局不利于陈列室南北向采光，这也是不符合设计原理的。所以，方案二符合题目要求。方案一在本题目中的表达是错误的，甚至是"毁灭性"的（评分表中注明："公众参观与内部业务分区不明或流线交叉扣 20 分/每层"）。

这样，陈列室的空间组织方式为复合双廊形式，组织公众参观流线的交通空间为通廊，那么组织工作人员布展的流线有无特定空间呢？根据题目要求"藏品出库至陈列室、珍品鉴赏室应经缓冲间通过专用的藏品通道送达"，说明"藏品通道"即为工作人员的布展走廊，是陈列室另一端流线组织的交通空间。该分区二层的空间组织方式与一层相同。

对比该题目的珍品展室，其流线关系和空间组织该如何处理呢？题目中并没有要求"流线不交叉"，且参观贵宾也有内部人员陪同，已转化为内部性质的流线，也无需考虑扩建，所以该区流线就不必一定"分流"设计（图 12-13a、b），"混流"布局也可（图 12-13c、d），但分流也不算错误。因为珍品前面的藏品通道只有工作人员使用，参观贵宾不得进入，所以布展流线和参观流线就只能在珍品室内部"混流"，形成内穿式混流（或者工作人员由藏品通道

239

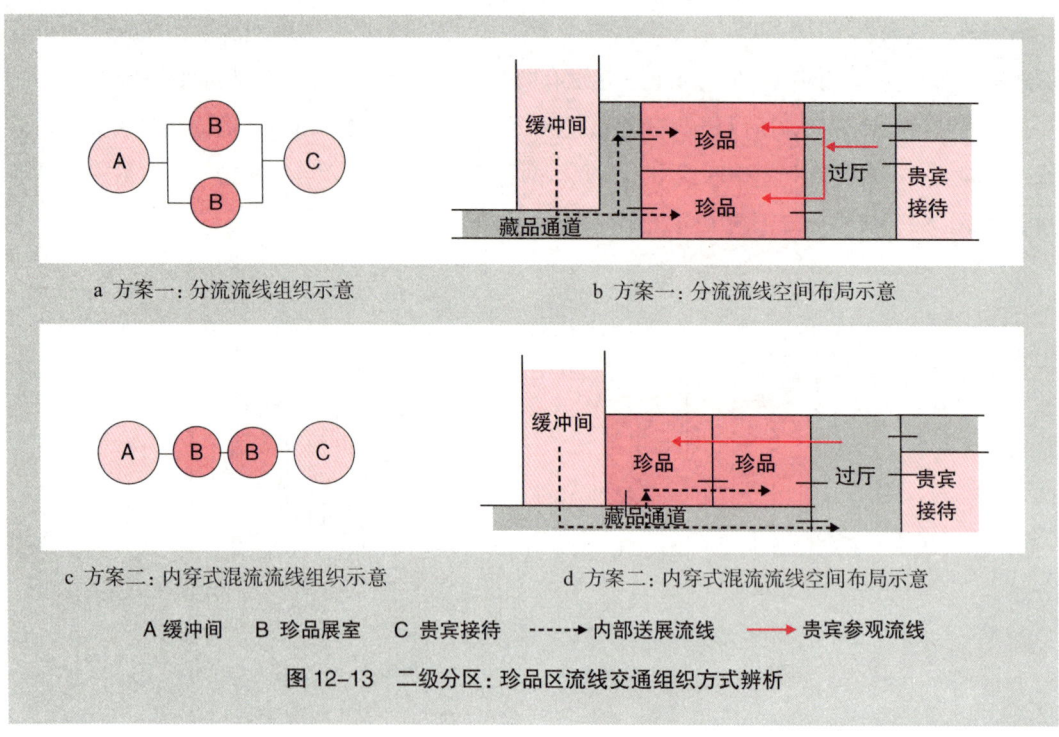

图 12-13 二级分区：珍品区流线交通组织方式辨析

分别进入两间珍品）。因贵宾人数少，且内部布展的变化频率小，可错时布展，减少干扰。另外，珍品价值连城，不宜开门太多，不便管理，少开门更安全。藏品通道与贵宾接待区连通，使用管理方便，有利于疏散。基于以上分析，我们有充分的理由选择方案二作为珍品用房的布局形式。

（2）垂直交通布局

功能楼梯布置上，首先，考虑枢纽交通。主门厅流线引导需要布置楼电梯交通厅（图12-14）。

其次，考虑功能区上下联系。陈列区在通廊布置一部楼梯并兼作疏散使用。技术与办公区各自设置一部楼梯联系上下功能区，并且兼顾两区疏散，楼梯间尽量拉开距离（按规范不超过 60×1.25=75m）。

再有，考虑疏散。除了已布置的楼梯外，再补充疏散缺漏。陈列室二层房间需要两个方向布置疏散楼梯。陈列室东侧虽然可以经缓冲间借助技术区楼梯疏散，但经过多道门，不太方便，可在藏品通道两端各设置一部楼梯，即藏品库外侧设置一部，珍品和贵宾接待之间设置一部，该楼梯可借助一层办公门厅疏散（疏散出口到室外门不超过 15m）。该楼梯也可方便自办公区进入二层进行资料阅览、研究和联系公共区。注意，按规范要求，该类型建筑具有疏散功能的楼梯间必须是封闭楼梯间。

最后，电梯布置。无障碍电梯在主门厅和陈列区各设置一部，货运电梯按要求设置在缓冲间处，并且在陈列区公共活动空间通廊布置扶梯两部。

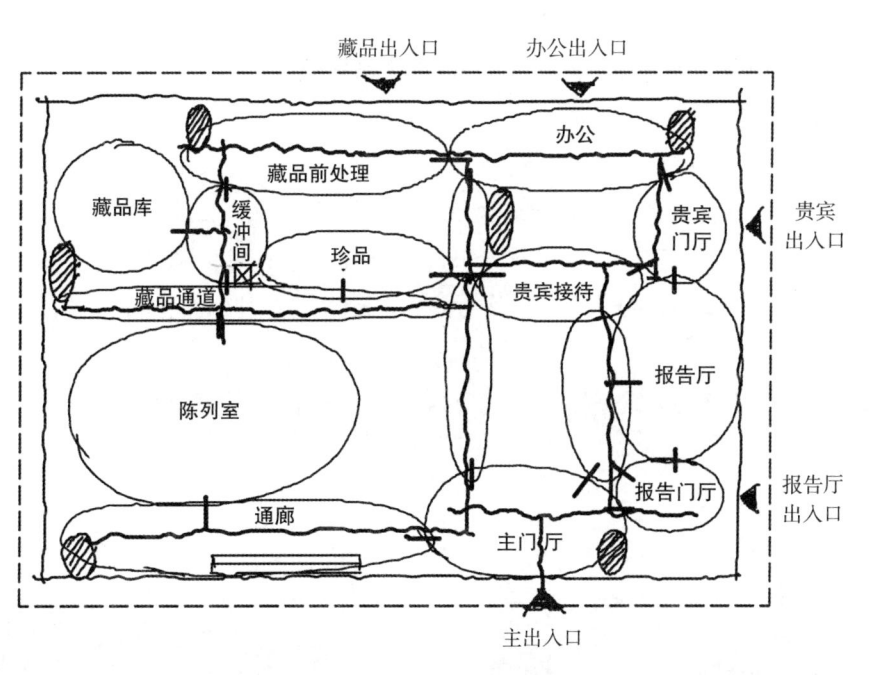

a 一层平面草图

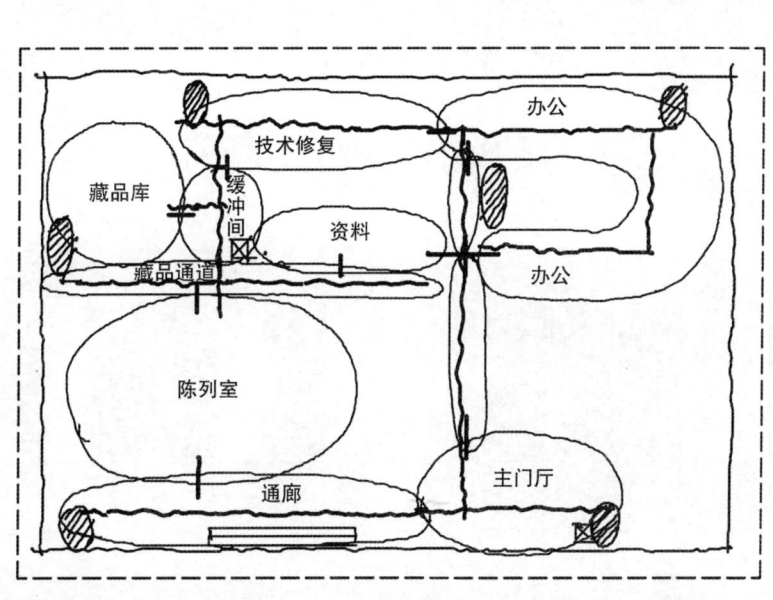

b 二层平面草图

图 12-14 二级分区：垂直交通布置草图

2. 子分区组合逻辑辨析

二级分区进一步细化，就会涉及子分区的布置方式和组合逻辑。陈列区的三间陈列室，要求至少两间能够天然采光，那么这三间陈列室就要利用临外边和开庭院进行采光设计。布置方式有以下四种：

第一种（方案一），最为简单直接，三间集中，两侧陈列室通过外边和庭院采光（图12-15a）。

第二种，陈列室适当分散，将庭院开在陈列室之间以获得更多采光，可以将一间或两间陈列室右移（方案二、三，图12-15b、c），或者分出两个庭院（方案四，图12-15d）。但相比之下，方案三也只有两间可采光，且陈列室不够集中。方案四庭院过多过碎，同样三间展室采光，不如方案二。

所以，优选方案为方案一与方案二。我们可暂选方案二作为设计思路。

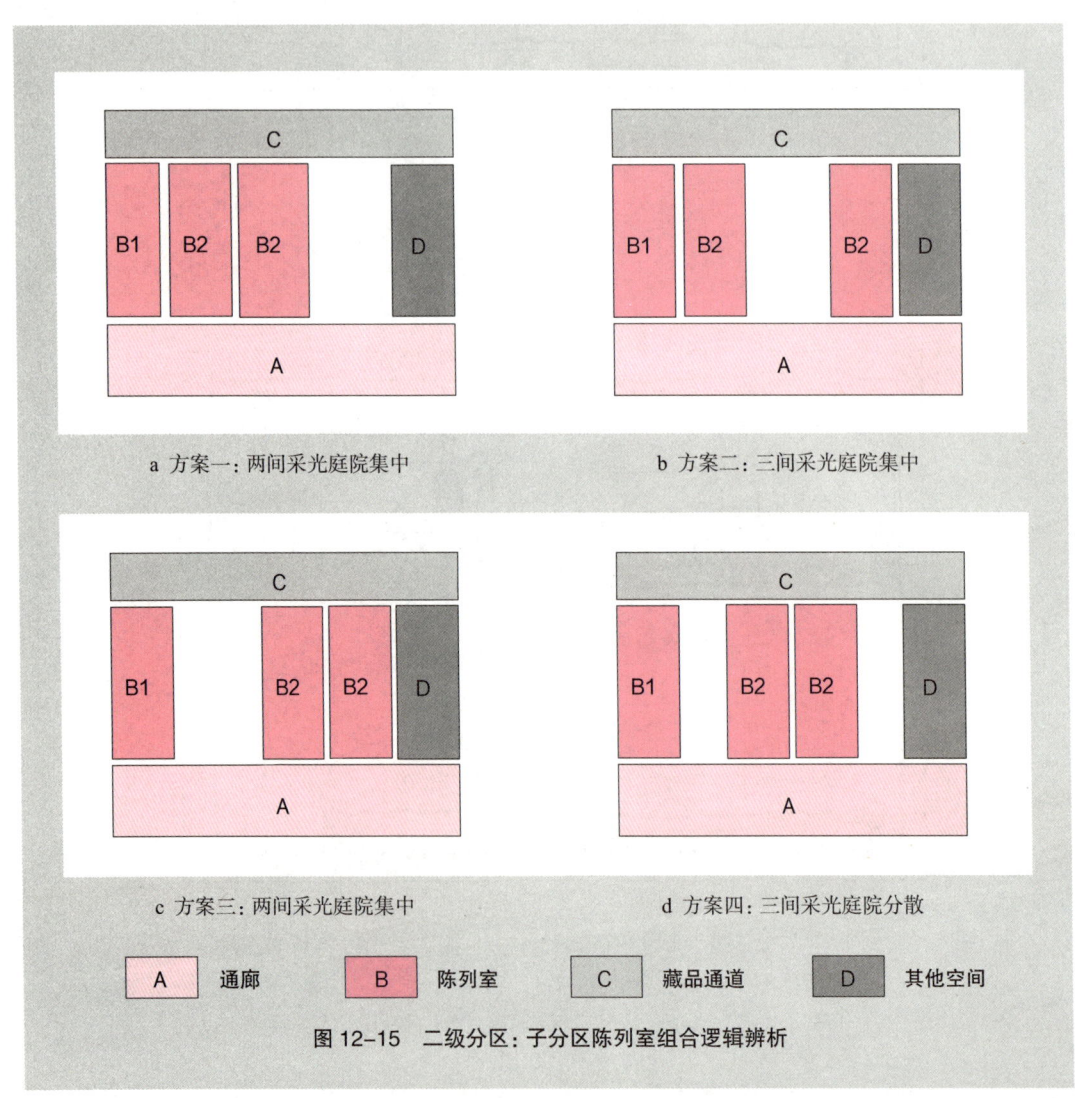

图12-15 二级分区：子分区陈列室组合逻辑辨析

3. 二级分区关键条件落入

落入在审题阶段预先分拣的二级关键条件。除一级分区中已经落实的流线联系外，还要落入具有二级分区关键条件和有特殊定位特征的空间。

（1）一层平面

门厅服务区、接待空间为具有内部性质的外部空间，条件允许的话，可与内外联系，布置在内部管理走廊与主门厅交接处（图 12-16a）。

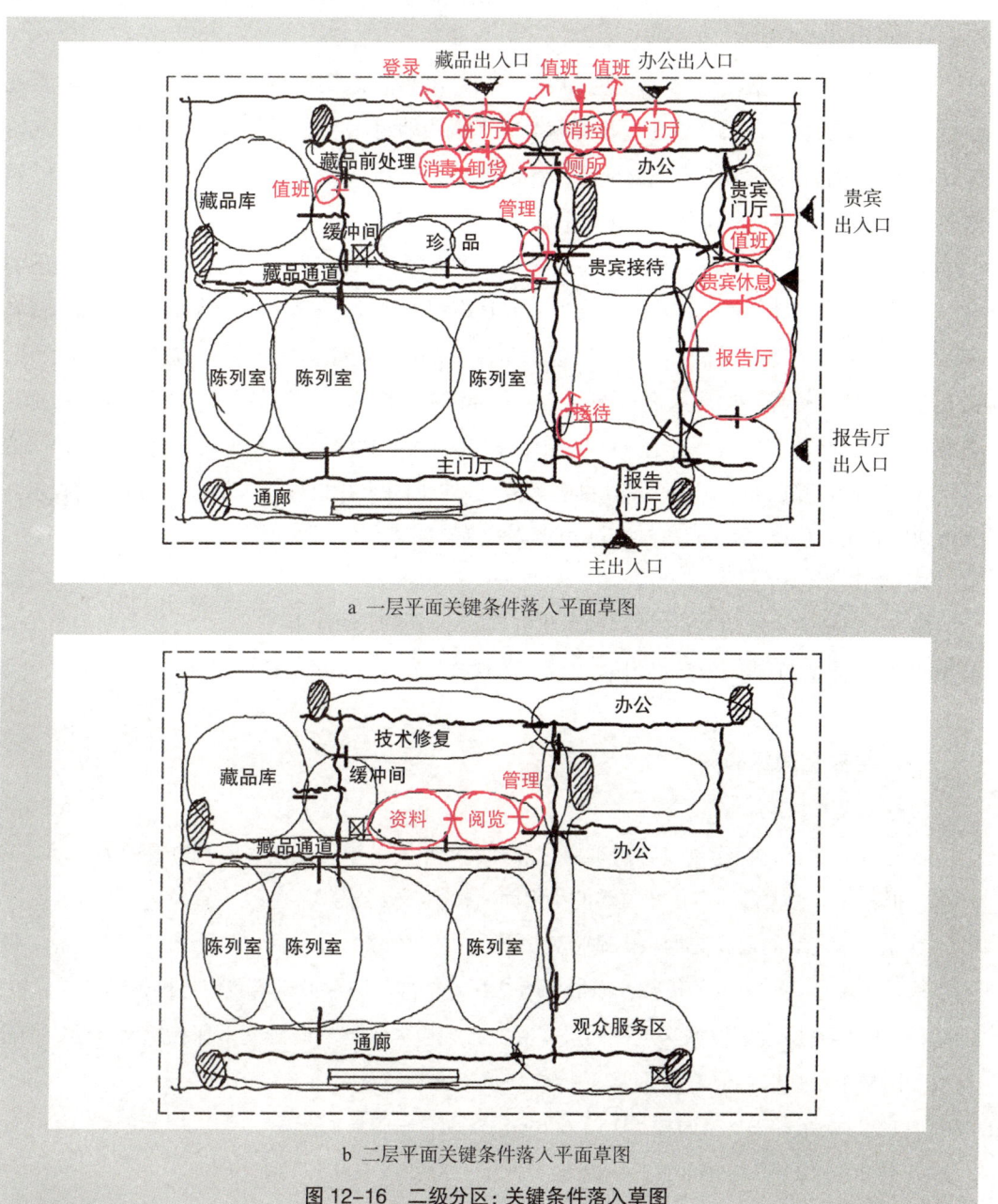

a 一层平面关键条件落入平面草图

b 二层平面关键条件落入平面草图

图 12-16 二级分区：关键条件落入草图

报告厅区：贵宾休息、休息廊、报告厅门厅都要邻近报告厅，这三部分内容分别布置在报告厅的三面。其中贵宾休息布置于贵宾门厅和报告厅之间。

贵宾与珍品鉴赏功能区：贵宾门厅落入值班一间；珍品区管理室虽然没有备注要求，但根据

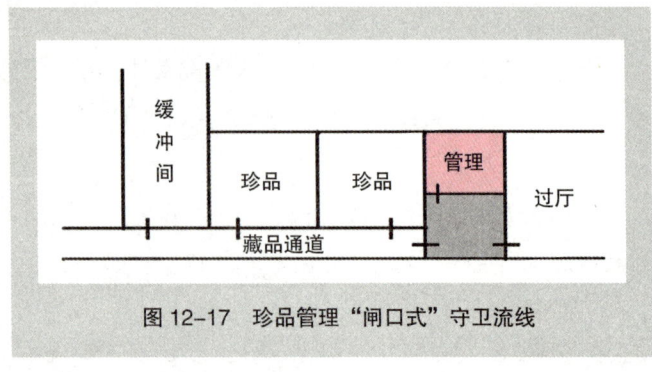

图 12-17　珍品管理"闸口式"守卫流线

设计原理，珍品室存放重要的、珍贵的展品，其进出都应有严格的守卫管理。所以贵宾参观珍品应设置守卫关卡流线，这个管理室就是关卡流线的组成部分，应设置在参观流线的起始位置。管理的作用是验证外来人员身份、核准进入珍品室参观。故此处应形成较为严格的"闸口式"守卫流线，以便对珍品进行更好的监管（图 12-17）。

技术与办公区：技术区，首先，值班邻近门厅。卸货清点也是货品进入藏品前处理区的第一道程序，所以卸货清点也应邻近门厅，并且为便于卸货，该空间应布置在门厅正对方向。蒸熏消毒要求与卸货清点紧密联系，二者相邻布置。另外，登录也是对藏品进货的初始管理，也应邻近门厅。这样，门厅一面对外，三面围合相关功能用房。藏品前处理区空间虽然是并联形式，但藏品的入库过程也有一定的顺序性，该区的门厅起点应布置在远离终点缓冲间的另一端，也就是邻近办公区的一端。办公区值班邻近门厅，用以监控人员进出；厕所为技术与办公两区共用，所以适宜布置在邻近技术区的一侧。

（2）二层平面

研究人员取阅资料应先经过阅览室，再回到阅览室进行查阅，阅览室靠外，资料室靠内（类似 2009 年大使馆题目中档案与阅档功能）。管理室布置在同一层（图 12-16b）。

四、网格空间排布

1. 柱网尺寸判定

本题目中没有既有建筑或者构筑物，没有大量重复的单元空间，但有重要的大空间（陈列室、报告厅）和大量的有倍数关系的小房间（技术、办公等）。

首先，看大空间面积与网格的适应性，陈列室面积为 415m²/间，这个数值有点奇怪，既不是整数也不是某些数值的倍数，但恰好是这样"精准"的数值，给我们提供了还原"标答"的途径。怎样利用这个数据判定柱网尺寸呢？首先应保证这三间陈列室保持空间方整，为非质数个网格组成，也就是说，可能的组合方式为 2×3、2×4、3×3（图 12-18）。

方案①：分 6 格；每格面积：415÷6=69m²；柱距：$\sqrt{69}$ = 8.3m。

方案②：分 8 格；每格面积：415÷8=51.9m²；柱距：$\sqrt{51.9}$ = 7.2m。

方案③：分 9 格；每格面积：415÷9=46m²；柱距：$\sqrt{46}$ = 6.8m。

方案①：8.3m 柱距非 300mm 模数，如选相近尺寸 8.4m，则尺寸过大，有些浪费。方案③：6.8m 柱距略小，也非 300mm 模数，况且 3×3 组合的网格空间进深太大，采光不利，三个并列的陈列室横向挤占庭院空间。此外，方形房间不能体现空间的方向感，同时，三开间柱网中展品参观流线也不好布置。方案②：7.2m 符合观展视距，其尺寸也符合柱网模数，且是常用柱距尺寸，也适合如办公类小空间的布置，暂时预判为该题目柱网尺寸。但最终还需进一步核对验证该尺寸对其他空间的适应性。

再来看技术办公区的房间面积特征，18m²、36m²、54m²、72m² 等较多，房间面积数量有约倍数关系，36m² 应该为一个网格去掉一条走廊的面积大小，18m² 占半格，54m² 占 1.5 格，72m² 占 2 格（图 12-19）。这样，我们计算反推网格数目（或查找常用房间面积与网格尺寸对应表格，详见《指导》中图 6-3），柱网尺寸为 7.2m，恰巧与之前判断的柱网尺寸一致。至此，我们可以确定，该题目的最佳柱网尺寸为 7.2m，并预判技术办公区如果双廊布置的话，应为等进深、不等柱距网格排布方式，有可能边侧一跨要适当内缩一条走廊宽度。

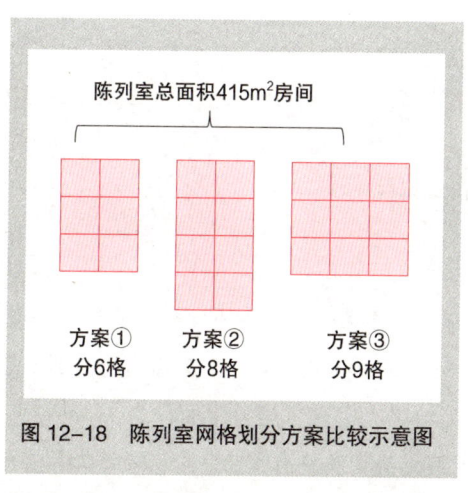

图 12-18 陈列室网格划分方案比较示意图

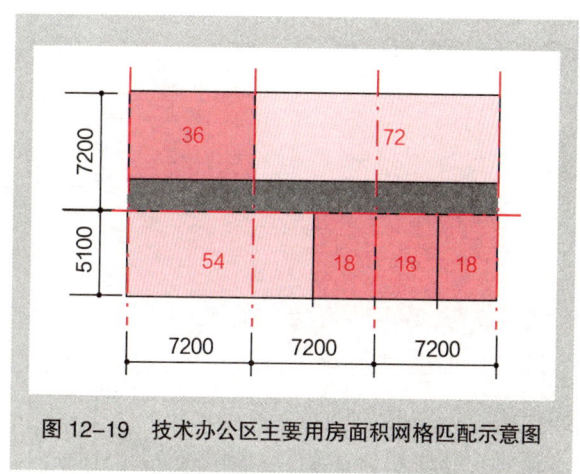

图 12-19 技术办公区主要用房面积网格匹配示意图

2. 网格模数量化

用地允许纳入网格数目：横向为 105÷7.2=14.5，取 14 跨；纵向为 72÷7.2=10，10 跨。压红线，为使建筑墙体不出红线，可选用 9 跨网格或者东侧网格向内适当收进一些。因之前柱网尺寸选择步骤中，预判技术办公网格可内缩一个走廊，与此处网格关系刚好吻合。实际排布中，如果空间较为紧张，此处可内缩处理，多争取 1 跨空间。所以，纵向总共有 10 跨可用网格（图 12-20）。

3. 纵横向跨数判定

纵向跨数分配（图 12-21a）：纵向可用跨数为 10 跨。主门厅 2～3 跨，门厅面积为 400m²，一个网格面积为 51.84m²，近似 50m²，门厅刚好占 8 个格子，横向布置，周边还要布置一些附属房间，大概占 3 跨，也就是纵向 3 跨。通廊需要布置扶梯、楼厅卫生间，进深大

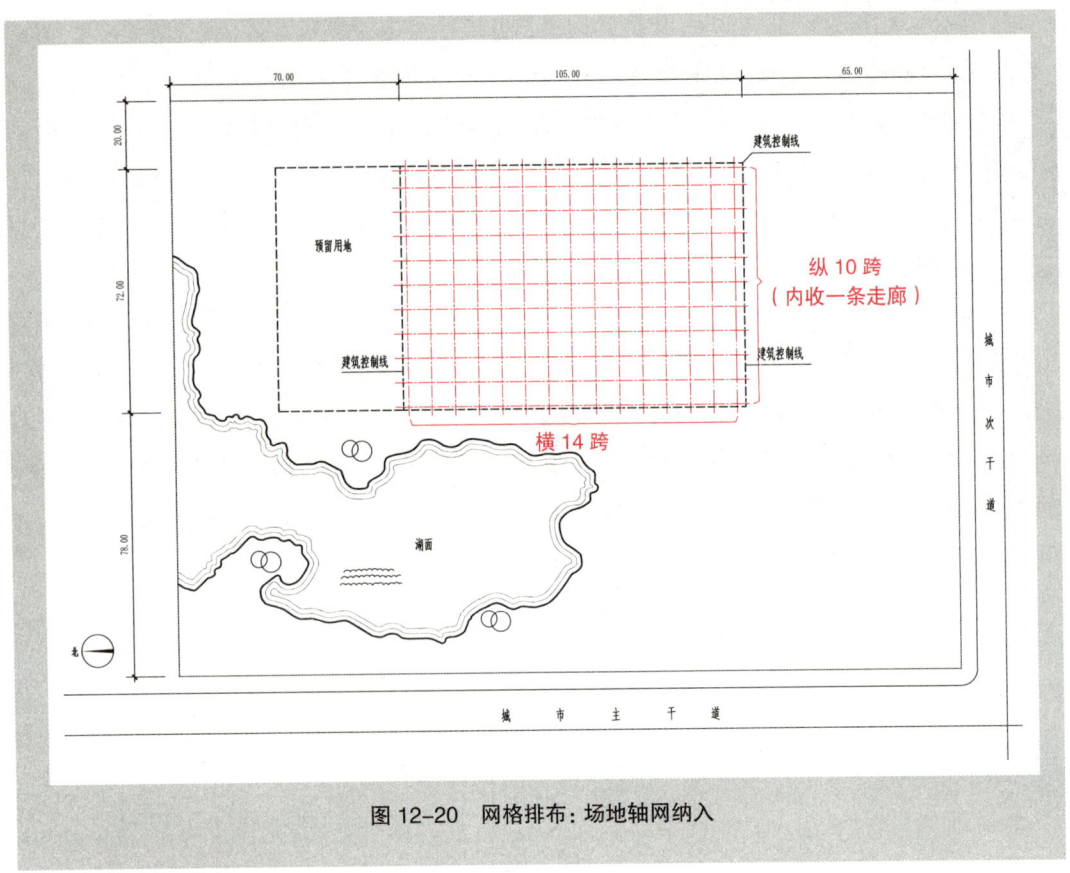

图 12-20　网格排布：场地轴网纳入

约需要 2 跨，与门厅对应。陈列室采用 2×4 网格组合，东西走向，纵深占 4 跨。这样，内部区域纵向可用跨数还剩 4 跨。东侧技术办公部分可双向采光，柱网内缩一个走廊，所占不足 2 跨，还剩 2 跨，1 跨分配给珍品＋藏品通道，1 跨分配给采光庭院。报告厅面积为 310m^2，基本需要 6 格，为 2×3 组合，纵 3 横 2，门厅纵向占 1 跨，贵宾休息占 1 跨。

横向跨数分配（图 12-21b）：横向总可用跨数为 14 跨。陈列室横向占 6 跨；报告厅＋休息厅横向共占 3 跨；还有办公到主门厅的管理流线，不宜只是走廊，可适当结合功能用房，单廊布局，建筑效率更高。这样管理流线及其用房也占 1 跨，剩余 14-6-1-3=4 跨，这 4 跨分给两个庭院，暂且每个庭院占 2 跨。

于是，按上述网格初步划分"轴网宫格"（图 12-22）。

4. 分区量化

先将相对容易确定数量和位置的占格空间落入，如门厅、陈列室等（图 12-23a）。再调整不容易确定数量和位置的区块，如技术＋办公、贵宾等空间区域。其中技术＋办公分区功能用房普遍具有约倍数关系，在网格尺寸判定中已确定了几种面积占网格的对应关系，所以可直接用定格法快速计算该两区占网格数为 17 格，另外计入此范围内楼梯占网格数，共两部楼梯，占 1 格。根据之前预判的管理流线"拉廊配房"的布局方案，可分出一部分房间拉至邻近门

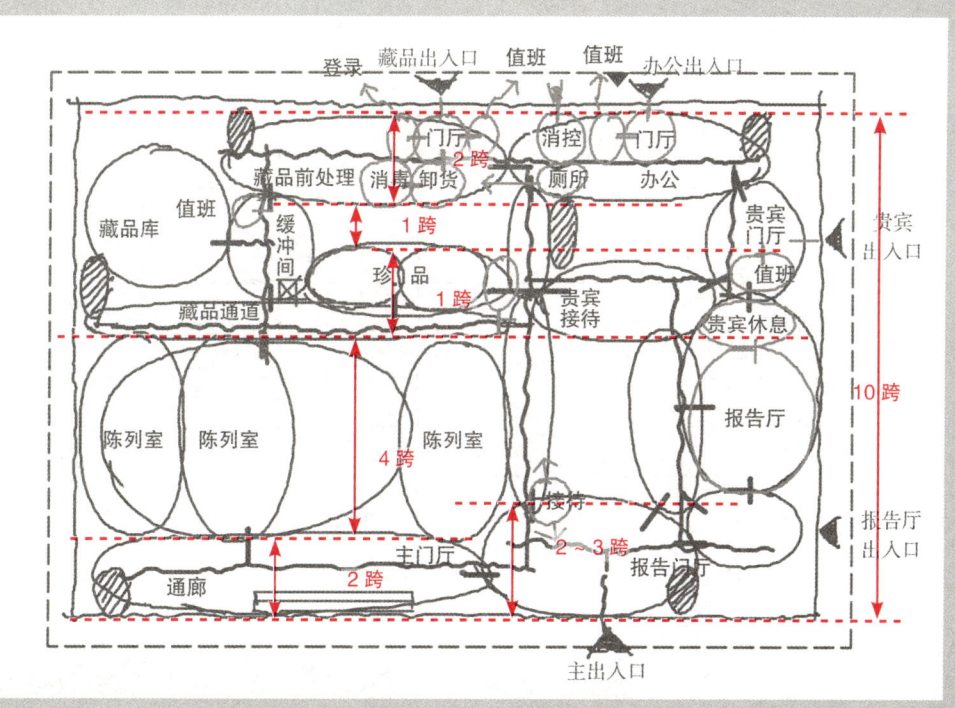

a 纵向各部分占网格跨数判定

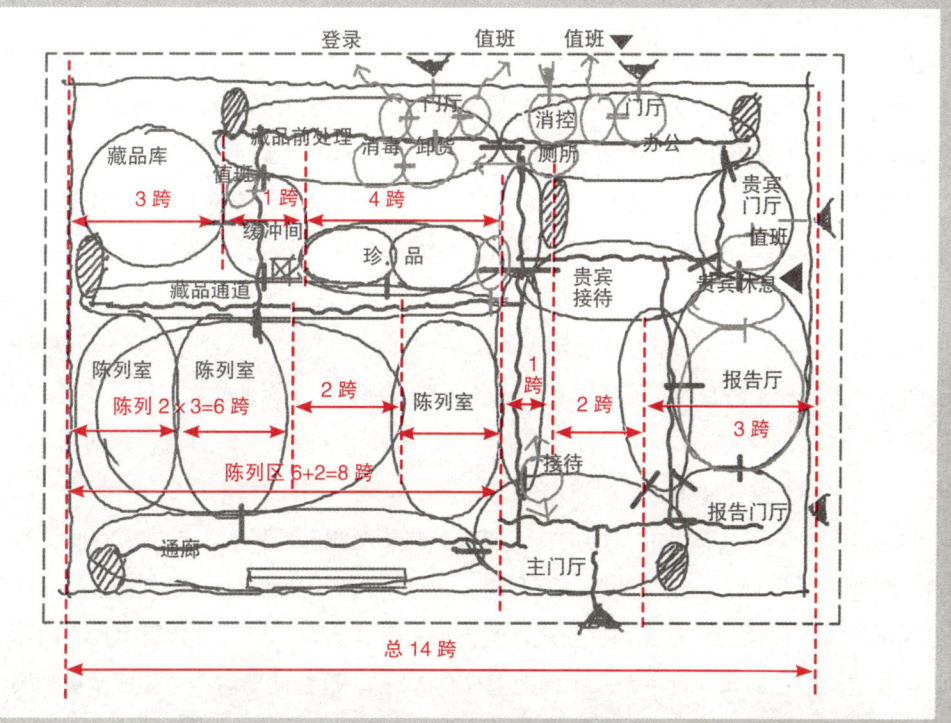

b 横向各部分占网格跨数判定

图 12-21 网格排布：一层草图纵横向网格分配预判

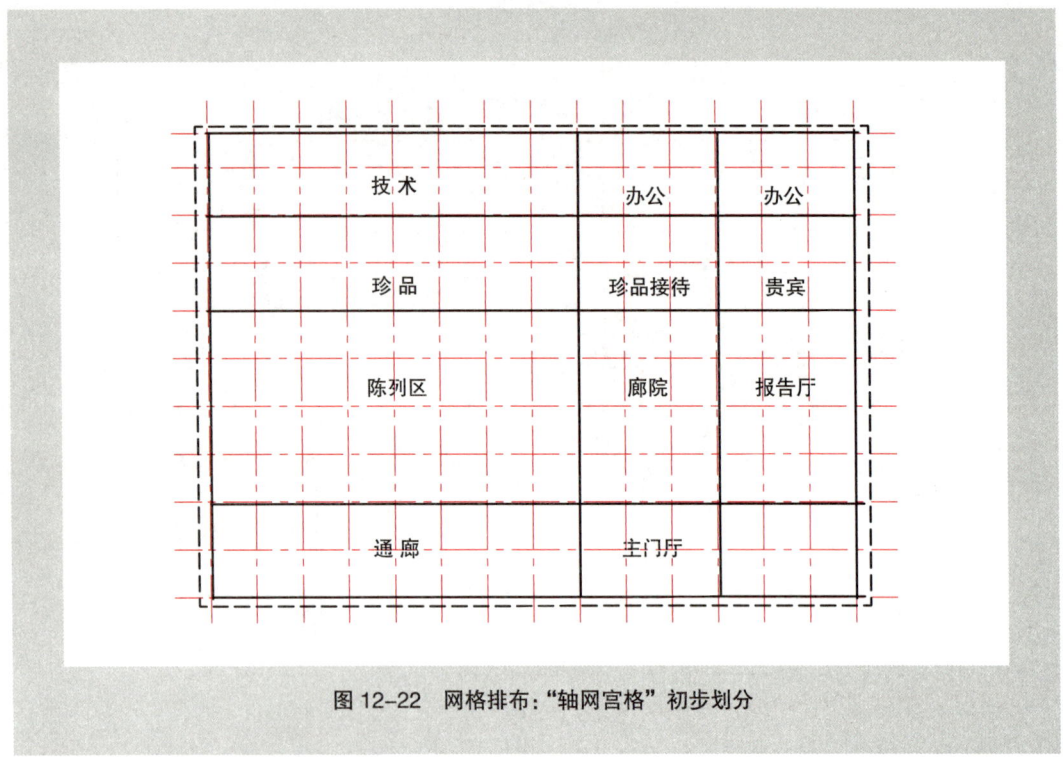

图 12-22 网格排布:"轴网宫格"初步划分

厅公共区的位置。观察面积表,可将办公区的两间管理用房移至邻近门厅公共区以方便管理。但靠近前区的单廊用房占 3～4 格,办公区其他房间又不适合移至此处,用什么房间来填?可考虑以门厅附属功能的接待等用房在此"填空",并以此承上启下。

这样,东侧技术办公区总共需要网格数为:17(净房间)+1(两部楼梯)−2(两间管理)=16 格,但不要忘记技术区缓冲间入口不能布置房间,要留出 1 格,这样总共需要 17 格。因为此两区可采用双廊布置房间,所以该部分区域就应留横向 9 跨,共 17 格(图 12-23b)。

藏品库、缓冲间、珍品部分横向与陈列对应,横向总共占 8 跨,这样,分配给藏品库 3 跨、缓冲间 1 跨、珍品 4 跨,使技术+办公区北侧流线末端截止于缓冲间入口处。

通廊经计算需要 12 格,其横向对应陈列室,面宽为 8 跨,这时可选择纵向为 1.5 跨来满足面积要求,向东侧延伸半跨空间以用作交通辅助功能(扶梯、楼电梯、卫生间)。

根据以上左侧(北侧)的布局定位,调整右侧(南侧)的贵宾、报告等空间位置,发现初始草图的布置中有一些细节问题没有解决,主门厅附属功能空间不够布置,报告厅门厅与休息厅不连通造成报告厅不能独立使用。刚好办公区还富余 1 格,可分配给贵宾门厅,报告厅+贵宾空间整体向东移动 1 跨(平面向上移动 1 跨),这样调整后,办公区域更加紧凑,主门厅区域布局也变得充裕,报告厅空间布置合理。

二层网格分区量化和一层基本一致,但也有不同之处。其中技术办公区房间面积数量较一层多很多。那么,这些多出的部分如何安排?布置在一层什么空间的上方呢?怎样布置能

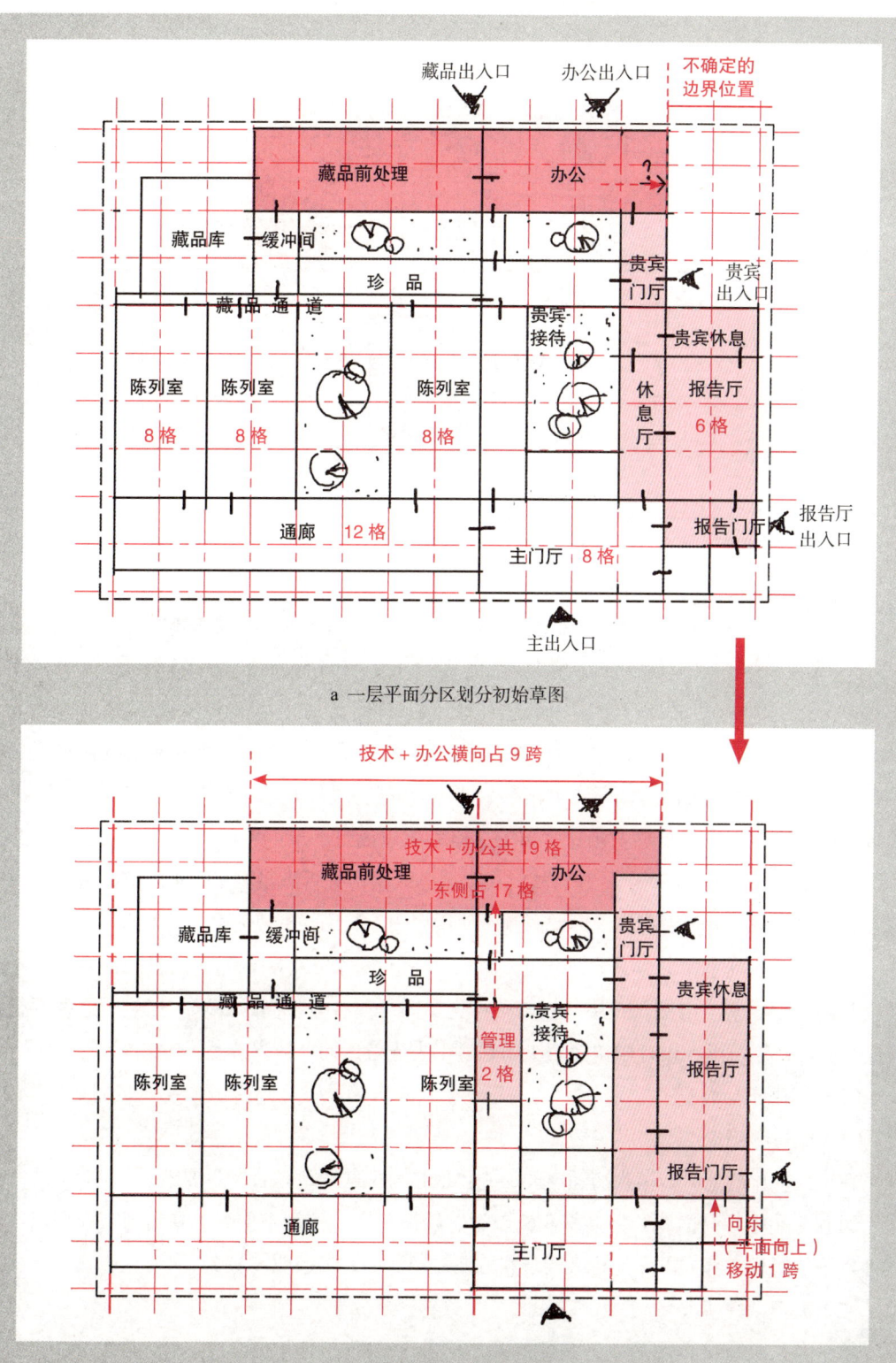

a 一层平面分区划分初始草图

b 一层平面分区修改草图

图 12-23 网格排布：一层平面分区划分与修改草图

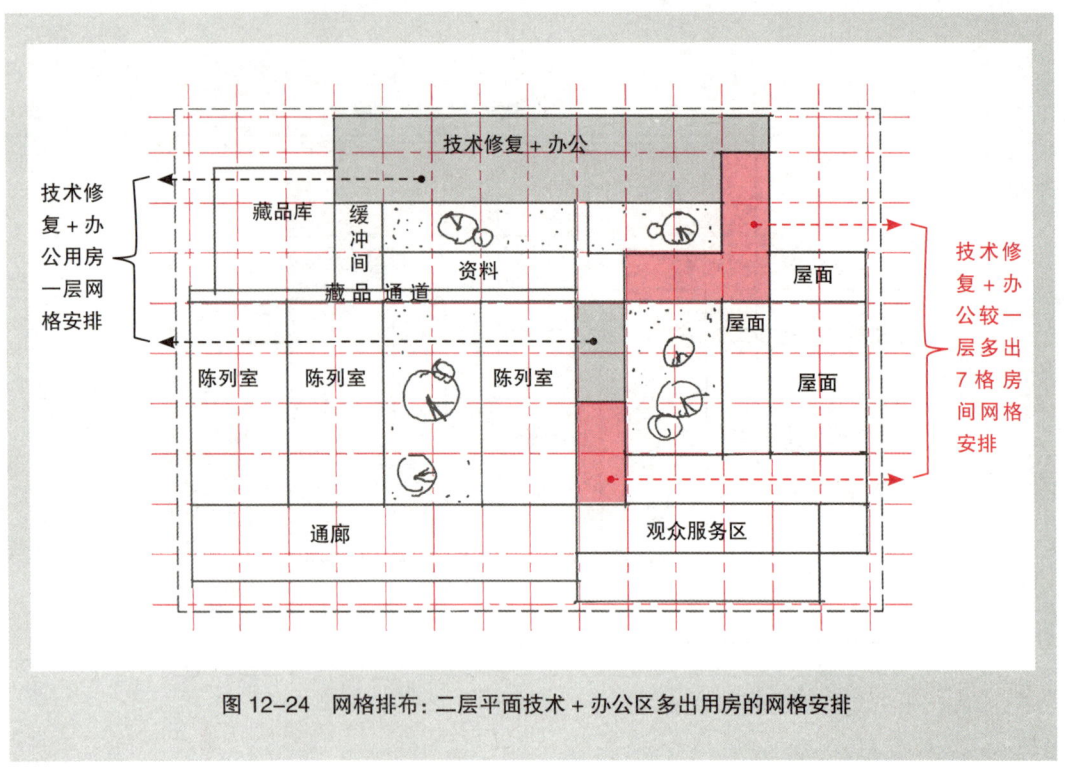

图 12-24 网格排布：二层平面技术＋办公区多出用房的网格安排

既保证布局合理、流线顺畅，又保持空间整合？我们先看一下二层需要的网格数到底比一层多多少。用定格法计算净房间需占网格数为 24 格，楼梯缓冲间等布局与一层相同，实际比一层多 7 格，我们只需要妥善安排这多出的 7 格就可以满足二层的空间需要了。二层技术办公区增加的部分如图 12-24 所示。计算核对观众服务区用房是否满足网格需求。该区占一层西南侧上方纵向 3 跨，中间 1 跨作走廊，两侧作使用房间，其网格数刚好满足面积要求。

另外，因陈列室贴邻办公管理区走廊，使转角空间采光不利。随之调整陈列室，将一间推至北侧，走廊转至南侧。一层同样调整。这样即可使各方都满足要求。当然，这种调整并非最为完美，但可以在设计中快速解决问题，不失为考试的上佳之选（图 12-25）。

5. 空间排布与调整

（1）交通明确

在分区量化的同时，落入交通空间，并再次核对疏散距离是否满足要求。

通廊北端楼梯与门厅公共楼梯距离较远，疏散超限，使用不便，故在通廊南端和门厅交接处再添加楼梯一部，以满足疏散要求和方便使用。一、二层同步布置。

（2）关键条件落入

将一、二级分区草图的关键条件落入，核实流线的准确性（图 12-26），并作进一步的空间化分。

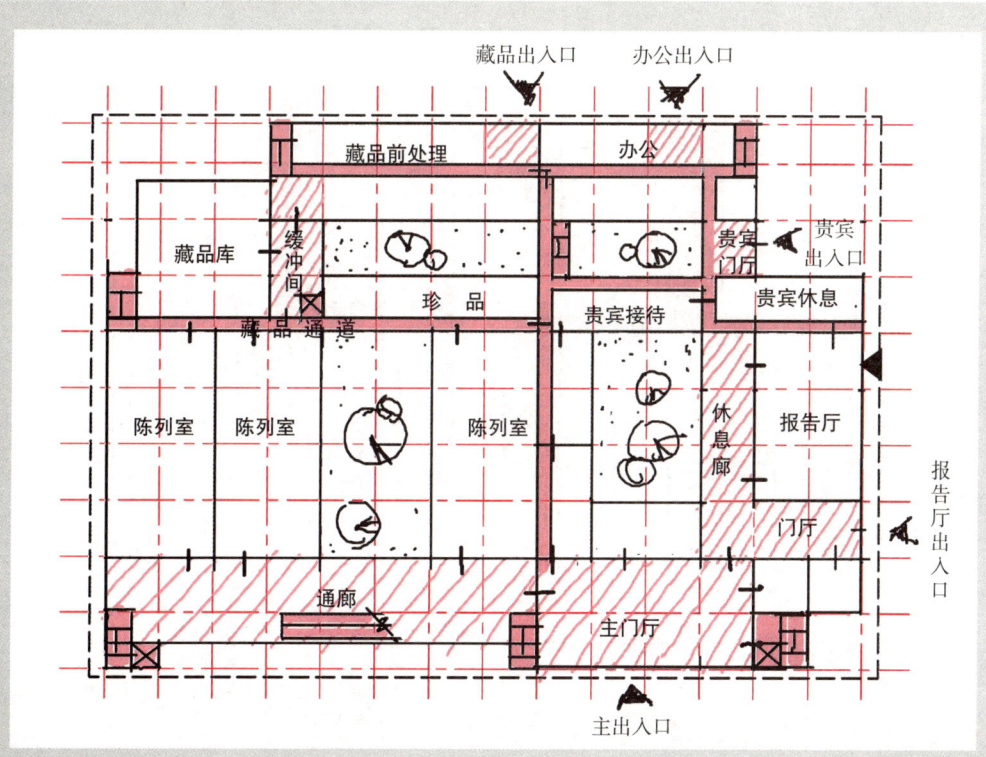

a 一层草图

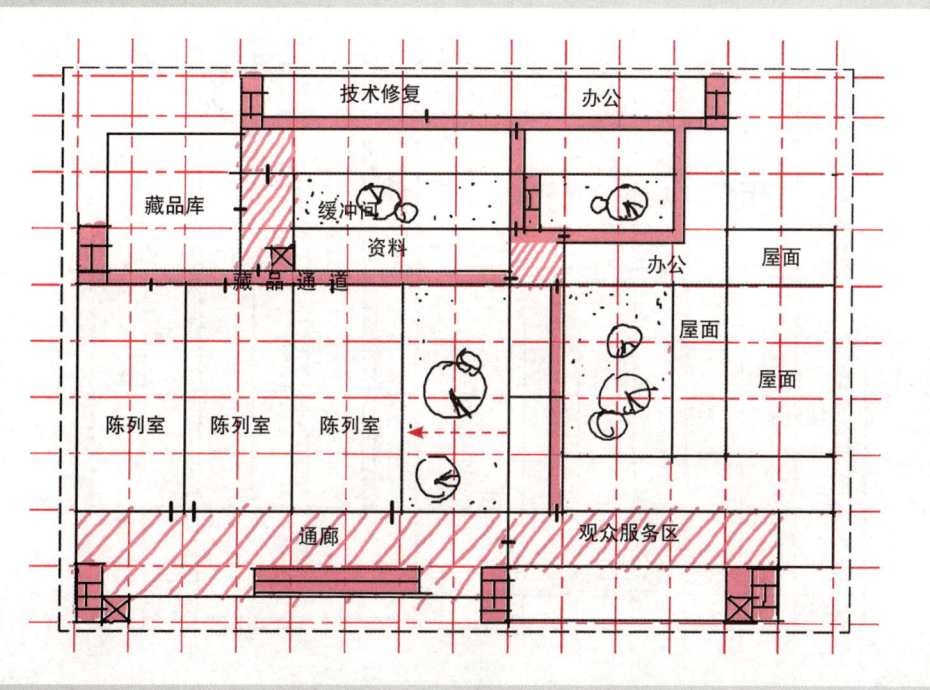

b 二层草图

图 12-25 网格排布：交通明确空间调整草图

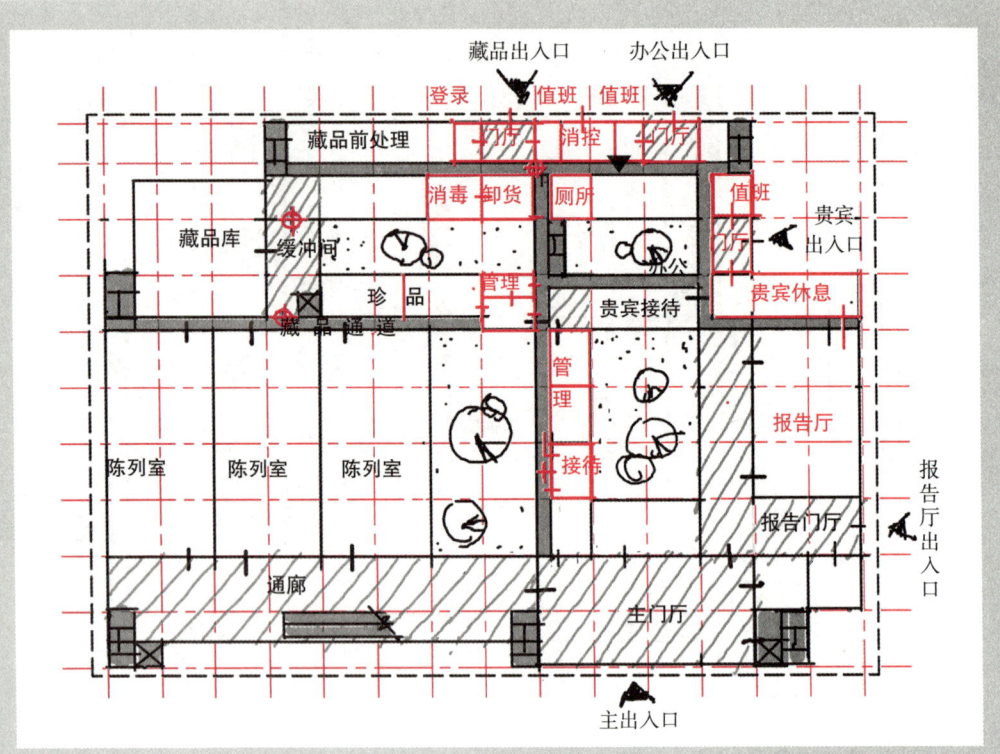

a 一层关键条件落入

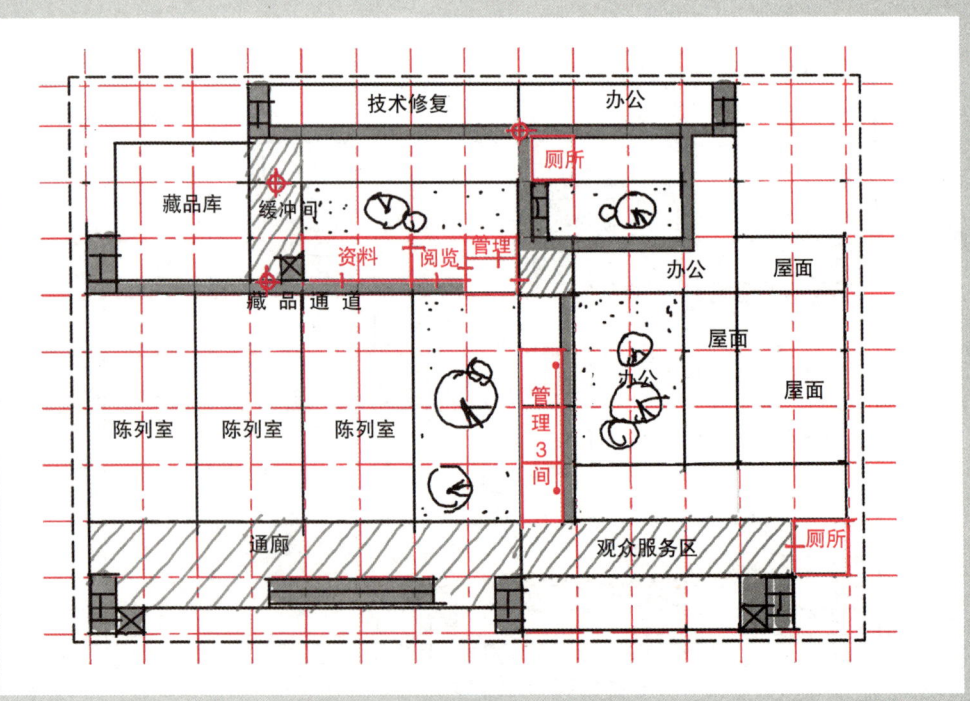

b 二层关键条件落入 ⊕ 门禁示意

图 12-26 网格排布：关键条件落入平面草图

一层藏品前处理区的几处关键条件房间位置的确定，应具体计算技术区需要的网格数，准确划分该区网格范围，并以远离缓冲间的一侧作为藏品流线起点开始布置。

另外，一、二层"拉"至邻近公共区的管理用房也作为特殊定位的房间预先布置出来。

还需注意：二层的卫生间尽量与一层的对应，尤其是二层观众服务区的房间布局与一层有较大不同，可先落入与一层对位的卫生间、楼梯间，再布置其他房间。

最后，标示各个分区门的位置，尤其是分区需要加门禁的部位要预先标记。

综上，完成一、二层平面图（图12-27、图12-28）。

五、总平面布置

绘制建筑总平面，标注总平面的各种信息（图12-29）。

绘制场地道路。因建筑西北侧距离湖面较近，无法形成环路，道路沿建筑其他边展开，车行路避让余留用地，道路尽端应设置回车场，按要求标示退线范围。

主入口和报告厅入口前预留一定的入口广场作人流集散缓冲。在城市主干道上开设人行口一处，城市次干道上开设车行口一处，车行口可正对报告厅入口，方便报告厅独立使用，也可正对北侧车行道。

场地入口人车分流，人行口附近布置自行车停车场；社会小汽车停车场布置在西南角空地上，方便到达主入口；大客车停车场布置在报告厅入口附近；贵宾与内部停车场布置在贵宾入口附近；内部自行车停车设置在内部入口附近。

布置场地绿化。

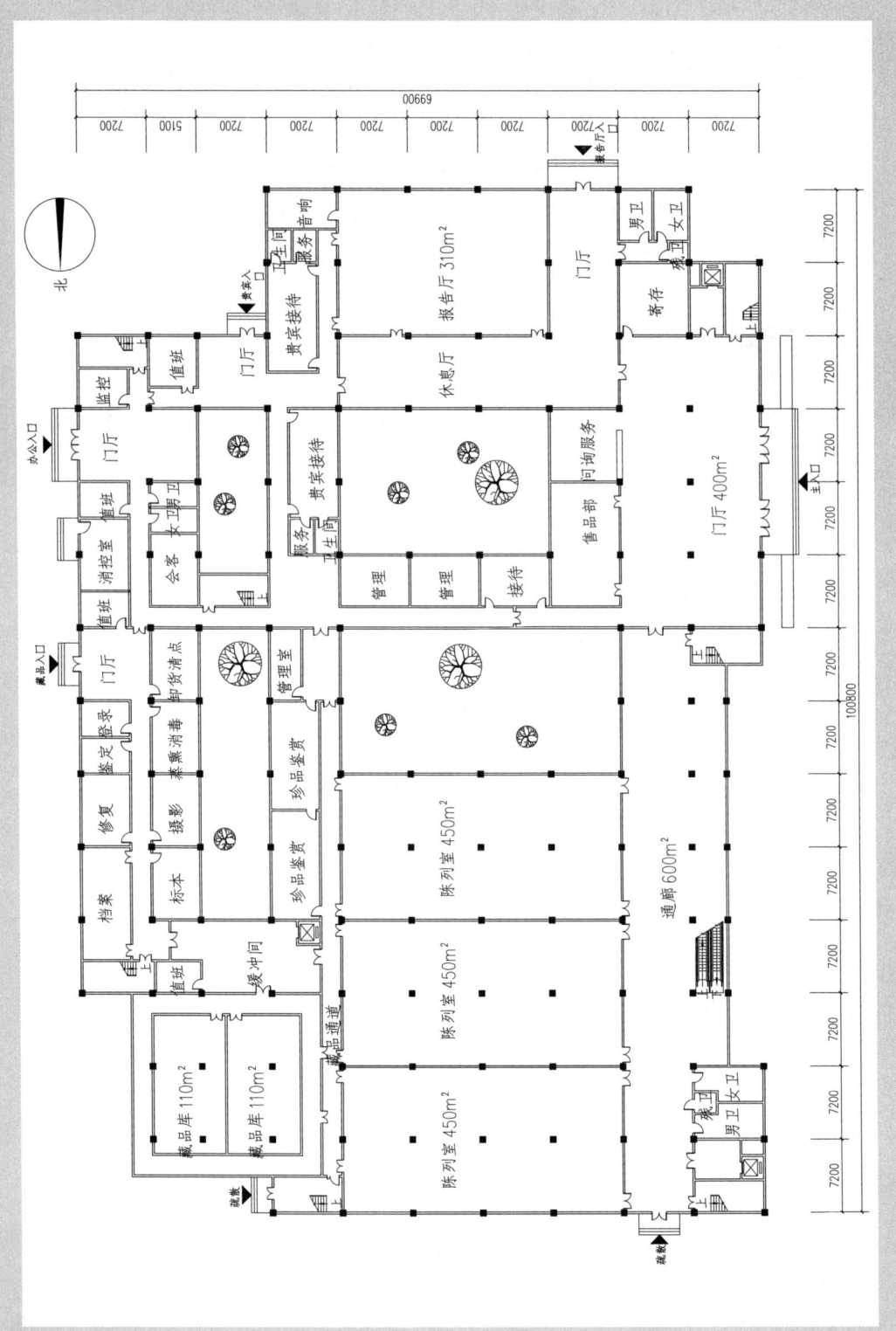

图 12-27 作答一层平面图

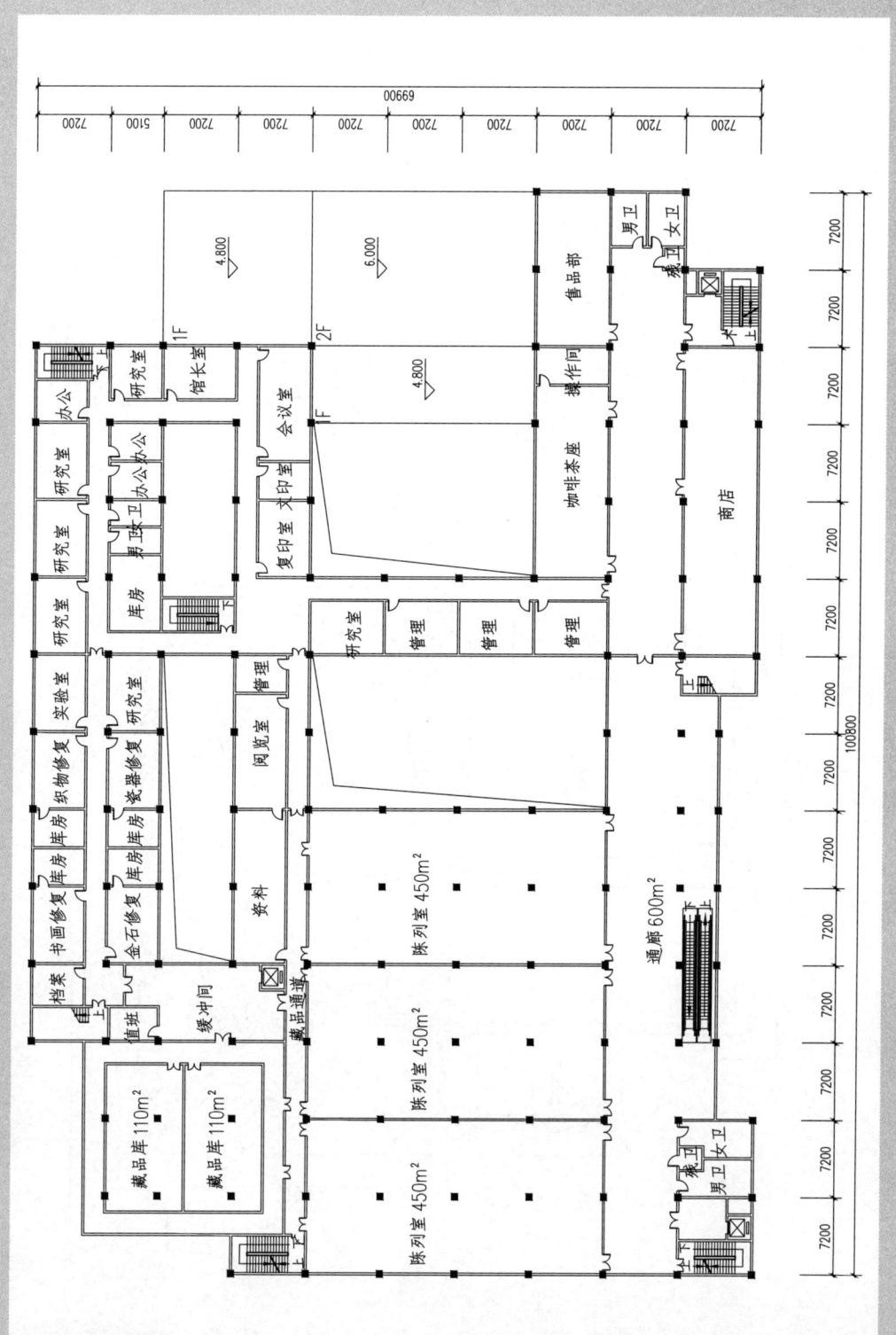

图 12-28 作答二层平面图

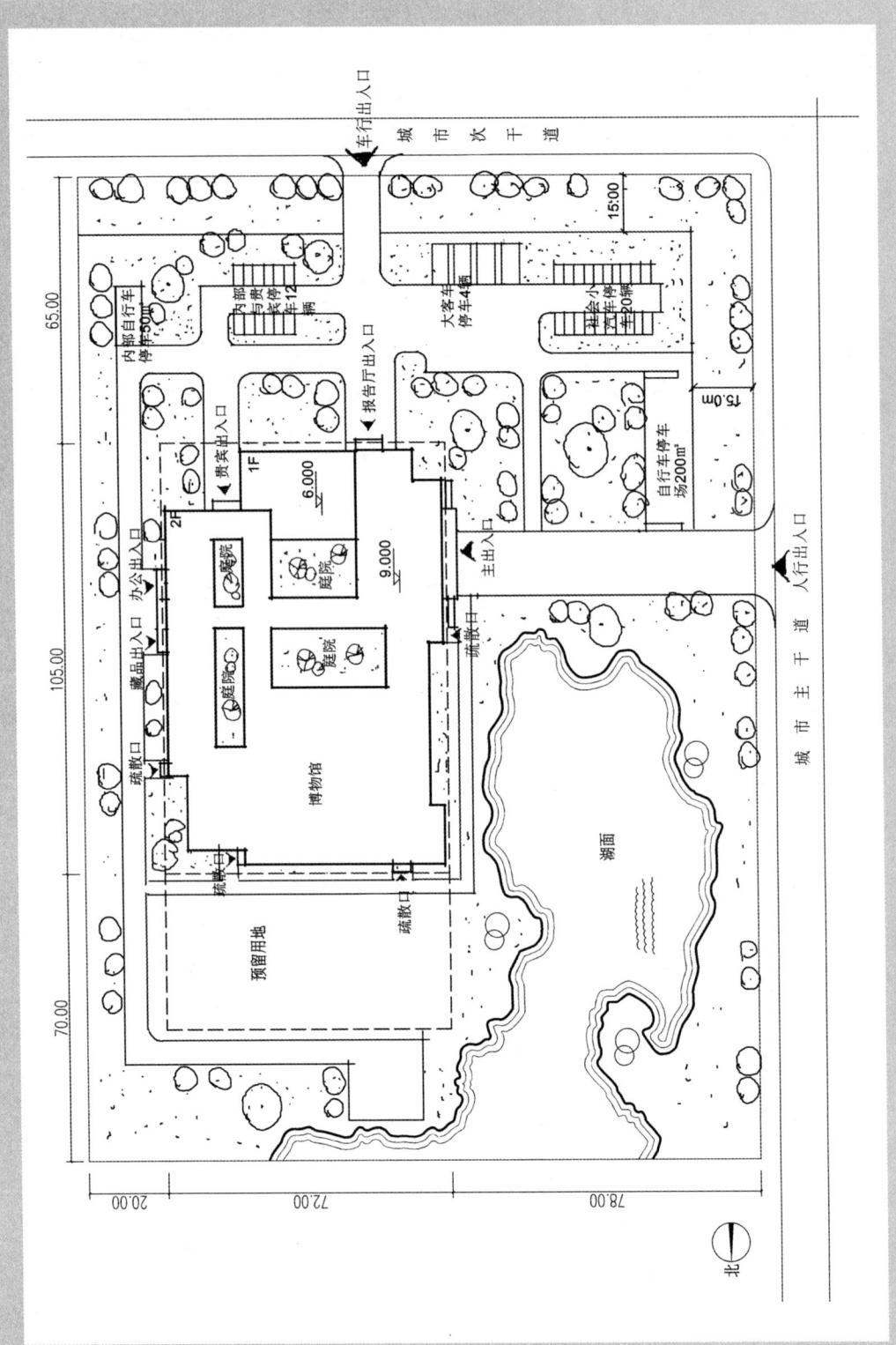

图 12-29 作答总平面图

[2011年]
图书馆真题解析

考题设计任务书

设计任务书

（一）任务描述

我国华中地区某县级市拟建一座两层、总建筑面积约 9000m² 、藏书量约 60 万册的中型图书馆。

（二）用地条件

用地范围见总平面图，该用地地势平坦，北侧临城市主干道，东侧临城市次干道，南侧、西侧划拨商品区，用地西侧有一幢保留行政办公楼，图书馆的建筑控制线范围为 68m×107m 。

（三）总平面设计要求

（1）在建筑红线内布置图书馆建筑（台阶和踏步可超出）。

（2）在用地内预留 4000m² 图书馆发展用地，设置 400m² 室外少儿活动场地。

（3）在用地内合理组织交通流线，设置主、次出入口（主入口要求设在城市次干道一侧），建筑各出入口和环境有良好关系；布置社会小汽车停车位 30 个，大客车停车位 3 个，自行车停车场 300m² ；布置内部小汽车停车位 8 个，货车停车位 2 个，自行车停车场 80m² 。

（4）在用地内合理布置绿化景观，用地界线内北侧的绿化用地宽度不小于 15m ，东侧、南侧、西侧绿化用地宽度不小于 5m ，应避免城市主干道对阅览室的干扰。

（四）建筑设计要求

（1）各用房及要求见表 11-1、表 11-2，功能关系见主要功能关系图。

（2）图书馆布置应功能分区明确，交通组织合理，读者流线与内部业务流线必须避免交叉。

（3）主要阅览室应南北向采光，单面采光阅览室进深不大于 12m ，双面采光不大于 24m ，有建筑物遮挡阅览室采光时，其间距应不小于该建筑物的高度。

（4）除书库区、集体视听室、各类库房外，其余用房均应有自然通风、采光。

（5）报告厅应能独立使用并与图书馆一层公共区连接，少儿阅览室应有独立对外出入口。

（6）图书馆一、二层层高均为 4.5m ，报告厅层高为 6.6m 。

（7）图书馆结构体系采用钢筋混凝土框架结构。

（8）应符合现行国家有关规范和标准要求。

（五）制图要求

1. 总平面图

（1）绘制图书馆建筑屋顶平面图并标注层数和标高。

（2）布置用地内主、次出入口，建筑各出入口，道路及绿地，标注社会及内部机动车停车位、自行车停车场。

（3）布置图书馆发展用地范围、室外少儿活动场地范围，并标注其名称与面积。

2. 平面图

（1）按要求分别绘制图书馆一层平面图和二层平面图，标注各用房的名称。

（2）画出承重柱、墙体（要求双线表示），表示门的开启方向，窗、卫生洁具可不表示。

（3）标注建筑的轴线尺寸、总尺寸及地面、楼面的相对标高。

（4）标明带＊号房间的面积（表 11-1、表 11-2），标注一、二层建筑面积和总建筑面积（面积均按轴线计算，各房间、各层建筑面积及总建筑面积允许误差控制在规定面积的 10% 以内）。

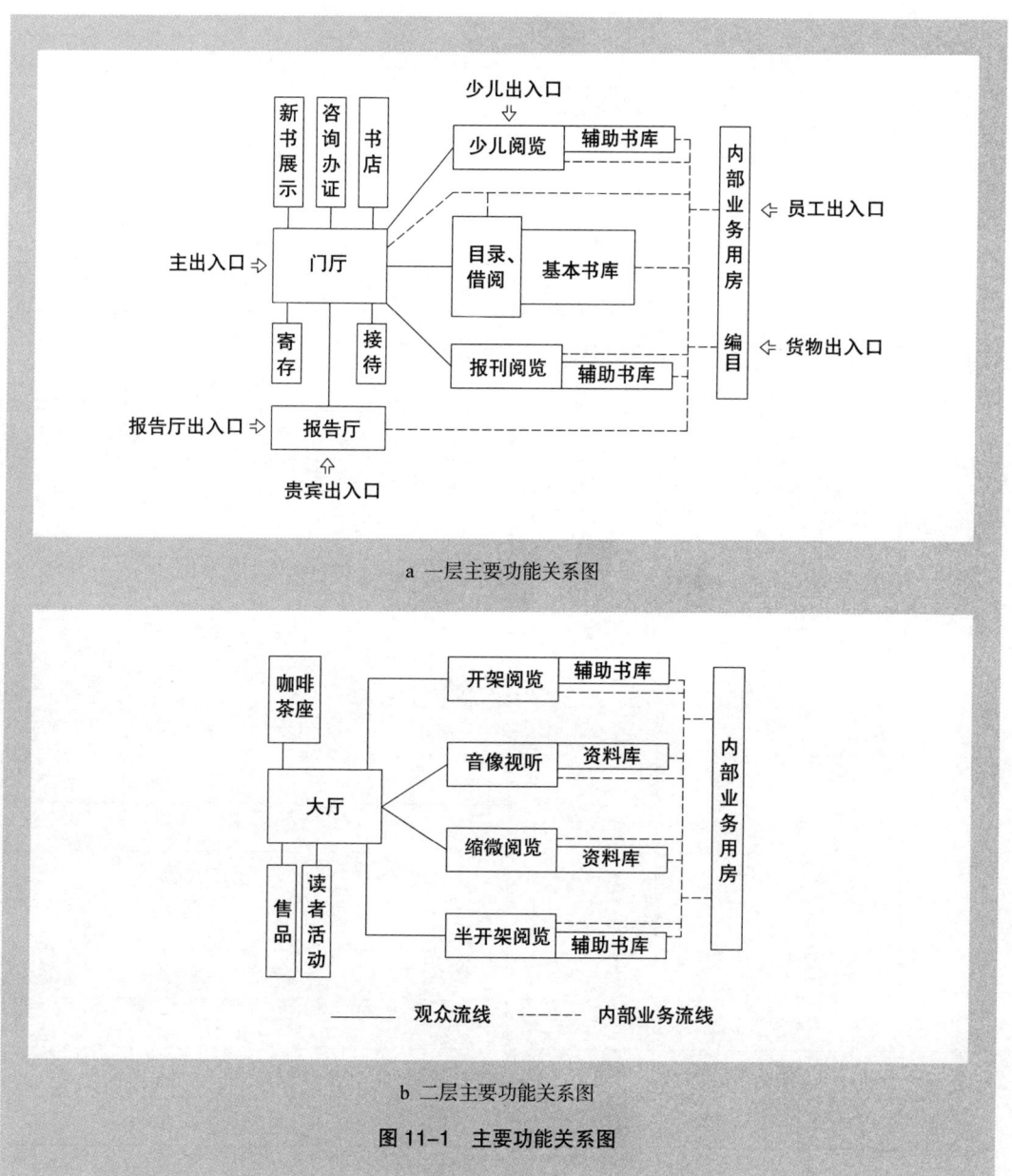

图 11-1 主要功能关系图

一层用房、面积及要求　　　　　　　表 11-1

功能分区	房间名称	建筑面积（m²）	间数	设计要求
公共区	*门厅	540	1	含部分走道
	咨询、办证处	50	1	含服务台
	寄存处	70	1	
	书店	180	1+1	含35m²书库
	新书展示	130	1	
	接待室	35	1	
	男、女厕所	72	4	
书库区	*基本书库	480	1	
	中心借阅处	100	1+1	含借书、还书间，每间15m²，服务柜台长度应不小于12m
	目录检索	40	1	应靠近中心借阅处
	管理室	35	1	
阅览区	*报刊阅览室	420	1+1	含70m²辅助库房
	*少儿阅览室	50		应靠近室外少儿活动场地，含70m²辅助库房
报告厅	*观众厅	350	1+1	设讲台，含24m²放映室
	门厅与休息处	180		
	男、女厕所	40	2	每间20m²
	贵宾休息室	50	1	应设独立出入口，含厕所
	管理室	20	1	应连通内部业务区
内部业务区	编目 拆包室	50	1	按拆→分→编流程布置（靠近货物出入口）
	编目 分类室	50	1	
	编目 编目室	100	1	
	典藏、美工、装裱室	150	3	每间50m²
	男、女厕所	24	2	每间12m²
	库房	40	1	
	空调机房	30	1	不宜与阅览室相邻
	消防控制室	30	1	
交通	交通面积	1214		含全部走道、楼梯、电梯等

一层建筑面积：4900m²（允许±10%：4410～5390m²）

二层用房、面积及要求 表11-2

功能分区	房间名称		建筑面积（m²）	间数	设计要求
公共区	大厅		160	1	
	咖啡茶座		280	1	也可开放布置，含供应柜台
	售品部		120	1	也可开放布置，含供应柜台
	读者活动室		120	1	
	男、女厕所		72	4	每间18m²，分两处布置
阅览区	*开架阅览室		580	1+1	含70m²辅助库房
	*半开架阅览室		520	1+1	含150m²库房
	缩微阅览	缩微阅览室	200	1	朝向应为北向，含出纳台
		资料库	100	1	
	音像试听	个人视听室	200	1	含出纳
		集体视听室	160	1+1	含库+控制
		资料库	100	1	含出纳
		休息厅	60	1	
内部业务区	影像	摄影室	50	1	有门斗
		拷贝室	50	1	有门斗，按摄→拷→冲流程布置
		冲洗室、暗室	50	1+1	
	缩微室		25	1	
	复印室		25	1	
	办公室		100	4	每间25m²
	会议室		70	1	
	管理室		40	1	
	男、女厕所		24	2	每间12m²
	空调机房		30	1	
交通	交通面积		1214		含全部走道、楼梯、电梯等

二层建筑面积：4100m²（允许±10%：3690～4510m²）

注：上述建筑面积均以轴线计算，房间面积与总建筑面积允许范围±10%误差。

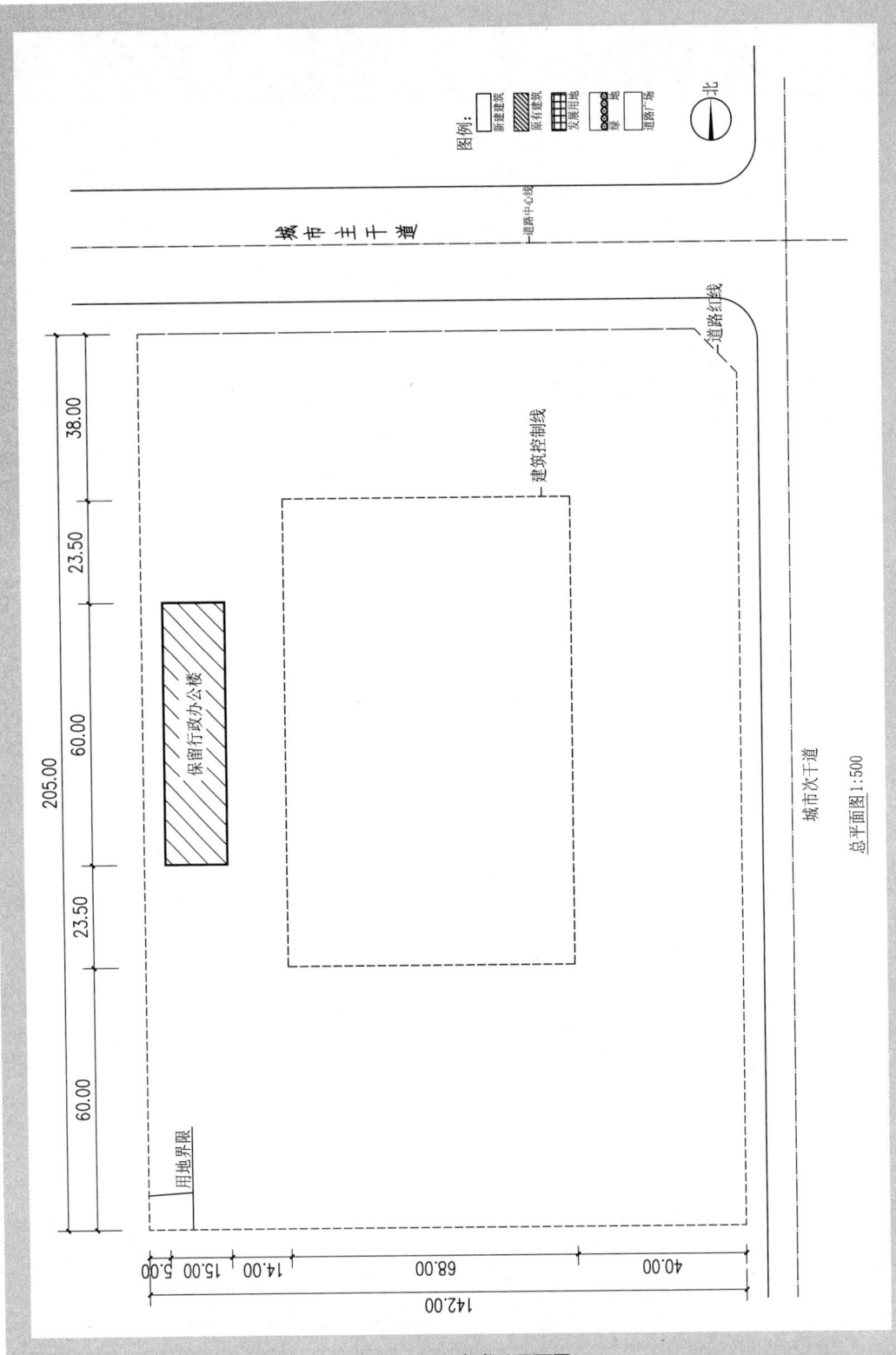

图 11-2 任务书总平面图

解题过程

一、审题分析

1. 建筑类型与要求

建筑类型为公共建筑，图书馆也是比较常见的设计类型，相关设计原理的重点主要是书籍入库和借、还流线，读者、工作人员流线组织，阅览与书库以及内务用房的分区关系等。分清是开架还是闭架形式，闭架形式的话，要考虑书籍出纳、借还等流线。

2. 泡图特征分析

观察功能泡图内外分区，主门厅一侧为对外功能，内务办公一侧为对内功能，内外功能相对清晰、明确。目录借阅柜台式空间，为内外分界空间（图11-3）。

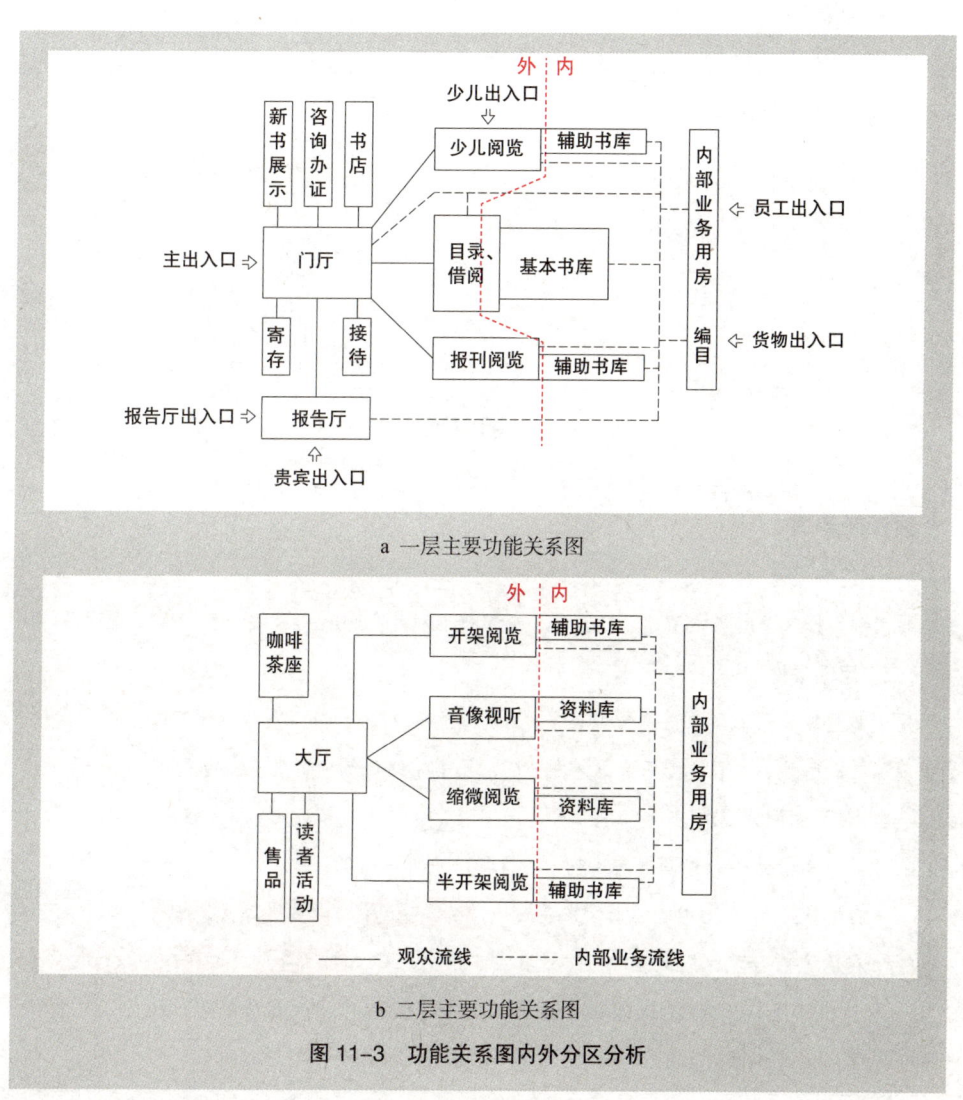

a 一层主要功能关系图

b 二层主要功能关系图

图11-3 功能关系图内外分区分析

观察功能泡图的类型特征，泡图所表达的功能流线关系相对比较简单。一、二层分开，一、二层泡图表达形式基本相似，但又有所差异。泡图组织基本为前部的门厅服务区和实用功能区以及后部的内务办公区，近似"桁架"形式，易形成"总分总"布局形式。但一层的主要使用区或主要房间有三个：少儿阅览、基本书库和报刊阅览，而二层则有开架阅览等四个主要使用分区。这样分区布局要考虑上下对位，可能一层某部分上面对应两个分区。另外，主要使用功能区与前后分区基本上采用桁架式联系，功能分区有可能"可滑动"，所以要做好使用分区或主要空间的定位工作。

3. 图底关系分析

通过计算该题目建筑红线首层覆盖率，来大致推算建筑的图底空间形态：4900（一层总建筑面积）÷7276（建筑红线面积）=67.3%。这个图底比例形态常为带内院的集中式建筑形态。

4. 关键条件分拣

按前面综述介绍的各级关键条件分拣方法，分拣提取任务书中各部分关键条件，并做以标识。标识如下所示：

▇ 一级分区关键条件

▇ 二级分区关键条件

▇ 网格排布关键条件

图书馆

设计任务书

（一）任务描述

我国华中地区某县级市拟建一座两层、总建筑面积约9000m^2、藏书量约60万册的中型图书馆。

（二）用地条件

用地范围见总平面图，该用地地势平坦，北侧临城市主干道，东侧临城市次干道，南侧、西侧划拨商品区，用地西侧有一幢保留行政办公楼，图书馆的建筑控制线范围为68m×107m。

（三）总平面设计要求

（1）在建筑红线内布置图书馆建筑（台阶和踏步可超出）。

（2）在用地内预留4000m^2图书馆发展用地，设置400m^2室外少儿活动场地。

（3）在用地内合理组织交通流线，设置主、次出入口（主入口要求设在城市次干道一侧），建筑各出入口和环境有良好关系；布置社会小汽车停车位30个，大客车停车位3个，自行车停车场300m^2；布置内部小汽车停车位8个，货车停车位2个，自行车停车场80m^2。

（4）在用地内合理布置绿化景观，用地界线内北侧的绿化用地宽度不小于15m，东侧、南侧、西侧绿化用地宽度不小于5m，应避免城市主干道对阅览室的干扰。

（四）建筑设计要求

（1）各用房及要求见表11-1、表11-2，功能关系见主要功能关系图。

（2）图书馆布置应功能分区明确，交通组织合理，读者流线与内部业务流线必须避免交叉。

（3）主要阅览室应南北向采光，单面采光阅览室进深不大于12m，双面采光不大于24m，有建筑物遮挡阅览室采光时，其间距应不小于该建筑物的高度。

（4）除书库区、集体视听室、各类库房外，其余用房均应有自然通风、采光。

（5）报告厅应能独立使用并与图书馆一层公共区连接，少儿阅览室应有独立对外出入口。

（6）图书馆一、二层层高均为4.5m，报告厅层高为6.6m。

（7）图书馆结构体系采用钢筋混凝土框架结构。

（8）应符合现行国家有关规范和标准要求。

（五）制图要求

1. 总平面图

（1）绘制图书馆建筑屋顶平面图并标注层数和标高。

（2）布置用地内主、次出入口，建筑各出入口，道路及绿地，标注社会及内部机动车停车位、自行车停车场。

（3）布置图书馆发展用地范围、室外少儿活动场地范围，并标注其名称与面积。

2. 平面图

（1）按要求分别绘制图书馆一层平面图和二层平面图，标注各用房的名称。

（2）画出承重柱、墙体（要求双线表示），表示门的开启方向，窗、卫生洁具可不表示。

（3）标注建筑的轴线尺寸、总尺寸及地面、楼面的相对标高。

（4）标明带＊号房间的面积（表11-1、表11-2），标注一、二层建筑面积和总建筑面积（面积均按轴线计算，各房间、各层建筑面积及总建筑面积允许误差控制在规定面积的10%以内）。

一层用房、面积及要求　　　　　　　　　　　表11-1

功能分区	房间名称	建筑面积（m²）	间数	设计要求
公共区	＊门厅	540	1	含部分走道
	咨询、办证处	50	1	含服务台
	寄存处	70	1	
	书店	180	1+1	含35m² 书库
	新书展示	130	1	
	接待室	35	1	
	男、女厕所	72	4	

续表

功能分区	房间名称	建筑面积（m²）	间数	设计要求
书库区	*基本书库	480	1	
	中心借阅处	100	1+1	含借书、还书间，每间15m²，服务柜台长度应不小于12m
	目录检索	40	1	应靠近中心借阅处
	管理室	35	1	
阅览区	*报刊阅览室	420	1+1	含70m²辅助库房
	*少儿阅览室	50		应靠近室外少儿活动场地，含70m²辅助库房
报告厅	*观众厅	350	1+1	设讲台，含24m²放映室
	门厅与休息处	180		
	男、女厕所	40	2	每间20m²
	贵宾休息室	50	1	应设独立出入口，含厕所
	管理室	20	1	应连通内部业务区
内部业务区	编目 拆包室	50	1	按拆→分→编流程布置（靠近货物出入口）
	编目 分类室	50	1	
	编目 编目室	100	1	
	典藏、美工、装裱室	150	3	每间50m²
	男、女厕所	24	2	每间12m²
	库房	40	1	
	空调机房	30	1	不宜与阅览室相邻
	消防控制室	30	1	
交通	交通面积	1214		含全部走道、楼梯、电梯等

一层建筑面积：4900m²（允许±10%：4410～5390m²）

二层用房、面积及要求　　　　　　　　　　表11-2

功能分区	房间名称	建筑面积（m²）	间数	设计要求
公共区	大厅	160	1	
	咖啡茶座	280	1	也可开放布置，含供应柜台
	售品部	120	1	也可开放布置，含供应柜台
	读者活动室	120	1	
	男、女厕所	72	4	每间18m²，分两处布置
阅览区	*开架阅览室	580	1+1	含70m²辅助库房
	*半开架阅览室	520	1+1	含150m²库房
	缩微阅览 缩微阅览室	200	1	朝向应为北向，含出纳台
	缩微阅览 资料库	100	1	

续表

功能分区	房间名称		建筑面积（m²）	间数	设计要求	
阅览区	音像试听	个人视听室	200	1	含出纳	
		集体视听室	160	1+1	含库+控制	
		资料库	100	1	含出纳	
		休息厅	60	1		
内部业务区	影像	摄影室	50	1	有门斗	按摄→拷→冲流程布置
		拷贝室	50	1	有门斗	
		冲洗室、暗室	50	1+1		
	缩微室		25	1		
	复印室		25	1		
	办公室		100	4	每间25m²	
	会议室		70	1		
	管理室		40	1		
	男、女厕所		24	2	每间12m²	
	空调机房		30	1		
交通	交通面积		1214		含全部走道、楼梯、电梯等	

二层建筑面积：4100m²（允许±10%：3690~4510m²）

注：上述建筑面积均以轴线计算，房间面积与总建筑面积允许范围±10%误差。

5. 环境分析

场地用地方整，地势平坦，环境条件也相对比较简单。

（1）外层次环境分析

用地外部，先看指北针方向，该题中指北针指向"右侧"，也不是我们习惯的"上北下南"，指北针"躺着"，所以我们的"方向感"也要跟着"转换一个角度"。

其次，我们看一下用地邻接的城市道路，用地临两条城市道路，北临城市主干道。尽管城市主干道可能是主要人流来向，但题目要求"主出入口要求设置在城市次干道一侧"，这样就规定了场地主入口方向，从而确定了建筑主入口方向，也就确定了建筑主门厅的布局方位（图11-4）。次入口一般作为车行出入口和内部员工出入口，题目要求在场地中设置，但没有规定具体在哪条道路上，根据使用要求和便捷性，我们把次入口设置在城市主干道上。

题目中还有关于主干道的要求为"避免城市主干道对阅览室的噪声干扰"。怎样避免干扰呢？绿化？隔离？这些都并非建筑设计的手段，在考题中也无法体现，如果仅仅是这么简单，在题目中就没有必要提出了。这个要求对设计布局的影响，实际是出题人在暗示考生：任何阅览室空间都不能邻近主干道。所以，邻近主干道一侧的应该是除阅览室外的其他空间。这一项要求也是功能分区与场地环境要素之间的"冲突关联"。

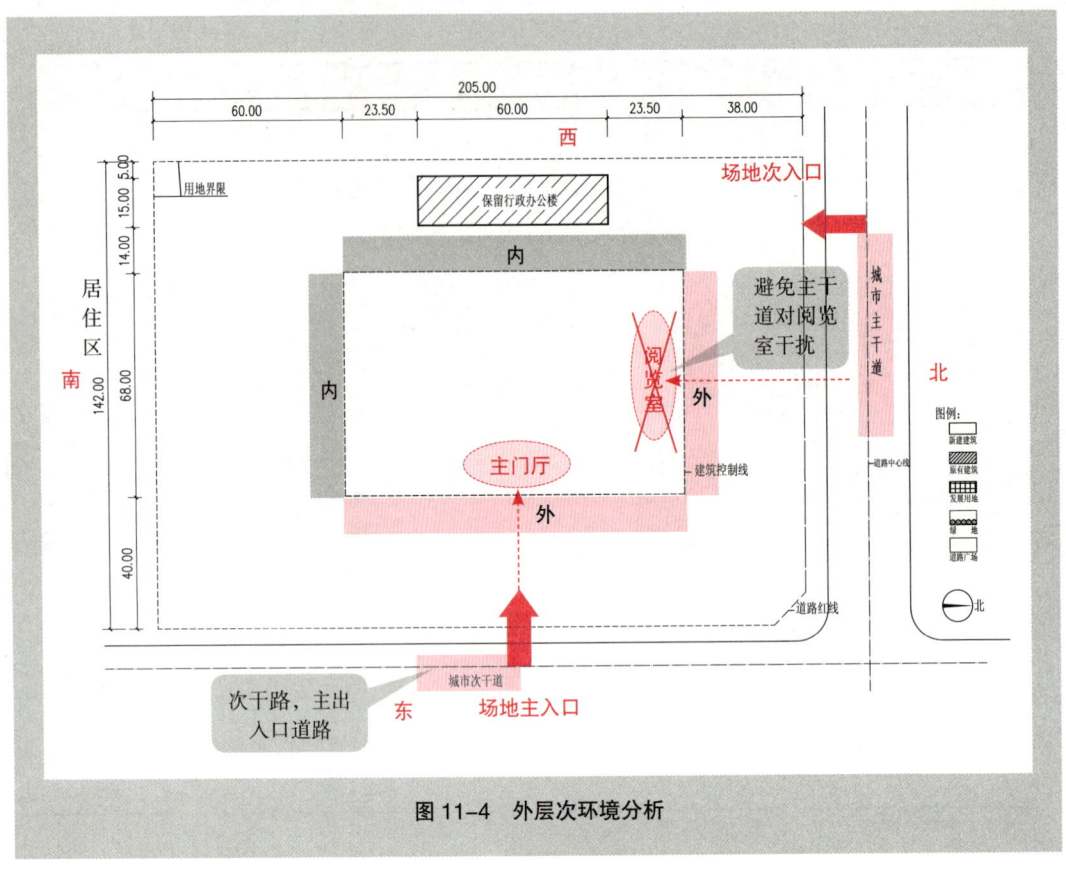

图 11-4 外层次环境分析

用地南侧和西侧均为居住区，这样，对于建筑布局来讲，其东北侧"边"为"外边"，西南侧"边"为"内边"。

（2）中层次环境

用地红线之内，建筑红线之外，原有办公建筑一处，也暗示着相关功能区域或空间布局应邻近此边，对应功能泡图功能区，则应是内部业务用房。

另外，场地中还要求设置 4000m² 预留发展用地，用地规模较大，可以布置预留用地的场地选择余地不大，东、北两侧临外部道路，作为预留用地不适宜，西侧已有办公楼建筑，那么只能选址在南侧空地上了。该空地也暗示着某些功能区的序列式发展，因题目没有说明是哪些功能区需要发展扩建，我们可考虑主要功能区如阅览空间的序列式发展（图 11-5）。

还有题目中要求的 400m² 儿童活动用地，并没有明确位置，但也是一个很好的定位提示条件，儿童活动场地要结合儿童阅览室布置，是室内功能的延伸，且应该有充足的日照，不被建筑遮挡。所以，该场地不宜布置在建筑北侧。可以具体结合功能泡图进行定位分析。

（3）内层次环境

内层次即为建筑红线之内，用地方整、平坦，且无任何要素内容。

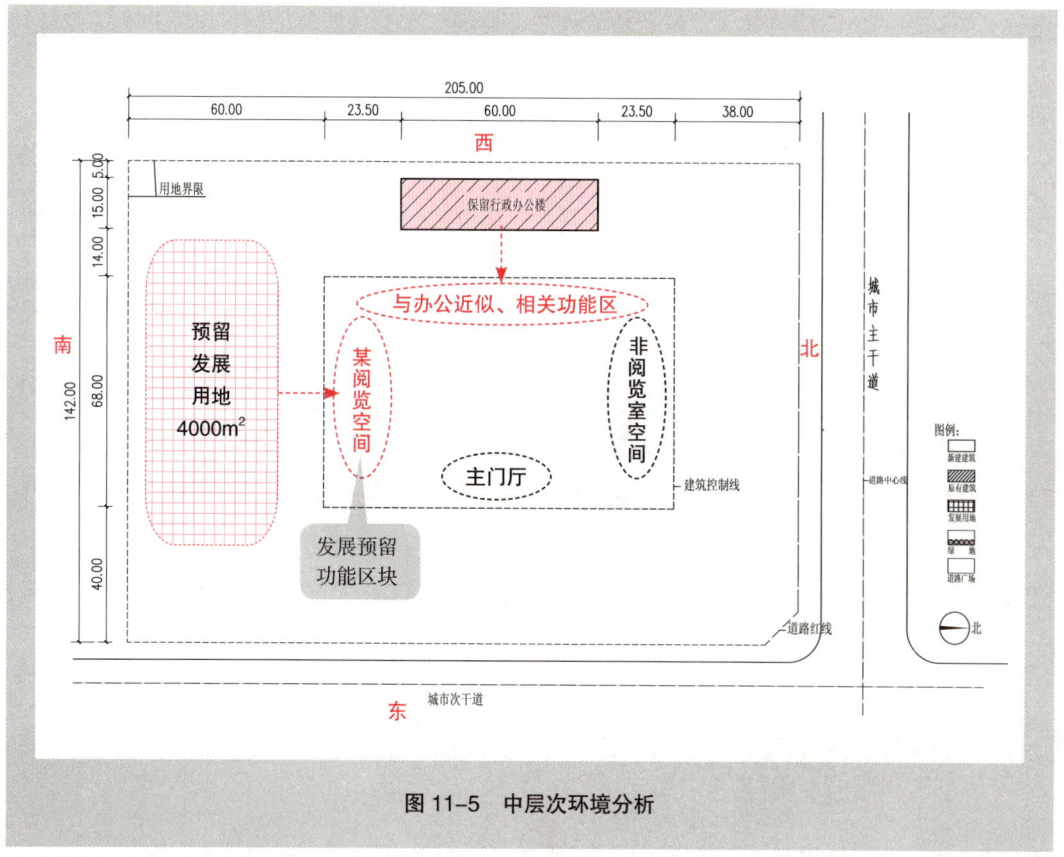

图 11-5 中层次环境分析

二、一级分区

1. 泡图就位

（1）固定端对位分析

将功能泡图放在场地环境中分析其与环境要素的对应性，根据之前分析的建筑主门厅对应城市次干道、内部业务区对应原有办公楼等相关条件，发现功能泡图需要旋转90°才刚好与环境要素对位。题目要求"主要阅览室为南北向采光"，阅览室刚好为东西走向联系主门厅与内部业务区，南北向采光，呈"总分总"布局结构形式。这印证了泡图旋转后更能接近平面形式。

再校验功能泡图是否有镜像。分析南北两端泡单元与环境要素对应情况：南向为少儿阅览室，可开设对外独立出入口，并且少儿阅览室布置在建筑南向，日照良好，不受建筑遮挡，场地位置内向，可减少交通干扰，有益于安全。北向报告厅受内部业务区流线牵引拉伸，同样南北向布置，邻近主干道，可减少主干道对阅览室的噪声影响。所以，据此判定，旋转后的功能泡图与平面布局基本对应（图 11-6）。

（2）分区草图生成

根据环境分析各个固定端对位占"边"占"宫"（图 11-7）。最开始的功能分区划分，尽量整合分区。一层门厅公共区，虽然功能泡图上绘制了多个功能泡，但可以先作为一个整体分区进行布局组织，二层类同。各个阅览室以及库房组成部分之间留有庭院空间，用来给主要功能用房采光。具体庭院大小、距离与数量在网格排布阶段进行量化。

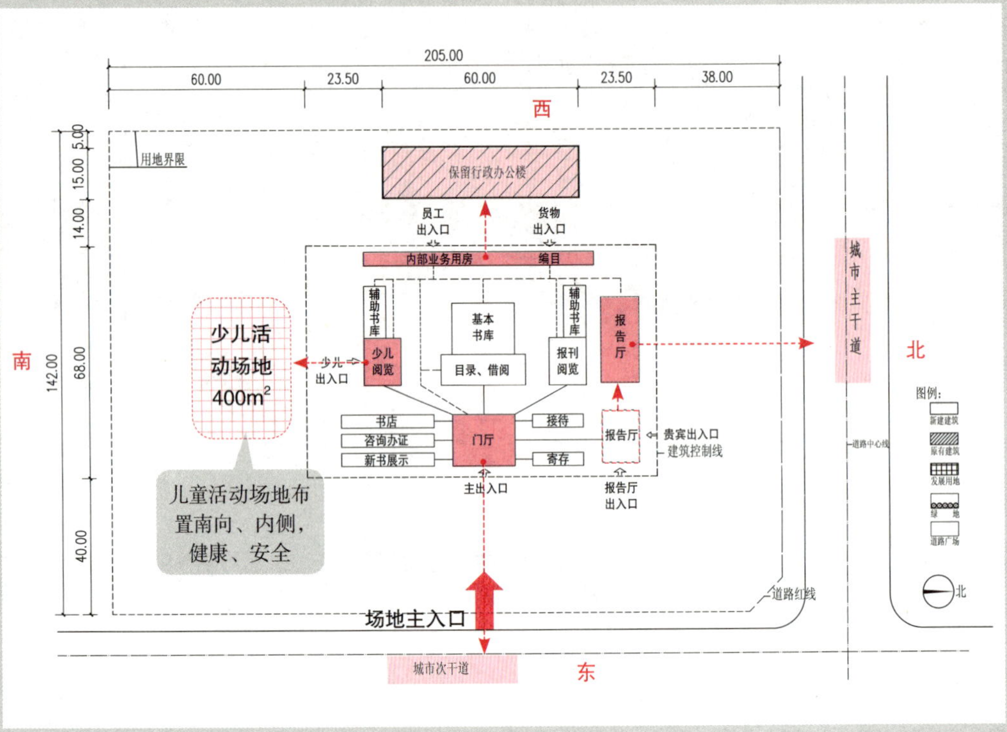

图 11-6　功能泡图固定端分析

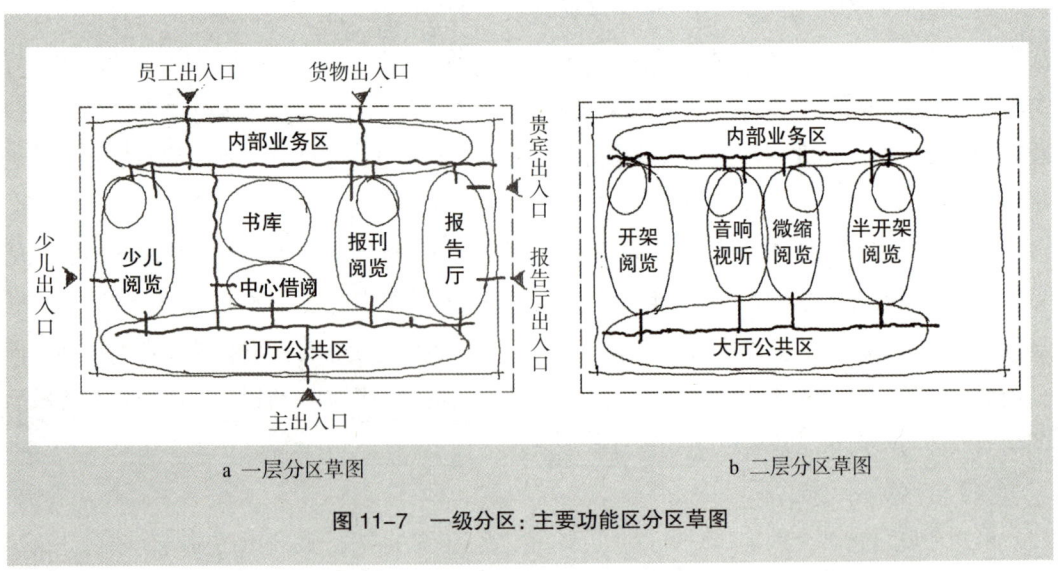

a 一层分区草图　　　　　　　　b 二层分区草图

图 11-7　一级分区：主要功能区分区草图

二层看似并列排布的四个阅览及视听空间，要根据一层空间布置。开架阅览与少儿阅览对应，半开架阅览与报刊阅览对应，影像视听与微缩阅览则应布置在书库的上面。报告厅为大空间，层高6m，上方无二层。注意二层功能空间与一层空间的对应关系。

2. 组合逻辑辨析

根据功能泡图的绘制表达，报告厅位置邻近门厅，有很多同学的答案也依从这个"表面现象"把建筑平面设计成了"日"字形。这样平面布局是否合理呢？

第一种情况（方案一，图11-8b）：直接忽视报告厅与内部业务的联系，仅把报告厅作为门厅附属的同类功能区域进行布置。这样会造成内部业务对报告厅管理不便，流线缺失以及流线交叉（扣分严重）。同时，报刊阅览受主干道噪声干扰。

第二种情况（方案二，图11-8c）：在报刊阅览一侧（内侧）增设了内部业务区和报告厅的管理流线，这样表面上报告厅和内部业务区取得了联系，但实际上，报告厅的内部联系和报刊阅览的公众阅览路线还是形成了交叉。内外流线交叉，也是方案考试作答的大忌。同时，报刊阅览受主干道噪声干扰。

第三种情况（方案三，图11-8d），将报告厅与内部业务区的流线联系放到报刊阅览外侧，这样虽然流线不交叉，报告厅不受噪声影响，但是流线却不够短捷，浪费交通面积，建筑效率低下。同时也会造成报刊阅览使用不便，或者不利于门厅附属房间的布置。

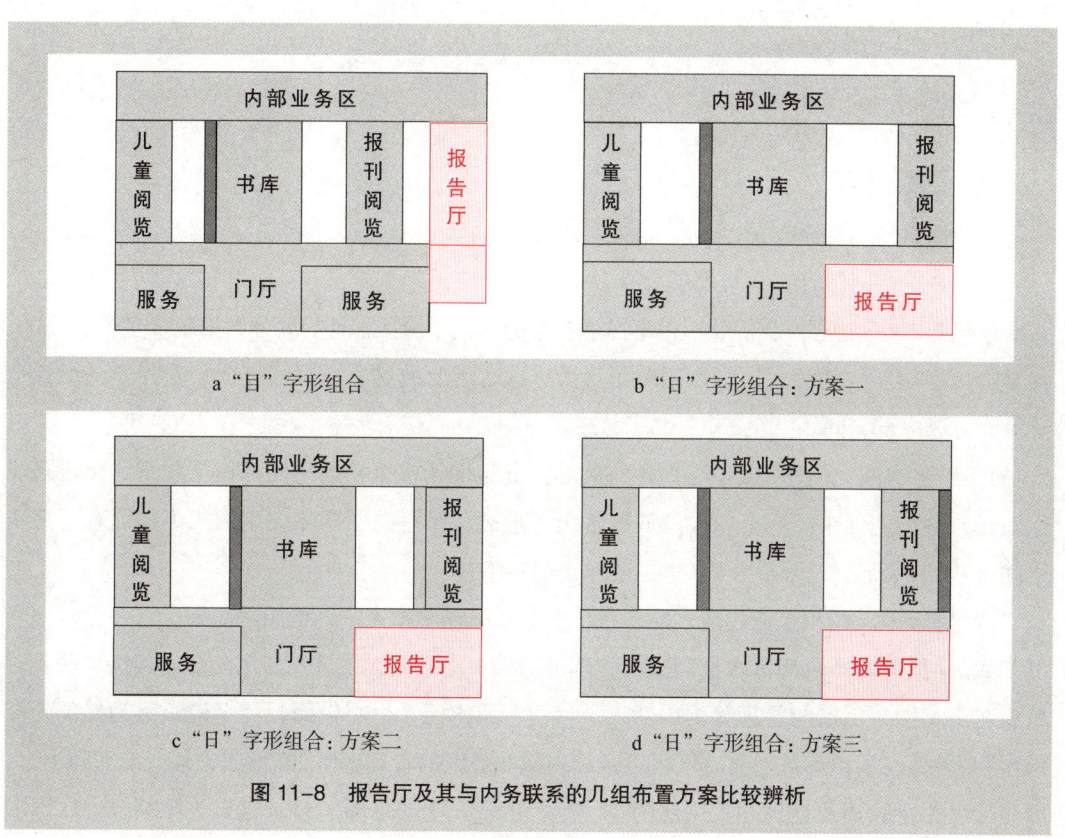

图11-8 报告厅及其与内务联系的几组布置方案比较辨析

通过上述组合逻辑的分析比较,"目"字形(图11-8a)的布局关系较为合理,符合题意。"日"字形方案在实际工程中可能比比皆是,但考试中更应遵从题目要求。

3. 一级分区关键条件落入与校验

校验一级分区功能泡图中的各项联系,还有任务书中的有关一级分区的关键条件。本题中,检验一层少儿阅览有无独立对外出入口,联系室外活动场地的条件是否具备;报告厅贵宾有独立出入口,应进行补充标示(图11-9a);二层微缩阅览要求为北侧,校验位置是否正确(图11-9b)。

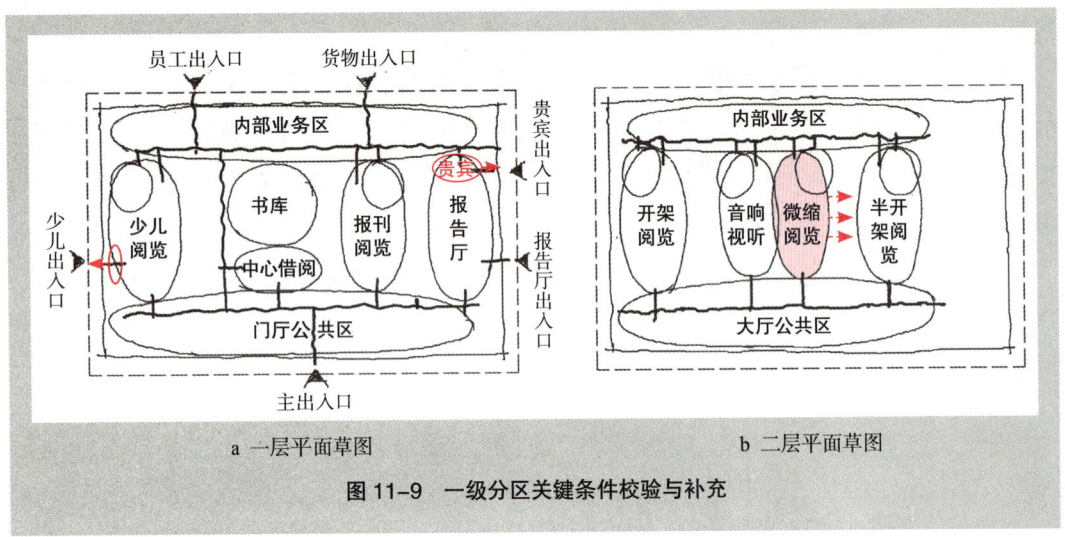

a 一层平面草图　　　　　　　　b 二层平面草图

图11-9　一级分区关键条件校验与补充

三、二级分区

1. 空间组合与交通布置

（1）基本空间组合方式与水平交通

谈到基本空间组合,我们就不得不考虑各个分区的子分区。有的大分区中包含多个子分区,甚至分区中功能空间的大、小作用差距很大,这时就要通过交通空间合理、妥善地组织各个分区和分区内部空间。

1）一层空间。门厅公共区:门厅空间和南北走向的多个功能空间都产生联系,交通路线比较长,整个空间组织既有门厅的放射性组织形态,又有门厅两端的走廊式组织形态,交通空间呈"T"字形,是个混合型空间组合(图11-10)。

内部业务区:组织业务用房,联系各个阅览室,以单廊为主,可局部双廊。

库区:既有基本书库的大空间又有管理借阅等中小空间,并且其使用功能、属性、服务对象也各不相同,库区与管理等为内部人员使用,属内区,中心借阅、目录检索等为外部公众使用,属外区。所以库区的管理区可以延续内部业务区的管理走廊,并形成主辅式的空间形态,即以库区为主,周边辅助相关用房的空间组织形式。中心借阅、目录检索等则结合门厅,形

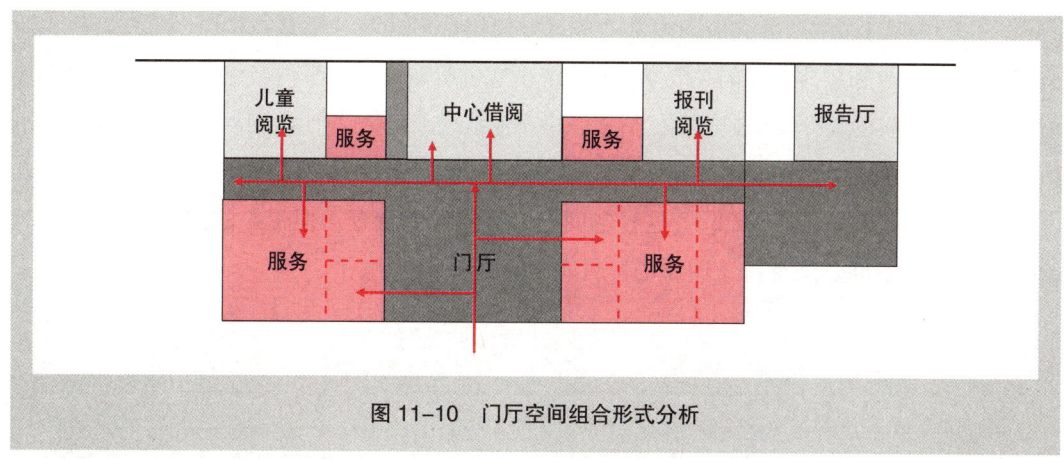

图 11-10　门厅空间组合形式分析

成门厅放射式空间形式。

阅览室空间：相对独立，并且题目要求"读者流线和内部业务流线避免交叉"，这也是内外双向并联流线形式的提示，所以阅览室空间组织首先应具有复合双廊空间形式，即内外前后（短边方向）联系门厅公共区走廊和内部业务区走廊。其次，题目要求"单面采光阅览室进深不大于 12m，双面采光不大于 24m"。那么，阅览室侧边（长边方向）是否还需要再设置走廊呢？首先搞清楚这个走廊的用途是什么。阅览室对内对外的交通联系都已经有了，如果是同样的功能，这个走廊会显得多余。部分同学将这个走廊作为内部到外部的流线联系走廊，也就是内部区到公共区的管理流线。这个流线属于内部流线，走廊属内部分区，这样，该走廊就可以和书库区的管理走廊合并设置了，因为它们的属性和使用人都相同，并且如此设置还有效减少了交通空间重复设置的浪费，争取了阅览室双面采光，使其空间更加舒适（图 11-11）。

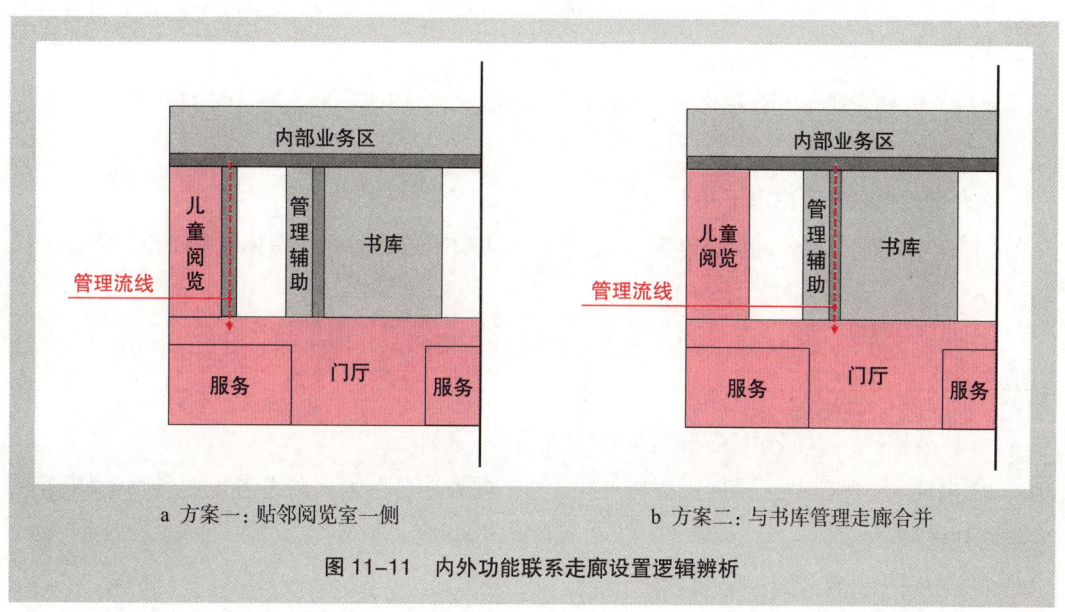

a　方案一：贴邻阅览室一侧　　　　　　　　b　方案二：与书库管理走廊合并

图 11-11　内外功能联系走廊设置逻辑辨析

2）二层空间。中厅公共区与内部业务区空间组合形式与一层基本相同，二层音响视听与微缩阅览集中区总共有三间主要功能用房：个人视听、集体视听与微缩阅览，这三间都应是前后内外双联的复合走廊式空间。所以，由于流线的牵引，三个主要房间也应并列"竖放"（方案一，图11-12a）。有很多考生在子分区划分的时候将音像试听部分的子分区纵向（东西向）并列布置（方案二，图11-12b），这种空间组合方式看似合理，但带来的问题是流线较长，交通空间多，空间形式混乱，附属的资料库不好布置等。

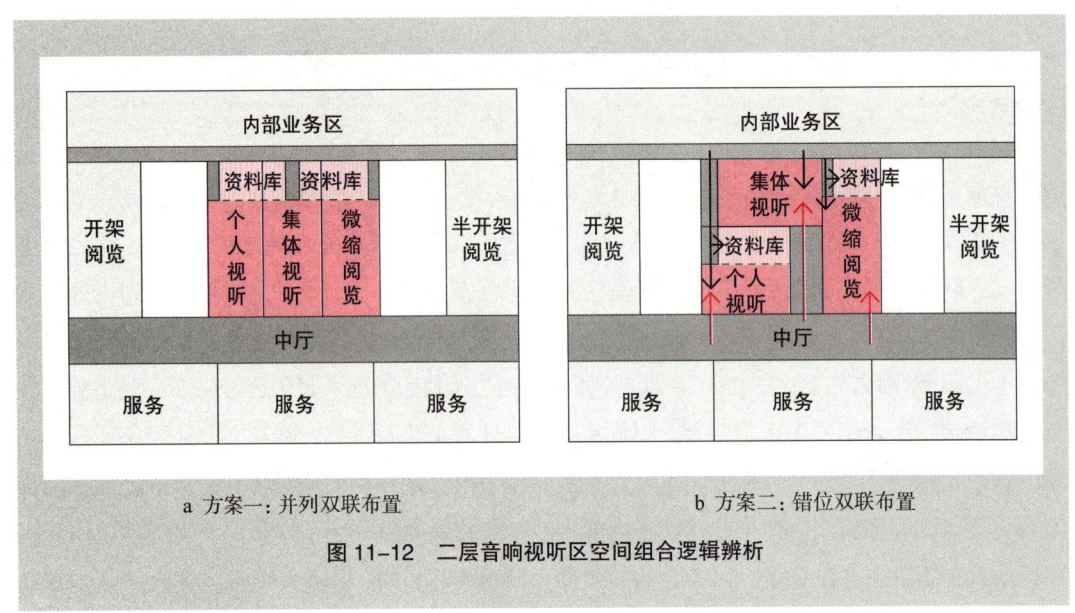

a 方案一：并列双联布置　　　　　　b 方案二：错位双联布置

图11-12　二层音响视听区空间组合逻辑辨析

方案一虽然空间较为狭长，但流线短捷，使用方便，空间逻辑关系清晰，加上附属资料库和休息厅等空间的划分处理也可以改善空间比例。

所以，水平交通布置合理也是流线准确、空间组织合理的一种体现（图11-13）。

（2）垂直交通布置

垂直交通的布置考虑以下几个方面：

1）枢纽交通：门厅公共区流线引导，在门厅入口附近布置楼、电梯一部（电梯考虑无障碍设计），联系一层门厅和二层中厅。

2）功能区上下交通联系：内部办公区设置两部楼梯，其中一部邻近员工入口，并兼顾疏散。

3）疏散楼梯：门厅公共区两端各布置疏散楼梯一部。

4）电梯：门厅公共区设置无障碍电梯一部；内务办公区入口附近各设置货物电梯一部，并结合楼梯布置。

上下层同步设置落入（图11-14）。

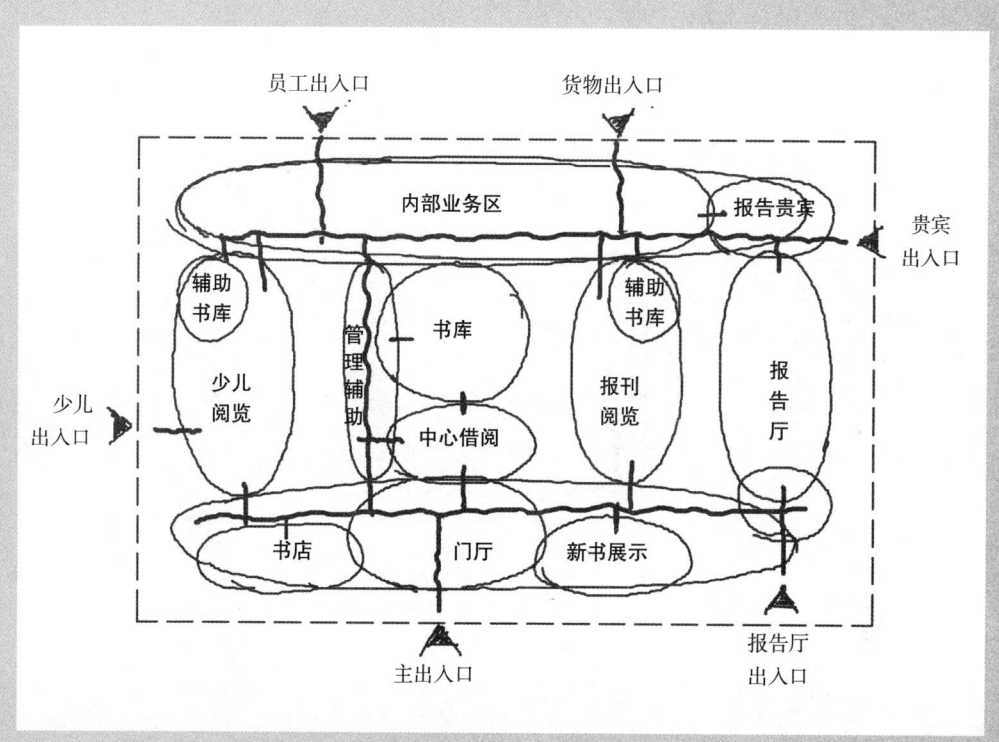

a 一层平面草图

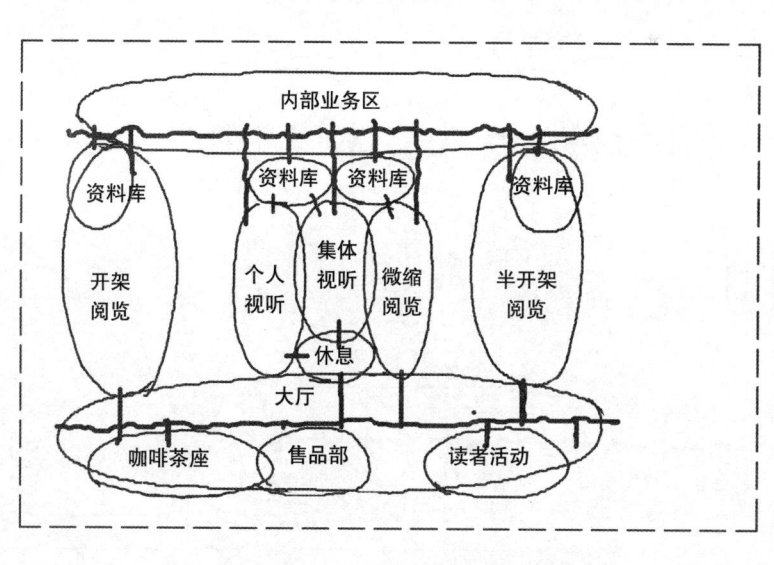

b 二层平面草图

图 11-13 二级分区：空间组织形式与水平交通布置草图

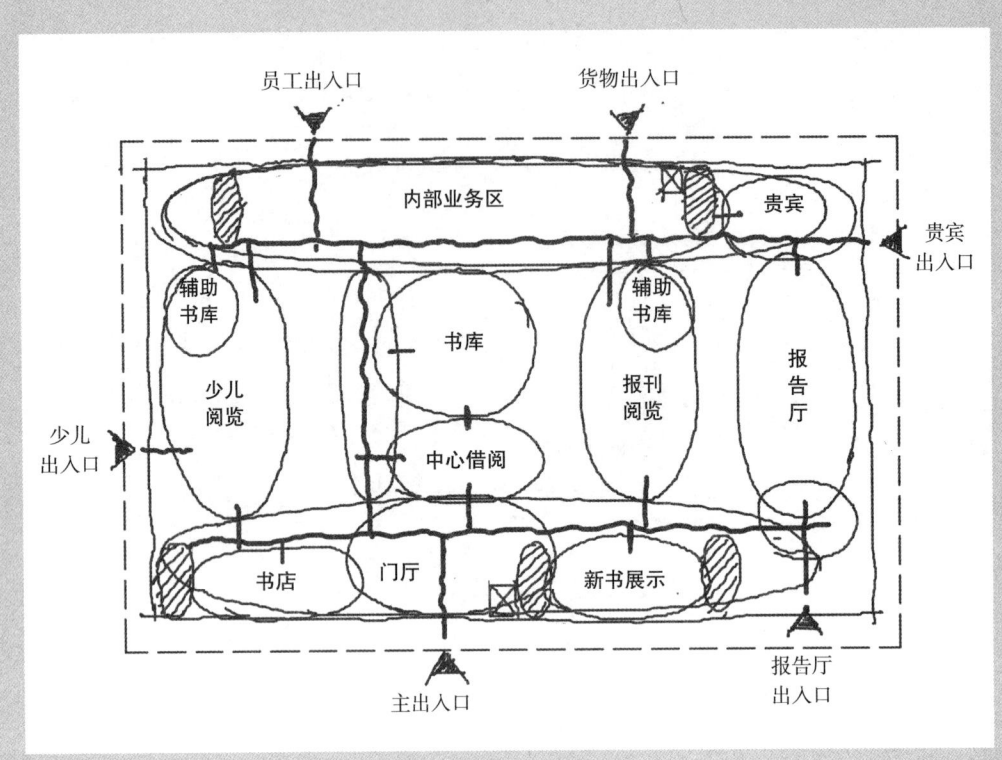

a 一层平面草图

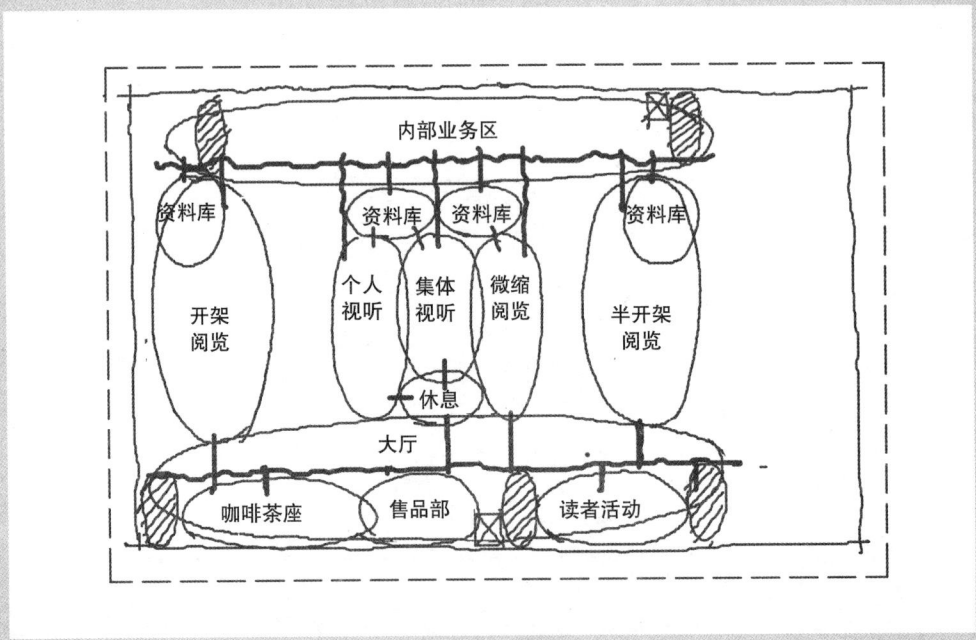

b 二层平面草图

图 11-14 二级分区：垂直交通布置草图

2. 关键条件落入

（1）一层平面（图 11-15a）

门厅公共区。任务书和面积表中并没有说明或提示须有特殊位置或要求的功能用房，该区域各房间根据原理和设计需要作以布置安排。办证咨询适宜邻近门厅入口，方便读者进入后第一时间找到，接待用房具有半内属性，适宜布置在内外分区交界处。

库区。面积表备注中明确要求目录检索"应靠近中心借阅"，且应同时面向门厅，服务公众。预先布置该功能用房位置，可面向门厅，在中心借阅两侧。

内部业务区。面积表备注处明确要求"按照拆→分→编流程布置且靠近货物出入口"，所以该组房间要形成内部连通且同时向该区走廊开门的串并联空间组织形式，且靠近货物出入口布置。空调间，题目要求"不宜与阅览室相邻"，冲突关联，尽量远离阅览室布置。

（2）二层平面（图 11-15b）

大厅公共区。该区没有什么特殊功能用房，但要考虑卫生间上下对位，这个可到具体网格排布时进行布置。

音像视听与微缩阅览都在库区上部集中布置，每个阅览含一个出纳台，这个出纳台是一个柜台式空间，衔接内外，传递书籍。该空间设置于内外功能交界处。

音像试听区的休息厅将作为集体、个人两个视听间的分流以及缓冲空间，所以，该空间应处于两个视听间起点的位置，并衔接大厅空间，具有一定的顺序关系。资料库也同一层一样，同时衔接阅览室和内务区，设置在两区之间。所以这个部分虽然面积不大，但空间顺序性强，节点多，也是空间布置的一个难点所在。

内部业务区，面积表备注中要求"按照摄→拷→冲流程布置"，和一层一样，形成串并联空间序列。同时，空调间尽量远离阅览用房，考虑上下对位关系。

四、网格空间排布

1. 柱网尺寸判定

该题目柱网尺寸的判定从以下几个方面思考：

该题目为新建建筑，故无原有建筑柱网、构筑物等。柱网判定首先从强空间入手。本题目中的强空间应为主要使用空间，即各个阅览室、报告厅、书库等（尤其关注带 * 号房间），空间面积大，有一定重复性，且需考虑上下对位关系等。应首先满足此类空间的柱网适应性，使之空间形态完整，网格量化准确。

一层平面，少儿与报刊阅览面积为 420m^2，怎么部署网格？矩形空间网格组成 2×3，还是 2×4 或 3×3？首先排除方形空间，因为方形空间开间大，横向多，空间并置，用地紧张，应尽量使空间"拉长"、"竖放"。矩形空间，应比较一下分 6 格和分 8 格哪种更适合。那么我们不妨先试验一下：如果分 6 格，每格为 420÷6=70m^2，柱网尺寸为 $\sqrt{70}=8.36m$，约 8.4m，柱网尺寸较大；如果分 8 格，每格为 420÷8=52.5m^2，柱网尺寸为 $\sqrt{52.5}=7.24m$，约 7.2m，较

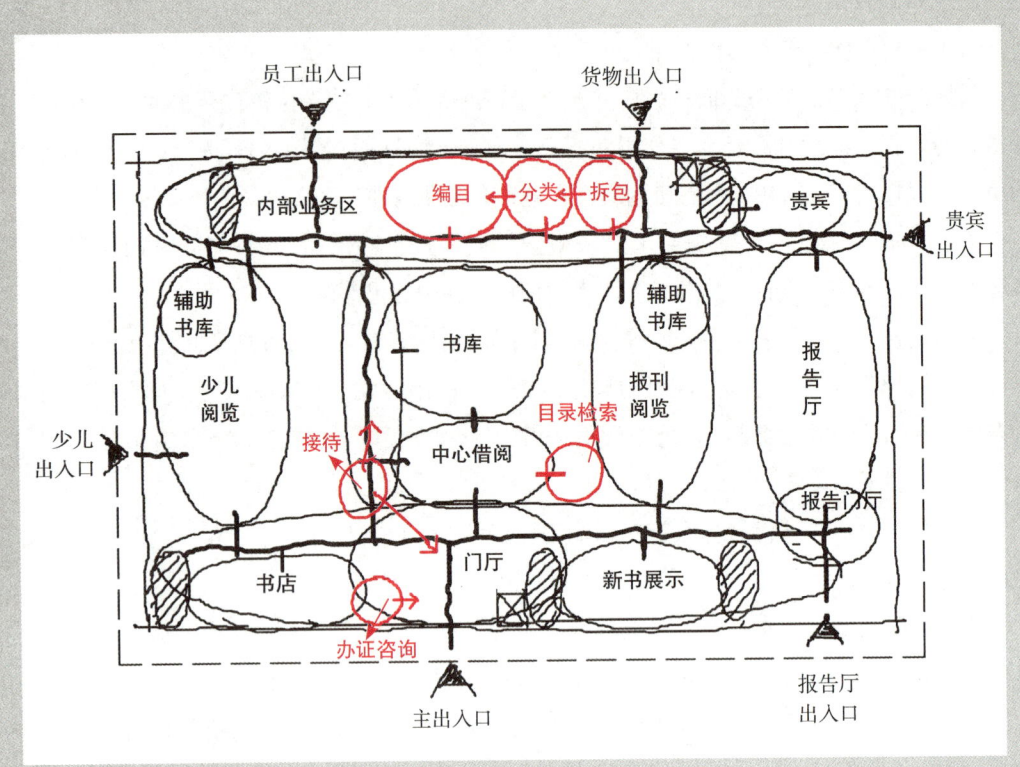

a 一层平面草图

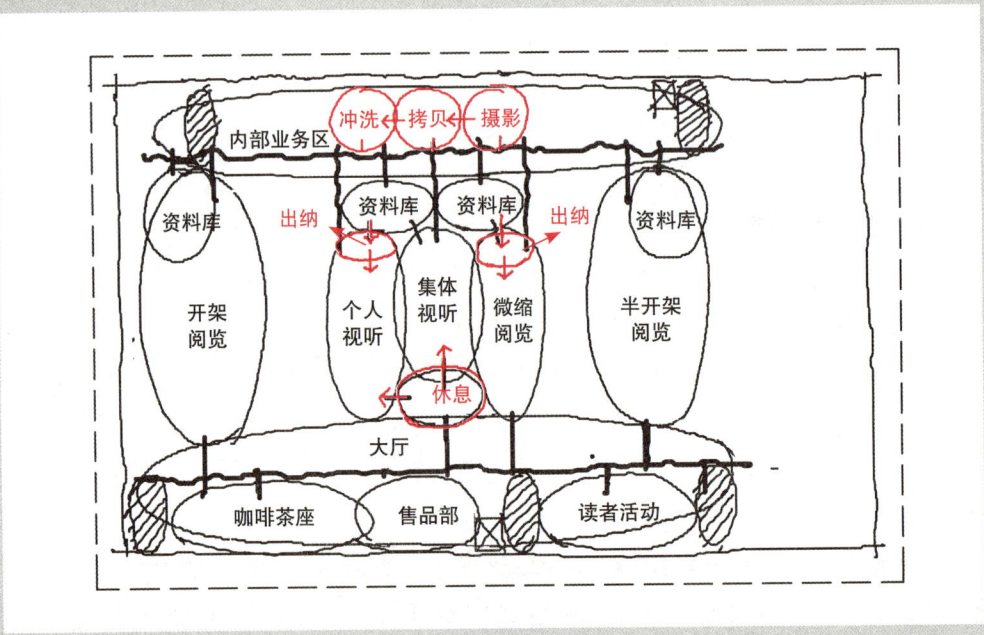

b 二层平面草图

图 11-15 二级分区：关键条件房间落入平面草图

为合适,是常见的柱网尺寸。或者说,我们要确定使用的网格是70m²(左右)网格还是50m²(左右)网格。此时,还要综合其他空间匹配适应性,才能最终确定合理的柱网尺寸。

书库面积为480m²,如果使用70m²网格,就是7个格,使用50m²左右的网格,刚好9格。半开架阅览面积为520m²,如果使用70m²网格,就是7格多,使用50m²左右的网格,刚好10格。比较看来,50m²的网格更适宜以上空间,可实现空间占整格,形态完整。同时,50m²网格对应7.2m柱网。有经验的设计师也还会考虑家具尺寸、桌边距等加以辅助验证。

同时还要验证核实数量较多的内务用房面积和网格是否匹配。观察内务用房面积特征,发现以50m²、100m²居多,还有部分30m²、40m²房间。这时心中窃喜,已找准柱网无疑,50m²刚好占一整格,另外附加一条走廊。当然,口算更加简化、快速,阅览室的网格数和柱网尺寸的确定在对网格配比熟悉的情况下也可运用乘法口诀预判确定。

2. 场地空间网格模数量化

(1) 场地网格纳入

将7.2m网格纳入到建筑红线场地中(107m×68m),最大可容纳14跨(横向)×9跨(纵向)的网格(图11-16)。我们已经预判内部业务区房间排布需要在整格外附加一条走廊,但从现有网格纳入情况来看,纵向(东西向)排布9跨已经很紧张了,如果再加一条走廊,几乎要贴红线了,而横向(南北方向)用地(建筑红线)则比较宽松。那么,纵向可不可以去掉1跨网格而增加一条走廊呢?我们还要在具体的纵横向跨数分配中验证确定。

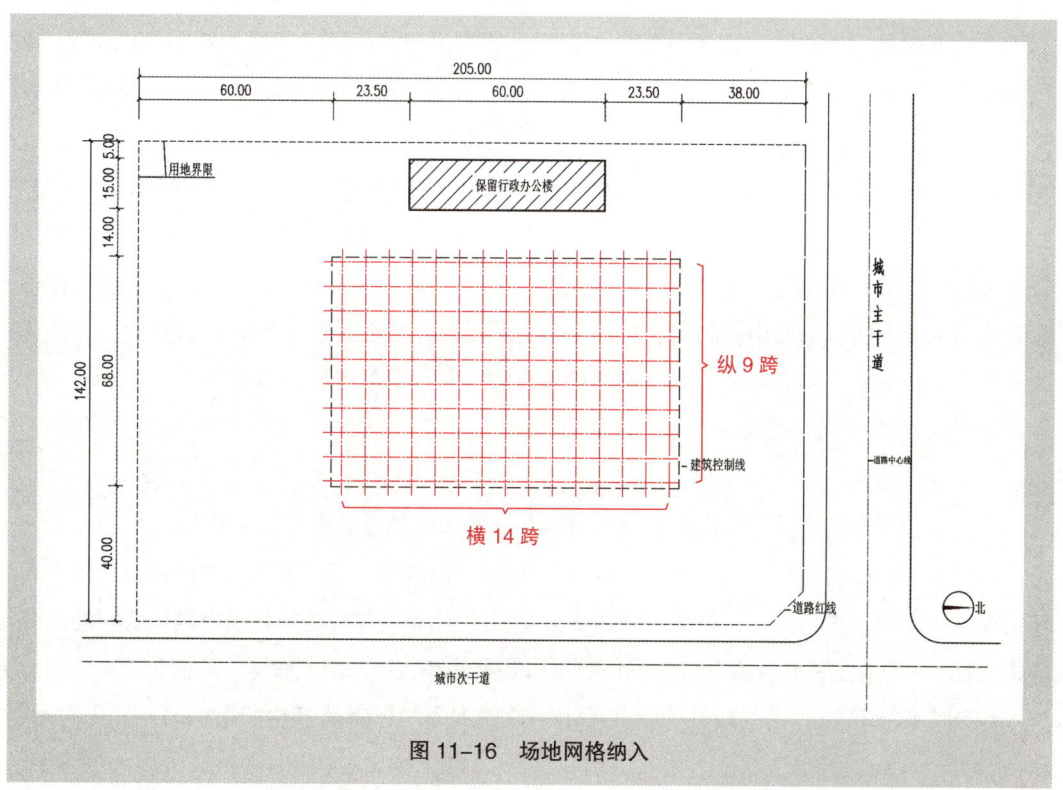

图11-16 场地网格纳入

另外，题目中对天井庭院的尺寸有明确要求，也是网格排布的关键条件，将影响到网格的划分与利用。题目要求："当建筑物遮挡阅览室采光面时，其间距不应小于阅览室的高度。"建筑物一、二层层高4.5m，报告厅层高6m。报告厅在最北侧，不遮挡其他阅览室，也不考虑被遮挡。遮挡建筑高度为9m，也就是阅览室南向采光间距不小于9m。对于我们选择的柱网来说，我们留的采光井所占跨数为2跨（14.4m）或者1.5跨（10.8m）。

（2）纵横向跨数划分

带着上面的思考，我们在这些网格中进行纵、横向网格跨数划分（图11-17）。

一层平面：纵向，"总分总"布局，建筑功能区分为前、中、后三部分，"后"区内务办公占1跨加一条走廊，"中"区阅览室为2×4网格，占4跨，前区占3～4跨。门厅公共区进深3跨相对比较理想，公共交通走廊占1跨，附属功能用房占2跨。预判后再对面积进行核实。门厅公共区总面积为1077m²，交通组织形式：单廊为主＋放射式布局，交通走廊占1/3宽度，空间扩展系数取1.45。公共区总建筑面积：1077×1.4=1508m²，占网格：1508÷51.84=30.1，取30格。门厅公共区联系各个阅览室功能空间，需要有较长的横向跨度，如果进深4跨，横向跨度就只有7跨了，所以暂时预判为3×10网格组合，纵向总跨度为3+4+1=8跨。

我们再看横向网格划分。横向网格划分的重点是"中"区功能用房和庭院的分配布置，有各自的宽度要求，布局合理而紧凑才能很好地利用场地。

先看功能用房这些"实"体需要的网格跨数。少儿、报刊阅览横向各占2跨，报告厅占2跨，书库部分为3×3组合，占3跨，边侧附属用房占1跨，总共占4跨。书库占4跨还要考虑书库上面两个阅览分区面积分配是否合理，这里也验算一下。音像视听＋微缩阅览总面积为820m²，其交通面积增加较少，系数取1.05，总面积：820×1.05=861m²，分配网格数：861÷52=16.5，取16格，刚好4×4与下层书库对应。

那么，剩余可利用的"虚"空间，即庭院部分还有多少网格可用呢？ 14（横向总跨数）－2（少儿阅览）－4（书库）－2（报刊阅览）－2（报告厅）＝4跨。这4跨要分配给3个庭院，怎么分呢？报告厅南侧庭院不用考虑采光间距，可给1跨，书库虽然不是阅览室，但书库上面布置阅览区，所以书库南侧和报刊阅览南侧庭院要符合间距要求，各给1.5跨庭院宽度。随即，为了绘图方便，我们也调整一下网格轴线位置，扩大庭院处横向轴网间距（10.8m）和内务办公区纵向轴网间距（9.6m）（图11-18）。

（3）分区量化

首先，根据之前的纵、横向跨数预判将各区宫格区位划分出来（图11-19）。

一层平面：几个主要使用空间——阅览室、库房、报告厅和门厅公共区的占格数已经明确，还需要进一步确定内务区的占格数。因为该区域需要"拉"一部分房间到书库侧边的辅助区域，应提前标示、划分，分开计算分区占网格数量。观察面积表，选定"库房"空间，较适宜"拉"至书库侧边辅助区域。该区域其他空间可由书库管理和门厅附属等功能用房填补。我们用定格法计算内务区，得出房间需占格数为8.5。另外，楼电梯布置留出1.5格，货物入口门厅留

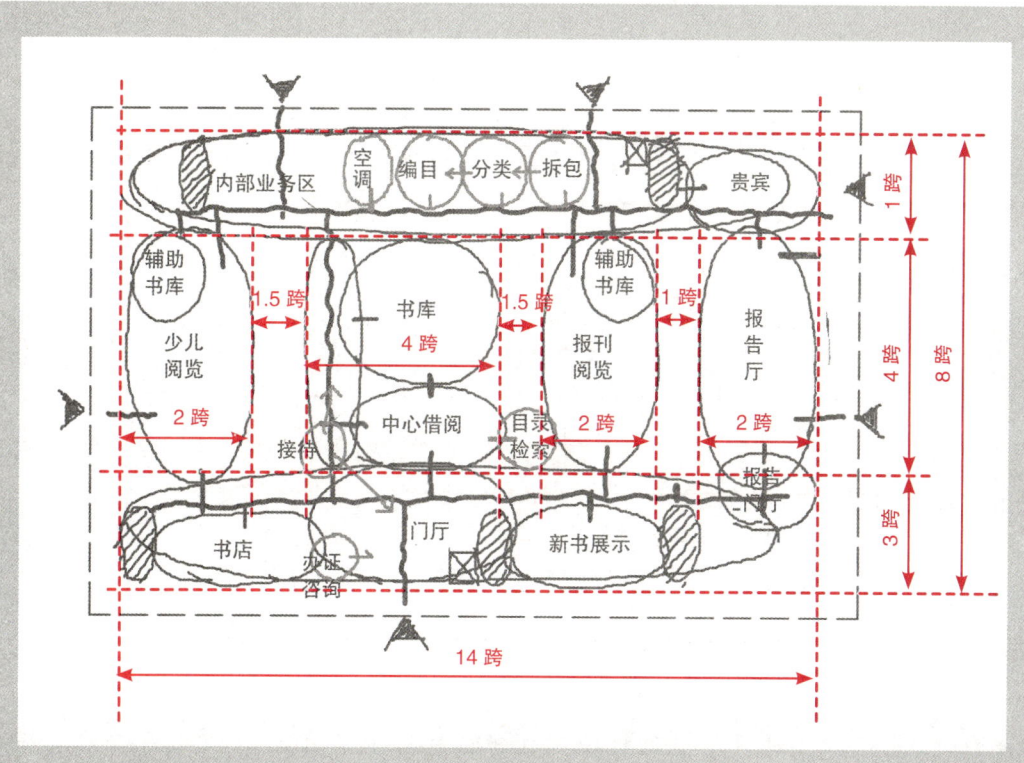

a 一层平面跨数预判

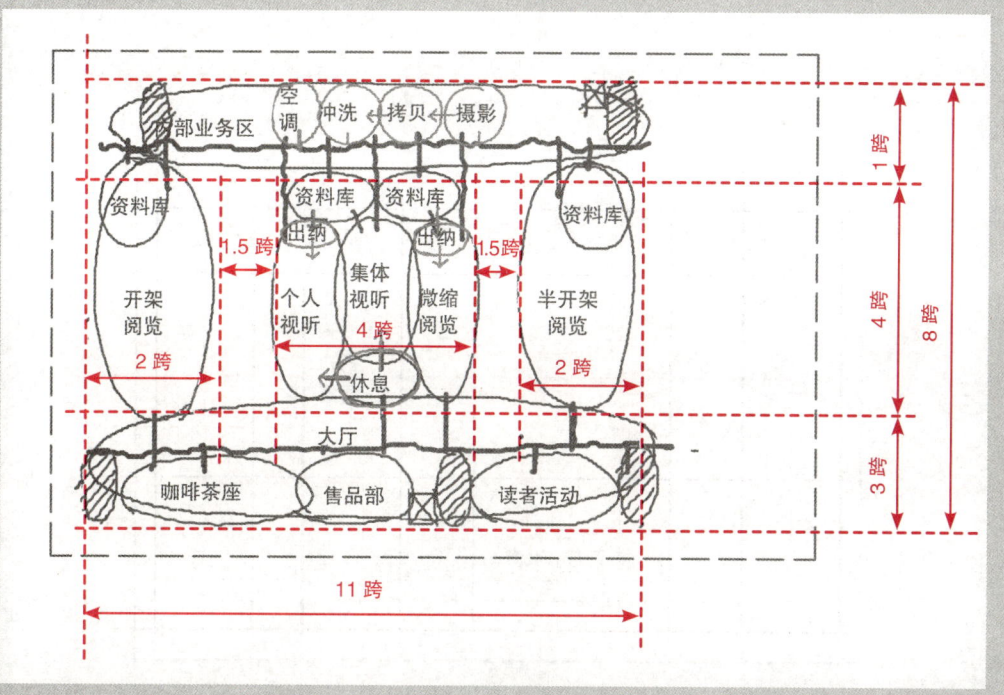

b 二层平面跨数预判

图 11-17 网格排布：纵横向柱网跨数预判

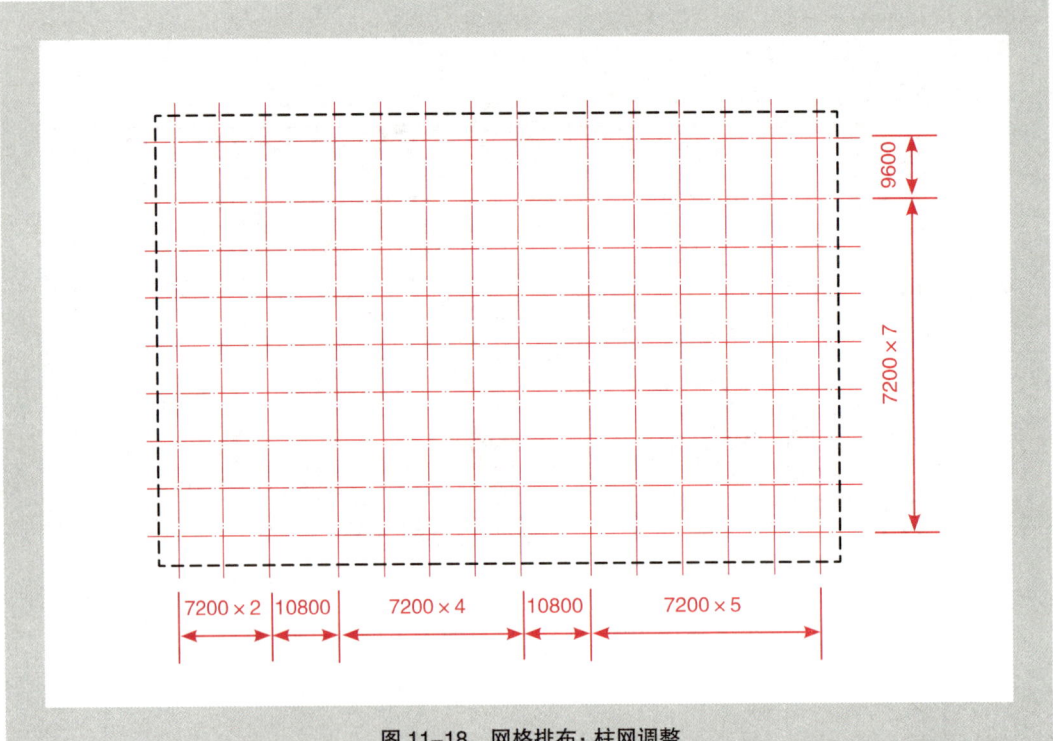

图 11-18　网格排布：柱网调整

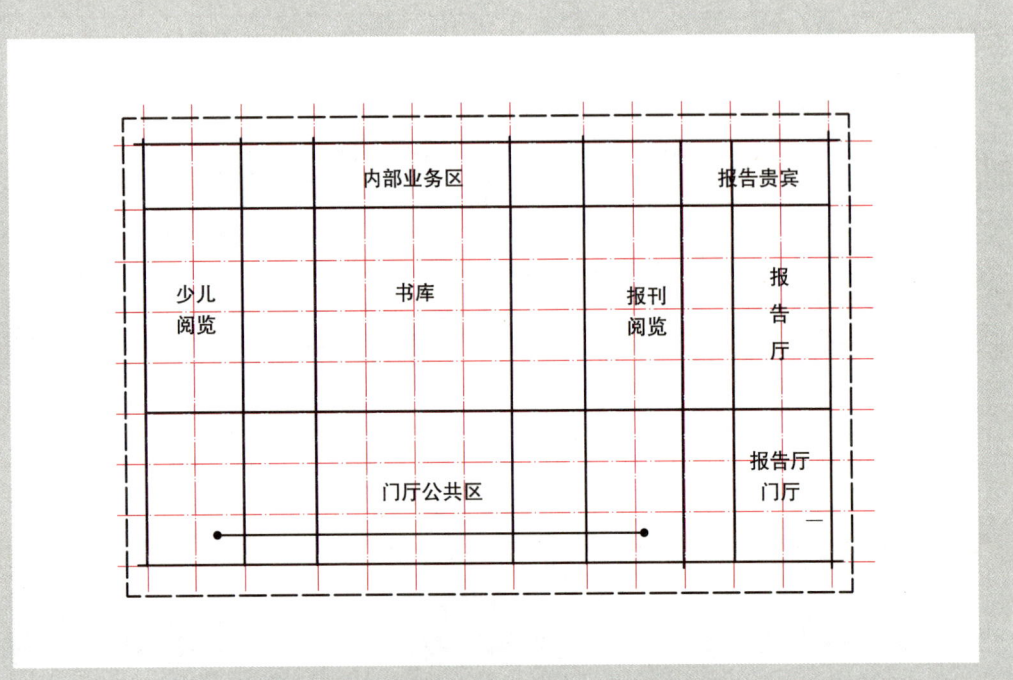

图 11-19　网格排布：一层平面宫格划分草图

0.5 格，总计需要 10.5 格，取整为 11 格。西侧边总共 14 格，11 格刚好与报刊阅览边缘取齐。北侧留 2 格给报告厅用作贵宾休息和管理（图 11-20a）。

二层平面：内务区以同样的方法计算，需要 10.5 格，二层内务区区域边界刚好截止到开价阅览空间边缘。影像视听+微缩与一层对应，开架阅览约 11 格，半开架阅览约 10 格，开价阅览可以再向大厅方向延伸一部分（图 11-20b）。

3. 空间排布与调整

（1）交通空间明确

在网格分区中落入以及明确一、二级分区草图中的交通空间，包括水平与垂直交通。注意门厅公共区垂直交通楼梯，我们在草图中是"竖"着布置的，在网格排布中如果也"竖"放的话，其他空间将非常不好排布利用，所以调整楼梯空间让其"横"放，整合卫生间与楼梯间，令二者结合占横向一跨，空间紧凑集约，也便于其他空间布置、划分（图 11-21）。

（2）子分区与主要空间划分

对大分区中的主要子分区进行网格划分，如各个阅览室含有书库、资料库，一层书库划分出库区与中心阅览分区，公共区划分出门厅、书店与新书展示等功能分区。

二层公共区划分为大厅和几个主要服务功能用房，书库上层划分为三个主要阅览功能用房，集体阅览不需要采光，放置在中间的位置。休息空间放置在外侧邻大厅布置。根据面积指标，适当调整分区偏移隔墙的位置，集体阅览去掉室内柱子，避免视线遮挡（图 11-22）。

（3）关键条件房间落入

一层平面：按照一、二级分区草图将关键条件房间落入网格中，注意空间准确量化。大厅的附属用房规模差距较大，但都要求采光，这也是房间布置上的小小难点。办证咨询插入书店一角，和书店的附加书库一起进行空间整合（书库不需要采光）。接待放在内外区衔接处。在内务区别忘记对"调转"过来的库房进行预布置。贵宾管理室要同时连通贵宾区与内务区，进行流线标记（图 11-23a）。

二层平面：落入一、二级分区草图中的关键条件房间，休息空间具有顺序性，对应且仅对应音响视听间，标注其流线关系，方便下一步作开门处理（图 11-23b）。

（4）细节调整

在一层大厅附属服务空间的布置中，寄存处占用书库南侧采光井采光，遮挡接待室采光，但同时书库南侧"下拉"空间并没有"填满"，管理室偏大（图 11-24a）。对于以上"问题"，只需将接待室"向上提升"，同时将"寄存"稍稍"压扁"，即可同时解决（图 11-24b）。

另外，内务区上下分区功能对位，空间紧凑，一层不另设员工门厅（题目未要求），员工入口结合疏散楼梯间设置。

以上步骤，在讲解中分开演示，但在实际设计布置过程中，很多情况也是连贯一体、一气呵成的，方法运用熟练则可忘记步骤，无招胜有招。

综上得出一、二层平面图（图 11-25、图 11-26）。

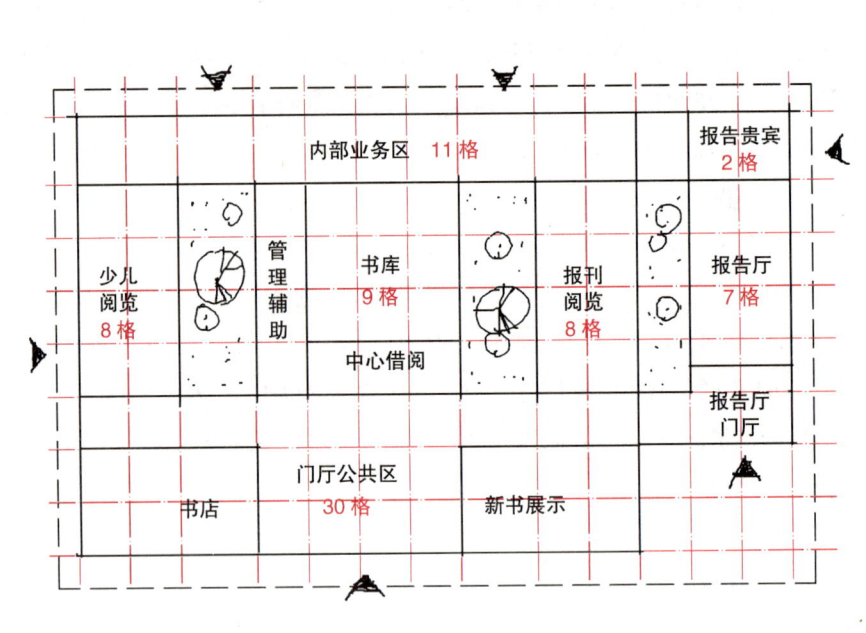

a 一层平面草图

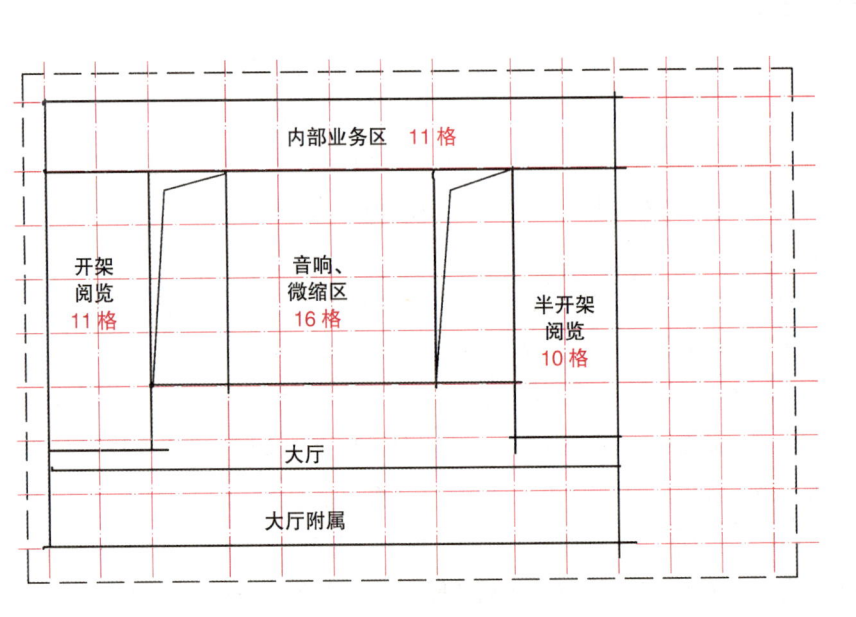

b 二层平面草图

图 11-20 网格排布：分区划分草图

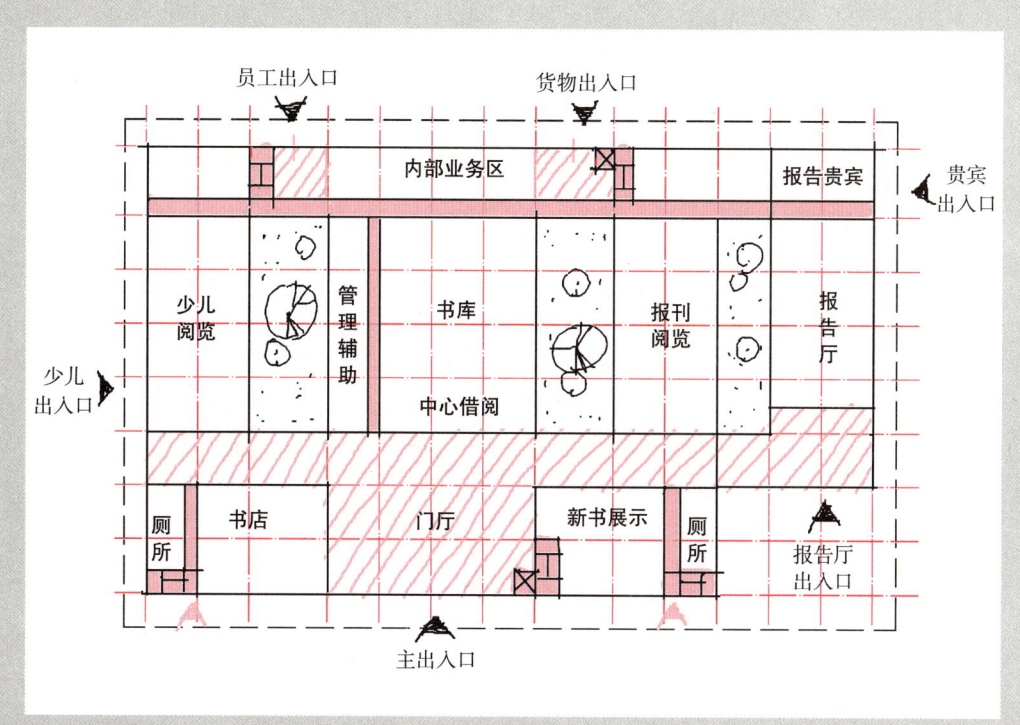

a 一层平面草图

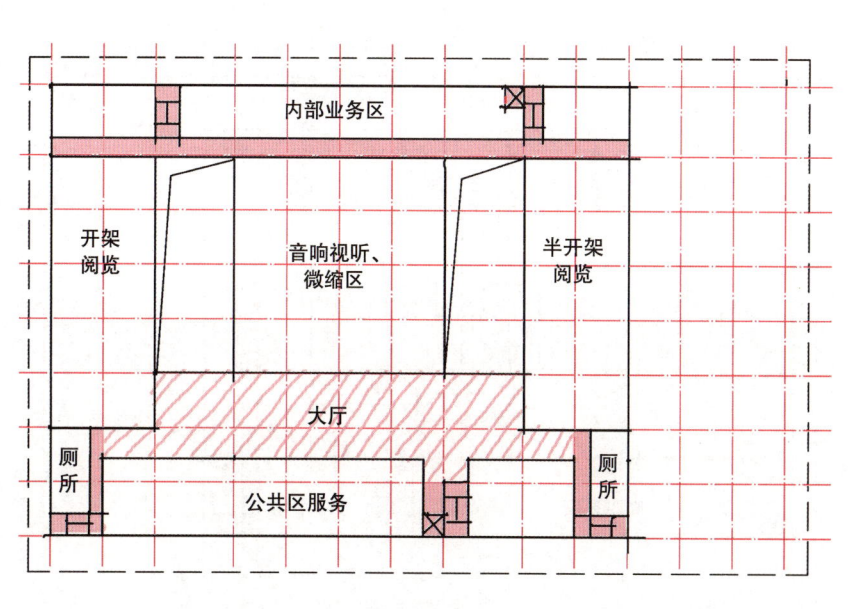

b 二层平面草图

图 11-21 网格排布:交通空间明确平面草图

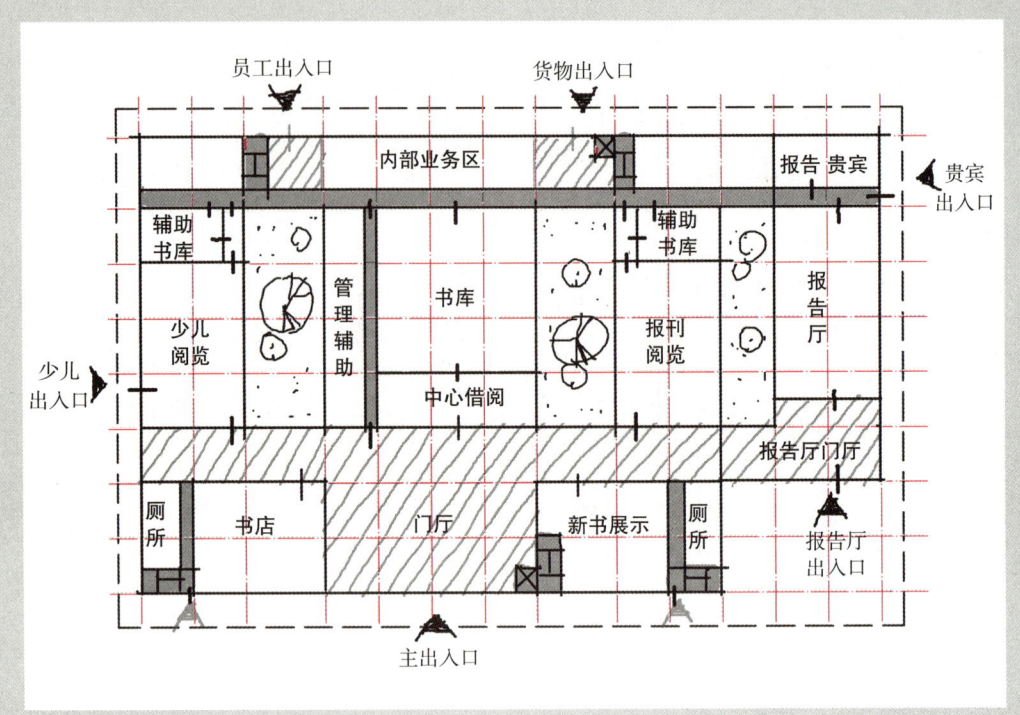

a 一层平面草图

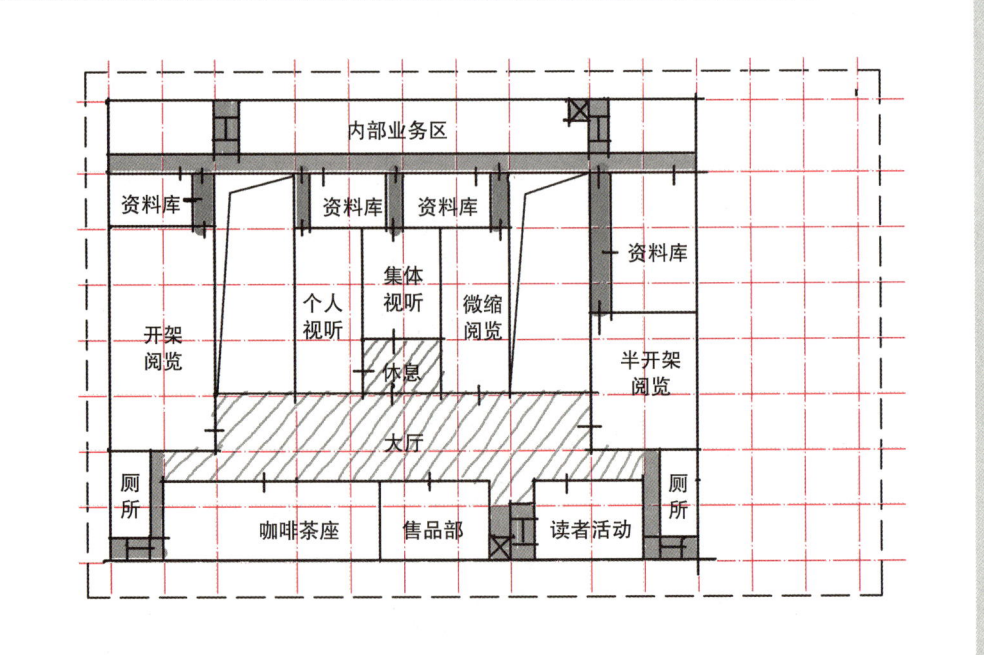

b 二层平面草图

图 11-22 网格排布：子分区与主要空间化分平面草图

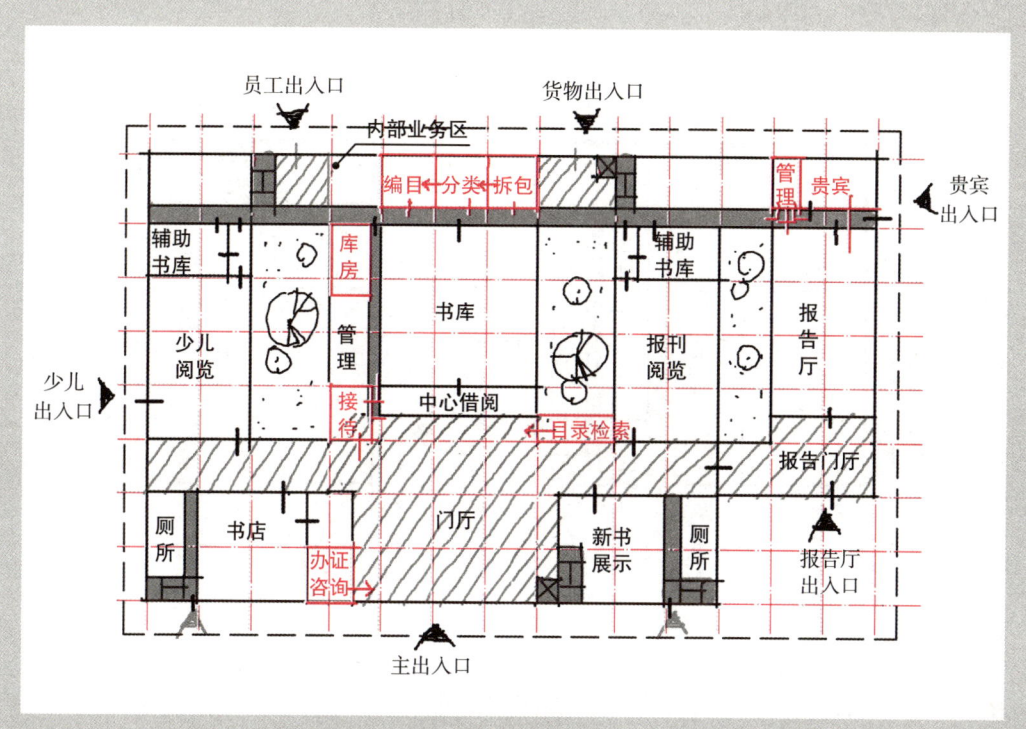

a 一层平面草图

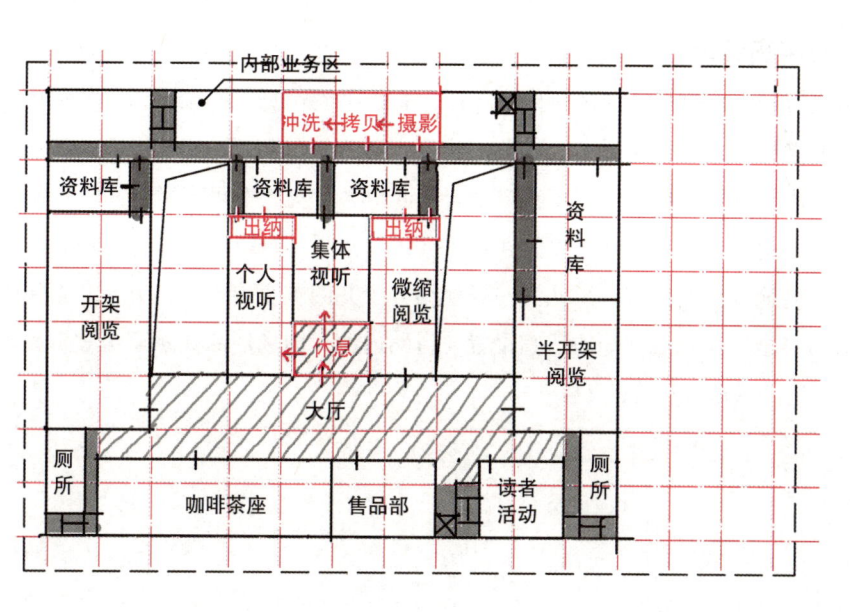

b 二层平面草图

图 11-23 网格排布：关键条件落入平面草图

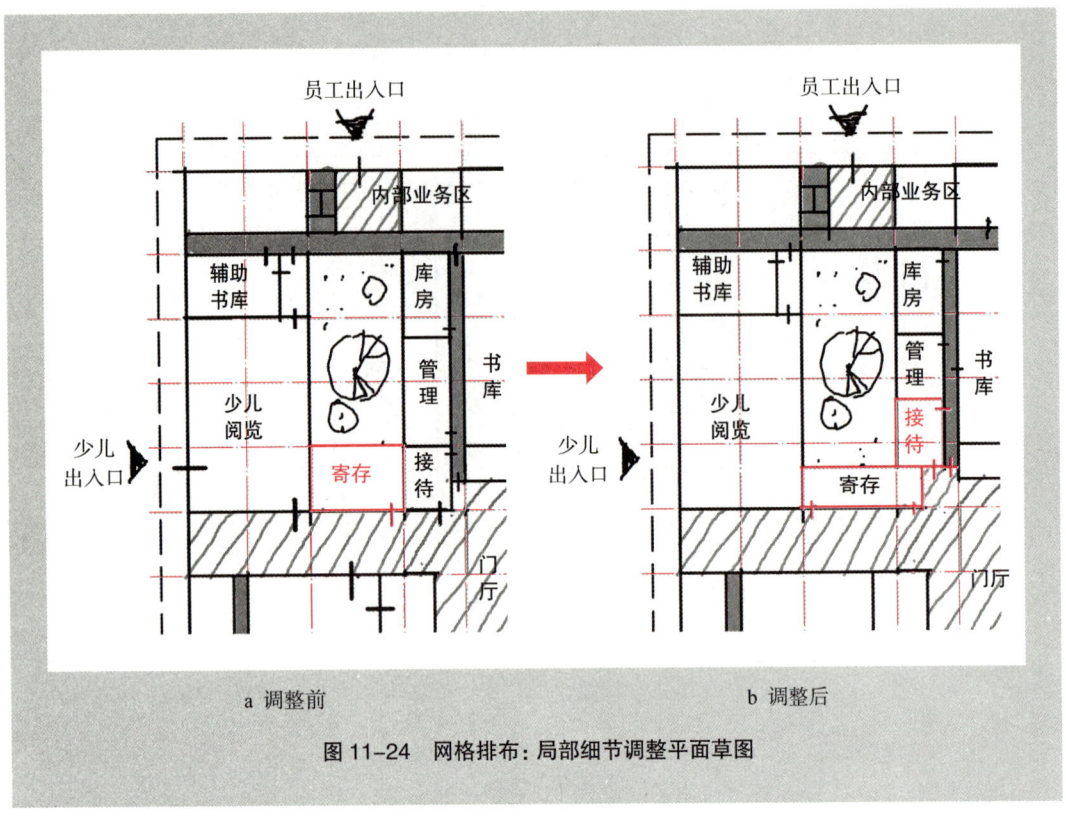

图 11-24　网格排布：局部细节调整平面草图

五、总平面设计

按步骤绘制出建筑总平面的轮廓，标注建筑总平面信息，绘制道路、各种用地、停车场并标注用地名称以及场地出入口、场地退线等。最后，布置环境绿化。该题目外部流线设计尽量人车分流，设置环形车道，车行口结合次入口，社会停车可分散至主入口附近和东侧报告厅、贵宾厅附近，大客车停车设置在报告厅入口附近，自行车停车邻近主入口。预留发展用地布置在场地内向的西侧，少儿活动场地结合少儿阅览室出入口，方便儿童出入，且为保证儿童活动安全，少儿活动场地适宜设置在道路内侧，即场地与建筑避免被道路阻隔。主入口前留有一定的入口广场（图 11-27）。

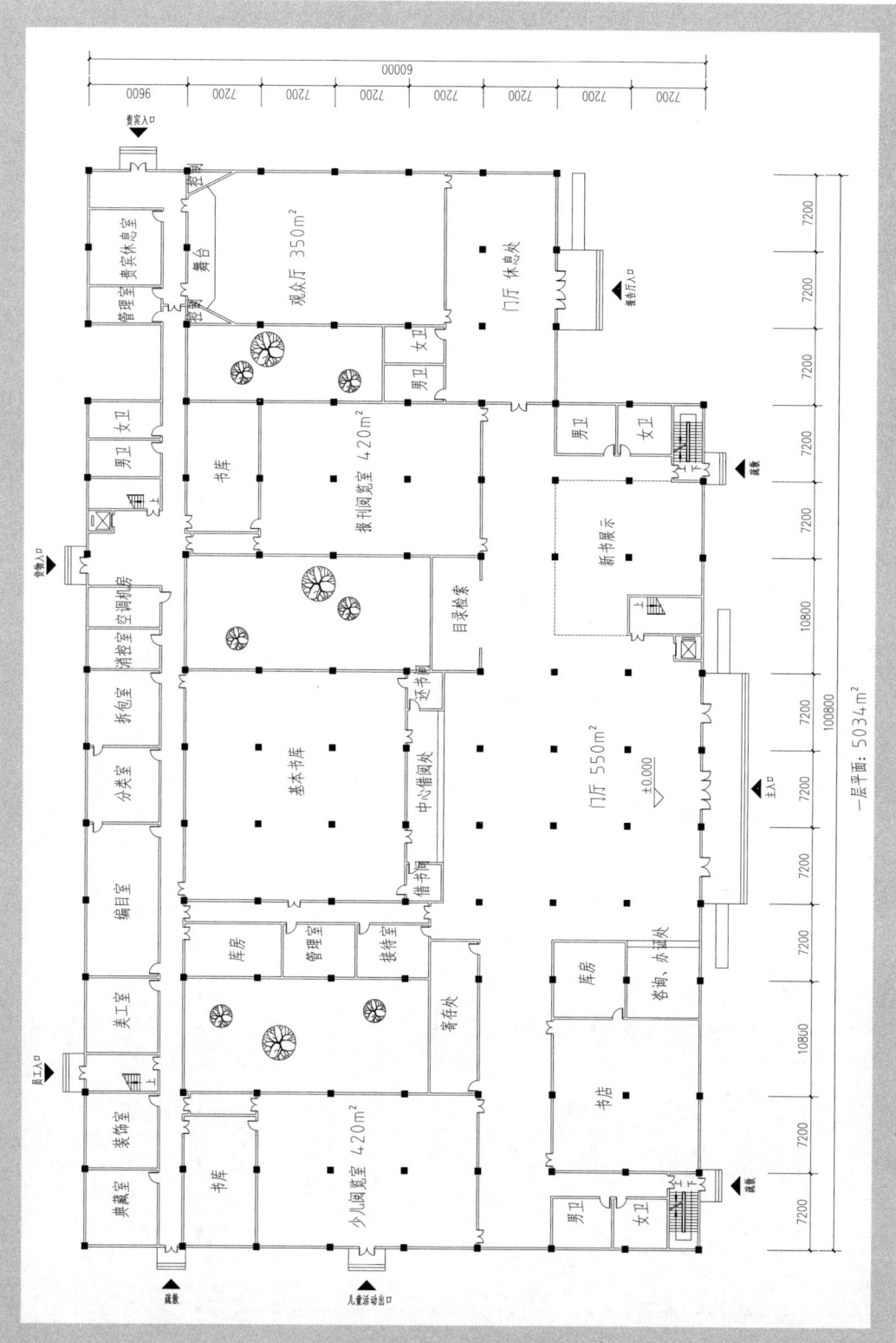

图 11-25 作答一层平面图

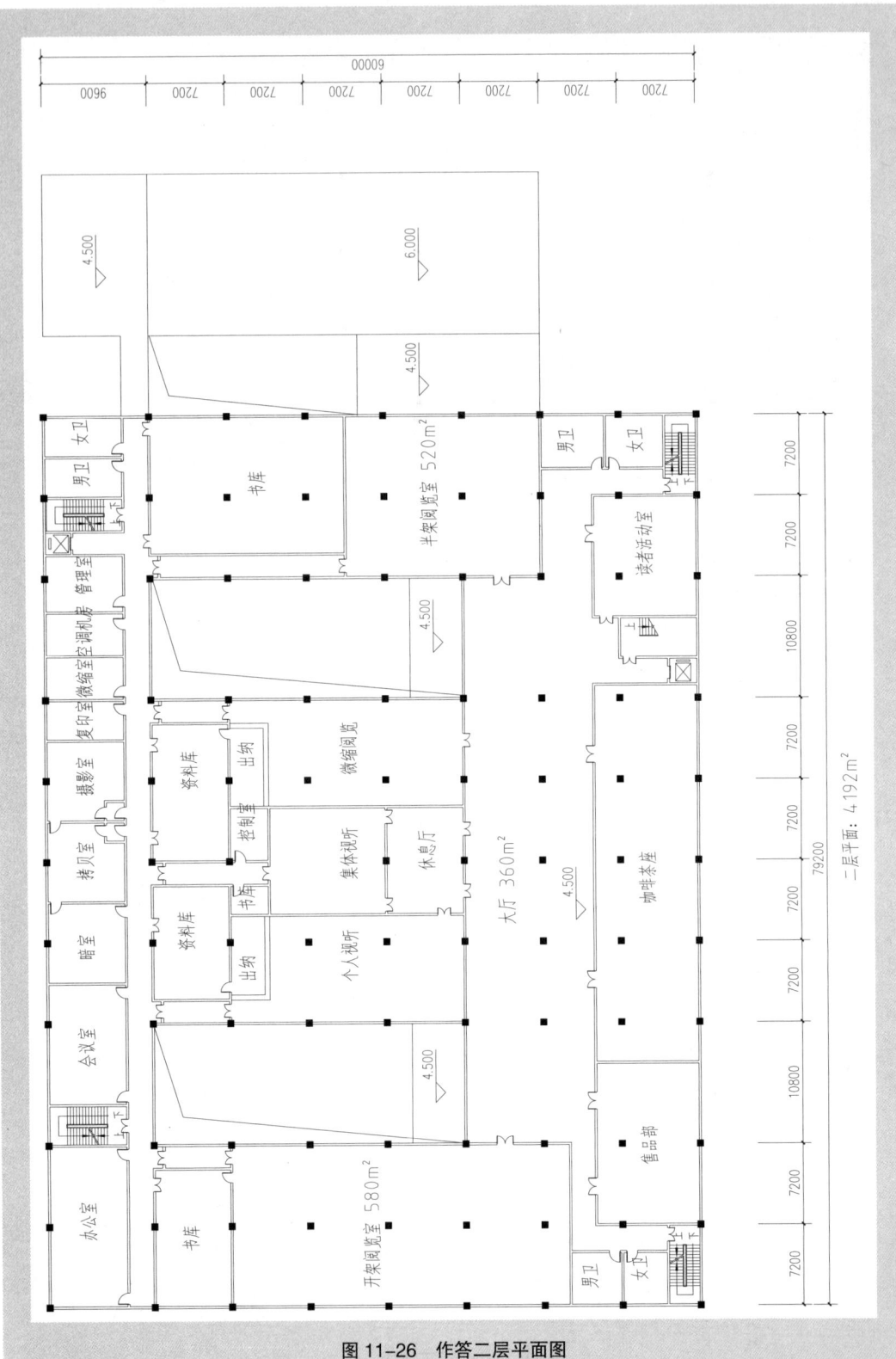

图 11-26 作答二层平面图

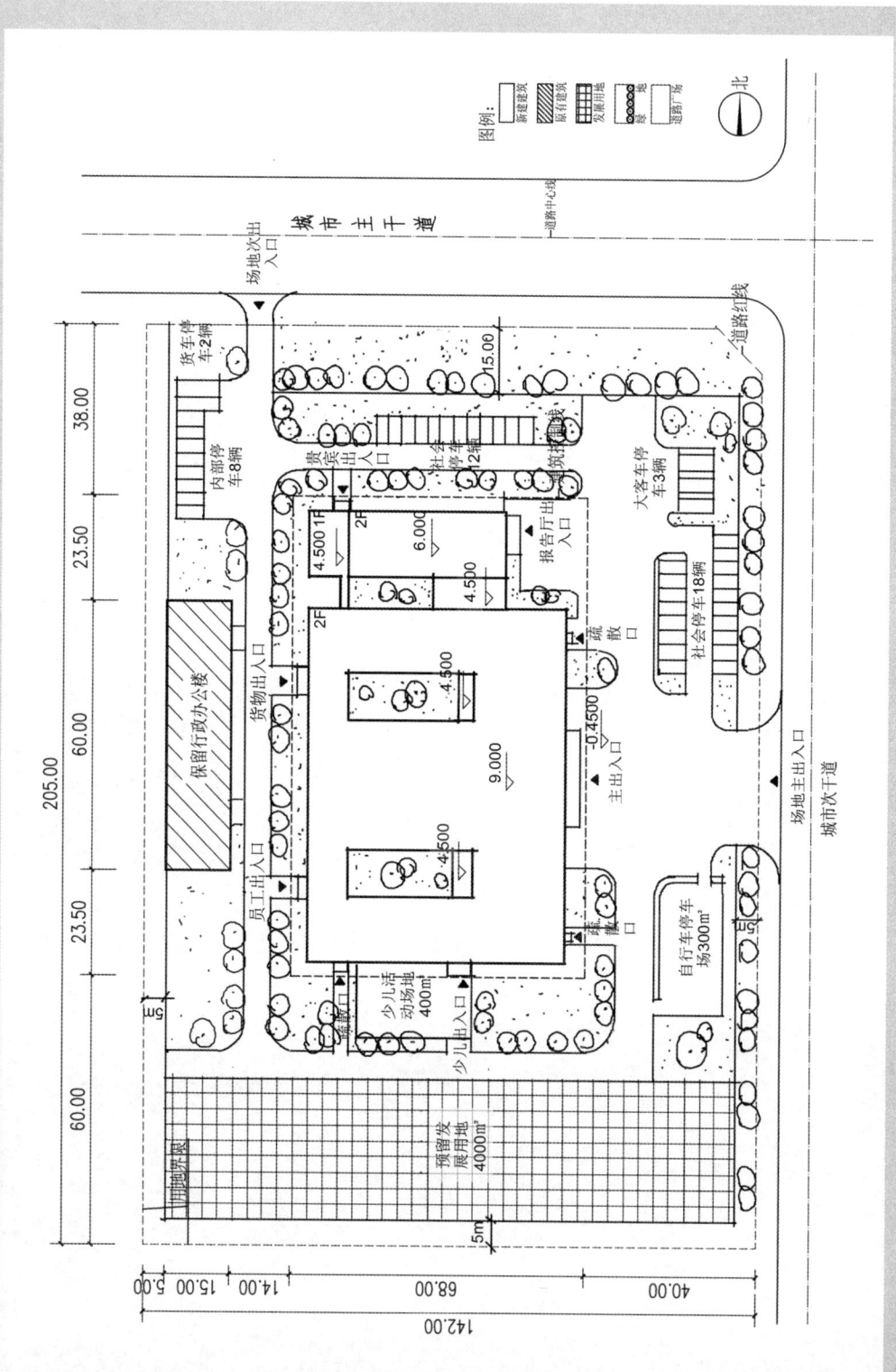

图 11-27 作答总平面图